表 允晳・倉爪 亮・鄭 黎蝹 共著
Pyo, YoonSeok　Kurazume, Ryo　Jung, RyuWoon

ROS ロボットプログラミングバイブル

ROBOT OPERATING SYSTEM

はじめに

オープンソースロボティクスとは

ロボットは、人工知能（AI）やIoT（Internet of Things）とともに、新たな産業の成長分野として大きな期待を集めている。特にサービスロボットは、今後20年間で産業ロボットの市場規模を凌ぐほど、急速に成長すると期待されている。しかし実際には、現実世界の多様性や予測困難でダイナミックな変化、日常生活で求められる高い安全性などから、なかなか期待どおりには社会に浸透していないのが実情であろう。

これらの高い障壁を乗り越え、ロボットが真に日常生活の一部となるためには、国や機関を超えた多様なコラボレーションが必須であり、それを実現するためのオープンなソフトウェアプラットフォームおよびコミュニティの整備が、今後極めて重要となる。ROS（Robot Operating System）は、このような信念に基づいて開発され提供されている、オープンソースロボティクスのためのソフトウェアプラットフォームである。ROSの開発には、大学のロボット研究者のみならず、世界的に著名なロボット企業からロボット製作を趣味とするホビイストまで、実にさまざまな人々、機関が参加している。さらにロボット分野だけでなく、ネットワーク技術者、人工知能、コンピュータビジョンの専門家なども開発に参加し、ロボット技術の発展に向けてそれぞれの立場で貢献しており、これによりロボットを中心とした技術開発が飛躍的に加速することが期待されている。

本書の特徴と構成

ロボット工学は現在注目の分野であり、これまでにも多くの書籍が出版されているが、その多くは制御理論が中心であったり、玩具レベルの単純なロボットの製作に留まっている。しかし実際に日常生活環境での使用に耐えるロボットの開発には、センサ、アクチュエータ、コントローラ、制御ソフトウェア、認知・判断機能など、極めて多様で高度な知識と多くの経験が必要となる。

本書の前半は、ロボットプログラミングの初心者でも1ステップずつ自ら学習できるROSの入門書であり、ROSのインストール方法から、ROSの役割、価値などの概念的な説明、用語の説明、頻繁に使用されるコマンドや便利なツールの使用方法、さらにはセンサとロボットを利用した実習方法まで、詳しく解説している。

また後半では、ROSをある程度理解した研究者、技術者を対象に、特にROSの公式移動ロボットプラットフォーム「TurtleBot3」、ROSを組込みシステムで使用するための「OpenCRコントローラ」、オープンソースのマニピュレータ「OpenManipulator」を取り上げ、これらの3つのプラットフォームを実際に設計、開発した技術者自らが、それぞれの機能や構成、使い方を具体的に説明している。またこれらのプラットフォームを用いて、SLAM（Simultaneous Localization and Mapping）やナビゲーション、組込みシステム、MoveIt!（マニピュレータ統合ライブラリ）を実際に体験することで、ロボットプログラミングを本格的に学び始めた学生や、ROSの導入を検討しているロボットソフトウェア開発者でも、ROSに関するより実践的な知識が網羅的に身につけられるように工夫している。

ROSについて順序立てて理解するために、本書は以下のように構成した。

第1章から第4章は、ROSの概論からインストール方法、開発環境の構築、簡単な動作テストなど、ロボットプログラミングを学ぶための準備を行う。

第5章から第7章は、さまざまなROSコマンド、3次元可視化ツールRViz、GUIツールrqtなどの使用方法を説明した後、例題を通してロボットプログラミングの基本を実践的に身につける。

第8章では、ロボット、センサ、モータに関するROSパッケージの使い方をそれぞれ学び、ロボットシステムの構築に必要な基礎的な知識と技術を習得する。

第9章では、ロボット制御には欠かせない組込みシステムについて、ROSを用いた使用法について説明する。

第10章から第12章は、ROSの公式移動ロボットプラットフォームTurtleBot3について説明した後、SLAMとナビゲーションに関連したROSパッケージの使用方法を学ぶ。また、これらを活用した具体的な例として、配達サービスロボットシステムの構築方法を紹介する。

第13章では、マニピュレータの学習に最適なOpenManipulatorとマニピュレータ統合ライブラリMoveIt!を用いた、ROSによるマニピュレータの制御プログラミングを学習する。

本書が想定する読者層

本書はROSの入門書であり、また詳しい解説書である。ロボットに興味があり、ロボットプログラミングを学び、自らの手でロボットを作ってみたいと思っている高校生、大学生、ロボットプログラミングに挑戦してみたい技術者、開発者は、ぜひ本書を読んでほしい。

本書は、ROSをまったく知らない人も、順序立てて、ROSのインストールから基本的な概念の習得、SLAM、ナビゲーション、マニピュレータ制御まで、一連のロボット技術が体験できる。さらにすでにROSを習得した人も、3次元シミュレータGazeboの使用法やROSとの連携、マニピュレータ統合ライブラリMoveIt!の設定や使用法など、より高度で実践的な知識を得ることができる。ロボットプログラミングにはふつう、専門的な知識が必要であるが、ROSでは世界中の研究者、技術者が開発した多くの便利なプログラムがパッケージとして提供されている。これらを使うことで、短期間で高度なプログラムを作成し、それを世界中に発信できる仕組みが整っている。ぜひ、自身でプログラムを作成、公開し、ROSコミュニティの一員としてロボット技術の発展に貢献してほしい。

引用とライセンスについて

本書の一部は、Open Roboticsが管理しているWikiサイト（http://wiki.ros.org/）を参照している。このサイトはクリエイティブ・コモンズ・ライセンスCC BY 3.0で提供されている。詳しくは、http://creativecommons.org/licenses/by/3.0/deed.jaを参照してほしい。ほかの引用については、本文中で明示している。

また、本書で用いた多くのソフトウェアのソースコードは、アパッチ・ライセンス2.0に従う。ほかにも、BSD、GPL、LGPLなどに従うソースコードもあるが、詳しくは各ソフトウェアごとにライセンスを明記しているので、参考にしてほしい。

2018年2月

著者しるす

目　次

第6章 ROS ツール

第7章 ROS 基本プログラミング

第 11 章　SLAM とナビゲーション

本書で使用しているソフトウェア、ハードウェアについて

オープンソースソフトウェアとハードウェア

本書で使用されているオープンソースソフトウェアとハードウェアはすべて、GitHub と Onshape で公開されており、ユーザからのフィードバックに応じて絶えず更新されている。以下は、この本で使用されているオープンソースのソフトウェアとハードウェアに関連する GitHub および Onshape リンクのリストである。

オープンソースソフトウェアのリスト

- https://github.com/ROBOTIS-GIT/robotis_tools 第 3 章
- https://github.com/ROBOTIS-GIT/ros_tutorials 第 4 章、第 7 章、第 13 章
- https://github.com/ROBOTIS-GIT/DynamixelSDK 第 8 章、第 10 章
- https://github.com/ROBOTIS-GIT/dynamixel-workbench 第 8 章、第 13 章
- https://github.com/ROBOTIS-GIT/dynamixel-workbench-msgs 第 8 章、第 13 章
- https://github.com/ROBOTIS-GIT/hls_lfcd_lds_driver 第 8 章、第 10 章、第 11 章
- https://github.com/ROBOTIS-GIT/OpenCR 第 9 章、第 12 章
- https://github.com/ROBOTIS-GIT/turtlebot3 第 10 章、第 11 章
- https://github.com/ROBOTIS-GIT/turtlebot3_msgs 第 10 章、第 11 章
- https://github.com/ROBOTIS-GIT/turtlebot3_simulations 第 10 章、第 11 章
- https://github.com/ROBOTIS-GIT/turtlebot3_applications 第 10 章、第 11 章
- https://github.com/ROBOTIS-GIT/turtlebot3_deliver 第 12 章
- https://github.com/ROBOTIS-GIT/open_manipulator 第 13 章

オープンソースハードウェアのリスト

OpenCR（第 9 章）

- Board https://github.com/ROBOTIS-GIT/OpenCR-Hardware

TurtleBot3（第10章、第11章、第12章、第13章）

- Burger　http://www.robotis.com/service/download.php?no=676
- Waffle　http://www.robotis.com/service/download.php?no=677
- Waffle Pi　http://www.robotis.com/service/download.php?no=678
- Friends OpenManipulator Chain　http://www.robotis.com/service/download.php?no=679
- Friends Segway　http://www.robotis.com/service/download.php?no=680
- Friends Conveyor　http://www.robotis.com/service/download.php?no=681
- Friends Monster　http://www.robotis.com/service/download.php?no=682
- Friends Tank　http://www.robotis.com/service/download.php?no=683
- Friends Omni　http://www.robotis.com/service/download.php?no=684
- Friends Mecanum　http://www.robotis.com/service/download.php?no=685
- Friends Bike　http://www.robotis.com/service/download.php?no=686
- Friends Road Train　http://www.robotis.com/service/download.php?no=687
- Friends Real TurtleBot　http://www.robotis.com/service/download.php?no=688
- Friends Carrier　http://www.robotis.com/service/download.php?no=689

OpenManipulator（第10章、第13章）

- Chain　http://www.robotis.com/service/download.php?no=690
- SCARA　http://www.robotis.com/service/download.php?no=691
- Link　http://www.robotis.com/service/download.php?no=692

オープンソースソフトウェアのダウンロード

本書で扱うすべてのソースコードは、GitHubリポジトリからダウンロードできる。ソースコードをダウンロードするには、① gitコマンドを使用して直接ダウンロードする方法、② Webブラウザで圧縮ファイルとしてダウンロードする方法の2つがある。各ダウンロード方法について、以下に示す。

① 直接ダウンロードする方法

gitコマンドを使ってLinuxで直接ダウンロードするには、gitをインストールする必要がある。まず、ターミナルを開き、次のようにgitをインストールする。

```
$ sudo apt-get install git
```

リポジトリのソースコードは、次のコマンドでダウンロードできる（例：ros_tutorials）。

```
$ cd ~/
$ git clone https://github.com/ROBOTIS-GIT/ros_tutorials.git
$ cp -r ~/ros_tutorials/[パッケージ名] ~/catkin_ws/src
```

② Web ブラウザでダウンロードする方法

Web ブラウザにアドレス「https://github.com/ROBOTIS-GIT/ros_tutorials」（例：ros_tutorials）を入力すると、GitHub リポジトリに接続できる。その画面の右側にある「Clone or download」ボタンをクリックして、「Download ZIP」ボタンが表示されたらこれをクリックして圧縮ファイルをダウンロードする。ダウンロードが終わったら、圧縮ファイルを解凍し、必要なパッケージを ~/catkin_ws/src/ フォルダに置く。

オープンソースコンテンツ

本書で教材として使用されている ROS の公式ロボットプラットフォームである TurtleBot3 に関する最新情報は、以下の公開リソースで確認できる。このコンテンツは、継続的に更新されており、TurtleBot3 のさまざまな例題を使って、ROS によるロボットプログラミングのスキルを磨くことができる。

- TurtleBot Homepage　http://www.turtlebot.com
- TurtleBot3 Wiki Page　http://turtlebot3.robotis.com
- TurtleBot3 Video　https://www.youtube.com/c/ROBOTISOpenSourceTeam

また、本書で扱っている ROS 組込みシステムを実装するための OpenCR コントローラや、OpenManipulator に関連するコンテンツも用意されている。TurtleBot3 および OpenManipulator のアクチュエータとして使用される Dynamixel、および Dynamixel SDK、Dynamixel Workbench の必要なソフトウェアについては、以下のリンクからも参照できる。

- OpenCR
  http://emanual.robotis.com/ →「PARTS」→「Controller」→「OpenCR」
- OpenManipulator
  http://emanual.robotis.com/ →「PLATFORM」→「OpenManipulator」
- Dynamixel SDK　http://wiki.ros.org/dynamixel_sdk
  http://emanual.robotis.com/ →「SOFTWARE」→「DYNAMIXEL」→「DYNAMIXEL SDK」
- Dynamixel Workbench　http://wiki.ros.org/dynamixel_workbench
  http://emanual.robotis.com/ →「SOFTWARE」→「DYNAMIXEL」→「Dynamixel-Workbench」

大学の講座、勉強会、セミナーなどで使える資料を、以下のアドレスで提供している。

- Lecture Material　https://github.com/ROBOTIS-GIT/ros_seminar
- Reference Material　https://github.com/ROBOTIS-GIT/ros_book
- Source Code for Tutorials　https://github.com/ROBOTIS-GIT/ros_tutorials

関連コミュニティとサポート

ROSに関する質問は、サポートガイドライン（http://wiki.ros.org/Support）に従ってROS Answers（http://answers.ros.org）に投稿する。これにより、著者だけでなく、フォーラム内の経験者から助言を得ることができる。ROS Answersは、質問を効率的に検索したり、回答できるようにタグでフィルタリングすることができ、何百もの投稿で誰もが過負荷にならないフォーラムを提供している。本書について質問がある場合は、https://github.com/ROBOTIS-GIT/ros_book/issuesに投稿してほしい。

ROS Discourse（https://discourse.ros.org）は、ニュースや一般的な興味の話題について扱う。そのなかのhttps://discourse.ros.org/c/local/japanは、ROS Japan Users Groupであり日本語でも対応している。https://rosjp.connpass.com/は、ROSに関連する勉強会、ハッカソンなどのイベントを告知するためのページである。ROS勉強会を探しているならこちらを参照してほしい。また、Robot Source Communityは、ロボット開発者のためのロボット技術共有コミュニティである。

- Robot Source Community　http://www.robotsource.org/
- ROS Japan Users Group　https://discourse.ros.org/c/local/japan
- ROS Japan Users Group Event　https://rosjp.connpass.com/
- ROS Discourse　https://discourse.ros.org/
- ROS Answers　http://answers.ros.org/
- ROS Wiki　http://wiki.ros.org/

注意事項

- 本書で使用されたオープンソースは、各指定されたライセンスに準拠し、著作権者や貢献者は、このソフトウェアの使用により発生した直接的または間接的な損害、偶発的または結果的損害、特別または一般的な損害については、その発生の原因や責任論、契約や無過失責任または不法行為（過失などを含む）に関係なく、責任を負わない。
- 本書で使用されているオープンソースは、読者の利用時にバージョンが異なる場合や実際の動作が異なる場合もある。
- 本書に登場する会社名・製品名は、一般に各社の登録商標であり、本文中では™、©、®マークなどを省略している。
- 本書の内容に関するお問い合わせは、奥付を参照のうえ、オーム社までお問い合わせいただきたい。なお、ROSの技術的な内容については上記のコミュニティを利用してほしい。

第1章

ロボットソフトウェアプラットフォーム

ROSはロボットソフトウェアプラットフォームである。しかし多くの読者にとっては、そもそも「ソフトウェアプラットフォーム」に馴染みがなく、どのような特徴があり、それを利用することでどのようなメリットがあるのか、すぐには理解ができないかもしれない。本章ではROSについて解説する前に、まず一般的なソフトウェアプラットフォーム、およびその構成要素について概説する。その後、ロボットソフトウェアプラットフォームとその必要性、ロボットソフトウェアプラットフォームがもたらす未来について展望する。

1.1 ソフトウェアプラットフォームとは

図1.1　身近な情報機器であるパーソナルコンピュータとスマートフォン

私たちの身の周りにあるもっとも身近な情報機器は、パーソナルコンピュータとスマートフォンであろう（図1.1）。図1.2に示すように、それらの情報機器は共通して、さまざまな機能を有する多数のハードウェアモジュールと、そのハードウェアモジュールを管理するオペレーティングシステム（OS）、およびOSの上で動作するアプリケーションプログラムから構成されている。加えて、これらの情報機器を日々利用する多数のユーザが存在している。

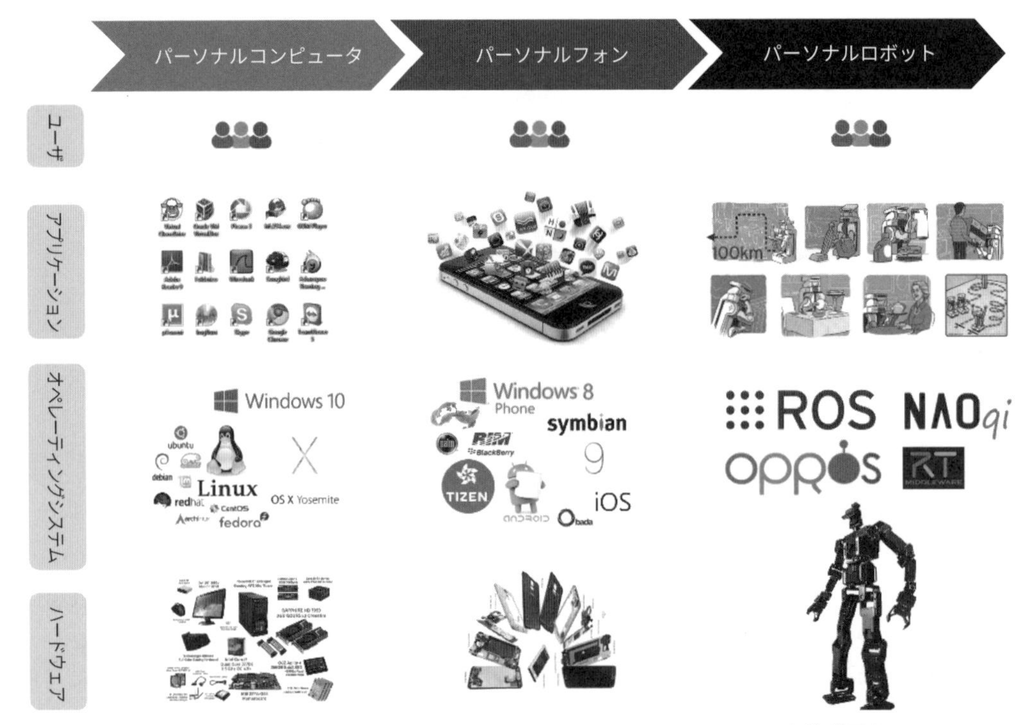

図 1.2　パーソナルコンピュータやスマートフォンエコシステムの 4 大構成要素

このハードウェア、OS、アプリケーション、ユーザの 4 つの構成要素は、情報プラットフォームにおけるエコシステム（Ecosystem）の 4 大構成要素といわれる。これらの構成要素がお互いに影響し合い、連鎖的に機器やソフトウェアの機能、性能が向上し、その結果ユーザが増え、市場が拡大するようになって初めて、プラットフォームのエコシステムが確立したといえる。上述したパーソナルコンピュータやスマートフォンは、エコシステムが高度に構築された好例である。

しかし、パーソナルコンピュータやスマートフォンも、当初からこれらの 4 つの構成要素がすべて揃っていたわけではない。例えば、Apple 社の iPhone が登場するまで、各メーカーが競って開発を進めていたフィーチャーフォン（Feature Phone、多機能携帯電話）を思い返してみよう。フィーチャーフォンは、ある特定のメーカーが開発したハードウェア専用のファームウェア（Firmware）や、特定のハードウェアを動作させるためのソフトウェアが搭載されており、そのメーカーが提供するサービスしか利用できなかった。一方、パーソナルコンピュータやスマートフォンでは、Windows、Linux、Android、iOS などの OS がハードウェア・ソフトウェア間で統一的なインタフェースを提供し、ハードウェアのモジュール化を実現した。これにより、同一規格品の大量生産による低価格化と開発資源の集中による高性能化が実現され、パーソナルコンピュータやスマートフォンが爆発的に普及する一因となった。

また、ハードウェアに関する深い知識を持たなくても、OS ベンダーから提供される開発環境を用いれば、容易にアプリケーションが開発できるようになり、アプリ開発者など、10年前には見られなかった新しい職種が誕生した。すなわちハードウェアのモジュール化が進み、OSによりハードウェアの抽象化、およびハードウェア開発とアプリケーション開発が分離され、多数のアプリ開発者がさまざまなサービスを開発し、提供するようになった。これにより、パーソナルコンピュータやスマートフォンは多くのユーザを獲得し、真に「大衆化されたプラットフォーム」となった。では、パーソナルコンピュータやスマートフォンと同様に、パーソナルロボットのエコシステムを構築するには何が必要で、現在どこまで実現されているのであろうか。

1.2 ロボットソフトウェアプラットフォーム

近年、ロボット分野においてもプラットフォームの必要性が広く認識されつつある。プラットフォームは、ソフトウェアプラットフォームとハードウェアプラットフォームに分けられる。ロボットソフトウェアプラットフォームには、ロボット用アプリケーションプログラムの開発に必要なハードウェアの抽象化や低レベルのデバイス制御のみならず、センサ信号処理と認識、学習、位置推定や地図作成（SLAM）、ナビゲーション、マニピュレーションなどの高度な制御、およびパッケージ管理、ソフトウェア開発に必要なさまざまなライブラリや開発環境、デバッグ用ツールが含まれる。また、ロボットハードウェアプラットフォームには、移動ロボットやドローン、ヒューマノイドロボットなどの研究用ロボットだけでなく、ソフトバンク社のPepperやMITメディアラボのJiboのような、一般向けにも販売されている製品も含まれる。一般にこれらのハードウェアプラットフォームは、ソフトウェアプラットフォームと密に連携することで、その機能や動作が抽象化され、アプリ開発者はハードウェアに対する専門知識がなくても、アプリケーションプログラムを開発できる。これは、最新スマートフォンのハードウェア構成や具体的なデバイス制御法を知らなくても、アプリケーションプログラムが作成できるのと同じである。さらに、ロボット開発者がハードウェア設計からソフトウェア開発まですべてを担ってきた従来のロボット開発プロセスと異なり、ロボットに関する知識の少ないソフトウェア技術者も、ロボットアプリケーションの開発に参加できる。また、ソフトウェアプラットフォームのインタフェース仕様に合致したハードウェアが大量に生産されることで部品コストも下げることができる。

現在、世界の主要なロボットソフトウェアプラットフォームには、もっとも広く普及しているROS（Robot Operating System）†1、日本発のロボットミドルウェアOpenRTM†2、ヨーロ

†1　http://www.ros.org/
†2　http://openrtm.org

ッパ発のリアルタイムOSであるOROCOS[†3]、韓国発のOPRoS[†4]などがある。これらのロボットソフトウェアプラットフォームを用いることで、日々開発される多種多様なハードウェアに対しても、インタフェースを共通化することでそれらを容易に利用できる。また、認識や学習などの高度な処理が必要なアプリケーションに対しても、高度な処理をパッケージ化し誰もが使えるように提供することで、個々のアプリケーション開発のコストを大幅に下げることができる。

例えば、周りの状況を認識しながら目的地まで移動するロボットを構築してみよう。まず、ロボットに搭載するセンサについて、例えばステレオカメラか、高価なレーザレンジファインダか、あるいは低価格な超音波センサかなど、求められる機能や環境の複雑さに応じてさまざまに組み替えて、試行錯誤的に最適なセンサを決定する必要がある。さらに実環境で動作させるには、環境計測、環境認識、マップ作成、位置同定、モーションプランニングなどの高度な機能をそれぞれ実現しなければならない。しかし、これらの機能を大学や会社の研究室で一から作り上げるのは時間がかかる。一方、世界中の専門家がそれぞれの知識を持ち寄り、共同で高度なシステムを作り上げ、さらにそれを共有して誰もが利用できる仕組みが整備されれば、専門家でなくとも高度な処理が実現でき、ロボット開発は一気に加速する。

クラウドファンディングで開発資金を集めたロボットベンチャーであり、CES 2015でも注目を集めたRobotbase（ロボットベース）[†5]社は、近年、ロボットベースパーソナルロボット（Robotbase Personal Robot）を開発した。これは、クラウドファンディングで製品開発に成功した一例である。Robotbase社の場合、コア技術である顔認識や物体認識に開発リソースを集中し、移動ロボットはROSをサポートするユジンロボット[†6]の移動ロボットベースを、アクチュエータはROBOTIS（ロボティズ）[†7]社のDynamixel（ダイナミクセル）を採用した。また、障害物認識、ナビゲーション、モータドライバなどはすべてROSの公開パッケージを使用している。

またROS-I（ROS-Industrial Consortium）[†8]では、産業用ロボット分野で著名な多くのロボットメーカーが参加し、自動化、センシング、共同作業の実現などの問題に共同で取り組んでいる。ソフトウェアプラットフォームに共通プラットフォームを採用し、各企業が共同で取り組むことで、これまでよりも効率のよい開発を行っている。

---

†3 http://www.orocos.org/
†4 http://github.com/OPRoS
†5 https://www.kickstarter.com/projects/403524037/personal-robot
†6 http://www.yujinrobot.com/
†7 http://www.robotis.com
†8 http://rosindustrial.org/

1.3 ロボットソフトウェアプラットフォームの必要性

ROSオフラインセミナーでは、参加者から頻繁に「なぜ新たにROSを学ばないといけないのか」との質問を受ける。これに対して、単に「開発時間が短縮できる」と説明しても、新たなスキルの獲得には時間が必要であり、またすでに構築したシステム、プログラムが無駄になるなどの懸念を抱く人も多い。しかしROSでは、既存のプログラムに定型コードを挿入するだけで容易にROSに組み込むことができるため、完全に一からプログラムを作り直す必要はない。むしろ、ROSでは多くの便利なツールやライブラリ、ソフトウェアが提供されており、ユーザ自身の関心や興味がある部分に開発を集中でき、その他の部分は提供されたパッケージを利用することで開発にかかる時間を大幅に短縮できる。

以下にROSの5つの特徴を示す。

1. プログラムの再利用性

ユーザは関心や興味がある部分に開発を集中し、その他の機能は関連するパッケージをダウンロードして補完し、また自分が開発したプログラムをさらに他人が利用できるように、簡単に公開ができる。例えば、米国NASAが国際宇宙ステーションで使用したロボノート2（Robonaut 2）は、さまざまなドライバやマルチプラットフォームで利用できるROSと、リアルタイム制御、メッセージ通信の復旧などで信頼性の高いOROCOSを利用することで、複雑な任務が遂行できたといわれている。前に紹介したロボットベース社も、再利用性を十分に活用した例である。

2. コンポーネント化されたプログラムと通信

従来のロボット開発では、センサによる入力からアクチュエータによる出力まで、単一のプログラムで実現していた。しかし、全体の処理をより小さな単位に分割し、要求仕様によって必要な処理を組み替えて全体の処理が実現できれば、柔軟性と再利用性の高いシステムが実現できる。ここで個々の実行単位はコンポーネント、あるいはノードと呼ばれる。ROSは最小実行単位であるノード間でデータを送受信する仕組みを提供している。また各ノードは、基本的にはネットワークで接続されたどのコンピュータ上でも実行でき、簡単に遠隔操作できる。

3. 豊富な開発ツール

ROSでは、デバッグツール、2次元プロット（rqt_plot）と3次元可視化ツール（RViz）など、ロボット開発に必要なツールが標準で提供されている。例えば、ロボット開発ではロボットのモデルを可視化することが多いが、ROSでは、規定のフォーマットに従いモデルを作成すれば、モデルの可視化のみならず、3次元シミュレータを用いたシミュレーションにも使用できる。また、近年、注目を集めているIntel（インテル）社のRealsense（リアルセンス）やMicrosoft（マイクロソフト）社のKinect（キネクト）などの深度センサから得られる3次元距離データも、

Point Cloud（点群）を用いて3次元可視化ツールで可視化できる。さらに、センサから取得したデータやプログラム実行中に生成されたデータをまとめて記録しておき、後日、同じ実験をオフラインで再現することも簡単にできる。

4. 活発なコミュニティ活動

現在、ロボット関連企業は企業間の結びつきを強める傾向があり、その中心にオープンソースソフトウェアプラットフォームのコミュニティがある。ROSでは、2017年には5,000個以上のパッケージが開発、共有され、それらの使用法を解説するWikiページは17,000ページ以上ある。また、コミュニティ活動においてもっとも重要な、質問とそれに対する回答のやり取りは24,000件以上にも及び、活発な活動が行われている。ここでは、単純なROSの使用法に関する質問のみならず、ロボットソフトウェア開発に必要な構成要素の洗い出しや、新たな規則の作成など、より踏み込んだ高度な議論も盛んに行われている。さらに、コミュニティを発展させるための議論や、それぞれのユーザがROSについての知識を補い合うなど、コミュニティを通じた協力体制が整っている。

5. エコシステムの構築

上述したように、スマートフォンの爆発的な普及は、AndroidやiOSなどのソフトウェアプラットフォームからなるエコシステムが確立されて、実現したと考えられる。これはロボット分野も同様であり、開発当初は多様なハードウェアに対して、それらを統一して利用するためのOSが存在していなかった。しかし次第にさまざまなソフトウェアプラットフォームが提案され、近年ではROSが、ROS開発・運用チーム、デバイスデベロッパ、アプリ開発者、ユーザのすべてに有益なシステムを構築し、日々成長しつつある。ユーザ数や参加するロボット関連メーカー数も着実に増えており、さまざまなツール・ライブラリも充実しつつあることから、まもなくエコシステムが確立されると期待される。

1.4 ロボットソフトウェアプラットフォームがもたらす未来

ロボット分野においても、かつてのスマートフォンの発展と同じ歴史的展開が見られる。スマートフォン黎明期と同様に、現在、さまざまなロボットソフトウェアプラットフォームが提案され、まさに戦国時代の様相を呈している。特に注目されるロボットソフトウェアプラットフォームとしては以下のものがある（図1.3）。

- MSRDS †9　Microsoft Robotics Developer Studio、Microsoft（米国）
- ERSP †10　Evolution Robotics Software Platform、Evolution Robotics（欧米）

† 9　https://www.microsoft.com/robotics/
† 10　https://en.wikipedia.org/wiki/Evolution_Robotics

- ROS Robot Operating System、Open Robotics（米国）† 11
- OpenRTM 産業技術総合研究所（AIST）（日本）
- OROCOS 欧米
- OPRoS ETRI、KIST、KITECH、江原大（カンウォン大）（韓国）
- NAOqi OS † 12 ソフトバンク（日本）、アルデバラン（Aldebaran）（フランス）

このほかにも Player、YARP、MARIE、URBI、CARMEN、Orca、MOOS などが開発されている。

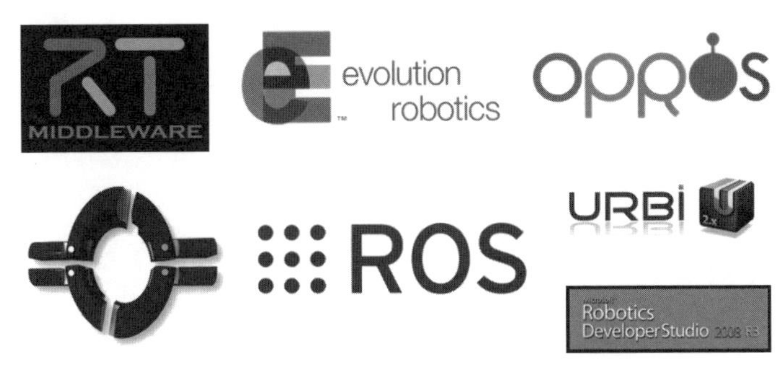

図 1.3　さまざまなロボットソフトウェアプラットフォーム

このようにさまざまなロボットソフトウェアプラットフォームが提案されているが、使いやすいコンポーネント追加の機能、通信機能、可視化ソフトウェア、シミュレータ、リアルタイム性などそれぞれ特徴があり、今後の展開を正確に見通すのは難しい。しかしいずれはパソコンの OS のように、ロボットソフトウェアプラットフォームも似たような機能を持つものは統合され、まとめられていくと考えられる。現状では、ソフトウェアプラットフォームの開発が目的でない限り、ユーザは汎用ロボットソフトウェアプラットフォームで動作するアプリケーションプログラムの開発に集中すべきである。

では、数多くのロボットソフトウェアプラットフォームのなかからどれを学べばいいのか。この質問に対する有力な答えが、オープンロボティクス（Open Robotics † 13）で開発されている ROS である。ROS は、特にコミュニティ活動が活発であり、ライブラリの充実度、拡張性、開発の容易さの点で、他のロボットソフトウェアプラットフォームより秀でている。

特に ROS コミュニティは、他のどのロボットソフトウェアプラットフォームのコミュニティよりも世界中で活発に活動しており、使用上の不明な点に対しても、容易に関連情報を見つけることができる。また、ROS はオープンロボティクスによる単独の開発ではなく、大学の研究者、産業界のデベロッパ、さらにはソフトウェア開発を趣味として活動するホビイストな

† 11 https://www.openrobotics.org/
† 12 http://doc.aldebaran.com/2-1/index_dev_guide.html
† 13 2017 年 5 月、OSRF（Open Source Robotics Foundation）は名称をオープンロボティクス（Open Robotics）に変更している。

ど、多彩な知識を持つ人々が開発に参加しており、コミュニティを通じて活発に議論している。さらに、ロボット専門家だけではなく、ネットワーク、計算機科学、コンピュータビジョンなど多くの分野の専門家が参加しており、コミュニティがさらに拡大している。

ロボットソフトウェアプラットフォームを利用すれば、さまざまなハードウェアで構成されているロボットについて、それぞれのハードウェアに対する専門知識がなくても、アプリケーションプログラムを作成できる。また、ロボット開発者がハードウェアからソフトウェアまですべてを担った以前の開発プロセスとは異なり、ロボットソフトウェアプラットフォームを用いれば、より多くのソフトウェア技術者がロボット応用製品の開発に参加できる。ハードウェア技術者は、ソフトウェアプラットフォームが要求するインタフェースにあわせてハードウェアを設計すればよく、それぞれの専門に応じた役割分担のシステムが、ロボット技術の今後の発展を支える基盤になると考えられる。

第2章

Robot Operating System（ROS）

前章では、一般的なソフトウェアプラットフォーム、およびその構成要素について説明した。また、ロボットソフトウェアプラットフォームの例を紹介し、特に ROS はコミュニティ活動が活発であり、ライブラリの充実度、拡張性、開発の容易さなどにおいて、他のロボットソフトウェアプラットフォームより優れていることを説明した。本章では、そもそも ROS とは何かから、その特徴、構成、エコシステム、起源、バージョンなど、ROS の概要を紹介する。

2.1 ROS とは

ROS is an open-source, meta-operating system for your robot. It provides the services you would expect from an operating system, including hardware abstraction, low-level device control, implementation of commonly-used functionality, message-passing between processes, and package management. It also provides tools and libraries for obtaining, building, writing, and running code across multiple computers. http://www.ros.org/wiki/ より転載	

ROS Wiki ページでは、ROS は「オペレーティングシステム（OS）から通常、提供されるサービス、例えばハードウェアの抽象化、低レベルのデバイス制御、共通して利用される機能

の実装、プロセスの間のメッセージ交換、パッケージ管理に加えて、複数のコンピュータ間におけるコードの取得、ビルド、記述、実行のためのツールやライブラリを提供する」とされている。すなわち、ROSはコンピュータのOSと同様にハードウェア抽象化の機能を持っているものの、後述するようにOSそのものではないため、さまざまなハードウェアで利用できる。また、ROSはロボット開発に適したさまざまな開発環境を提供しており、ロボットアプリケーションプログラムを効率よく開発できる。

2.2 Meta-Operating System

現在、広く利用されているコンピュータのOSには、Windows（XP、7、8、10）、Linux（Linux Mint、Ubuntu、Fedora、Gentoo）、macOS（OS X、Mavericks、Yosemite、El Capitan、Sierra）などがあり、またスマートフォンのOSには、Android、iOS、Symbian、RiMO、TizenなどがあるOROSはRobot Operating Systemの略であり、その名称からこれらのOSの一種と思われるかもしれない。しかし、ROSは特定のコンピュータ用のOSではなく、既存のOSの上で動作するMeta-Operating System（メタOS）[†1]である。Meta-Operating Systemは公式の名称ではないが、アプリケーションプログラムや分散コンピューティングにおける仮想化レイヤに存在し、分散コンピューティング環境でスケジューリングおよびロード、モニタリング、エラー処理などを管理する。

ROSは現在、Linuxディストリビューションの1つであるUbuntu（OS）の上で、OSが提供するプロセス管理システム、ファイルシステム、ユーザインタフェース、プログラムユーティリティ（コンパイラ、スレッドスケジューラなど）を利用している。これに加えて、複数の異なるハードウェア間のデータ送受信やスケジューリング、エラー処理など、ロボットアプリケーションプログラムの開発と実行に必要な機能をライブラリとして提供する。これらの機能を提供するソフトウェアは、一般にミドルウェア（Middleware）またはソフトウェアフレームワーク（Software Framework）とも呼ばれる。

上述したように、これまでにMeta-Operating SystemであるROSを利用し、図2.1に示すようなさまざまなOSにおいて、多くのアプリケーションパッケージが開発、管理されている。つまり、ROSは既存のOSを利用し、ロボットやセンサなどハードウェアを抽象化することで、ロボットアプリケーションプログラムの作成をサポートするものである。

† 1 http://wiki.ros.org/ROS/Introduction

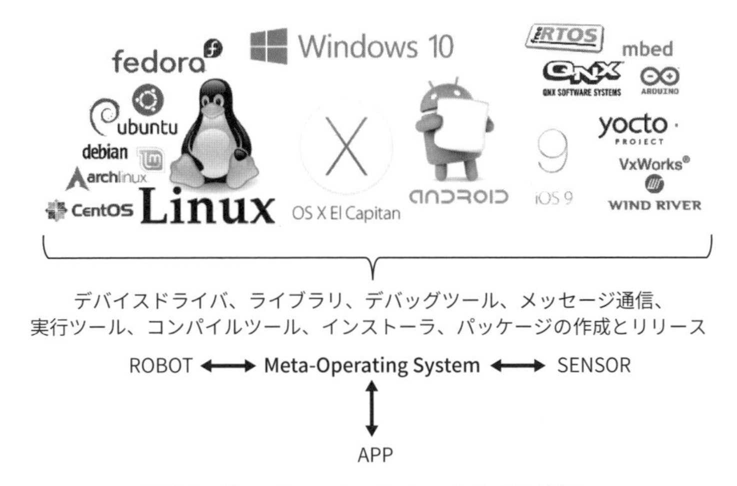

図 2.1　Meta-Operating System としての ROS

また、図 2.2 に示すように、ROS では異なるハードウェア、OS、アプリケーション間でデータ通信が可能である。このため、汎用コンピュータから組込み用 PC まで、多くのハードウェアや OS、制御ソフトウェアで構成されるロボットの開発に適している。これについては、次章で詳細に説明する。

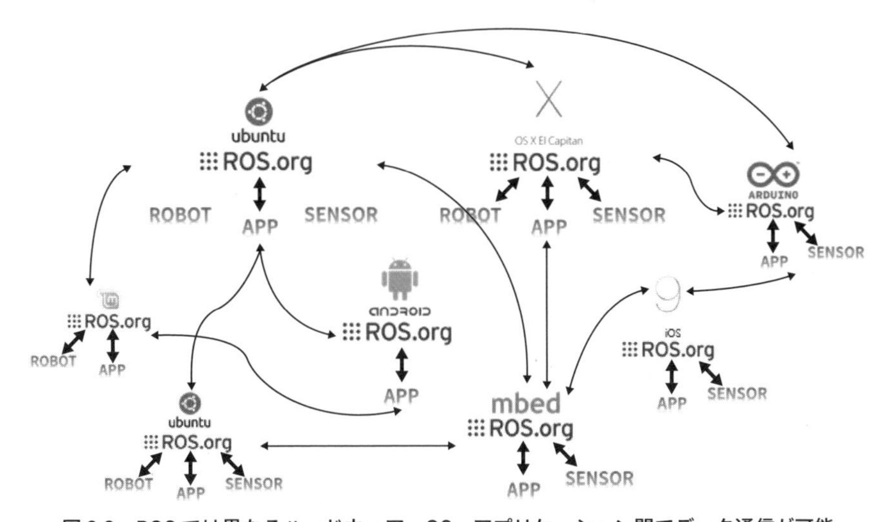

図 2.2　ROS では異なるハードウェア、OS、アプリケーション間でデータ通信が可能

2.3 ROSの特徴

ロボットソフトウェアプラットフォームには、現在、ROS以外にもOpenRTM、OPRoS、Player、YARP、Orocos、CARMEN、Orca、MOOS、Microsoft Robotics Studioなどがある。これらのプラットホームとの機能面での比較は可能であるが、それぞれ目指しているものや機能が異なり、直接的な比較はあまり意味を持たない。ROSの目標は「**ロボットソフトウェアの共同開発を全世界的に推進する**」ことであり、具体的には、多くのロボットソフトウェアプラットフォーム、ミドルウェア、フレームワークのなかでも、ロボットの研究、開発で使用されるソースコードの再利用性を最大化することにある。そのため、ROSは以下のような特徴を持っている。

- **分散プロセス**
  ノードと呼ばれる実行可能な最小単位のプロセスにより、全体の機能が実現される。各ノードは独立して並列的に動作し、双方向のデータ送受信が可能である。
- **パッケージ管理**
  同一の目的で作成された複数のノードは、まとめてパッケージとして管理される。パッケージの利用、共有、修正、再配布は極めて容易である。
- **公開リポジトリ**
  開発されたパッケージは、GitHubなどの開発者のリポジトリを通して公開される。ただし、各パッケージには適切なライセンスが付与されている。
- **APIの整備**
  ROSとは無関係に開発されたプログラムも、ROSで提供されるAPIを使えば、簡単にROSで利用できるプログラムに変更できる。以降の章で紹介されるソースコードを見ても明らかなように、ROSのプログラミングと一般的なC++やPythonのプログラミングは共通点が多い。
- **多数のプログラミング言語をサポート**
  ROSでは、自身で提供するクライアントライブラリ†2によってPython、C++、Lispなどの一般に広く利用されている言語から、Java、C#、Lua、Rubyなどの個別のアプリケーション開発に特化した言語まで、さまざまな言語を利用することができる。このため多くの開発者は、自分がよく知るプログラミング言語によって、ROSプログラミング開発が可能である。

これらの特徴から、ROSではソフトウェアの共同開発が容易であり、さらにコードの再利用が活発になり、ロボット研究が加速すると期待されている。

†2 http://wiki.ros.org/Client%20Libraries

2.4 ROSの構成

ROSの大まかな構成図を図2.3に示す。多言語プログラミング開発を支援するためのクライアントライブラリ、標準的なアプリケーションパッケージ、ハードウェア制御のためのインタフェース、データ通信、個別のアプリケーションプログラム作成のためのアプリケーションフレームワーク、シミュレータやソフトウェア開発支援ツールから構成される。

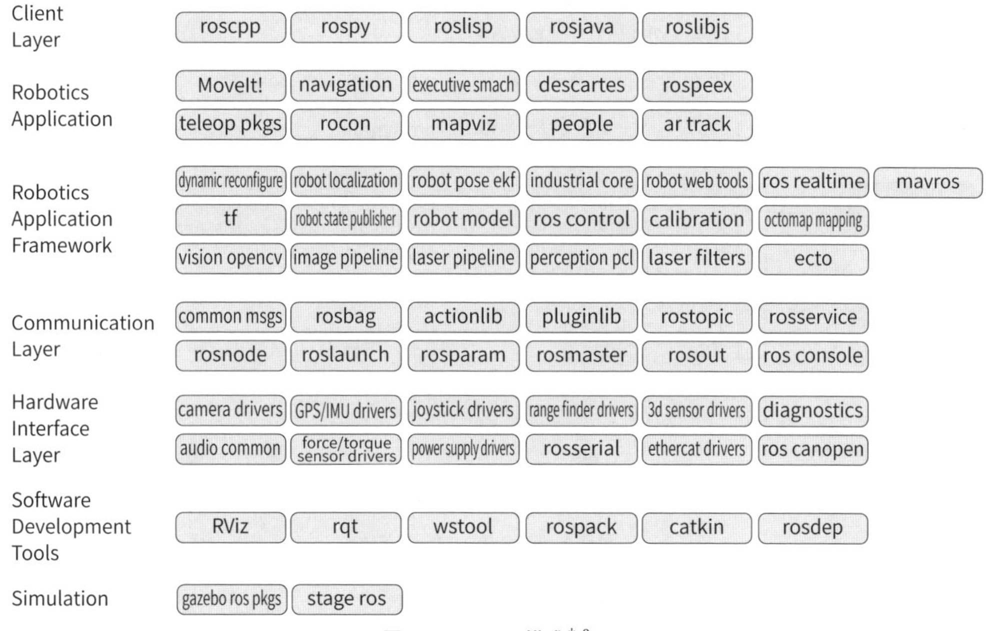

図2.3 ROSの構成[†3]

2.5 ROSのエコシステム

前述したように、スマートフォンではAndroid、iOS、Symbian、RiMO、Tizenなど、さまざまなOSの登場によってエコシステムが構成された。エコシステムの概念はスマートフォンの登場以前からあり、例えばパソコンにおいても、黎明期にはさまざまなハードウェアメーカーが製品機能を競っていたが、WindowsやLinuxの登場により、徐々に統合、整理され、エコシステムが確立されていった。

現在、ロボット分野でも同様の動きが始まっている。もちろん、現状ではすべてのロボットシステムで利用可能な標準的なOSは登場していない。しかし、ROSに代表されるロボットソフトウェアプラットフォーム整備の世界的な流れや、利用するユーザやツール、ライブラリの急激な増加から、ロボット分野におけるエコシステムも、そう遠くない時期に実現すると期

†3 http://wiki.ros.org/APIs

待できる。ロボットメーカー、OS 開発者、アプリ開発者、ユーザが一体となることで、ロボットの進化が加速する時代は、もうすぐそこまで来ている。

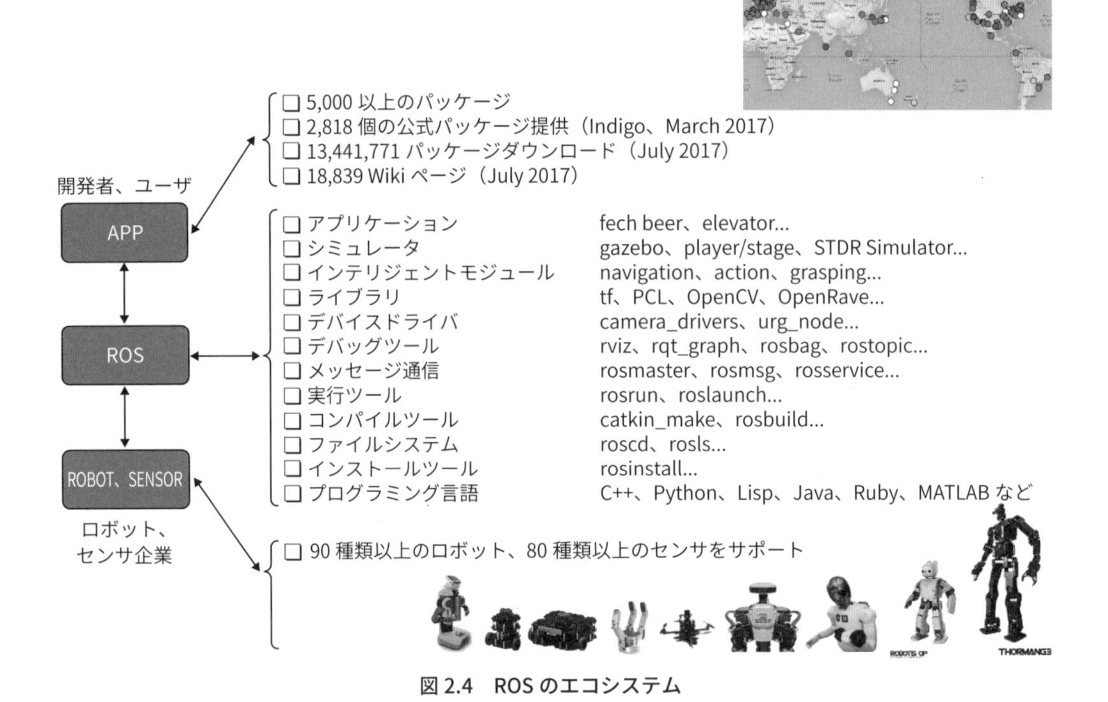

図 2.4 ROS のエコシステム

図 2.4 に、ROSCon 2016 † 4 で発表された ROS 公式統計 † 5、および 2017 年度の ROS Wiki ページ † 6 の資料で示された ROS のエコシステムの概要を示す。これまでロボット分野では、これほど大規模なロボットソフトウェアプラットフォームは存在していなかった。

2.6 ROS の起源

ROS は、2007 年 5 月、米国スタンフォード大学人工知能研究所（AI Lab）が行った STAIR (Stanford AI Robot) † 7 プロジェクトにおいて、モーガン・クィグリー（Morgan Quigley）† 8 博士が開発した Switchyard † 9 システムに端を発する。

† 4 http://roscon.ros.org/2016/
† 5 http://wiki.ros.org/Metrics
† 6 http://wiki.ros.org/
† 7 http://stair.stanford.edu/
† 8 https://www.osrfoundation.org/team/morgan-quigley/
† 9 http://www.willowgarage.com/pages/software/ros-platform

モーガン・クィグリー博士 **COLUMN**

モーガン・クィグリー博士は、現在、ROS の開発や管理を行うオープンロボティクス（Open Robotics、旧 Open Source Robotics Foundation）の設立者であり、ソフトウェア開発の責任者である。また、オープンロボティクスの共同設立者で現在の CEO であるブライアン・ジャーキー（Brian Gerkey）†10 氏は、2000 年から開発が開始され、ROS ネットワークプログラムに大きな影響を与えている Player/Stage プロジェクト（Player ネットワークサーバ、および 2D Stage シミュレータであり、3D シミュレータ Gazebo のもととなっている）の開発者である。

その後、2007 年 11 月に米国のロボット専門メーカーであった Willow Garage（ウィローガレージ）社に、ソフトウェアプラットフォームの開発が引き継がれた。Willow Garage 社は、当時、パーソナルロボットやサービスロボットの分野で著名な企業であり、画像処理のオープンソースソフトウェアである OpenCV や、Kinect などの 3D カメラから得られる点群処理に広く利用されている PCL（Point Cloud Library）の開発を支援したことでも知られている。

2010 年 1 月 22 日、Willow Garage 社は ROS 1.0 を発表した。その後、2010 年 3 月 1 日に、ROS 初のオフィシャルリリースである ROS Box Turtle が公開され、さらに C Turtle、Diamondback など、Ubuntu や Android と同様にアルファベット順にアップデート版がリリースされてきた。

ROS は BSD ライセンス（BSD 3-Clause License）†11 やアパッチライセンス 2.0（Apache License 2.0）†12 の下で管理されているため、誰でも修正、再利用、再配布できる。また、多くのボランティアにより常に改良が行われ、最新のソフトウェアが配布されている。ROS を採用したロボットには、PR2（Personal Robot に由来）†13 や TurtleBot †14 などがあり、これらのユーザ会がロボット関連学会などに設置されている。また ROSDay や ROSCon †15、ROS Meetup †16 などの ROS ユーザを対象としたさまざまなコミュニティも設立され、活発に活動している。

2.7 ROS のバージョン

ROS は Willow Garage 社で開発が進められたが、6 番目の公式リリース版である ROS Groovy Galapagos を最後に、2013 年から OSRF（Open Source Robotics Foundation）に開発が引き継がれた。その後、4 度のメジャーアップデートが行われ、2017 年 5 月からは OSRF

† 10 http://brian.gerkey.org/
† 11 https://opensource.org/licenses/BSD-3-Clause
† 12 https://www.apache.org/licenses/LICENSE-2.0
† 13 http://www.willowgarage.com/pages/pr2/overview
† 14 http://www.turtlebot.com/
† 15 http://roscon.ros.org
† 16 http://wiki.ros.org/Events

から名称を変更したOpen RoboticsがROSの開発、運営、管理を行っている。直近では、2017年5月23日にROSの11番目の公式リリース版であるROS Lunar Loggerheadが発表された。

ROSのリリースと関連コミュニティ会議

- 2017.12.08 ROS 2.0リリース
- 2017.09.21 ROSCon 2017開催（カナダ）
- 2017.05.23 Lunar Loggerheadリリース
- 2017.05.16 OSRFからOpen Roboticsに名称を変更
- 2016.10.08 ROSCon 2016開催（韓国）
- 2016.05.23 Kinetic Kameリリース
- 2015.10.03 ROSCon 2015開催（ドイツ）
- 2015.05.23 Jade Turtleリリース
- 2014.09.12 ROSCon 2014開催（米国）
- 2014.07.22 Indigo Iglooリリース
- 2014.06.06 ROS Kong 2014開催（香港）
- 2013.09.04 Hydro Medusaリリース
- 2013.05.11 ROSCon 2013開催（ドイツ）
- 2013.02.11 Open Source Robotics FoundationがROSの開発、管理を引き継ぐ
- 2012.12.31 Groovy Galapagosリリース
- 2012.05.19 ROSCon 2012開催（米国）
- 2012.04.23 Fuerteリリース
- 2011.08.30 Electric Emysリリース
- 2011.03.02 Diamondbackリリース
- 2010.08.02 C Turtleリリース
- 2010.03.02 Box Turtleリリース
- 2010.01.22 ROS 1.0発表
- 2007.11.01 Willow Garageが"ROS"の開発を開始
- 2007.05.01 Switchyardの開発（Morgan Quigley、スタンフォード大学）
- 2000 Player/Stage Project（Brian Gerkey, Richard Vaughan, Andrew Howard、南カリフォルニア大学）

2.7.1 ROSのバージョンのルール

ROSは、図2.5に示すように、ROS 1.0、Box Turtle、C Turtle、Diamondback、Electric Emys、Fuerte Turtle、Groovy Galapagos、Hydro Medusa、Indigo Igloo、Jade Turtle、

Kinetic Kame、Lunar Loggerheadの順にリリースされてきた。ROSはバージョン1.0を除いて、UbuntuやAndroidと同様にバージョン名をアルファベット順に、すべてカメ（Turtle）に関連した名前が付けられている。例えば、Kinetic Kameバージョンは11番目のアルファベット「K」を使った11番目のROSリリース（公式リリースでは10番目）である。

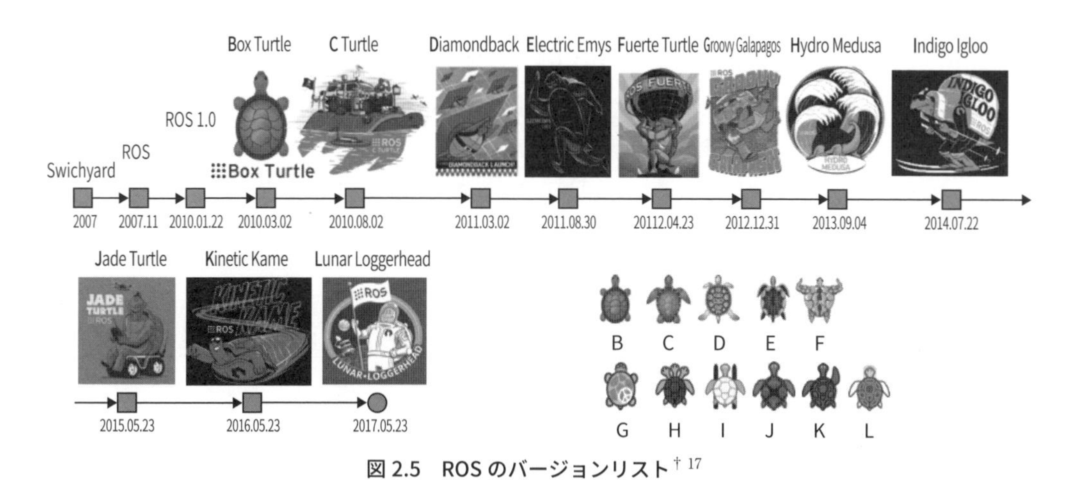

図2.5　ROSのバージョンリスト[†17]

また、それぞれのバージョンには、図2.6に示すようなカメのアイコンが設定されている。これらのアイコンは、ROSパッケージが提供する簡単な例題である`turtlesim`プログラムでも使用されている。また、ROSの公式ロボットプラットフォームであるTurtleBotも、名称はカメに由来する[†18]。カメを象徴としたのは、1960年代にMITの人工知能研究所[†19]で開発された教育用プログラムLogo[†20]の影響が大きい。

図2.6　各バージョンのカメのアイコン

2.7.2　ROSのリリース周期

かつてROSのリリース周期は、ROSが対応する代表的なOSであるUbuntuの新バージョンのリリースにあわせ、1年に2回（4月、10月）であった。しかし、2013年にリリースされたHydro Medusaバージョンから、頻繁なアップデートを望まないユーザの意見を取り入れて、1年1回（Ubuntuのリリースから1カ月後の5月）の公式リリースに変更された。ちなみに

† 17　http://wiki.ros.org/

† 18　https://spectrum.ieee.org/automaton/robotics/diy/interview-turtlebot-inventors-tell-us-everything-about-the-robot

† 19　http://el.media.mit.edu/logo-foundation/what_is_logo/index.html

† 20　https://en.wikipedia.org/wiki/Logo_(programming_language)

5月23日は世界カメの日（World Turtle Day）[†21]でもあり、この日に新バージョンがリリースされている。

ROSのサポート期間はバージョンごとに異なるが、基本的にはリリース日から2年間である。また、2年に1回リリースされるUbuntu LTS（Long Term Support）[†22]バージョンにあわせて開発されるROSバージョンのサポート期間は、Ubuntu LTSと同様に5年間である。例えば、2016年にリリースされたUbuntu 16.04 LTSに対応するROS Kinetic Kameは、2021年5月までサポートされる。LTSバージョン以外は、Linux Kernelの最新バージョンへの対応など、マイナーアップグレードや機能の維持、保守の意味合いが強い。したがって、多くのROSユーザは、偶数年度にリリースされるLTSバージョンのROSを利用している。表2.1は、近年にリリースされたROSのバージョンとサポート期間[†23]である。

表2.1 近年リリースされたROSのバージョンとサポート期間

名 称	リリース日	ポスター	チュートリアルのカメ	サポート終了日
Lunar Loggerhead	2017.05.23			2019.05
Kinetic Kame（おすすめ）	2016.05.23			2021.04（Xenial EOL）
Jade Turtle	2015.05.23			2017.05
Indigo Igloo	2014.07.22			2019.04

2.7.3 ROSのバージョンの選び方

ROSはMeta Operating Systemであるため、ROSを動かすためのOSを決定する必要がある。ROSがサポートするOSには、Ubuntu、Linux Mint、Debian、macOS、Fedora、Gentoo、Open Suse、Ark Linux、Windowsなどがあるが、なかでもUbuntuやLinux Mintが一般に利用されている。ROS開発チームもUbuntu LTSのバージョンに対してテストを行い、リリースを行っていることから、できるだけUbuntu LTSまたはLinux Mintの利用が望ましい。

それぞれのROSバージョンに対するROSパッケージの対応状況は、ROSバージョンの関連情報ページ[†24]から確認できる。このページでは、どのROSのパッケージがどのバージョ

† 21 https://www.worldturtleday.org/
† 22 https://wiki.ubuntu.com/LTS
† 23 http://wiki.ros.org/Distributions
† 24 http://repositories.ros.org/status_page/ros_kinetic_default.html

ンに対応しているかが記載されている。

以下は現在のUbuntuリリース版である。上述したページでは、これらのUbuntuに対して、ROSパッケージごとの対応状況を表しているが、パッケージのアップデートによるメリットが少なければ、現在使用しているROSバージョンを使用しても特に問題は少ない。

- Ubuntu 18.04 Bionic Beave（LTS）
- Ubuntu 17.10 Artful Aardvark
- Ubuntu 17.04 Zesty Zapus
- Ubuntu 16.10 Yakkety Yak
- **Ubuntu 16.04 Xenial Xerus（LTS）**
- Ubuntu 15.10 Wily Werewolf
- Ubuntu 15.04 Vivid Vervet
- Ubuntu 14.10 Utopic Unicorn
- **Ubuntu 14.04 Trusty Tahr（LTS）**
- Ubuntu 13.10 Saucy Salamander
- Ubuntu 13.04 Raring Ringtail
- Ubuntu 12.10 Quantal Quetzal
- **Ubuntu 12.04 Precise Pangolin（LTS）**

本書では、2018年から2019年まで（ROS LTSバージョンが安定して利用できる目安の期間）は、以下の組み合わせを推奨する。

- OS：Ubuntu 16.04 Xenial Xerus †25（LTS）またはLinux Mint 18.x
- ROSバージョン：ROS Kinetic Kame †26

† 25　http://releases.ubuntu.com/16.04/

† 26　http://wiki.ros.org/kinetic

第3章

ROS の開発環境の構築

ROS はさまざまな OS で動作するが、本書では Ubuntu、および Ubuntu と互換性の高い Linux Mint を対象に説明する。以下に本書で推奨する ROS の開発環境を示す。

- ハードウェア：Intel または AMD 製の CPU を搭載したデスクトップまたはノートパソコン
- OS：Ubuntu 16.04.x Xenial Xerus あるいは Linux Mint 18
- ROS：Kinetic Kame（以下、Kinetic と表記）

コンピュータの OS が macOS [†1] または Windows [†2] であれば、各 OS に対する ROS のインストール方法は関連 Wiki ページ[†3] から確認できる。また、ARM CPU を使用した SBC（Single Board Computer）の場合、OS が Ubuntu か Linux Mint（図 3.1）であれば、以下の説明と同様にインストールできる。

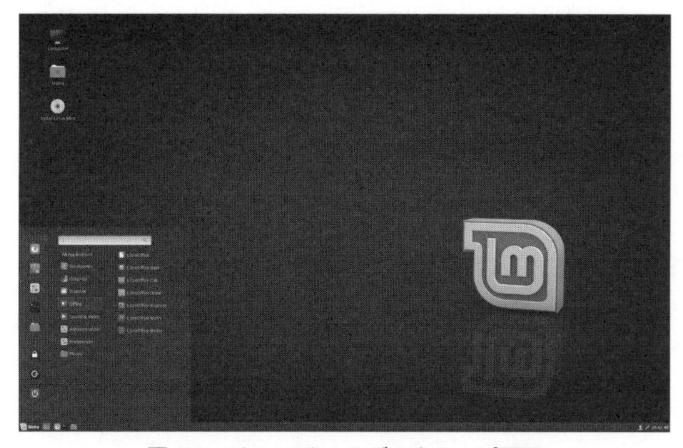

図 3.1　Linux Mint のデスクトップ画面

† 1　http://wiki.ros.org/kinetic/Installation/OSX/Homebrew/Source
† 2　http://wiki.ros.org/hydro/Installation/Windows
† 3　http://wiki.ros.org/kinetic/Installation

3.1 ROSのインストール

本節では、ROS Kineticのインストール手順を示す。以下では、ROSの公式HPに従った一般的なインストール方法と、筆者が用意したスクリプトを利用した簡単なインストール方法について説明する。

3.1.1 一般的なROSのインストール方法

NTP（Network Time Protocol）設定

複数のコンピュータ間で通信を行う場合、NTP[†4]を利用して各コンピュータで時刻を同期する必要がある。以下のコマンドでは、chronyをインストールし、ntpdateコマンドでntpサーバを指定する。これによりコンピュータの時刻が自動的にサーバの時刻に同期する。

```
$ sudo apt-get install -y chrony ntpdate
$ sudo ntpdate -q ntp.ubuntu.com
```

ソースリストの追加

ros-latest.listにROS関連サーバのURLを追加する。ターミナル(Ctrlキー、Altキー、"t"キーを同時に押す）を開き、以下のコマンドを入力する。

```
$ sudo sh -c 'echo "deb https://packages.ros.org/ros/ubuntu $(lsb_release
-sc) main" > /etc/apt/sources.list.d/ros-latest.list'
```

キー設定

ROS関連サーバからパッケージをダウンロードするための公開キーを追加する。ただし、以下の公開キーはサーバ更新の際に変更されるため、そのたびに、公式Wikiページ[†5]で確認してほしい。

```
$ sudo apt-key adv --keyserver hkp://ha.pool.sks-keyservers.net:80 --recv
-key 421C365BD9FF1F717815A3895523BAEEB01FA116
```

パッケージインデックスのアップデート

あらかじめ、以下のコマンドでUbuntuのパッケージをアップグレードしておく。

```
$ sudo apt-get update && sudo apt-get upgrade -y
```

---

†4　https://en.wikipedia.org/wiki/Network_Time_Protocol
†5　http://wiki.ros.org/kinetic/Installation/Ubuntu

ROS Kinetic のインストール

以下のコマンドを入力し、デスクトップ用の ROS パッケージをインストールする。このパッケージには、ROS 本体のほかに、グラフィカルなユーティリティツール rqt、可視化ツール RViz、その他の関連ライブラリが含まれる。

```
$ sudo apt-get install ros-kinetic-desktop-full
```

上に示したコマンドでも基本的な rqt の機能はインストールされるが、本書では rqt に関連するすべてのパッケージをインストールしておくことを推奨する。

```
$ sudo apt-get install ros-kinetic-rqt*
```

ROS パッケージバイナリ　COLUMN

ROS パッケージの検索には、apt-cache 命令が利用できる。以下のコマンドで、ros-kinetic で始まるすべてのパッケージが検索できる。現在、約 1,600 個のパッケージが利用できる。

```
$ apt-cache search ros-kinetic
```

パッケージを個別にインストールしたい場合は、次のコマンドを入力する。

```
$ sudo apt-get install ros-kinetic-[パッケージ名]
```

コマンドライン以外にも、synaptic package manager などの GUI ツールも利用できる。

APT（Advanced Packaging Tool）† 6　COLUMN

apt-get、apt-key、apt-cache などの apt 命令は、Ubuntu、Linux Mint を含む Debian 系 Linux のパッケージ管理に頻繁に利用される。

以前のバージョンの ROS をアンインストールする方法　COLUMN

以下は apt-get を用いて ROS Indigo バージョンをアンインストールする例である。

```
$ sudo apt-get purge ros-indigo-*
```

† 6　https://en.wikipedia.org/wiki/Advanced_Packaging_Tool

rosdepの初期化

rosdepはROSのメインコンポーネントを利用したり、プログラムをコンパイルする際、OSに依存した外部のライブラリやツールをインストールするためのツールである。ROSを利用する前には、必ず一度、rosdepを初期化しておく必要がある。

```
$ sudo rosdep init
$ rosdep update
```

rosinstallのインストール

ROSのさまざまなパッケージをインストールする際に役に立つツールである。頻繁に利用するので、必ずインストールしよう。

```
$ sudo apt-get install python-rosinstall
```

環境設定の呼び出し

環境設定ファイルには、ROS_ROOT、ROS_PACKAGE_PATHなどの環境変数があらかじめ定義されており、以下のコマンドで読み込める。

```
$ source /opt/ros/kinetic/setup.bash
```

作業フォルダの生成および初期化

ROSではROS専用ビルドシステムであるcatkinを採用している。catkinを利用するには、以下のようにあらかじめ作業フォルダcatkin_wsを作成し、初期化する必要がある。この作業は、作業フォルダを削除して再度作成しない限り、一度だけ行えばよい。

```
$ mkdir -p ~/catkin_ws/src
$ cd ~/catkin_ws/src
$ catkin_init_workspace
```

フォルダcatkin_wsが作成できたら、ビルドを行う。作成直後の作業フォルダには、srcフォルダと、その下のCMakeLists.txtファイルのみがある。ビルドを行うには、catkin_makeコマンドを利用する。

```
$ cd ~/catkin_ws/
$ catkin_make
```

ビルドが終了したら、lsコマンドで現在の作業フォルダにあるファイルを確認する。ビルドに成功すると、以下に示すように、srcフォルダのほかにbuild、develフォルダがそれぞれ作成されている。このとき、catkinビルドシステムのビルド関連ファイルはbuildフォルダに、実行関連ファイルはdevelフォルダに、それぞれ自動的に生成される。

```
$ ls
build
devel
src
```

最後に、catkinビルドシステムの環境設定ファイルを読み込んでおく。

```
$ source ~/catkin_ws/devel/setup.bash
```

テスト

ROSがインストールできたら、以下の手順で動作テストをする。新たにターミナルを開き、roscoreを起動する。

```
$ roscore
```

ROSが正しくインストールされていれば、roscoreの実行後、次のように表示される。

```
... logging to /home/pyo/.ros/log/9e24585a-60c8-11e7-b113-08d40c80c500/ros
launch-pyo-5207.log
Checking log directory for disk usage. This may take awhile.
Press Ctrl-C to interrupt
Done checking log file disk usage. Usage is <1GB.

started roslaunch server http://localhost:38345/
ros_comm version 1.12.7

SUMMARY
========

PARAMETERS
 * /rosdistro: kinetic
 * /rosversion: 1.12.7

NODES

auto-starting new master
process[master]: started with pid [5218]
ROS_MASTER_URI=http://localhost:11311/

setting /run_id to 9e24585a-60c8-11e7-b113-08d40c80c500
process[rosout-1]: started with pid [5231]
started core service [/rosout]
```

3.1.2 スクリプトを利用したROSのインストール

Ubuntuのバージョンが16.04.xまたはLinux Mint 18.xであれば、上述したROSのインストール手順をまとめたスクリプトファイルを利用できる。

```
$ wget https://raw.githubusercontent.com/ROBOTIS-GIT/robotis_tools/master/
install_ros_kinetic.sh
$ chmod 755 ./install_ros_kinetic.sh
$ bash ./install_ros_kinetic.sh
```

wgetコマンドでダウンロードするinstall_ros_kinetic.shシェルスクリプトには、3.1.1項で述べた一般的なインストール手順がすべて含まれている。さらに、3.2.1項で述べるROSの環境設定も自動的に行われ、手軽にROS環境を用意することができる。

3.2 ROSの開発環境

3.2.1 ROSの環境設定

3.1.1項のROSのインストール時に、以下のコマンドで環境設定ファイルを読み込んだが、ROSを利用するには、新しくターミナルを開くたびにこれらのコマンドを毎回実行しなければならない。

```
$ source /opt/ros/kinetic/setup.bash
$ source ~/catkin_ws/devel/setup.bash
```

そこで、ターミナルを開くたびに自動的に環境設定ファイルを読み込むように設定する。また、ROSネットワークの設定や、頻繁に利用するコマンドのショートカット（短縮形）も同時に設定することにする。

まず、geditなどのエディタを用いて~/.bashrcファイルを読み込む（エディタにはatom、sublime text、vim、emacs、nano、visual studio codeなども利用できるが、本書ではgeditを利用する）。

```
$ gedit ~/.bashrc
```

.bashrcにはすでにさまざまな設定が記述されているが、ファイルの最後に以下の設定を追加する。ただし、後述するように、xxx.xxx.xxx.xxxには設定するコンピュータのIPアドレス（PC 1台であればlocalhostでも可）を、ROS_HOSTNAMEにはIPアドレスかドメイン名（同localhostでも可）を記入する。IPアドレスの設定については後述する「ROSネットワークの設定」で詳しく述べる。すべてを入力し終えたら、ファイルを保存し、gedit を終了する。

リスト 3.1 ~/.bashrc への追加部分

```
# Set ROS Kinetic
source /opt/ros/kinetic/setup.bash
source ~/catkin_ws/devel/setup.bash

# Set ROS Network
export ROS_HOSTNAME=xxx.xxx.xxx.xxx
export ROS_MASTER_URI=http://${ROS_HOSTNAME}:11311

# Set ROS alias command
alias cw='cd ~/catkin_ws'
alias cs='cd ~/catkin_ws/src'
alias cm='cd ~/catkin_ws && catkin_make'
```

.bashrc の変更を反映するために、次のコマンドを入力するか、ターミナルをいったん閉じ、新たにターミナルを開く。

```
$ source ~/.bashrc
```

では、リスト 3.1 の内容を具体的に見てみよう。

ROS 環境設定の呼び出し

リスト 3.1 において、先頭行の "#" はコメントアウトを意味し、後の文章はコメントとして扱われる。次の行の source コマンドで、環境設定ファイルを読み込んでいる。

```
# Set ROS Kinetic
source /opt/ros/kinetic/setup.bash
source ~/catkin_ws/devel/setup.bash
```

ROS ネットワークの設定

ここでは ROS_HOSTNAME と ROS_MASTER_URI の設定を行う。ROS はインターネットを使用し、ノード情報を管理するコンピュータ（Master と呼ばれる）や、実際にノードを実行するコンピュータ（Host と呼ばれる）で動作しているノード間でメッセージ通信を行う。そこで、Master/Host のコンピュータの IP アドレスを設定する。以下の例は Master も Host も同じコンピュータとして、IP アドレスを 192.168.1.100 に設定した例である。Master や Host を別々のコンピュータで動作させる場合には、各コンピュータに割り当てられた IP を設定する。IP アドレスは、後述するように ifconfig コマンドで確認できる。

```
# Set ROS Network
export ROS_HOSTNAME=192.168.1.100
export ROS_MASTER_URI=http://${ROS_HOSTNAME}:11311
```

一方、コンピュータが1台だけでIPアドレスを特定する必要がない場合や、インターネットに接続せず、IPアドレスの割り当てができない場合は、IPアドレスに`localhost`と指定してもよい。

```
# Set ROS Network
export ROS_HOSTNAME=localhost
export ROS_MASTER_URI=http://localhost:11311
```

ifconfig [†7] COLUMN

Linuxで IPアドレスを確認したいときに利用する。有線LANが利用可能であれば`enp3s0`の`inet addr`に、無線LANが利用可能であれば`wlp2s0`の`inet addr`に、それぞれIPアドレスが出力される。以下の例では、有線LANのIPアドレスは192.168.1.100、無線LANは192.168.11.19である。

```
$ ifconfig
enp3s0    Link encap:Ethernet  HWaddr d8:cb:8a:f1:74:2b
          inet addr:192.168.1.100  Bcast:192.168.1.255  Mask:255.255.255.0
          inet6 addr: fe80::60fc:7e2b:b877:f82b/64 Scope:Link
          UP BROADCAST RUNNING MULTICAST  MTU:1500  Metric:1
          RX packets:52 errors:0 dropped:0 overruns:0 frame:0
          TX packets:81 errors:0 dropped:0 overruns:0 carrier:0
          collisions:0 txqueuelen:1000
          RX bytes:10172 (10.1 KB)  TX bytes:8917 (8.9 KB)
          Interrupt:19

lo        Link encap:Local Loopback
          inet addr:127.0.0.1  Mask:255.0.0.0
          inet6 addr: ::1/128 Scope:Host
          UP LOOPBACK RUNNING  MTU:65536  Metric:1
          RX packets:3520 errors:0 dropped:0 overruns:0 frame:0
          TX packets:3520 errors:0 dropped:0 overruns:0 carrier:0
          collisions:0 txqueuelen:1
          RX bytes:560728 (560.7 KB)  TX bytes:560728 (560.7 KB)

wlp2s0    Link encap:Ethernet  HWaddr 08:d4:0c:80:c5:00
          inet addr:192.168.11.19  Bcast:192.168.11.255  Mask:255.255.255.0
          inet6 addr: fe80::a60b:e157:4157:d9dc/64 Scope:Link
          UP BROADCAST RUNNING MULTICAST  MTU:1500  Metric:1
          RX packets:675821 errors:0 dropped:0 overruns:0 frame:0
          TX packets:219992 errors:0 dropped:0 overruns:0 carrier:0
          collisions:0 txqueuelen:1000
          RX bytes:919561165 (919.5 MB)  TX bytes:46928931 (46.9 MB)
```

†7 https://en.wikipedia.org/wiki/Ifconfig

ショートカットコマンドの設定

次の行では、ROSを利用する際に頻繁に利用されるコマンドのショートカット（短縮形）を設定している。ここでは以下のcw、cs、cmの3つを設定した。

- cw：~/catkin_wsへ移動
- cs：~/catkin_ws/srcへ移動
- cm：~/catkin_wsへ移動し、catkin_makeコマンドでROSパッケージをビルド

```
# Set ROS alias command
alias cw='cd ~/catkin_ws'
alias cs='cd ~/catkin_ws/src'
alias cm='cd ~/catkin_ws && catkin_make'
```

ROS環境設定の確認　COLUMN

export | grep ROSコマンドにより、現在の環境設定の状況が確認できる。

```
$ export | grep ROS
declare -x ROSLISP_PACKAGE_DIRECTORIES="/home/pyo/catkin_ws/devel/share/
common-lisp"
declare -x ROS_DISTRO="kinetic"
declare -x ROS_ETC_DIR="/opt/ros/kinetic/etc/ros"
declare -x ROS_HOSTNAME="localhost"
declare -x ROS_MASTER_URI="http://localhost:11311"
declare -x ROS_PACKAGE_PATH="/home/pyo/catkin_ws/src:/opt/ros/kinetic/
share"
declare -x ROS_ROOT="/opt/ros/kinetic/share/ros" ROS
```

最新バージョンと他バージョンのROSを切り替えて利用する　COLUMN

3.2.1項で説明した~/.bashrcに追加したROSの設定ファイルを呼び出すコマンドで、

```
source /opt/ros/kinetic/setup.sh
```

と同様に、kinetic以外のバージョンの名前（indigoなど）に置き換える。

3.2.2 統合開発環境（IDE）

IDEは、プログラム作成（コーディング）、デバッグ、コンパイル、配布など、プログラム開発に必要なすべての作業を、1つのソフトウェアで提供するプログラムである。ROSを利用したプログラム開発でもさまざまなIDE[†8]が利用できるが、特にEclipse、CodeBlocks、Emacs、Vim、NetBeans、QtCreator[†9]、Visual Studio Codeがよく使用される。

†8　http://wiki.ros.org/IDEs
†9　https://www.qt.io/ide/

おすすめの統合開発環境 COLUMN

筆者はEclipseを主に利用していたが、高機能ではあるが動作が重く、不便に感じる場合があった。そこで本書では、簡単に作業したい場合はVisual Studio Codeを、GUIを利用するプログラムの開発にはQtCreatorを推奨する。

QtCreatorはGUI環境であるQtを利用したプログラム開発に適したIDEであり、ROSのデバッグ、モニタリングに利用される`rqt`や、視覚化ツールであるRVizもQtCreatorを用いて作成されている。また、Qtを利用しなくても、汎用エディタとしての機能を十分に備えており、ROSのパッケージを`CMakeLists.txt`を通じて直接呼び出すことができるため、`catkin_make`を使用する際も便利である。

以下では、QtCreator、およびVisual Studio Codeを用いたROS開発環境の設定方法について述べる。なお、IDEを利用するにはROSプログラミングを十分に理解しておく必要があることから、ここではIDEをインストールするだけにとどめておく。IDEのインストールができたら、コンパイル、ビルドなどはせずに3.3節に進んでほしい。

QtCreatorのインストール

以下のコマンドでQtCreatorをインストールする。

```
$ sudo apt-get install qtcreator
```

QtCreatorの起動

QtCreatorはアイコンをクリックすることで起動できるが、ROSの開発に利用する場合、`~/.bashrc`に記入した環境設定がすべて適用されるように、ターミナルを開いてコマンドを入力して起動する。

```
$ qtcreator
```

図3.2にQtCreatorを起動した画面を示す。

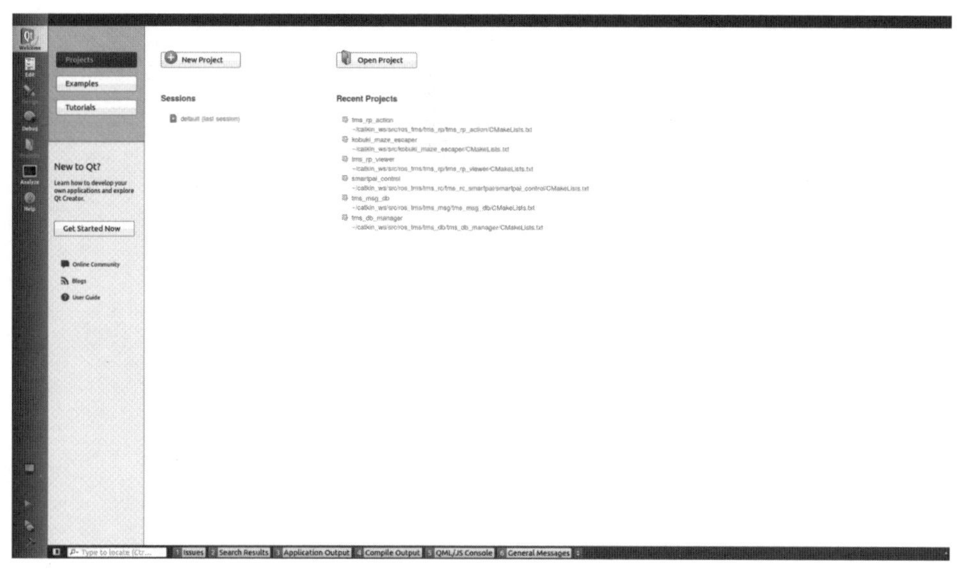

図 3.2　QtCreator IDE

ROS パッケージを QtCreator のプロジェクトとして読む込む

QtCreator はクロスプラットホームのビルドツール CMake で使用される `CMakeLists.txt` を読み込むことができる。ROS パッケージも `CMakeLists.txt` で構成されるため、図 3.3 に示すように、「Open Project」ボタンをクリックし、開きたい ROS パッケージの `CMakeLists.txt` を選択して読み込むことで、新たなプロジェクトとして QtCreator で開くことができる（図 3.4）。

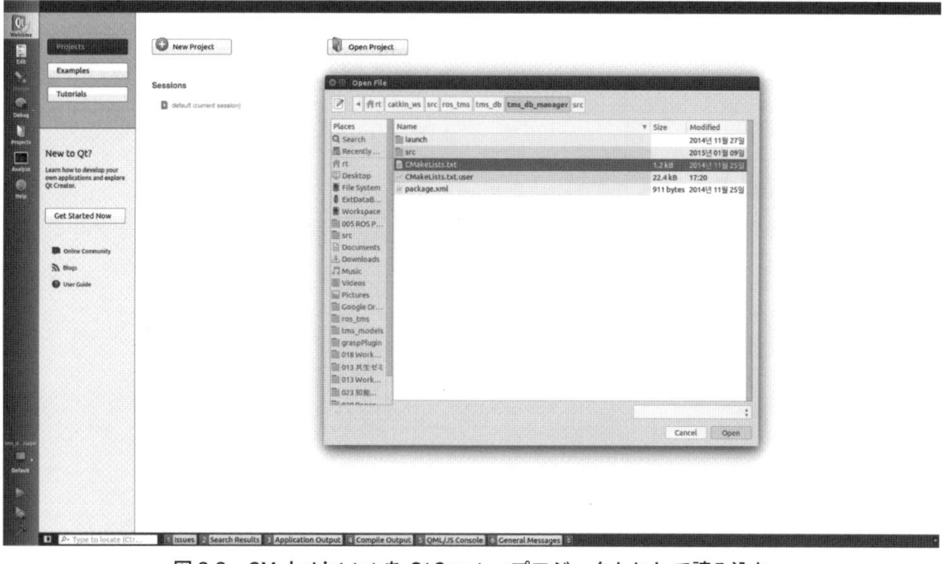

図 3.3　CMakeList.txt を QtCreator プロジェクトとして読み込む

図 3.4 QtCreator プロジェクトを読み込んだ様子

ビルドコマンド「Ctrl キー +"b" キー」により、catkin_make によってプログラムがコンパイルされる。ただし、ビルド関連ファイルは選択したパッケージと同じ位置に生成される。例えば、tms_rp_action パッケージをビルドすると、CMakeLists.txt の置かれたフォルダ内に build-tms_rp_action-Desktop-Default フォルダが生成される。本来は、これらのフォルダは ~/catkin_ws/build と ~/catkin_ws/devel に作成されるべきものであり、このためにはターミナルを開いて catkin_make を再度、手動で実行する必要がある。ただし、この処理を毎回繰り返す必要はなく、プログラムの作成時は QtCreator でビルドを行い、プログラムが完成した後にターミナルで catkin_make を実行すればよい。なお、QtCreator を ROS 開発環境に最適化させる QtCreator Plugin for ROS [†10] も提供されているので、参考にしてほしい。

Visual Studio Code のインストール

「Download Visual Studio Code」ページ[†11] から Ubuntu 用の .deb ファイルをダウンロードし（図 3.5、3.6）、インストールする。

† 10 https://github.com/ros-industrial/ros_qtc_plugin/wiki
† 11 https://code.visualstudio.com/download

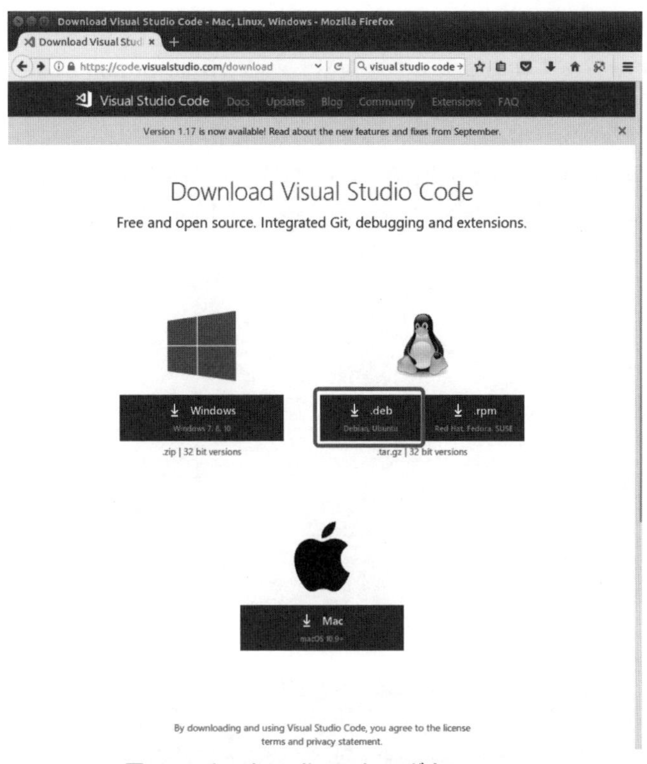

図 3.5　Visual Studio Code のダウンロード

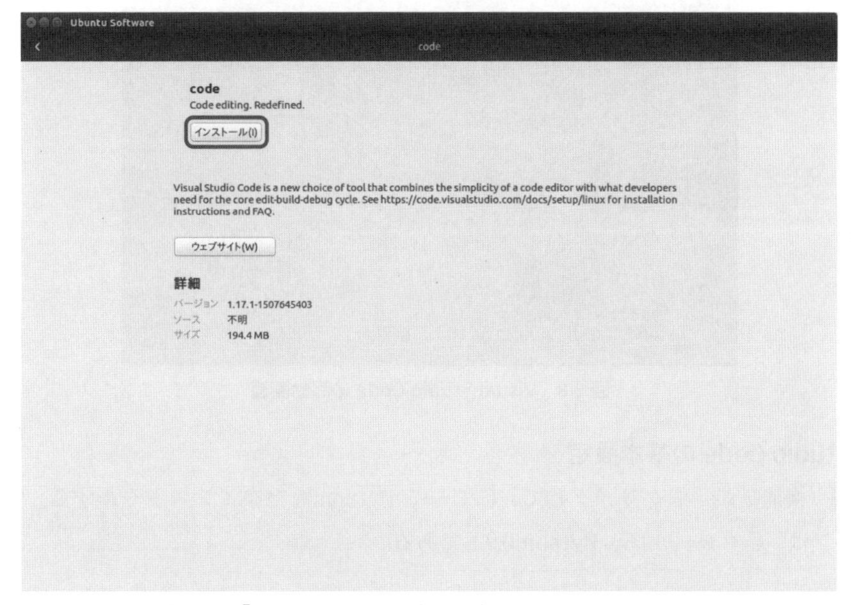

図 3.6　「インストール」をクリックしてインストールする

Visual Studio Code の起動

画面左のランチャーの「コンピュータを検索」から Visual Studio Code を検索して起動する（図 3.7、3.8）。

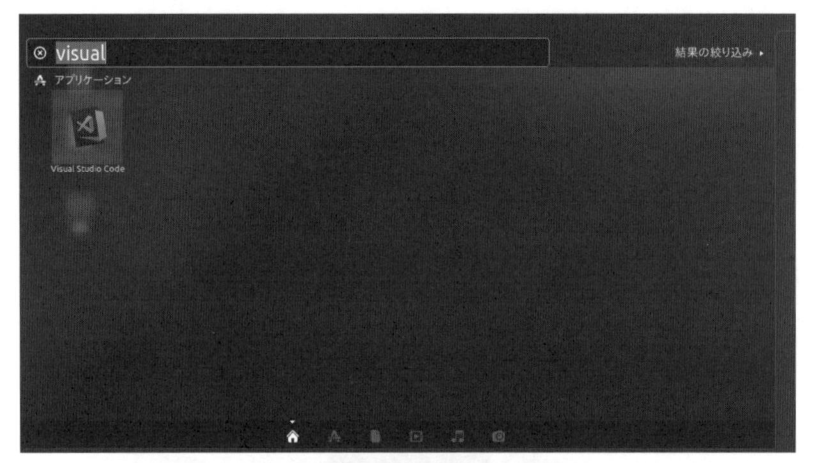

図 3.7　Visual Studio Code の起動

図 3.8　Visual Studio Code の起動画面

Visual Studio Code の基本設定

左の（機能拡張）をクリックして、C/C++、Python などをインストールする。執筆時のバージョンは、C/C++ 0.14.5、Python 0.9.1 である。

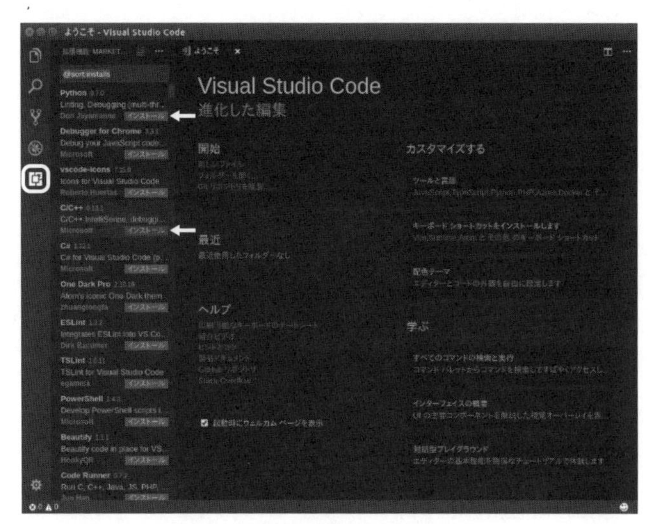

図 3.9　機能拡張のインストール

Visual Studio Code を用いたデバッグ

Visual Studio Code を起動して、メニューの「ファイル」→「フォルダーを開く」を選択し、catkin_ws/src 内のデバッグしたいパッケージのフォルダを選択し、「OK」ボタンをクリックする（図 3.10）。

図 3.10　パッケージを選択

最初の 1 回だけ F5 キーを押して「C++(GDB/LLDB)」（あるいは「Python」など）を選択し（図 3.11）、パッケージフォルダの .vscode/launch.json をリスト 3.2 のように編集する（図 3.12）。

リスト 3.2 .vscode/launch.json

```
{
    "version": "0.2.0",
    "configurations": [
        {
            "name": "(gdb) Launch",
            "type": "cppdbg",
            "request": "launch",
            //"progam"の行をコメントアウトし、新たにdevel/lib以下のファイルを追加
            //"program": "enter program name, for example ${workspaceRoot}
/a.out",
            "program": "${workspaceRoot}/../../devel/lib/[パッケージ名]/[実行
ノード名]",
            "args": [],
            "stopAtEntry": false,
            "cwd": "${workspaceRoot}",
            "environment": [],
            "externalConsole": true,
            "MIMode": "gdb",
            "setupCommands": [
                {
                    "description": "Enable pretty-printing for gdb",
                    "text": "-enable-pretty-printing",
                    "ignoreFailures": true
                }
            ]
        }
    ]
}
```

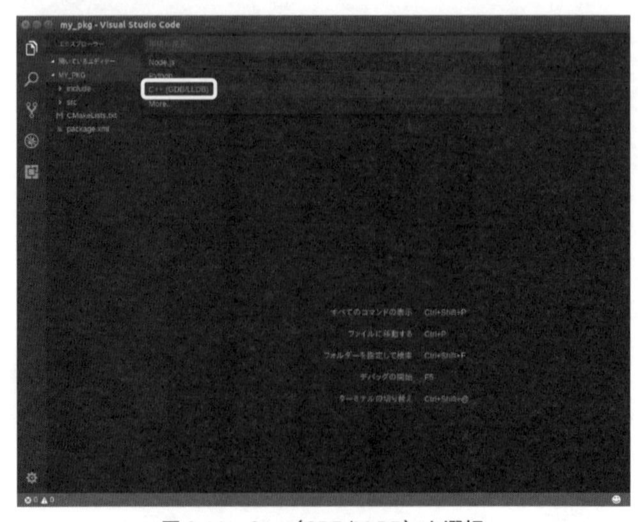

図 3.11 C++ (GDB/LLDB) を選択

図 3.12 .vscode/launch.json を編集

srcからデバッグしたいプログラムを選択し、必要に応じてブレークポイントを設定（赤印・左クリックで設定）する。

図 3.13 ブレークポイントを設定

新たなターミナルを開いて、デバッグモードでcatkin_makeを行う。

```
$ cd ~/catkin_ws
$ catkin_make -DCMAKE_BUILD_TYPE=Debug
```

その後、新たなターミナルを開いて、roscoreを実行しておく。

Visual Studio Codeに戻り、F5キーを押すか、メニューの「デバッグ」→「デバッグの開始」

を選択してデバッグを開始する。ブレークポイントを設定していれば、ブレークポイントでプログラムが停止する。

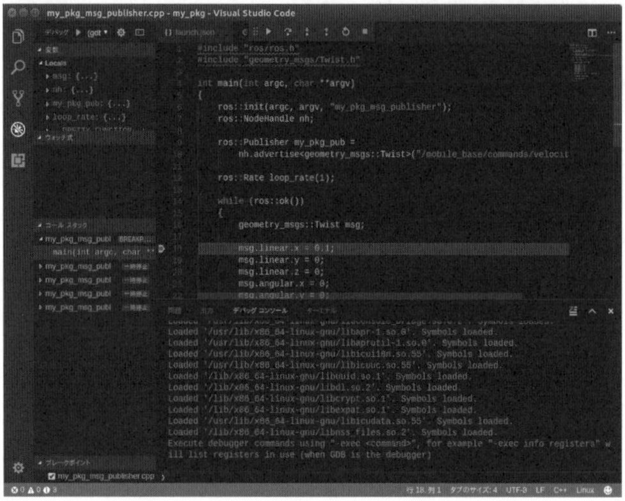

図3.14　F5キーを押してプログラムを実行

3.3　ROS動作テスト

ROSのインストールが終わったら、問題なく動作するかを確認してみよう。以下は、turtlesimパッケージを使用した例であり、このパッケージにはROSの象徴であるカメロボットを画面に表示するノードや、キーボードを使って操縦するノードが含まれる。

なお、以降の説明ではノード、パッケージ、roscoreなど、ROS固有の用語が多く用いられているが、これらについては4.1節「ROSの用語」で詳しく説明することとし、ここではROSが問題なく動作するかを確認しよう。

roscoreの実行

ターミナルを開き（Ctrlキー+Altキー+"t"キー）、次のコマンドを入力してroscoreを起動する。

```
$ roscore
```

```
File  Edit  View  Search  Terminal  Help
pyo@pyo ~ $ roscore
... logging to /home/pyo/.ros/log/d257f510-60cc-11e7-b113-08d40c80c500/roslaunch
-pyo-7562.log
Checking log directory for disk usage. This may take awhile.
Press Ctrl-C to interrupt
Done checking log file disk usage. Usage is <1GB.

started roslaunch server http://localhost:38881/
ros_comm version 1.12.7


SUMMARY
========

PARAMETERS
 * /rosdistro: kinetic
 * /rosversion: 1.12.7

NODES

auto-starting new master
process[master]: started with pid [7573]
ROS_MASTER_URI=http://localhost:11311/

setting /run_id to d257f510-60cc-11e7-b113-08d40c80c500
process[rosout-1]: started with pid [7586]
started core service [/rosout]
```

図 3.15　roscore の起動画面

turtlesim パッケージの turtlesim_node の実行

新たなターミナルを開き、次のコマンドを入力して、turtlesim パッケージの turtlesim_node を起動する。turtlesim_node が起動すると、青い背景のウィンドウが開かれ、そのなかに 1 匹のカメ（カメアイコンは実行のたびに異なる）が表示される（図 3.16 左）。

```
$ rosrun turtlesim turtlesim_node
[INFO] [1499182058.960816044]: Starting turtlesim with node name /turtlesi
m
[INFO] [1499182058.966717811]: Spawning turtle [turtle1] at x=[5.544445],
y=[5.544445], theta=[0.000000]
```

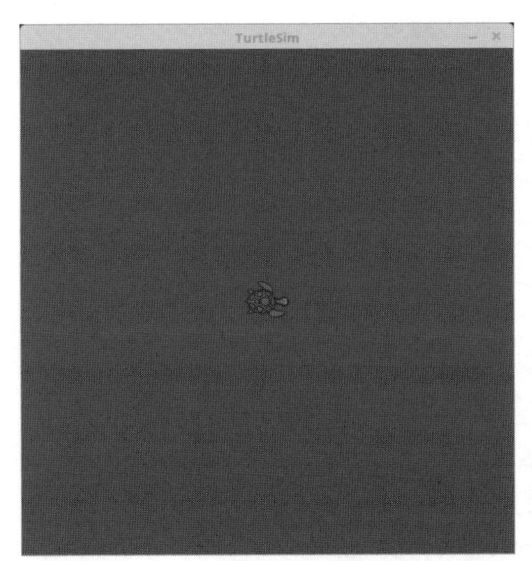

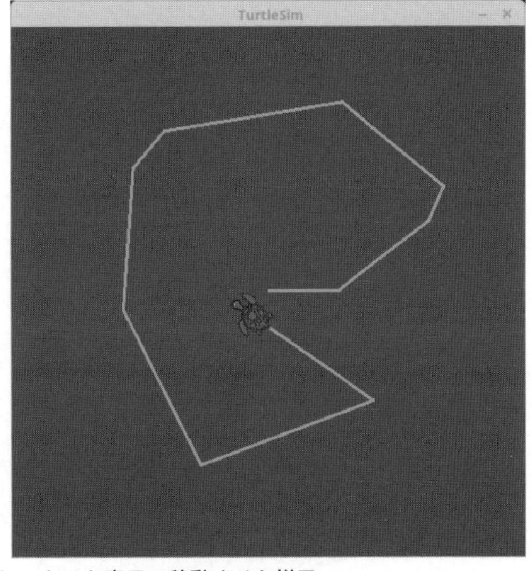

図 3.16　turtlesim_node を起動し、カメを表示、移動させた様子

turtlesim パッケージの turtle_teleop_key の実行

新たなターミナルを開き、次のコマンドを入力して、turtlesim パッケージの turtle_teleop_key を起動する。ターミナル内で矢印ボタン（←、→、↑、↓）を押すと、図3.16右に示すようにカメが動く。これらは簡単なシミュレーションプログラムであるが、実際にロボットを遠隔操作するときにも利用できる。

```
$ rosrun turtlesim turtle_teleop_key
Reading from keyboard
---------------------------
Use arrow keys to move the turtle.
```

ターミナルで Tab キーを利用しよう　COLUMN

Linux ではターミナル上でキーボードからコマンドを入力する。このため、慣れないうちは不便を感じることが多い。しかし Linux には Tab キーを押すことで、すべての命令文を覚えていなくても自動的に補間してくれる機能がある。これを用いればコマンドがあやふやでも正しく入力できる。例えば、上述した rosrun 命令の次に turtlesim を入力し、Tab キーを押すと turtlesim パッケージに含まれるすべてのノードが表示される。

```
$ rosrun turtlesim [Tab]
```

次に turtle_teleop まで入力した後に Tab キーを押すと、使用可能なコマンドが自動的に補間される。

```
$ rosrun turtlesim turtle_teleop [Tab]
$ rosrun turtlesim turtle_teleop_key
```

rqt_graph パッケージの rqt_graph の実行

新たにターミナルを開いて rqt_graph コマンドを入力すると、rqt_graph パッケージの rqt_graph ノードが実行される。これにより、図3.17に示すように、起動しているノードとその接続関係がノードグラフとして表示される。

```
$ rqt_graph
```

ノードグラフの楕円はノードを、四角はトピックを意味する。また、/teleop_turtle ノードと /turtlesim ノードは、矢印によってつながっている。これは両ノードが実行中であり、その間でメッセージ通信を行っているという意味である。さらに、矢印で挟まれた四角内の /turtle1/cmd_vel はノード間で通信を行うトピックの名前を表している。turtle1 は上位トピックを、cmd_vel は下位トピックをそれぞれ意味する。これより、図3.17は /teleop_ turtle ノードからのキー入力が、/turtle1/cmd_vel トピックを通して、シミュレーションのノードである /turtlesim に伝えられている状況を示している。これにより、すべてのノードは適切に動作しており、インストールに問題がないことが確認できる。

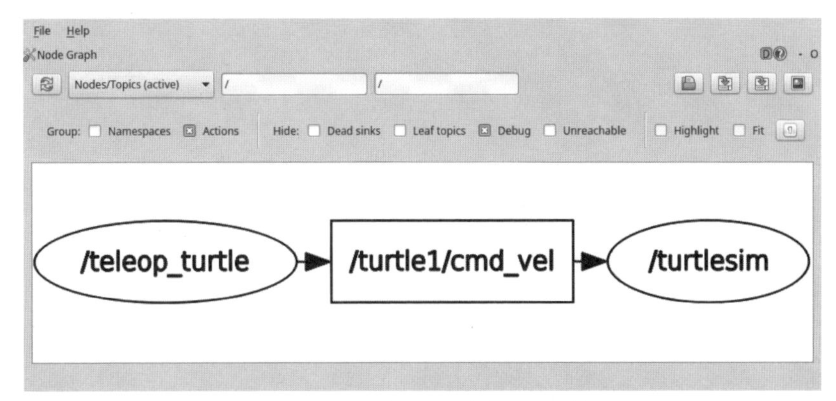

図 3.17 rqt_graph で表示したノードグラフ

ノードの終了

それぞれのターミナルで実行した roscore やノードは、ターミナル上で Ctrl キーと "c" キーを同時に押す（Ctrl キー +"c" キー）ことで終了することができる。Ctrl キー +"c" キーは Linux でプログラムを強制終了させる際に利用される。

第4章

ROSの主要概念

ROSを用いてロボット関連プログラムを作成するには、ROSの概念[†1]を知っておく必要がある。本章では、ROSで使用される用語や、ROSを理解するために重要な概念であるメッセージ通信、メッセージファイル、ネーム（Name）、座標変換（TF）、クライアントライブラリ、異機種デバイス間の通信、ファイルシステム、ビルドシステムについて説明する。

4.1 ROSの用語

本節では頻繁に使用されるROSの用語について説明する。理解が難しい場合には、次章で示す例題を実際に行いながら理解しよう。

マスタ（Master）

マスタ[†2]はノードとノードの間を接続し、メッセージ通信を行うのためのネームサーバと同様の役割をする。マスタはroscoreコマンドによって起動できる。マスタを起動すると、マスタには実行中の各ノードの名前が登録され、他のノードはその情報を問い合わせることができる。マスタを起動しないと、ノード間の接続、トピックやサービスなどのメッセージ通信が実行できない。

マスタはマスタに接続しているノード（スレーブノード）との接続状態を維持しない、HTTPを利用したXMLRPC（XML-Remote Procedure Call）[†3]を利用してスレーブノードと通信する。つまり、スレーブノードは必要なときのみ接続し、自身の情報の登録や他ノードの情報を問い合わせることができる。通常は互いに接続状態を確認しないため、大規模で複雑な環境でもROSを利用できる。XMLRPCは動作が軽く、多くのプログラミング言語で利用で

† 1　http://wiki.ros.org/ROS/Concepts
† 2　http://wiki.ros.org/Master
† 3　https://en.wikipedia.org/wiki/XML-RPC

きるため、さまざまなハードウェアや言語をサポートするROSに適している。

マスタを起動すると、マスタにはユーザが環境変数 `ROS_MASTER_URI` に設定したURIやポートが割り当てられる。あらかじめ設定されていない場合には、URIは現在のIPアドレスを既定値として使用し、ポートは11311を使用する。

ノード（Node）

ノードはROS内で実行される最小のプロセスである。すなわち、実行可能な1つのプログラムと考えればよい。ROSでは目的ごとにそれぞれノードが作成され、多くの場合、それらは再使用される。例えば、移動ロボットを製作するときには、センサドライバ、センサデータの変換、障害物検出、モータの駆動、エンコーダの入力、ナビゲーションなど、目的ごとに細分化してノードを作成する。

ノード[†4]を起動すると、ノードはマスタにノード名、パブリッシャ、サブスクライバ、サービスサーバ、サービスクライアントなどのノード、トピック、サービスの名前、メッセージ型、URIとポートを登録する。これらの情報を用いて、各ノードはノード間でトピック通信やサービス通信を行い、メッセージを交換する。

ノードはマスタとの通信にXMLRPCを使用し、ノード間の通信ではXMLRPCまたはTCP/IP通信の一種であるTCPROS[†5]を利用する。ノード間の接続要請とその応答にはXMLRPCを使用し、メッセージ通信ではノード間でTCPROSを通じて直接通信する。URIとポートは、現在実行中のコンピュータで設定されている `ROS_HOSTNAME` などの環境変数をURIとして使用し、ポートは任意の値で設定される。

パッケージ（Package）

パッケージ[†6]はプログラムの集合であり、ROSソフトウェアの基本単位である。ROSのアプリケーションプログラムはパッケージ単位で開発され、そのなかには少なくとも1つのノードが含まれるか、他パッケージのノードで使用される設定ファイルが含まれる。さらに、ノードの実行に使用される依存ライブラリ、データセット、設定ファイルなど、パッケージ内のノードの実行に必要なすべてのファイルが含まれている。2017年7月現在の公式ROSパッケージ数は、ROS Indigoは約2,500個[†7]、ROS Kineticは約1,600個[†8]であり、そのほかにも約4,600個の非公式ROSパッケージがある[†9]。

---

†4 http://wiki.ros.org/Nodes
†5 http://wiki.ros.org/ROS/TCPROS
†6 http://wiki.ros.org/Packages
†7 http://repositories.ros.org/status_page/ros_indigo_default.html
†8 http://repositories.ros.org/status_page/ros_kinetic_default.html
†9 http://rosindex.github.io/stats/

メタパッケージ（Meta Package）

メタパッケージ[†10]は共通の目的を持つパッケージの集合である。例えば、ナビゲーションに関連したメタパッケージには、AMCL、DWA、EKF、map_serverなど、約10個のパッケージが含まれている。

メッセージ（Message）

ノードは他のノードとメッセージ[†11]をやり取りし、データを交換する。メッセージにはInteger、Floating Point、Booleanなど、標準のデータ型が存在する。そのほかにも、他のメッセージを含んだメッセージ、配列構造のメッセージも使用できる。

メッセージを利用した通信方法としては、TCPROS、UDPROS方式があり、単方向メッセージ通信方式であるトピックと、双方向メッセージ通信であるサービスに分けられる。サービスには、メッセージの要請（Request）と応答（Response）がある。

トピック（Topic）

トピック[†12]はいわゆる「話題」である。ノードの起動時、ノードのパブリッシャはトピック名をマスタに登録し、そのトピックの具体的な内容（話題）をメッセージで定めた形式で他ノードに送信する。また、サブスクライバが実装されたノードは、「聞きたいトピック」を発信しているパブリッシャの情報をマスタに問い合わせる。これにより、両ノードのパブリッシャとサブスクライバの間が接続され、メッセージが送受信される。

トピック通信は非同期通信方式であり、一度接続されればメッセージ送受信が継続されるため、高頻度のデータ通信を行うセンサ信号の送受信に利用される。

パブリッシュ（Publish）／パブリッシャ（Publisher）

パブリッシュはトピックを用いたメッセージデータの送信のことである。パブリッシャは、パブリッシュに必要な情報をマスタに登録し、パブリッシャが登録したトピックをサブスクライブ（受信）しようとするサブスクライバにメッセージを送る。パブリッシャは、ノード内で宣言することで使用できる。また、1つのノードで複数のパブリッシャを宣言し、使用することも可能である。

サブスクライブ（Subscribe）／サブスクライバ（Subscriber）

サブスクライブはトピックを通じたメッセージデータの受信のことである。サブスクライバは、サブスクライブに必要な情報をマスタに登録し、サブスクライブしようとするトピックをパブリッシュしているパブリッシャの情報をマスタに問い合わせる。その後、得られた情報に基づいてパブリッシャに接続し、メッセージデータを受信する。サブスクライバは、ノード内

---

† 10 http://wiki.ros.org/Metapackages
† 11 http://wiki.ros.org/Messages
† 12 http://wiki.ros.org/Topics

で宣言することで使用できる。また、1つのノードに複数のサブスクライバを宣言し、使用することも可能である。

サービス（Service）

サービス[13]通信は同期通信方式であり、サービス要請（Service Request）とサービス応答（Service Response）を用いた双方向通信を行う。サービス要請とサービス応答は、後述するサービスサーバ、サービスクライアントで実行される。

サービスのメッセージには、トピックのメッセージと同様にさまざまなデータ型が使用できる。

サービスサーバ（Service Server）

サービスサーバは、サービスクライアントからサービス要請を受け取ると、指定された処理を実行した後、その結果をサービスクライアントに返信する。

サービスクライアント（Service Client）

サービスクライアントは、サービスサーバにサービスを要請し、その結果を受け取る。

アクション（Action）

アクション[14]は、サービスに似た双方向通信方式であるが、要請から応答まである程度時間が必要なときに使用される非同期通信方式である。アクションのデータ形式は、サービスの要請と応答に対応する目標（Goal）と結果（Result）、そして中間結果を返すフィードバック（Feedback）で構成される。

アクションは、アクションの目標を指定するアクションクライアントと、指定された処理を実行し、そのフィードバックや最終結果を送信するアクションサーバから構成される。

アクションサーバ（Action Server）

アクションサーバは、アクションクライアントから目標を取得し、フィードバックおよび結果を送信する。

アクションサーバは、アクションクライアントからの命令に従い、指定された処理を実行する。

アクションクライアント（Action Client）

アクションクライアントは、アクションサーバに目標を送信し、フィードバックおよび結果を受信する。

アクションクライアントは、アクションサーバから得られたフィードバックに基づき、次の目標を設定したり、処理を取り消す。

---

† 13 http://wiki.ros.org/Services
† 14 http://wiki.ros.org/actionlib

パラメータ（Parameter）

パラメータ[15]とは、ノードの処理に影響を与える変数である。これは、Windowsにおける`*.ini`（設定ファイル）に相当する。パラメータにはデフォルト（既定）値が設定され、外部からの変更や参照が可能である。パラメータは、カメラのキャリブレーション値、モータの速度の最大値、最小値など、頻繁には変更しない値を設定する際に利用される。

パラメータサーバ（Parameter Server）

パラメータサーバ[16]は、パラメータを登録するサーバである。パラメータサーバはマスタの機能の一部であり、すべてのノードで使用されるパラメータを管理する。

catkin（キャットキン）

catkin[17]はROSのビルドシステムである。ROSのビルドシステムは基本的にCMake（Cross Platform Make）を使用しており、パッケージのフォルダ内にある`CMakeLists.txt`などのテキストファイルにビルド環境を記述している。ROSでは、CMakeをROSにあわせて修正、拡張したcatkinビルドシステムを利用する。catkinはROS Fuerteバージョンからアルファテストを開始し、Groovyバージョンでコアパッケージにcatkinが使用され、Hydroバージョンからほぼすべてのパッケージでcatkinが使用されている。catkinビルドシステムを採用したことで、ビルド、パッケージ管理、パッケージ間の依存関係などの取り扱いが容易になった。なお、本書では、以前のバージョンであるROSビルドは使用しない。

ROSビルド（rosbuild）

ROSビルド[18]は、catkinビルドシステムの前に利用されていたビルドシステムである。今もユーザの一部はROSのバージョン互換性を維持するため利用しているが、本書では取り扱わない。

roscore

`roscore`[19]はマスタを実行するコマンドである。`roscore`は、コンピュータが同じネットワークに接続されていれば、1台のコンピュータで実行すればよい。

rosrun

`rosrun`[20]は1つのノードを実行するときに使用されるコマンドである。これにより実行されるノードは、`ROS_HOSTNAME`に設定したURIや適当なポートを使用する。

---

† 15 http://wiki.ros.org/Parameter%20Server#Parameters
† 16 http://wiki.ros.org/Parameter%20Server
† 17 http://wiki.ros.org/catkin
† 18 http://wiki.ros.org/rosbuild
† 19 http://wiki.ros.org/roscore
† 20 http://wiki.ros.org/rosbash#rosrun

roslaunch

roslaunch[†21]は複数のノードを実行するときに使用されるコマンドである。また、ノードの実行に必要なパッケージのパラメータの変更、ノード名の変更、ノードネームスペースの設定、ROS_ROOTとROS_PACKAGE_PATHの設定、環境変数[†22]の変更など、さまざまなオプションが利用できる。

roslaunchはXML（Extensible Markup Language）形式の*.launchファイルを使用し、上述したオプションはタグを用いて指定する。

bag

ROSではデータ通信で送受信されるメッセージをbag[†23]（*.bagファイル）として記録することができる。*.bagファイルを利用すれば、記録した時点の通信状況がいつでも再現できる。例えば、ロボットを用いた実験で、実験中にセンサから得られたデータを*.bagファイルに記録しておけば、実験を繰り返さなくても、センサからのデータを再度取得できる。rosbagの記録、再生機能は、プログラムを頻繁に修正する必要があるアルゴリズムの開発に便利である。

ROS Wiki

ROSについての基本的な説明やROSが提供するパッケージ、機能の情報はROS Wiki[†24]が提供している。そのほか、パッケージで使用されるパラメータ、著作者、ライセンス、ホームページ、リポジトリ、チュートリアルなども記載されている。現在、ROS Wikiでは、約17,000ページを超えるROS関連の説明が公開されている。

リポジトリ（Repository）

公開パッケージの場合、各パッケージのWikiにはパッケージのリポジトリが明記される。各リポジトリはURLが割り当てられ、パッケージのソースコードが管理されている。svn、hg、gitなどのソースコードマネジメントシステムを用いると、パッケージのダウンロード、アップロード、メモが利用できる。現在公開されているROSパッケージのほとんどはギットハブ（GitHub）[†25]によって管理されている。各パッケージに関する質問などは、そのパッケージを管理しているリポジトリの問い合わせ窓口から問い合わせることができる。

グラフ（Graph）

上述したノード、トピック、パブリッシャ、サブスクライバの関係は、グラフ形式で確認できる。グラフは、rqt_graphパッケージに含まれるrqt_graphノードを実行して作成する。

† 21 http://wiki.ros.org/roslaunch
† 22 http://wiki.ros.org/ROS/EnvironmentVariables
† 23 http://wiki.ros.org/Bags
† 24 http://wiki.ros.org/
† 25 http://www.github.com/

実行コマンドは `rqt_graph` か `rosrun rqt_graph rqt_graph` のいずれかである。ただし、グラフは実行中のトピック通信に基づいて作成されるため、サービスなど、1回のみ実行されるものは表示されない。

ネーム（Name）

ノード、パラメータ、トピック、サービスはそれぞれネーム[†26]を持つ。ネームはマスタに登録され、ノードのパラメータ、トピック、サービスなどを利用する際に参照される。ネームはノードの実行開始時に変更でき、同じノードを複数実行したい場合には、別々のネームでノードを実行する必要がある。この機能により、ROSは大規模かつ複雑なシステムでも利用できるようになった。

クライアントライブラリ（Client Library）

ROSでは言語依存性を抑えるため、クライアントライブラリ[†27]を採用している。クライアントライブラリは `roscpp`、`rospy`、`roslisp`、`rosjava`、`roslua`、`roscs`、`roseus`、`PhaROS`、`rosR` などが提供されており、これによりC++、Python、Lisp、Java、Lua、.NET、EusLisp、Rなどのプログラミング言語を利用できる。

URI（Uniform Resource Identifier）

URIはインターネット上の住所である。URIはインターネットプロトコルの識別子として使用される。

MD5（Message-Digest algorithm 5）

MD5[†28]は128ビット暗号化ハッシュ関数である。これは主にプログラムまたはファイルが、破損せずにもともとの状態を維持しているかを確認するために使用される。ROSのデータ通信では、MD5を用いてデータ送受信の検査を行う。

RPC（Remote Procedure Call）

RPC[†29]は「離れた場所（Remote）のコンピュータ上のプログラムから、別のコンピュータ上の処理（Procedure）を呼び出す（Call）こと」を意味する。この機能を利用すれば、コンピュータのプログラムを遠隔操作できる。RPCにはTCP/IP、IPXなどのプロトコルが使用される。

XML（Extensible Markup Language）

XMLは、用途にあわせて拡張可能なマークアップ言語である。タグを用いてデータ構造を記述でき、ROSでは、`*.launch`、`*.urdf`、`package.xml` など、さまざまな目的で使用され

---

† 26 http://wiki.ros.org/Names
† 27 http://wiki.ros.org/Client%20Libraries
† 28 https://en.wikipedia.org/wiki/Md5sum
† 29 http://wiki.ros.org/ROS/Technical%20Overview

ている。

XMLRPC（XML-Remote Procedure Call）

XMLRPCは、RPCプロトコルの一種であり、エンコーディング形式にはXMLを、転送方式にはHTTPプロトコルをそれぞれ使用する。ここでHTTPプロトコルは、要請や応答の際に欠落検査を行わず、両端末間の接続状態も維持しない特徴がある。

XMLRPCは小さいデータ形式、あるいは命令を規定するために用いられ、非常に軽く、多様なプログラミング言語で使用できるため、ROSに適している。

TCP/IP

IP（Internet Protocol）に基づき、TCP（Transmission Control Protocol）を用いてデータを送受信する方式である。

TCPROSはTCP/IPベースのデータ通信方式、UDPROSはUDPベースのデータ通信方式である。ROSではTCPROSが主に利用されている。

CMakeLists.txt

ROSのビルドシステムであるcatkinはCMakeを使用しており、`CMakeLists.txt`[†30]にビルド環境が記述されている。

package.xml

パッケージの名称、ライセンス、パッケージ依存性など、パッケージ情報を記載したXMLファイル[†31]である。

4.2 メッセージ通信

本節はROSの通信方式について説明する。以降では前節で説明したROSの用語を用い、また具体的なプログラミングについては、第7章「ROS基本プログラミング」で説明する。

第2章で述べたように、ROSではプログラムの再利用性を高めるため、機能や目的で細分化したノードを用いる。ノード間ではメッセージ通信が行われ、相互にデータがやり取りされる。ノード間のメッセージ通信には、図4.1に示すように、単方向非同期通信方式のトピック、要請と応答から構成される双方向同期通信方式のサービス、目標、結果、およびフィードバックで構成される双方向非同期通信方式のアクションがある。それぞれの特徴を表4.1に示す。

† 30 http://wiki.ros.org/catkin/CMakeLists.txt
† 31 http://wiki.ros.org/catkin/package.xml

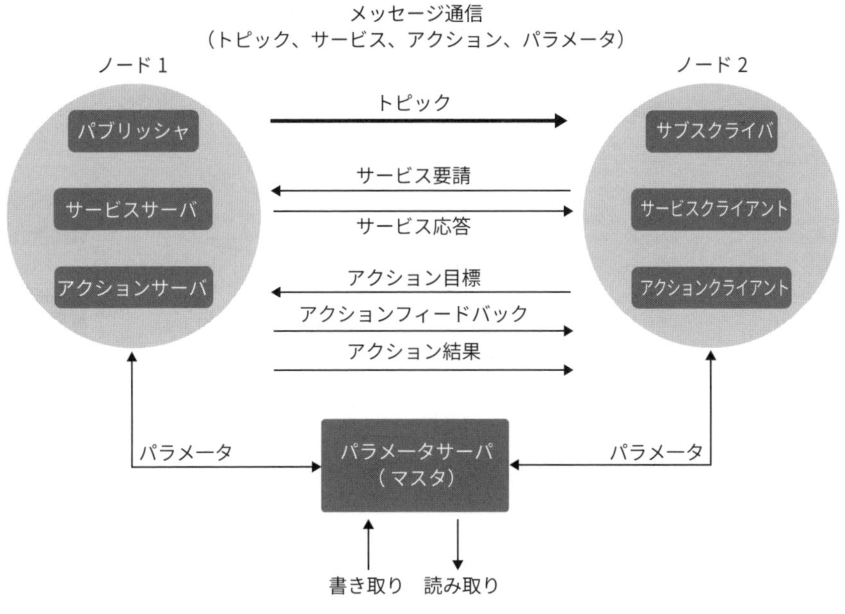

図 4.1　ノード間のメッセージ通信

表 4.1　トピック、サービス、アクションの特徴および使用例

種　類	同　期	通信方向	同期性
トピック	非同期	単方向	センサデータの取得など、連続的なデータ通信が必要なとき
サービス	同期	双方向	ロボットの状態の確認など、要請に対してすぐに応答が必要なとき
アクション	非同期	双方向	目標への移動を指示されたロボットの現在位置など、要請に対する応答に遅延がある場合や、処理中の中間結果が必要なとき

4.2.1　トピック（Topic）

図 4.2 に示すように、トピック通信はデータを送信するパブリッシャ、データを受信するサブスクライバから構成される。通信の際、パブリッシャはノードの情報、トピック名などをマスタに登録し、サブスクライバはサブスクライブしたいトピックに対し、マスタに登録されたパブリッシャ情報を取得することで、ノード間で通信が行われる。例えば、移動ロボットの両輪のエンコーダからロボットの現在位置を計算する際に必要なオドメトリ（Odometry）情報[†32]を得るには、エンコーダから連続的にエンコーダ値を送信する必要がある。この場合、一度接続すれば、以降は連続してデータ通信が行われるトピック通信を利用する。

トピック通信は、1 つのパブリッシャと複数のサブスクライバ間、複数のパブリッシャと 1 つのサブスクライバ間、あるいは複数のパブリッシャと複数のサブスクライバ間で通信を行うことができる。

† 32　http://wiki.ros.org/navigation/Tutorials/RobotSetup/Odom

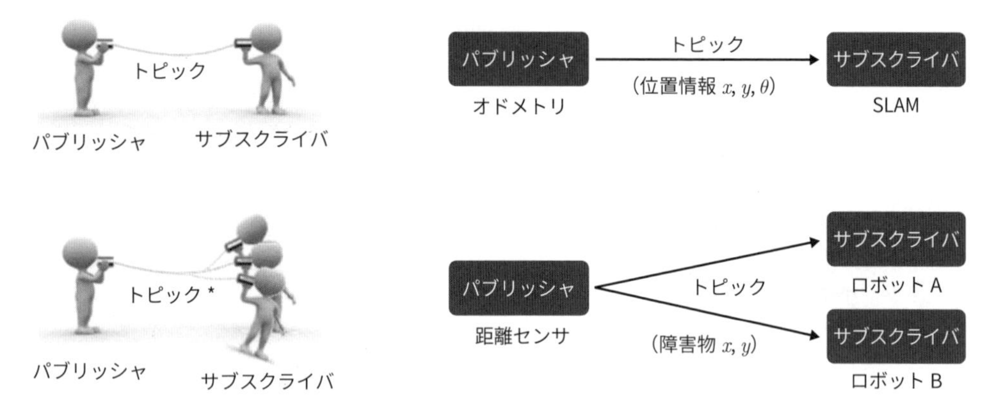

* トピックについての 1：1 のパブリッシャ、サクスクライバ通信も可能であり、
目的に応じて、1：N、N：1、N：N 通信も可能である。

図 4.2 トピックのメッセージ通信

4.2.2 サービス（Service）

図 4.3 に示すように、サービス通信はサービスを要請するサービスクライアントとサービス応答を担当するサービスサーバの間の双方向同期通信方式である。前述したトピック通信は、一度接続すれば連続的にデータが得られるが、要請に対して、そのたびに応答が得られた方がよい場合もあり、この場合にはサービス通信が用いられる。

サービス通信は非連続的な通信であり、要請を受けた場合のみ応答し、通信が終わると両ノードの接続は切断される。したがって、サービス通信はネットワークの負荷が小さい。サービス通信は、例えばロボットの事前に決められた動作をさせるときや、ある条件下で特別なイベントを発生させるときなどで利用される。

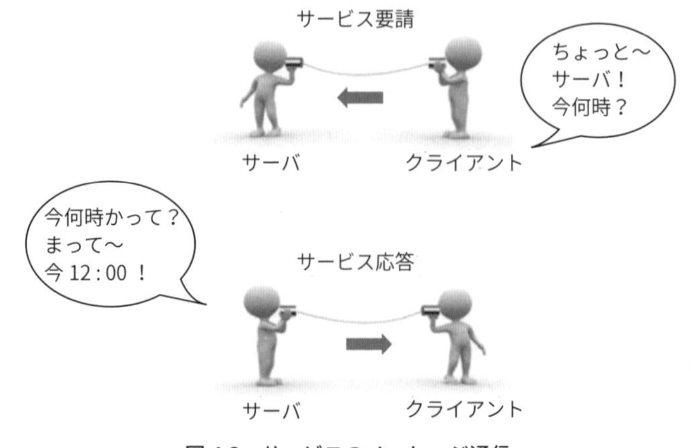

図 4.3 サービスのメッセージ通信

4.2.3 アクション（Action）

アクション通信[†33]は、要請から応答までの時間が長い場合、または処理中に中間結果が必要な場合に利用される。この通信は、アクションの目標を送信するアクションクライアント、与えられた目標に対する処理を実行し、処理中のフィードバックや結果を送信するアクションサーバで構成される双方向非同期通信である。

図 4.4 はアクション通信を用いた例である。アクションクライアントがアクションサーバの目標として家事を設定し、アクションサーバは皿洗い、洗濯、掃除の経過をフィードバックし、最終結果を報告する。アクションには、任意の時点で目標を取り消す機能もあるため、ロボットに複雑なタスクを指示する際にも利用される。

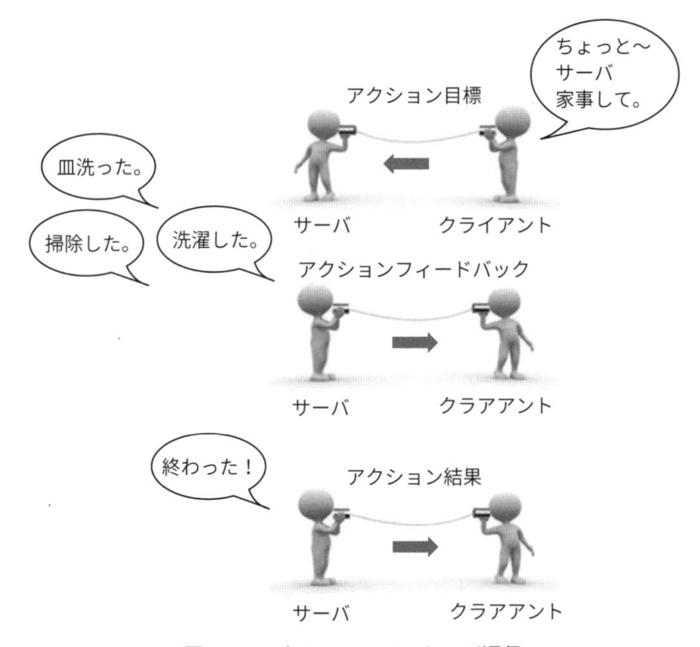

図 4.4 アクションのメッセージ通信

上述のように、メッセージ通信を行う通信方式は多様である。ここでマスタは、ノード名、トピック名、サービス名、アクション名、URI やポート、パラメータなどを管理する。図 4.5 に示すように、通信方式を問わず、通信を開始するノードが自身の情報をマスタに登録し、通信を利用するノードがマスタから接続先ノードの情報を取得する。

† 33　http://wiki.ros.org/actionlib

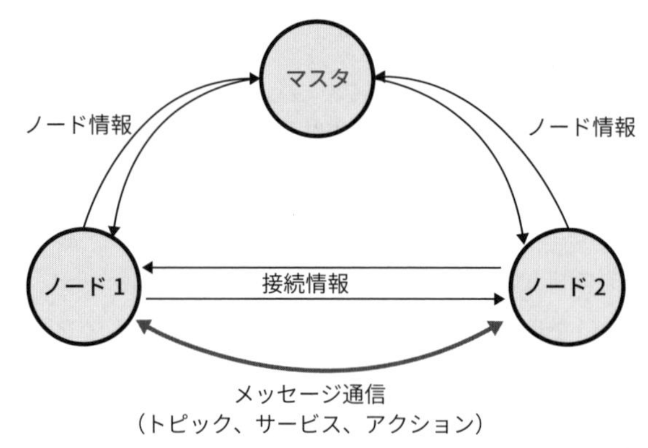

図4.5 メッセージ通信

4.2.4 パラメータ（Parameter）

メッセージ通信にはトピック、サービス、アクションがあるが、パラメータもグローバル変数のような役割をすることから、メッセージ通信の一種とみなせる。パラメータは、Windowsの`*.ini`ファイルと同様の機能を持つ。すなわちデフォルト値が設定されており、外部からの読み取り、書き込みがリアルタイムで可能である。パラメータは、例えばカメラの色補正値、モータの速度の最大値、最小値の設定などである。

4.2.5 メッセージ通信の流れ

マスタはノードの情報を管理し、各ノードは他のノードと接続し通信する。ここではマスタ、ノード、トピック、サービス、アクション通信の実行過程を見てみよう。

マスタの実行

ノード間の通信において、マスタはノード間の接続情報を管理する。マスタはコマンド`roscore`で実行され、XMLRPCでサーバを起動する（図4.6）。このとき、マスタはノードの接続のためのノード名、トピック名、サービス名、アクション名、メッセージ型、URIやポート情報を格納し、他のノードから要請を受けると、それらの情報を送信する。

```
$ roscore
```

XMLRPC：サーバ
http://ROS_MASTER_URL:11311
ノード情報管理

図4.6 マスタの起動

サブスクライバを実装したノードの実行

ノードは rosrun または roslaunch コマンドにより実行される。このとき、ノードはノード名、トピック名、メッセージ型、URI とポートをマスタに登録する。マスタとノードは XMLRPC を通じて通信する。図 4.7 はサブスクライバを実装したノードの動作を示している。

```
$ rosrun PACKAGE_NAME NODE_NAME
$ roslaunch PACKAGE_NAME LAUNCH_NAME
```

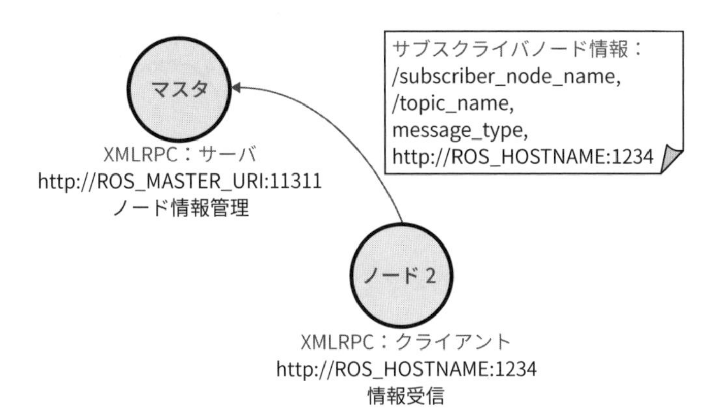

図 4.7　サブスクライバを実装したノードの動作

パブリッシャを実装したノードの実行

パブリッシャを実装したノードも rosrun または roslaunch コマンドで実行される。起動すると、ノード名、トピック名、メッセージ型、URI とポートをマスタに登録する。マスタとノードは XMLRPC を通じて通信する。図 4.8 はパブリッシャを実装したノードの動作を示している 。

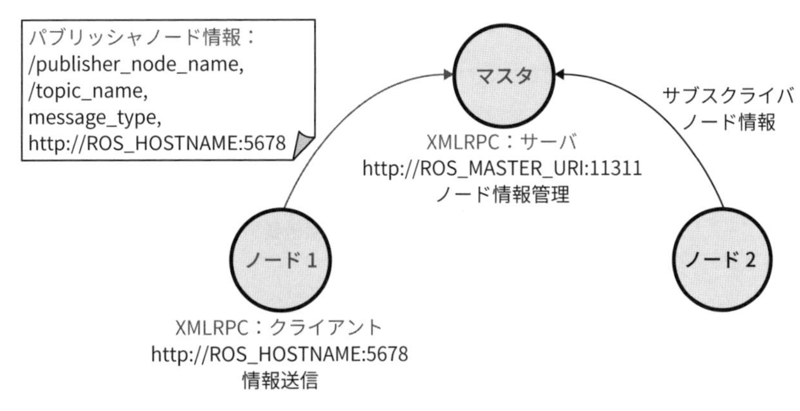

図 4.8　パブリッシャを実装したノードの動作

パブリッシャ情報の取得

サブスクライバからの要請により、マスタはパブリッシャのノード名、トピック名、メッセージ型、URIとポートの情報をサブスクライバに送信する（図4.9）。

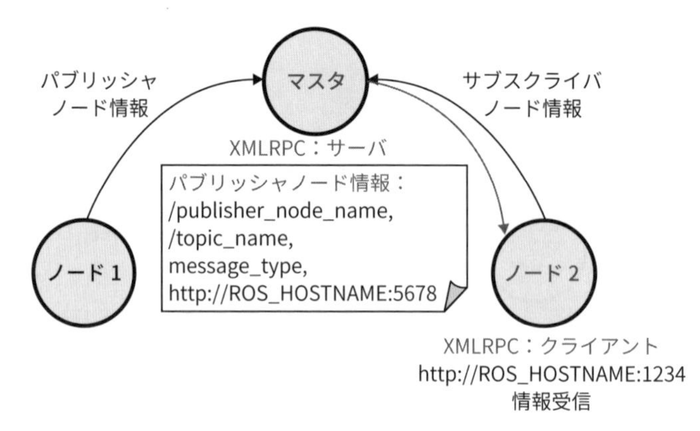

図4.9 パブリッシャ情報の取得

サブスクライバの接続要請

サブスクライバはマスタから取得したパブリッシャの情報に基づき、パブリッシャに接続を要請する（図4.10）。このとき、サブスクライバはノード名、トピック名、メッセージ型などを送信する。また、パブリッシャとサブスクライバはXMLRPCを通じて通信する。

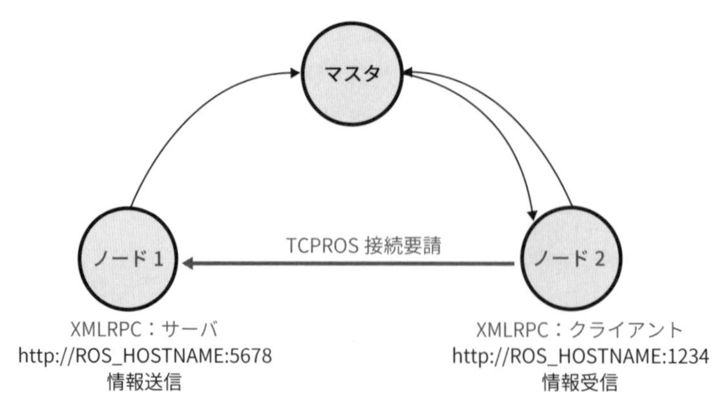

図4.10 パブリッシャへの接続要請

パブリッシャの接続応答

パブリッシャはサブスクライバに接続応答を行う（図 4.11）。このとき、パブリッシャは自身の TCP サーバ情報である URI とポートを送信する。ここでもパブリッシャとサブスクライバは XMLRPC を通じて通信する。

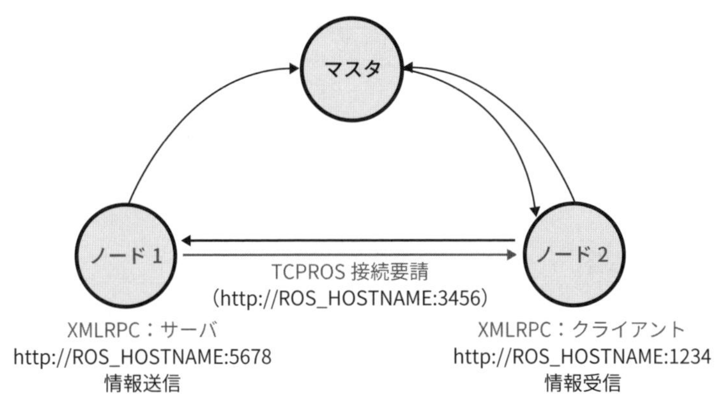

図 4.11　パブリッシャの接続応答

TCPROS 接続

サブスクライバは TCPROS 上のクライアントを作成し、パブリッシャ側のサーバと接続する（図 4.12）。このとき、パブリッシャとサブスクライバは TCP/IP 方式である TCPROS を通じて通信する。

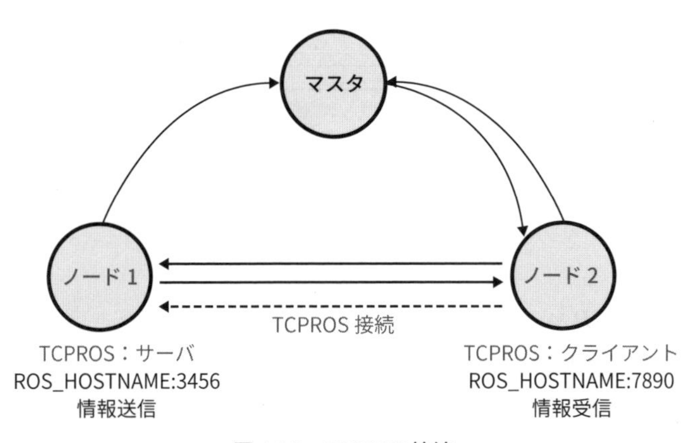

図 4.12　TCPROS 接続

メッセージ転送

パブリッシャはサブスクライバにメッセージを送信する（図4.13）。このとき、パブリッシャとサブスクライバはTCP/IP方式であるTCPROSを通じて通信する。

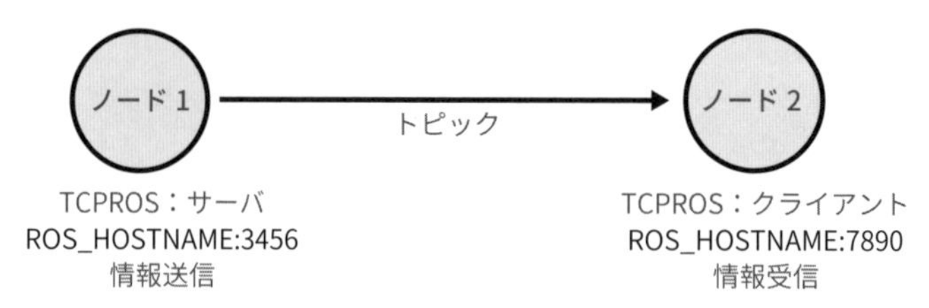

図4.13 トピックメッセージの送信

サービス要請および応答

サービス通信は以下のように行われる（図4.14）。

- サービスクライアント：サービスを要請
- サービスサーバ：サービス要請を受けると、特定のプロセスを実行し、サービスクライアントに応答する

サービス通信を行うサービスサーバとサービスクライアントの接続もTCPROSを用いるが、トピック通信と異なり、1回のみ接続し、サービスの要請と応答が行われると接続を切る。したがって、再度サービスを実行する場合は、改めて接続する必要がある。

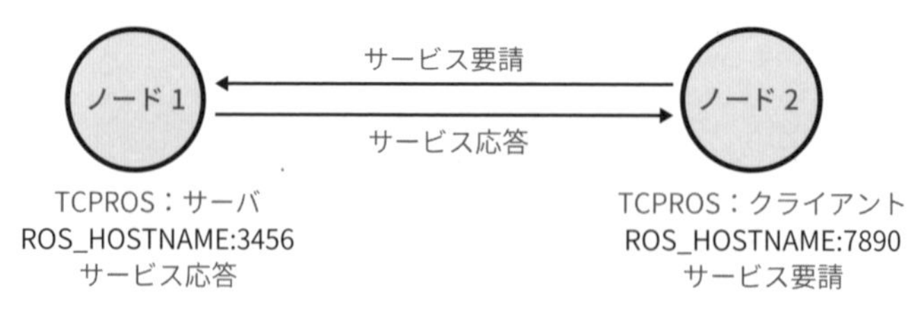

図4.14 サービス要請および応答

アクションの目標、結果とフィードバック

アクションは目標と結果、およびフィードバックで構成されることからサービスと似ているが、実行方式はトピックに近い（図4.15）。トピックの挙動を確認する際に利用されるrostopicコマンドを用いても、アクションの挙動（Goal、Status、Cancel、Result、Feedback）を確認できる。ただし、アクションクライアントから取り消しメッセージを送信するか、アクションサーバから結果を送信すると接続が切断される。

図 4.15　アクションメッセージ通信

3.3 節では `turtlesim` を用いた簡単な ROS 動作テストを行ったが、ここでもマスタと 2 つのノードが使用されていた。また、両ノードの間では `/turtle1/cmd_vel` トピックが送受信され、仮想の Turtlebot に並進速度と回転速度が与えられた。この際に行われた通信を図示すると、図 4.16 のように表すことができる。

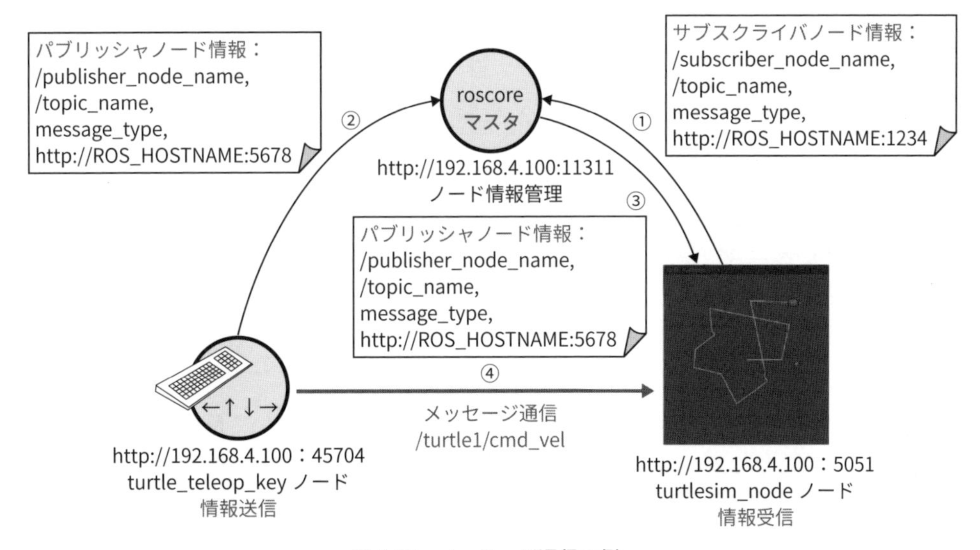

図 4.16　メッセージ通信の例

4.3　メッセージ（Message）

メッセージ[†34]は、ノード間のデータ送受信に使用されるデータの形式である。前述したトピック、サービス、アクションはすべてメッセージを用いて通信する。メッセージには整数（Integer）、浮動小数点（Floating Point）、ブーリアン（Boolean）などの単純なデータ型から、`geometry_msgs/PoseStamped`[†35]のように他のメッセージを含めたメッセージ、`float32[] ranges` や `Point32[10] points` のようにメッセージの配列、ROS で頻繁に使用されるヘッ

† 34　http://wiki.ros.org/msg
† 35　http://docs.ros.org/api/geometry_msgs/html/msg/PoseStamped.html

ダー（Header、std_msgs/Header）など、さまざまな種類がある。

メッセージはフィールドタイプ（Fieldtype）とフィールドネーム（Fieldname）で構成される。

```
fieldtype1 fieldname1
fieldtype2 fieldname2
fieldtype3 fieldname3
```

フィールドタイプには表4.2に示すROSのデータ型を記入し、フィールドネームにはデータの意味を示すネームを記入する。以下にメッセージの例を示す。表4.3に示すように、より複雑なメッセージ型も用意されている。

```
int32 x
int32 y
```

表4.2　ROSメッセージのデータ型と直列化、対応するC++およびPythonのデータ型

ROSデータ型	直列化（Serialization）	C++データ型	Pythonデータ型
bool	unsigned 8-bit int	uint8_t	bool
int8	signed 8-bit int	int8_t	int
uint8	unsigned 8-bit int	uint8_t	int
int16	signed 16-bit int	int16_t	int
uint16	unsigned 16-bit int	uint16_t	int
int32	signed 32-bit int	int32_t	int
uint32	unsigned 32-bit int	uint32_t	int
int64	signed 64-bit int	int64_t	long
uint64	unsigned 64-bit int	uint64_t	long
float32	32-bit IEEE float	float	float
float64	64-bit IEEE float	double	float
string	ascii string	std::string	str
time	secs/nsecs unsigned 32-bit ints	ros::Time	rospy.Time
duration	secs/nsecs signed 32-bit ints	ros::Duration	rospy.Duration

表4.3　配列のROSメッセージと対応するC++およびPythonのデータ型

ROSデータ型	直列化（Serialization）	C++データ型	Pythonデータ型
fixed-length	no extra serialization	boost::array std::vector	tuple
variable-length	uint32 length prefix	std::vector	tuple
uint8[]	uint32 length prefix	std::vector	bytes
bool[]	uint32 length prefix	std::vector<uint8_t>	list of bool

前述したヘッダー（Header、std_msgs/Header）のデータ型は、std_msgsパッケージ†36のHeader.msgファイルで定義されている。これは、シークエンスID、タイムスタンプ、フレームIDから構成されており、これらはメッセージの生成時刻などを確認する際に使用される。

† 36　http://wiki.ros.org/std_msgs

リスト 4.1 std_msgs/Header.msg

```
# シークエンスID：1ずつ増加し続ける
uint32 seq
# タイムスタンプ: 秒単位のstamp.secとナノ秒単位のstamp.nsec時間データを持つ
time stamp
# フレームIDが記載される
string frame_id
```

前章で示した turtlesim パッケージの teleop_turtle_key ノードは、入力される方向キー（←、→、↑、↓）に応じて、turtlesim_node ノードに並進速度〔m/s〕と回転速度〔rad/s〕から構成されるメッセージを送信する。画面上の仮想的な Turtlebot は、送信されたメッセージで指定された速度に従って動く。具体的には、geometry_msgs パッケージの Twist.msg †37 が用いられる。

```
Vector3  linear
Vector3  angular
```

ここでは Vector3 型のメッセージ linear、angular が用いられている。Vector3 †38 は、geometry_msgs パッケージ†39 に含まれているメッセージの1つであり、以下の要素からなる。

```
float64 x
float64 y
float64 z
```

すなわち、teleop_turtle_key ノードでパブリッシュするトピックは linear.x、linear.y、linear.z、angular.x、angular.y、angular.z などの変数から構成されており、変数のデータ型は float64 である。teleop_turtle_key ノードでは、方向キーの入力により並進速度、回転速度の値を各変数に格納し、それらを送信することで Turtlebot が移動する。

ここまで説明したメッセージの型は、通信方式によって定義の方法が異なる。以降では、トピック、サービス、アクションのそれぞれに対するメッセージの型について説明する。

4.3.1 msg ファイル

*.msg ファイルには、トピック通信における型を定義する。ただしフィールドタイプとフィールドネームだけが定義される。リスト 4.2 は geometry_msgs の Twist.msg †40 を示している。

† 37 http://docs.ros.org/api/geometry_msgs/html/msg/Twist.html
† 38 http://docs.ros.org/api/geometry_msgs/html/msg/Vector3.html
† 39 http://docs.ros.org/api/geometry_msgs/html/index-msg.html
† 40 http://docs.ros.org/api/geometry_msgs/html/msg/Twist.html

リスト 4.2 geometry_msgs/Twist.msg

```
Vector3 linear
Vector3 angular
```

4.3.2 srv ファイル

*.srv ファイルには、サービス通信における型を定義する。ここで3つの連続するハイフン（---）は、サービス要請メッセージ（上部）とサービス応答メッセージ（下部）を分けるために用いられる。リスト 4.3 は sensor_msgs の SetCameraInfo.srv †41 である。

リスト 4.3 sensor_msgs/SetCameraInfo.srv

```
sensor_msgs/CameraInfo camera_info
---
bool success
string status_message
```

4.3.3 action ファイル

*.action ファイル†42 には、アクション通信†43 における型を定義する。内容は3つの連続するハイフン（---）で3つに区切られており、それぞれアクション目標メッセージ（上部）、アクション結果メッセージ（中部）、アクションフィードバックメッセージ（下部）を示す。

以下にアクションの使用例を示す。アクションはあまり使用されない通信であるため、ROSから提供される公式パッケージにはアクションを使用した例がない。ロボットの遠隔操作を行う場合、start_pose にはロボットの初期姿勢、goal_pose には目標とするロボットの姿勢を与える。このメッセージをアクションクライアントが送信すると、アクションサーバは送信されたデータを用いてロボットを動かす。移動の途中でロボットの現在の姿勢と目標の姿勢を比較し、目標姿勢の達成率を percent_complete に与える。これによってアクションクライアントからはロボットの目標姿勢の達成度合いを常に確認できる。ロボットが目標姿勢に達したと判断されたとき、そのロボットの姿勢を result_pose としてアクションクライアントに送信し、ノード間の接続を切る。

```
geometry_msgs/PoseStamped start_pose
geometry_msgs/PoseStamped goal_pose
---
geometry_msgs/PoseStamped result_pose
---
float32 percent_complete
```

† 41 http://docs.ros.org/api/sensor_msgs/html/srv/SetCameraInfo.html
† 42 http://wiki.ros.org/actionlib_msgs
† 43 http://wiki.ros.org/actionlib

4.4 ネーム（Name）

ROSのプロセスはピアツーピア型のネットワークである計算グラフ（Computation Graph）[†44]で表すことができる。グラフは各ノードの接続関係を示し、矢印でメッセージデータのやり取りを表現する。これらを表現するために、ROSのノード、トピック、サービス、アクションで使用されるメッセージおよびパラメータは、すべてネーム[†45]を持つ。トピックの場合、そのネームは相対型（Relative）、グローバル型（Global）、プライベート型（Private）で表記される。表4.4にトピックネームのルールを示す。ここで /wg はネームスペースである。ネームスペースに関しては後述する。

表4.4 トピックネームのルール

Node名	Relative（デフォルト）	Global	Private
/node1	bar → /bar	/bar → /bar	~bar → /node1/bar
/wg/node2	bar → /wg/bar	/bar → /bar	~bar → /wg/node2/bar
/wg/node3	foo/bar → /wg/foo/bar	/foo/bar → /foo/bar	~foo/bar → /wg/node3/foo/bar

以下に示すソースコードは、トピックを宣言する一般的な例である。詳しくは第7章で説明するが、本節ではトピック名を変えながらトピックについて理解しよう。

```
int main(int argc, char **argv)       // ノードのメイン関数
{
  ros::init(argc, argv, "node1");     // ノード名の初期化
  ros::NodeHandle nh;                 // ノードハンドル宣言
  // パブリッシャ宣言。トピック名 = bar
  ros::Publisher node1_pub = nh.advertise<std_msg::Int32>("bar", 10);
```

ここでノード名は /node1 である。このとき、トピック名の先頭に文字が何も付いていなければ、トピック名は /bar となる。また、トピック名の先頭にグローバル表現であるスラッシュ（/）を付け加えても、トピック名はそのまま /bar になる。

```
  ros::Publisher node1_pub = nh.advertise<std_msg::Int32>("/bar", 10);
```

ただし、トピック名の先頭にプライベート表現であるチルト（~）を付け加えると、トピック名は /node1/bar になる

```
  ros::Publisher node1_pub = nh.advertise<std_msg::Int32>("~bar", 10);
```

例えば、1台のカメラの画像を取得するノードを使って、2台のカメラから同時に画像を取得したいとする。この際、それぞれのカメラを利用するために、ノードを2つ実行しておく必

† 44 http://wiki.ros.org/ROS/Concepts
† 45 http://wiki.ros.org/Names

要があるが、ROSの仕様ではノード名が重複すると、先に実行していたノードが停止する。しかしノード名を変えれば、同じ内容のノードを複数起動できる。ノード名を変える方法には、ネームスペース（Namespace）とリマッピング（Remapping）がある。

カメラの画像を取得するノードとして、camera_packageパッケージにcamera_nodeノードがあるとしよう。camera_nodeノードは次のようにして実行できる。

```
$ rosrun camera_package camera_node
```

また、このノードがカメラ画像をimageトピックとして送信しているとすると、ROSが標準で提供しているrqt_image_viewノードを用いれば画像を表示できる。

```
$ rosrun rqt_image_view rqt_image_view
```

ここで、front、left、rightという3台のカメラを使用することを考える。ノード名の重複を避けるため、以下のようにノード名を変えて3つのノードを実行する。ここで、__nameはノード名を意味するオプションであり、それぞれfront、left、rightにノード名を変更している。オプションには、このほかにも__ns、__name、__log、__ip、__hostname、__masterなどがある。また、deviceはそれぞれのカメラの接続先デバイスを示している。~device[†46]など、ノードで設定されているプライベート型のパラメータ（~で始まるパラメータ）を変更する場合には、パラメータ名の先頭にアンダーバーを付け、":="の後に変更後のパラメータ値を記述する。

```
$ rosrun camera_package camera_node __name:=front _device:=/dev/video0
$ rosrun camera_package camera_node __name:=left _device:=/dev/video1
$ rosrun camera_package camera_node __name:=right _device:=/dev/video2
$ rosrun rqt_image_view rqt_image_view
```

多数のノードのノード名を一度に変更したい場合、__nsオプションを用いてネームスペースで複数のノードをまとめることもできる。以下は、4台目のカメラをbackというネームスペースで起動する例である。

```
$ rosrun camera_package camera_node __ns:=back
$ rosrun rqt_image_view rqt_imgae_view __ns:=back
```

さらに、リマッピングを用いれば、トピック名も変えることができる。以下のように起動すれば、トピック名を/imageから/front/imageに変更して通信できる。

† 46　http://wiki.ros.org/uvc_camera#Parameters

```
$ rosrun camera_package camera_node image:=front/image
$ rosrun rqt_image_view rqt_image_view image:=front/image
```

前述したように、ネームの機能を用いることで、ROSは複雑なシステムに対しても柔軟に対応できる。本節ではノード単位で説明するため、ノードの実行コマンドであるrosrunを用いたが、上で説明した機能をあらかじめ*.launchファイルに記述し、roslaunchコマンドで多数のノードに一度にオプションを適用して実行することもできる。これに関しては、第7章で詳しく説明する。

4.5　座標変換（TF）

複数の関節を持つロボットの姿勢は、各関節（Joint）の座標変換†47で記述できる。例えば、図4.17に示すヒューマノイドロボットの手は、手首、肘、肩の順に胴体につながっている。また、胴体は腰、股関節、膝、足首、足裏につながっている。このとき、各関節に固定された座標系を考えると、隣接する座標系間の姿勢の変化は座標変換で記述でき、これを繰り返せば、最終的に手と足裏の座標変換も計算できる。座標変換は、例えばロボットが物体を把持しようとするとき、物体に対する手の位置や姿勢を計画する際に必要となる。ロボットプログラミングでは、座標変換によるロボットの関節（または車輪）の姿勢の計算が重要であるが、ROSではこの座標変換をTF（Transform）†48と呼ぶ。

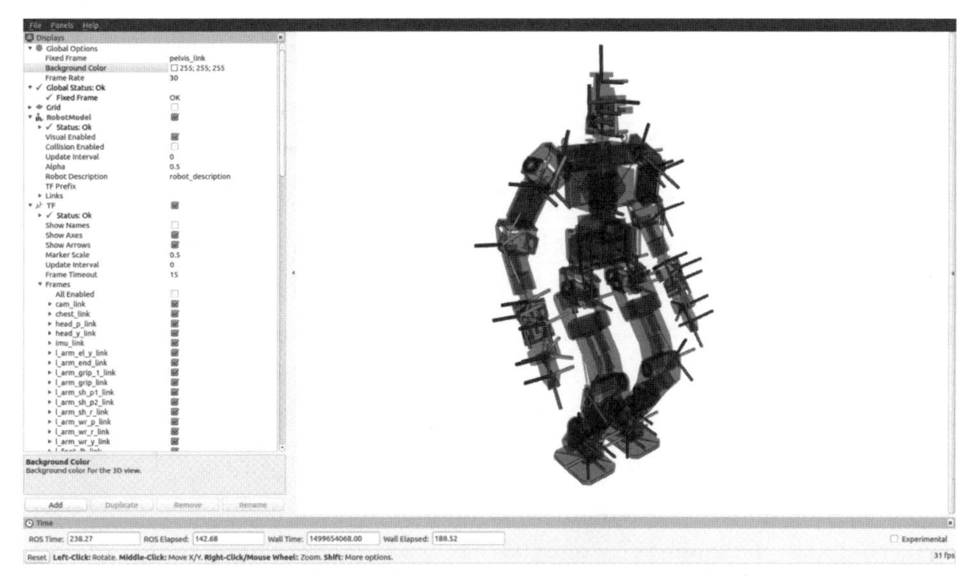

図4.17　ロボットの各関節における座標系（THORMANG3†49）

† 47　http://wiki.ros.org/geometry/CoordinateFrameConventions

† 48　http://wiki.ros.org/tf

† 49　http://robots.ros.org/thormang/

TFはロボットの関節配置や障害物の位置などを記述する際に用いられ、位置（Position）と姿勢（Orientation）をあわせたPoseとして表される。ここで位置はx、y、zの3変数ベクトルで、姿勢はx、y、z、wのクォータニオン（Quaternion、四元数）で表される。クォータニオンはロール（Roll）、ピッチ（Pitch）、ヨー（Yaw）で姿勢を表現する方法や、（α、β、γ）で表現するオイラー角とは異なり、4成分で姿勢を表現する。ロボット分野では、特異点の問題のあるロール・ピッチ・ヨー角やオイラー角よりもクォータニオンを用いる場合が多く、ROSでもクォータニオンを主に使用する。もちろん、オイラー角をクォータニオン型に変換する関数も提供されている。

TFはgeometry_msgsパッケージのTransformStamped.msgメッセージ[†50]によって定義される。メッセージには、TFの時間を表すheader、下位座標系を表すchild_frame_idメッセージが含まれる。座標変換は、位置を表すtransform.translation.x、transform.translation.y、transform.translation.zと、姿勢を表すtransform.rotation.x、transform.rotation.y、transform.rotation.z、transform.rotation.wで構成される。

リスト4.4 geometry_msgs/TransformStamped.msg

```
Header header
string child_frame_id
Transform transform
```

TFの具体的な使用法は、移動ロボットやマニピュレータのモデリングに関する第10章および第13章で説明する。

4.6 クライアントライブラリ（Client Library）

プログラミング言語にはさまざまな種類がある。例えば、処理速度が早く、ハードウェア制御分野で主に利用されているC++、生産性の高いPythonやRuby、人工知能の分野で有名なLisp、数値解析の商用ソフトウェアであるMATLAB、Android OSのソフトウェア開発で頻繁に利用されるJava、その他C#、Go、Haskell、Node.js、Lua、R、EusLisp、Juliaなどである。ROSは、ユーザの好みや必要に応じてさまざまな言語を利用できるように、多言語をサポートするソフトウェアモジュールであるクライアントライブラリを提供している。クライアントライブラリは、C++をサポートするroscpp、Pythonをサポートするrospy、Lispをサポートするroslisp、Javaをサポートするrosjavaが代表的である。その他、roscs、roseus、rosgo、roshask、rosnodejs、RobotOS.jl、roslua、PhaROS、rosR、rosruby、Unreal-Ros-Pluginなども存在し、他の言語に対しても、引き続き開発が行われている。

本書では主にC++をサポートするroscppを用いて説明を行う。しかし、他の言語を利用

†50 http://docs.ros.org/api/geometry_msgs/html/msg/TransformStamped.html

しても機能的には変わらないため、ユーザの好みの言語でプログラミングしてもよい。

4.7 異機種デバイス間の通信

第2章で説明したメッセージ通信、メッセージ、ネーム、座標変換、クライアントライブラリは、異機種デバイス間の通信（図4.18）をサポートしている。利用するOSの種類、プログラミング言語によらず、ROSのインストールやノードの動作が確認できれば、ROSのノード間の通信は容易に実現できる。例えば、Ubuntuが搭載されたPCで制御されるロボットの状態を、macOSが動作しているPCから確認でき、同時にAndroidスマートフォンのアプリケーションからロボットに命令を送ることもできる。これらに関しては、第8章のUSBカメラによる2台のコンピュータの間の映像ストリーム転送の実践でも学ぶ。また、組込みシステムであるマイクロコンピュータのファームウェアにメッセージ送受信機能を加えることで、ROSをインストールせずにメッセージ通信を実現する方法については、第9章「組込みシステム」で解説する。

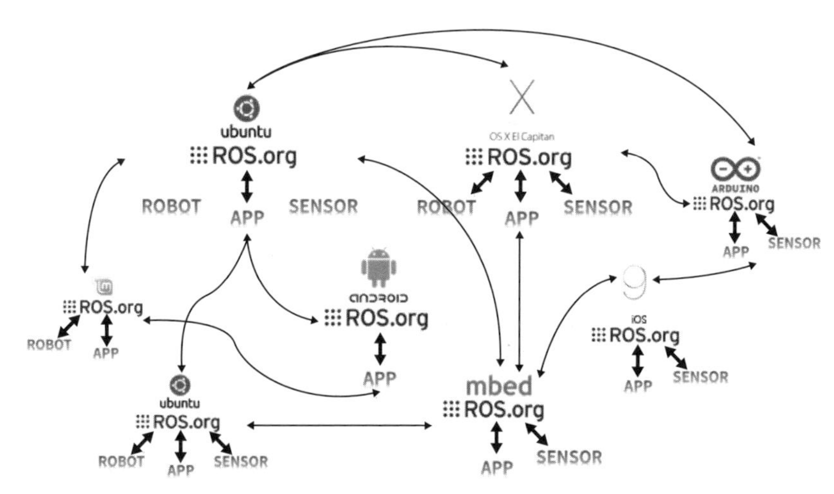

図4.18 異機種デバイス間の通信

4.8 ファイルシステム

4.8.1 ファイルの構成

ROSのファイル構成について説明する。ROSのアプリケーションプログラムはパッケージとしてまとめられている。パッケージは、ROSの最小の実行単位であるノードが1つ以上含まれるか、または他のパッケージに含まれているノードを実行するための設定ファイルが含まれる。2017年7月でROS Indigoには約2,500個の公式パッケージが、ROS Kineticには約1,600個の公式パッケージが登録されている。そのほか、非公式パッケージも約5,000個に達する。これらのパッケージは、メタパッケージと呼ばれるパッケージの集合体に属し、管理される場合もある。例えば、navigationパッケージはメタパッケージであり、AMCL、DWA、EKF、map_serverなどの約10個のパッケージから構成される。各パッケージにはpackage.xmlというパッケージ情報ファイルが含まれる。ここにはパッケージ名、著作者、ライセンス、依存パッケージなどがXML形式で記述されている。また、ROSのビルドシステムであるcatkinは基本的にCMakeを利用するが、そのビルド環境はCMakeLists.txtに記載されている。そのほか、ROSに関連するファイルとしては、ノードを構成するソースコードやノード間のメッセージ通信に利用するメッセージファイルがある。

ROSのファイルシステムは、インストールフォルダとユーザ作業フォルダに分けられる。ROSのデスクトップ版をインストールした場合、インストールフォルダにはroscoreを含むコアユーティリティやrqt、RViz、ロボット関連ライブラリ、シミュレーション、ナビゲーションパッケージなどがインストールされる。ほとんどの場合、ユーザはインストールフォルダにあるファイルに手を加える必要はないが、通常はバイナリファイルで配布されるパッケージを自身で修正したい場合、sudo apt-get install ros-kinetic-xxxなどのパッケージインストールコマンドではなく、元のソースが管理されているリポジトリから直接ソースファイルをダウンロードしてインストールする。ソースファイルのダウンロードは、ターミナルを開いて~/catkin_ws/src/フォルダなどのユーザ作業フォルダに移動し、git clone [リポジトリの住所]コマンドを利用する。

なお、ユーザ作業フォルダは任意の場所に作成できるが、本書ではLinuxユーザフォルダである~/（/home/[ユーザ名]/と同一）の下に~/catkin_ws/として作成することを推奨する。以降では、ROSのインストールフォルダとユーザ作業フォルダについて説明する。

バイナリやソースコードのインストール　COLUMN

ROSパッケージのインストールは、バイナリの形で配布され、個別のビルドは必要なく、すぐ実行できる形式でインストールする方法と、パッケージのソースコードをダウンロードした後、ユーザが自身でビルドを行う方法がある。どちらを選ぶかは、パッケージの使用目的によって異なり、パッケージを修正するためにソースコードを確認したい場合には、後者の方法を選択する。一例として、TurtleBot3のパッケージのインストール方法を以下に示す。

1. バイナリのインストール

```
$ sudo apt-get install ros-kinetic-turtlebot3
```

2. ソースコードのビルドによるインストール

```
$ cd ~/catkin_ws/src
$ git clone https://github.com/ROBOTIS-GIT/turtlebot3.git
$ cd ~/catkin_ws/
$ catkin_make
```

4.8.2 インストールフォルダ

ROSの本体は /opt/ros/[バージョン名] フォルダにインストールされる。つまり、ROS Kineticバージョンをインストールした場合、インストールフォルダは以下になる。

- ROSのインストールフォルダ　　/opt/ros/kinetic

(1) ファイルの構成

図4.19に示すように、/opt/ros/kinetic フォルダには bin、etc、include、lib、share フォルダが含まれる。

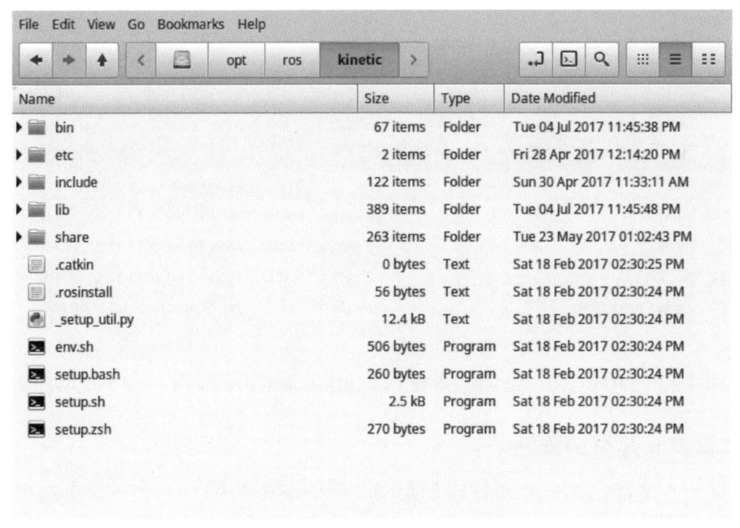

図4.19　ROSファイルの構成

(2) インストールフォルダの詳細

ROSのインストールフォルダには、インストール時に選択したパッケージやROSのコマンドプログラムが置かれている。それぞれのファイルの詳細を以下に示す。

- /bin　　実行可能なバイナリファイル
- /etc　　ROSとcatkin関連設定ファイル
- /include　　ヘッダーファイル
- /lib　　ライブラリファイル
- /share　　ROSパッケージ
- env.*　　環境設定ファイル
- setup.*　　環境設定ファイル

4.8.3 ユーザ作業フォルダ

ユーザ作業フォルダはユーザの好みの場所に置くことができるが、本書ではLinuxのユーザフォルダの下に~/catkin_ws/（/home/[ユーザ名]/catkin_ws/）を作成し、使用することにする。例えばユーザ名がorocaである場合、ユーザ作業フォルダの場所は以下になる。

- ユーザ作業フォルダの例　/home/oroca/catkin_ws

(1) ファイルの構成

図4.20に示しているように、/home/[ユーザ名]フォルダの下にはcatkin_wsフォルダがあり、その中にはbuild、devel、srcフォルダが置かれている。ただしbuild、develフォルダはcatkin_makeを実行した後に生成される。

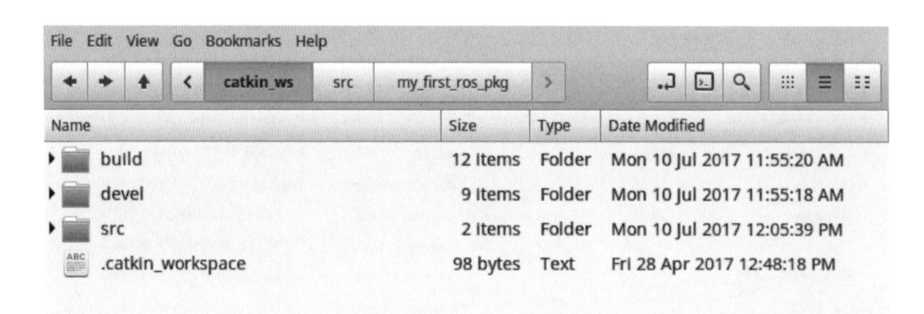

図4.20　catkin workspace（本書ではcatkin_wsフォルダ）のファイル構成

(2) ユーザ作業フォルダの詳細

ユーザ作業フォルダは、ユーザが作成したパッケージや公開パッケージを保存し、ビルドする場所である。ユーザはほとんどの作業をこのフォルダで行う。各フォルダの詳細を以下に示す。

- /build　ビルド関連ファイル
- /devel　msg、srvのヘッダーファイル、ユーザパッケージライブラリ、実行ファイル
- /src　ユーザパッケージ

(3) ユーザパッケージ

~/catkin_ws/srcフォルダには、ユーザが作成したか、あるいは公開されているパッケージのソースコードを置き、ビルドする。ROSビルドシステムに関しては次節で説明する。図4.21には筆者が作成したros_tutorials_topicパッケージが、ユーザ作業フォルダに置かれている状態を示している。パッケージの目的によってはファイルの構成が変わることもあるが、ここでは一般的なフォルダおよびファイルの構造について説明する。

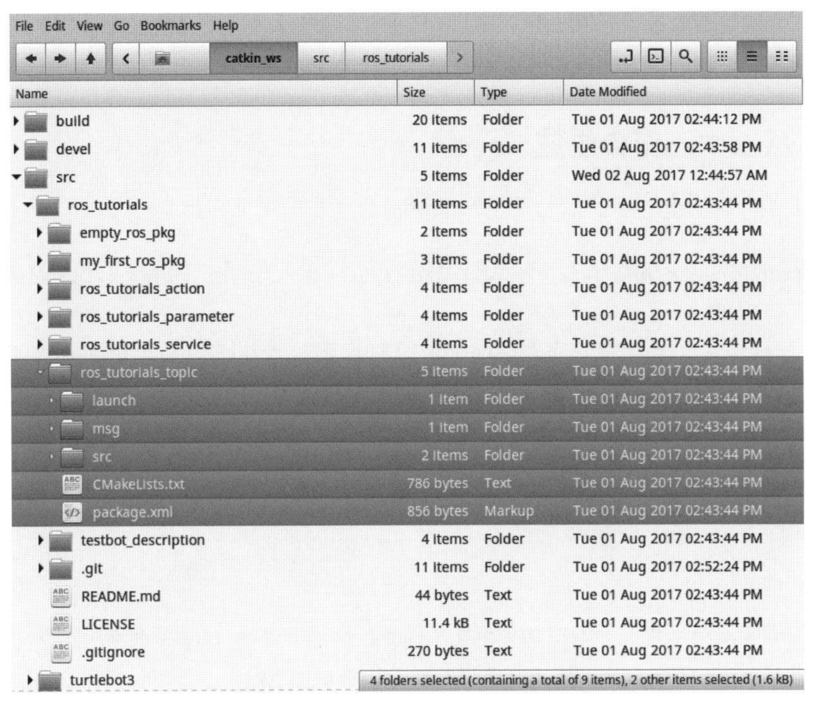

図 4.21　ユーザパッケージのファイル構成

- `/include`　ヘッダーファイル
- `/launch`　`roslaunch` に使用される `launch` ファイル
- `/node`　`rospy` 用スクリプト
- `/msg`　メッセージファイル
- `/src`　ソースコードファイル
- `/srv`　サービスファイル
- `CMakeLists.txt`　ビルド設定ファイル
- `package.xml`　パッケージ設定ファイル

4.9　ビルドシステム

ROS のビルドシステムは基本的に CMake を使用し、ビルドに必要な環境は `CMakeLists.txt` ファイルに記述される。ROS では、CMake を ROS システムにあわせて変更した catkin ビルドシステムが利用される。

ROS が CMake を採用した主な理由は、ROS パッケージがマルチプラットフォームでビルドできるためである。Make は Unix 系の OS のみをサポートするが、CMake は Unix 系（Linux、BSD、macOS）と Windows をサポートする。それにより、ROS は Microsoft Visual Studio、

QtCreatorで開発できる。そのほか、catkinビルドシステムを用いると、ビルド、パッケージ管理、パッケージ間の依存関係を容易に管理、実行できる。

4.9.1 パッケージの生成

次のコマンドはROSパッケージを生成する。

```
$ catkin_create_pkg [パッケージ名] [依存するパッケージ1] … [依存するパッケージn]
```

catkin_create_pkgコマンドは、catkinビルドシステムに必要なCMakeLists.txtとpackage.xmlを含むパッケージフォルダを生成する。

実際に簡単なパッケージを生成してみよう。まず、新しくターミナルを開き（Ctrlキー+Altキー+"t"キー）、次に示すコマンドを実行してユーザ作業フォルダに移動する。

```
$ cd ~/catkin_ws/src
```

ここで生成するパッケージのパッケージ名はmy_first_ros_pkgである。パッケージを生成する際、パッケージ名はすべて小文字にし、そのなかに空白があってはいけない。また、ハイフン（-）の代わりにアンダーバー（_）を使い、各単語をつなぐのが一般的なルールである。ROSプログラミングにおけるコーディングスタイル†51 †52と名付け方は関連ページを参考にしてほしい。

次に、以下のコマンドを利用してmy_first_ros_pkgという名前のパッケージを生成してみよう。

```
$ catkin_create_pkg my_first_ros_pkg std_msgs roscpp
```

ここでは、依存するパッケージとしてstd_msgsやroscppを設定している。これは、ROSの標準メッセージパッケージであるstd_msgs、およびROSでC/C++を使用する際に必要なクライアントライブラリroscppを利用するという意味である。依存パッケージは、事前にインストールしておく必要がある。このように依存パッケージをパッケージ生成時に設定する方法のほかに、パッケージを生成した後、package.xmlに必要な依存パッケージを追加して設定する方法もある。

パッケージを生成したら、lsコマンド、あるいはGUIのNautilusを用いて、生成されたパッケージの内部フォルダやファイルを確認する（図4.22）。~/catkin_ws/srcに生成されたmy_first_ros_pkgフォルダには、srcフォルダなどの基本的なフォルダやCMakeLists.

† 51　http://wiki.ros.org/CppStyleGuide
† 52　http://wiki.ros.org/PyStyleGuide

txt、package.xml が作成されている。

```
$ cd my_first_ros_pkg
$ ls
include              ←インクルードフォルダ
src                  ←ソースコードフォルダ
CMakeLists.txt       ←ビルド設定ファイル
package.xml          ←パッケージ設定ファイル
```

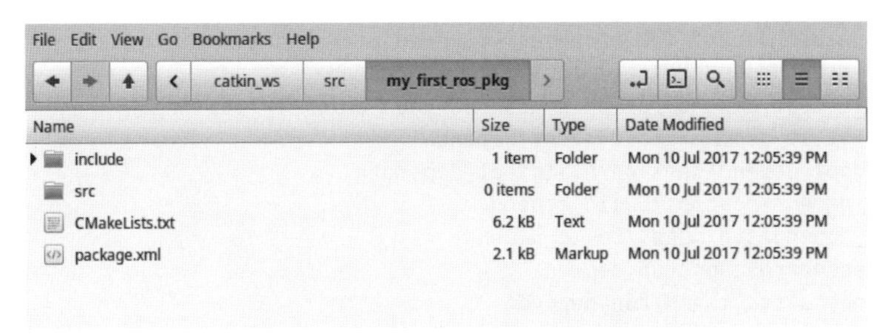

図 4.22　生成されたパッケージの中身

4.9.2　パッケージ設定ファイル（package.xml）の修正

ROS の重要な設定ファイルの 1 つである package.xml には、パッケージ名、著作者、ライセンス、依存パッケージなどが記述されている。リスト 4.5 は作成直後の package.xml である。

リスト 4.5　package.xml

```
<?xml version="1.0"?>
<package>
  <name>my_first_ros_pkg</name>
  <version>0.0.0</version>
  <description>The my_first_ros_pkg package</description>

  <!-- One maintainer tag required, multiple allowed, one person per tag -->
  <!-- Example:  -->
  <!-- <maintainer email="jane.doe@example.com">Jane Doe</maintainer> -->
  <maintainer email="oroca@todo.todo">pyo</maintainer>

  <!-- One license tag required, multiple allowed, one license per tag -->
  <!-- Commonly used license strings: -->
  <!--   BSD, MIT, Boost Software License, GPLv2, GPLv3, LGPLv2.1, LGPLv3 -->
  <license>TODO</license>

  <!-- Url tags are optional, but mutiple are allowed, one per tag -->
  <!-- Optional attribute type can be: website, bugtracker, or repository -->
  <!-- Example: -->
  <!-- <url type="website">http://wiki.ros.org/my_first_ros_pkg</url> -->

  <!-- Author tags are optional, mutiple are allowed, one per tag -->
```

```
  <!-- Authors do not have to be maintianers, but could be -->
  <!-- Example: -->
  <!-- <author email="jane.doe@example.com">Jane Doe</author> -->

  <!-- The *_depend tags are used to specify dependencies -->
  <!-- Dependencies can be catkin packages or system dependencies -->
  <!-- Examples: -->
  <!-- Use build_depend for packages you need at compile time: -->
  <!--   <build_depend>message_generation</build_depend> -->
  <!-- Use buildtool_depend for build tool packages: -->
  <!--   <buildtool_depend>catkin</buildtool_depend> -->
  <!-- Use run_depend for packages you need at runtime: -->
  <!--   <run_depend>message_runtime</run_depend> -->
  <!-- Use test_depend for packages you need only for testing: -->
  <!--   <test_depend>gtest</test_depend> -->
  <buildtool_depend>catkin</buildtool_depend>
  <build_depend>roscpp</build_depend>
  <build_depend>std_msgs</build_depend>
  <run_depend>roscpp</run_depend>
  <run_depend>std_msgs</run_depend>

  <!-- The export tag contains other, unspecified, tags -->
  <export>
    <!-- Other tools can request additional information be placed here -->

  </export>
</package>
```

package.xmlのタグは、2つの違うフォーマットがある。最近提案されたパッケージフォーマット2[†53]は機能としてはよいのだが、本書では下位互換性があるパッケージフォーマット1で説明する。各タグの意味について、以下で説明する。

- <?xml> 文書の文法を定義する。ここではxmlのバージョン1.0を意味する。
- <package> ここから</package>までがROSパッケージの設定である。
- <name> パッケージ名を記入する。
- <version> パッケージのバージョンを記入する。
- <description> パッケージに対する簡単な説明を2～3行で記入する。
- <maintainer> パッケージ管理者の名前やメールアドレスを記入する。
- <license> BSD、MIT、Apache、GPLv3、LGPLv3など、ライセンスを記入する。
- <url> パッケージを説明、管理するWebページのURLを記入する。typeにはwebsite、bugtracker、repositoryなどを記入する。

† 53 http://docs.ros.org/jade/api/catkin/html/howto/format2/index.html

- <author> パッケージ開発の参加者の名前、メールアドレスを記入する。開発者が複数の場合、改行して <author> タグを加えて記入する。
- <buildtool_depend> ビルドシステムの依存性について記述する（ここでは catkin）。
- <build_depend> パッケージをビルドするときに依存するパッケージ名を記入する。
- <run_depend> パッケージを実行するときに依存するパッケージ名を記入する。
- <test_depend> パッケージをテストするときに依存するパッケージ名を記入する。
- <export> 明示されていないタグを使用するときに記入する。メタパッケージを明示する <metapacakge> がよく利用される。
- <metapackage> パッケージがメタパッケージであるとき、宣言に利用される。

環境にあわせて上述した package.xml を修正した例をリスト 4.6 に示す。今後、読者も以下のようにパッケージ情報を修正することになるが、ここでは簡単のため、下記をそのまま利用することにする。

リスト 4.6 package.xml

```
<?xml version="1.0"?>
<package>
  <name>my_first_ros_pkg</name>
  <version>0.0.1</version>
  <description>The my_first_ros_pkg package</description>
  <license>Apache License 2.0</license>
  <author email="pyo@robotis.com">Yoonseok Pyo</author>
  <maintainer email="pyo@robotis.com">Yoonseok Pyo</maintainer>
  <url type="bugtracker">https://github.com/ROBOTIS-GIT/ros_turtorials/issues</url>
  <url type="repository">https://github.com/ROBOTIS-GIT/ros_turtorials.git</url>
  <url type="website">http://www.robotis.com</url>
  <buildtool_depend>catkin</buildtool_depend>
  <build_depend>std_msgs</build_depend>
  <build_depend>roscpp</build_depend>
  <run_depend>std_msgs</run_depend>
<run_depend>roscpp</run_depend>
<export></export>
</package>
```

4.9.3 ビルド設定ファイル（CMakeLists.txt）の修正

ROS のビルドシステムが採用している CMake は、CMakeLists.txt に記載されているビルド環境を用いてビルドを行う。ここでは、実行ファイルの生成、依存パッケージのビルドの優先順位、リンク生成などが設定される。リスト 4.7 に、生成直後の CMakeLists.txt を示す。

リスト 4.7 CMakeLists.txt

```
cmake_minimum_required(VERSION 2.8.3)
project(my_first_ros_pkg)

## Find catkin macros and libraries
## if COMPONENTS list like find_package(catkin REQUIRED COMPONENTS xyz)
## is used, also find other catkin packages
find_package(catkin REQUIRED COMPONENTS
  roscpp
  std_msgs
)

## System dependencies are found with CMake's conventions
# find_package(Boost REQUIRED COMPONENTS system)


## Uncomment this if the package has a setup.py. This macro ensures
## modules and global scripts declared therein get installed
## See http://ros.org/doc/api/catkin/html/user_guide/setup_dot_py.html
# catkin_python_setup()

################################################
## Declare ROS messages, services and actions ##
################################################

## To declare and build messages, services or actions from within this
## package, follow these steps:
## * Let MSG_DEP_SET be the set of packages whose message types you use in
##   your messages/services/actions (e.g. std_msgs, actionlib_msgs, ...).
## * In the file package.xml:
##   * add a build_depend tag for "message_generation"
##   * add a build_depend and a run_depend tag for each package in MSG_DEP
_SET
##   * If MSG_DEP_SET isn't empty the following dependency has been pulled
 in
##     but can be declared for certainty nonetheless:
##     * add a run_depend tag for "message_runtime"
## * In this file (CMakeLists.txt):
##   * add "message_generation" and every package in MSG_DEP_SET to
##     find_package(catkin REQUIRED COMPONENTS ...)
##   * add "message_runtime" and every package in MSG_DEP_SET to
##     catkin_package(CATKIN_DEPENDS ...)
##   * uncomment the add_*_files sections below as needed
##     and list every .msg/.srv/.action file to be processed
##   * uncomment the generate_messages entry below
##   * add every package in MSG_DEP_SET to generate_messages(DEPENDENCIES
...)

## Generate messages in the 'msg' folder
# add_message_files(
#   FILES
#   Message1.msg
```

```
#   Message2.msg
# )

## Generate services in the 'srv' folder
# add_service_files(
#   FILES
#   Service1.srv
#   Service2.srv
# )

## Generate actions in the 'action' folder
# add_action_files(
#   FILES
#   Action1.action
#   Action2.action
# )

## Generate added messages and services with any dependencies listed here
# generate_messages(
#   DEPENDENCIES
#   std_msgs
# )

################################################
## Declare ROS dynamic reconfigure parameters ##
################################################

## To declare and build dynamic reconfigure parameters within this
## package, follow these steps:
## * In the file package.xml:
##   * add a build_depend and a run_depend tag for "dynamic_reconfigure"
## * In this file (CMakeLists.txt):
##   * add "dynamic_reconfigure" to
##     find_package(catkin REQUIRED COMPONENTS ...)
##   * uncomment the "generate_dynamic_reconfigure_options" section below
##     and list every .cfg file to be processed

## Generate dynamic reconfigure parameters in the 'cfg' folder
# generate_dynamic_reconfigure_options(
#   cfg/DynReconf1.cfg
#   cfg/DynReconf2.cfg
# )

###################################
## catkin specific configuration ##
###################################
## The catkin_package macro generates cmake config files for your package
## Declare things to be passed to dependent projects
## INCLUDE_DIRS: uncomment this if you package contains header files
## LIBRARIES: libraries you create in this project that dependent projects
 also need
## CATKIN_DEPENDS: catkin_packages dependent projects also need
## DEPENDS: system dependencies of this project that dependent projects al
```

```
so need
catkin_package(
#  INCLUDE_DIRS include
#  LIBRARIES my_first_ros_pkg
#  CATKIN_DEPENDS roscpp std_msgs
#  DEPENDS system_lib
)

###########
## Build ##
###########

## Specify additional locations of header files
## Your package locations should be listed before other locations
# include_directories(include)
include_directories(
  ${catkin_INCLUDE_DIRS}
)

## Declare a C++ library
# add_library(my_first_ros_pkg
#   src/${PROJECT_NAME}/my_first_ros_pkg.cpp
# )

## Add cmake target dependencies of the library
## as an example, code may need to be generated before libraries
## either from message generation or dynamic reconfigure
# add_dependencies(my_first_ros_pkg ${${PROJECT_NAME}_EXPORTED_TARGETS}
${catkin_EXPORTED_TARGETS})

## Declare a C++ executable
# add_executable(my_first_ros_pkg_node src/my_first_ros_pkg_node.cpp)

## Add cmake target dependencies of the executable
## same as for the library above
# add_dependencies(my_first_ros_pkg_node ${${PROJECT_NAME}_EXPORTED_TARGET
S} ${catkin_EXPORTED_TARGETS})

## Specify libraries to link a library or executable target against
# target_link_libraries(my_first_ros_pkg_node
#   ${catkin_LIBRARIES}
# )

#############
## Install ##
#############

# all install targets should use catkin DESTINATION variables
# See http://ros.org/doc/api/catkin/html/adv_user_guide/variables.html

## Mark executable scripts (Python etc.) for installation
## in contrast to setup.py, you can choose the destination
# install(PROGRAMS
```

```
#   scripts/my_python_script
#   DESTINATION ${CATKIN_PACKAGE_BIN_DESTINATION}
# )

## Mark executables and/or libraries for installation
# install(TARGETS my_first_ros_pkg my_first_ros_pkg_node
#   ARCHIVE DESTINATION ${CATKIN_PACKAGE_LIB_DESTINATION}
#   LIBRARY DESTINATION ${CATKIN_PACKAGE_LIB_DESTINATION}
#   RUNTIME DESTINATION ${CATKIN_PACKAGE_BIN_DESTINATION}
# )

## Mark cpp header files for installation
# install(DIRECTORY include/${PROJECT_NAME}/
#   DESTINATION ${CATKIN_PACKAGE_INCLUDE_DESTINATION}
#   FILES_MATCHING PATTERN "*.h"
#   PATTERN ".svn" EXCLUDE
# )

## Mark other files for installation (e.g. launch and bag files, etc.)
# install(FILES
#   # myfile1
#   # myfile2
#   DESTINATION ${CATKIN_PACKAGE_SHARE_DESTINATION}
# )

#############
## Testing ##
#############

## Add gtest based cpp test target and link libraries
# catkin_add_gtest(${PROJECT_NAME}-test test/test_my_first_ros_pkg.cpp)
# if(TARGET ${PROJECT_NAME}-test)
#   target_link_libraries(${PROJECT_NAME}-test ${PROJECT_NAME})
# endif()

## Add folders to be run by python nosetests
# catkin_add_nosetests(test)
```

以降では、ビルド設定ファイル（CMakeLists.txt）に設定される各ビルドオプションについて説明する。

CMakeにはビルドに必要な最低バージョンがあり、それより低いバージョンの場合、ビルドを行うことができない。

```
cmake_minimum_required(VERSION 2.8.3)
```

projectにはパッケージ名を記入する。ここに記入されたパッケージ名がpackage.xmlに記入したパッケージ名と異なる場合、ビルドエラーが発生する。

```
project(my_first_ros_pkg)
```

find_packageにはcatkinビルドの実行時に要求される依存パッケージを記入する。ここでは依存パッケージとしてroscpp、std_msgsが追加されている。もしroscppまたはstd_msgsがインストールされておらず、見つからなかった場合、ビルドエラーが発生する。

```
find_package(catkin REQUIRED COMPONENTS
  roscpp
  std_msgs
)
```

パッケージの開発では、Boostライブラリなど、ROSとは直接関係のないパッケージも利用する場合がある。以下ではBoostライブラリを用いること、およびBoostライブラリの動作に必要なsystemパッケージがインストールされていることを要求している。

```
find_package(Boost REQUIRED COMPONENTS system)
```

catkin_python_setupはPython（rospy）を使用するときに設定するオプションである。このオプションが設定された状態でビルドが行われると、ビルド中にPythonのインストールプログラムであるsetup.pyを呼び出す。

```
catkin_python_setup()
```

add_message_filesにはメッセージファイルを追加する。FILESを設定すると、msgフォルダ内にある.msgファイルを参照し、ヘッダーファイル（*.h）を自動生成する。ここではMessage1.msg、Message2.msgを使用する。

```
add_message_files(
  FILES
  Message1.msg
  Message2.msg
)
```

add_service_filesにはサービスファイルを追加する。FILESを設定すると、srvフォルダ内にある*.srvファイルを参照する。ここではService1.srv、Service2.srvを使用する。

```
add_service_files(
  FILES
  Service1.srv
  Service2.srv
)
```

generate_messagesには依存するメッセージパッケージを設定する。ここでDEPENDENCIESオプションは、ユーザが追加したメッセージが依存するメッセージを表し、ここではstd_msgsメッセージパッケージを使用する。

```
generate_messages(
  DEPENDENCIES
  std_msgs
)
```

generate_dynamic_reconfigure_options には dynamic_reconfigure を使用するとき参照する設定ファイルを記入する。

```
generate_dynamic_reconfigure_options(
  cfg/DynReconf1.cfg
  cfg/DynReconf2.cfg
)
```

catkin_package には catkin ビルドのオプションを記載する。ここでは、INCLUDE_DIRS オプションによって include フォルダにあるヘッダーファイルを参照し、LIBRARIES オプションによって my_first_ros_pkg パッケージにあるライブラリを参照する。また、CATKIN_DEPENDS オプションで roscpp、std_msgs への依存関係が設定され、DEPENDS オプションによってシステム依存パッケージが設定される。

```
catkin_package(
  INCLUDE_DIRS include
  LIBRARIES my_first_ros_pkg
  CATKIN_DEPENDS roscpp std_msgs
  DEPENDS system_lib
)
```

include_directories にはインクルードフォルダを指定する。ここでは ${catkin_INCLUDE_DIRS} を設定し、各パッケージの include フォルダにあるヘッダーファイルを使用する。ユーザが別のインクルードフォルダを指定したい場合、${catkin_INCLUDE_DIRS} の後にフォルダ名を追加すればよい。

```
include_directories(
  ${catkin_INCLUDE_DIRS}
)
```

add_library にはビルドによって生成するライブラリを設定する。ここでは src フォルダの下の my_first_ros_pkg フォルダ内の my_first_ros_pkg.cpp ファイルを参照し、my_first_ros_pkg ライブラリを生成する。

```
add_library(my_first_ros_pkg
  src/${PROJECT_NAME}/my_first_ros_pkg.cpp
)
```

add_dependencies にはライブラリや実行ファイルを生成する前に生成する必要がある依存メッセージおよび dynamic_reconfigure を記入する。ここでは上述した my_first_ros_ pkgライブラリが依存しているメッセージ、およびdynamic_reconfigureを先に生成しておく。

```
add_dependencies(my_first_ros_pkg ${${PROJECT_NAME}_EXPORTED_TARGETS}
  ${catkin_EXPORTED_TARGETS})
```

add_excutableにはビルド後生成する実行ファイルを指定する。ここではsrc/my_first_ros_pkg_node.cppファイルを参照し、実行ファイルであるmy_first_ros_pkg_nodeを生成する。複数の*.cppファイルを参照したい場合、my_first_ros_pkg_node.cppの後にファイル名を追加する。複数の実行ファイルを生成したい場合にはadd_excutableを複数指定する。

```
add_executable(my_first_ros_pkg_node src/my_first_ros_pkg_node.cpp)
```

また、2つ目のadd_dependenciesでは、my_first_ros_pkg_nodeという実行ファイルの依存関係を指定している。

```
add_dependencies(my_first_ros_pkg_node ${${PROJECT_NAME}_EXPORTED_TARGETS}
  ${catkin_EXPORTED_TARGETS})
```

target_link_librariesには、実行ファイルを生成する際にリンクが必要なライブラリを記入する。

```
target_link_libraries(my_first_ros_pkg_node
  ${catkin_LIBRARIES}
)
```

そのほか、公式配布用ROSパッケージを作成する際に利用するInstall、開発したモジュールのテストに利用するTestingがある。

上述したビルド設定ファイル（CMakeLists.txt）を環境にあわせて修正した例をリスト4.8に示す。実際の使用例はROBOTIS GIT[†54]で公開されているTurtleBot3、OP3のパッケージで確認できる。

リスト4.8 CMakeLists.txt

```
cmake_minimum_required(VERSION 2.8.3)
project(my_first_ros_pkg)
find_package(catkin REQUIRED COMPONENTS roscpp std_msgs)
catkin_package(CATKIN_DEPENDS roscpp std_msgs)
include_directories(${catkin_INCLUDE_DIRS})
add_executable(hello_world_node src/hello_world_node.cpp)
target_link_libraries(hello_world_node ${catkin_LIBRARIES})
```

† 54 https://github.com/ROBOTIS-GIT

4.9.4 ソースコードの作成

修正したCMakeLists.txtファイルでは、add_excutable（実行ファイルの生成）が以下のように設定されている。

```
add_executable(hello_world_node src/hello_world_node.cpp)
```

これにより、hello_world_node実行ファイルはsrcフォルダにあるhello_world_node.cppから生成される。ビルドの前にソースコードのファイルを作成する。

まず、cdコマンドを用いてパッケージフォルダのsrcフォルダに移動し、hello_world_node.cppファイルを作成する。ここではエディタとしてgeditを利用しているが、そのほかにvi、qtcreator、vim、emacsなど、ユーザが好みのエディタを利用してよい。

```
$ cd ~/catkin_ws/src/my_first_ros_pkg/src/
$ gedit hello_world_node.cpp
```

エディタでソースコードのファイルを開き、リスト4.9のソースコードを入力する。

リスト4.9　hello_world_node.cpp

```
#include <ros/ros.h>
#include <std_msgs/String.h>
#include <sstream>

int main(int argc, char **argv)
{
  ros::init(argc, argv, "hello_world_node");
  ros::NodeHandle nh;
  ros::Publisher chatter_pub =
    nh.advertise<std_msgs::String>("say_hello_world", 1000);
  ros::Rate loop_rate(10);
  int count = 0;

  while (ros::ok())
  {
    std_msgs::String msg;
    std::stringstream ss;
    ss << "hello world!" << count;
    msg.data = ss.str();
    ROS_INFO("%s", msg.data.c_str());
    chatter_pub.publish(msg);
    ros::spinOnce();
    loop_rate.sleep();
    ++count;
  }
  return 0;
}
```

4.9.5 パッケージビルド

ここまでで、パッケージのビルドに必要なすべての作業が終了した。ビルドを行う前に、以下のコマンドでROSパッケージのプロファイルを更新する。これは作成したパッケージをROSパッケージのリストに追加するコマンドであり、これによりTabキーをターミナル上で打つことでパッケージ名が自動補完される。

```
$ rospack profile
```

次に、作業フォルダに移り、catkinビルドを行う。

```
$ cd ~/catkin_ws && catkin_make
```

ショートカットコマンド **COLUMN**

3.2節「ROSの開発環境の構築」で述べたように、.bashrcファイルに「alias cm='cd ~/catkin_ws && catkin_make'」と設定しておけば、ターミナル上でcmコマンドを入力することで簡単にビルドできる。

4.9.6 ノード実行

エラーがなくビルドが終了すると、~/catkin_ws/devel/lib/my_first_ros_pkgフォルダにhello_world_nodeファイルがされる。

次に、ターミナルを開き（Ctrlキー+Altキー+"t"キー）、roscoreを実行する。roscoreを起動すると、ROSのノードが実行できる。roscoreは終了させない限り、一度実行すればよい。

```
$ roscore
```

最後に、新しいターミナルを開き、以下のコマンドを入力し、ノードを実行してみる。ここでは、my_first_ros_pkgパッケージのhello_world_nodeノードが実行される。

```
$ rosrun my_first_ros_pkg hello_world_node
[INFO] [1499662568.416826810]: hello world!0
[INFO] [1499662568.516845339]: hello world!1
[INFO] [1499662568.616839553]: hello world!2
[INFO] [1499662568.716806374]: hello world!3
[INFO] [1499662568.816807707]: hello world!4
[INFO] [1499662568.916833281]: hello world!5
[INFO] [1499662569.016831357]: hello world!6
[INFO] [1499662569.116832712]: hello world!7
[INFO] [1499662569.216827362]: hello world!8
```

```
[INFO] [1499662569.316806268]: hello world!9
[INFO] [1499662569.416805945]: hello world!10
```

ノードを実行すると、`hello world！0`などの文字列が出力される。ここでは、送信されたメッセージは利用していないが、次章からはメッセージやソースコードについてさらに詳しく学んでいこう。

第5章

ROSコマンド

ROSを用いたプログラミングで、実際に頻繁に利用されるコマンドは30種類程度である。それらは目的別に、シェルコマンド、実行コマンド、情報コマンド、catkinコマンド、パッケージコマンドなどに分けられる。本章では、これらのコマンドについて詳しく説明する。

5.1 ROSコマンドの種類

ROSはシェル（Shell）上でコマンドを入力することで、ファイルの管理、ソースコードの編集とデバッグ、パッケージの管理などが実行できる。ROSを正しく利用するためには、基本的なLinuxコマンドとROSコマンドについて学ぶ必要がある。

ROS Wiki **COLUMN**

ROSコマンドはROS Command-line toolsのWikiページ[†1]で詳しく説明されている。また、GitHubリポジトリ[†2]には、本章で説明するROSコマンドのうち、頻繁に利用されるコマンドが要約されている。

まずは、ROSコマンドの一覧を表5.1～5.5に示す。なお、表中の各コマンドの★は、それぞれのコマンドの使用頻度を示している。その後の節でROSコマンドが持つ機能について述べ、その使用例を紹介する。

†1　http://wiki.ros.org/ROS/CommandLineTools
†2　https://github.com/ros/cheatsheet/releases

表 5.1 ROS シェルコマンド

コマンド	使用頻度	コマンドの意味	コマンドの機能
roscd	★★★	ros+cd(changes directory)	指定した ROS パッケージのディレクトリに移動
rosls	★☆☆	ros+ls(lists files)	ROS パッケージのファイルリストの表示
rosed	★☆☆	ros+ed(itor)	ROS パッケージのファイルの編集
roscp	★☆☆	ros+cp(copies files)	ROS パッケージのファイルを複製
rospd	☆☆☆	ros+pushd	ROS ディレクトリインデックスにディレクトリ追加
rosd	☆☆☆	ros+directory	ROS ディレクトリインデックスの確認

表 5.2 ROS 実行コマンド

コマンド	使用頻度	コマンドの意味	コマンドの機能
roscore	★★★	ros+core	master（ROS ネームサービス）+rosout（ログ記録）+parameter server（パラメータ管理）
rosrun	★★★	ros+run	ノードを実行
roslaunch	★★★	ros+launch	複数のノードの実行と実行オプションの設定
rosclean	★★☆	ros+clean	ROS ログファイルを検査／削除

表 5.3 ROS 情報コマンド

コマンド	使用頻度	コマンドの意味	コマンドの機能
rostopic	★★★	ros+topic	ROS トピック情報を確認
rosservice	★★★	ros+service	ROS サービス情報を確認
rosnode	★★★	ros+node	ROS ノード情報を確認
rosparam	★★★	ros+param(eter)	ROS パラメータ情報を確認または修正
rosbag	★★★	ros+bag	ROS メッセージを記録または再生
rosmsg	★★☆	ros+msg	ROS メッセージ情報を確認
rossrv	★★☆	ros+srv	ROS サービス情報を確認
rosversion	★☆☆	ros+version	ROS パッケージやそのリリースバージョン情報を確認
roswtf	☆☆☆	ros+wtf	ROS システムを検査

表 5.4 ROS catkin コマンド

コマンド	使用頻度	コマンドの意味
catkin_create_pkg	★★★	パッケージの自動生成
catkin_make	★★★	catkin ビルドシステムでビルドを実行
catkin_eclipse	★★☆	生成したパッケージを Eclipse から使用できるように変更
catkin_prepare_release	★★☆	リリース版に使用される変更履歴およびバージョンタグの管理
catkin_generate_changelog	★★☆	リリース版の CHANGELOG.rst ファイルの生成
catkin_init_workspace	★★☆	catkin ビルドシステムの作業フォルダの初期化
catkin_find	★☆☆	catkin 検索

表 5.5 ROS パッケージコマンド

コマンド	使用頻度	コマンドの意味	コマンドの機能
rospack	★★★	ros+pack(age)	指定した ROS パッケージに関する情報の表示
rosinstall	★★☆	ros+install	ROS 追加パッケージのインストール
rosdep	★★☆	ros+dep(endencies)	パッケージの依存ファイルの確認とインストール
roslocate	☆☆☆	ros+locate	ROS パッケージ情報の表示
roscreate-pkg	☆☆☆	ros+create-pkg	ROS パッケージの自動生成（旧 rosbuild システム）
rosmake	☆☆☆	ros+make	ROS パッケージのビルド（旧 rosbuild システム）

5.2 ROS シェルコマンド

ROS のシェルコマンドは rosbash とも呼ばれる（表 5.6）。rosbash は、ROS の開発環境において、Linux でよく利用される bash シェルコマンドに類似したコマンドを提供している。rosbash は、ros 接頭語と、cd、pd、d、ls、ed、cp、run などの接尾語で構成されている。

表 5.6 ROS シェルコマンド

コマンド	使用頻度	コマンドの意味	コマンドの機能
roscd	★★★	ros+cd(changes directory)	指定した ROS パッケージのディレクトリに移動
rosls	★☆☆	ros+ls(lists files)	ROS パッケージのファイルリストの表示
rosed	★☆☆	ros+ed(itor)	ROS パッケージのファイルの編集
roscp	★☆☆	ros+cp(copies files)	ROS パッケージのファイルを複製
rospd	☆☆☆	ros+pushd	ROS ディレクトリインデックスにディレクトリ追加
rosd	☆☆☆	ros+directory	ROS ディレクトリインデックスの確認

ここでは、頻繁に利用される roscd、rosls、rosed コマンドについて説明する。

ROS シェルコマンドの使用環境 **COLUMN**

ROS シェルコマンドを利用するには、以下のコマンドで rosbash をインストールし、source /opt/ros/<ros distribution>/setup.bash で設定を読み込む必要がある。第 3 章で説明した ROS 開発環境の構築に従って ROS をインストールした場合には、この設定を行う必要はない。

```
$ sudo apt-get install ros-<ros distribution>-rosbash
```

5.2.1 roscd：ROS のディレクトリ移動コマンド

roscd は、指定したパッケージが置かれているディレクトリに移動するコマンドである。

```
roscd [パッケージ名]
```

次の例は、ROS のインストール時に同時にインストールされた turtlesim パッケージと、第 4 章で作成した自作パッケージが置かれている位置に、roscd コマンドを用いてそれぞれ移動した結果を示している。検索の結果から、turtlesim パッケージは ROS インストールディレクトリに、自作パッケージである my_first_ros_pkg はユーザ作業フォルダにそれぞれ置かれていることがわかる。

```
$ roscd turtlesim
/opt/ros/kinetic/share/turtlesim $
$ roscd my_first_ros_pkg
~/catkin_ws/src/my_first_ros_pkg $
```

ただし、上記と同じ結果を得るためには ros-kinetic-turtlesim パッケージがインストールされている必要がある。まだインストールしていない場合、下記のように ros-kinetic-turtlesim パッケージをインストールする。

```
$ sudo apt-get install ros-kinetic-turtlesim
```

この際、もし turtlesim パッケージが既にインストールされていると、パッケージインストールの途中で以下のメッセージが表示される。

```
$ sudo apt-get install ros-kinetic-turtlesim
[sudo] password for USER:
Reading package lists... Done
Building dependency tree
Reading state information... Done
ros-kinetic-turtlesim is already the newest version (0.7.1-0xenial-2017061
3-170649-0800).
ros-kinetic-turtlesim set to manually installed.
0 upgraded, 0 newly installed, 0 to remove and 18 not upgraded.
```

5.2.2 rosls：ROS のファイルリストの表示コマンド

roslsは、指定したROSパッケージに含まれるファイルのリストを表示するコマンドである。

```
rosls [パッケージ名]
```

このコマンドの代わりに、roscd コマンドを利用してパッケージの位置に移動し、Linux の ls コマンドを用いても、同じファイルリストを確認できる。

```
$ rosls turtlesim
cmake images msg srv package.xml
```

5.2.3　rosed：ROS のファイル編集コマンド

rosed は、指定したファイルを編集するときに利用するコマンドである。

```
rosed [パッケージ名] [ファイル名]
```

このコマンドを入力すると、ユーザがあらかじめ設定したエディタでファイルが開く。比較的簡単な内容の修正に適している。rosed が使用するエディタは、~/.bashrc ファイルに export EDITOR='emacs -nw' のように記入することで設定できる。一方、コーディングなど、複雑な作業には適さない。

```
$ rosed turtlesim package.xml
```

5.3　ROS 実行コマンド

ROS の実行コマンドは、ROS ノードを実行するときに利用する（表 5.7）。ROS 実行コマンドは 4 種類ある。

表 5.7　ROS 実行コマンド

コマンド	使用頻度	コマンドの意味	コマンドの機能
roscore	★★★	ros+core	master（ROS ネームサービス）+rosout（ログ記録）+parameter server（パラメータ管理）
rosrun	★★★	ros+run	ノードを実行
roslaunch	★★★	ros+launch	複数のノードの実行と実行オプションの設定
rosclean	★★☆	ros+clean	ROS ログファイルを検査／削除

5.3.1　roscore：roscore 実行

roscore は、ノード間で行われるメッセージ通信の接続情報を管理するマスタを起動する。

```
roscore [オプション]
```

ROS を利用する際には roscore をまず実行する必要がある。ここで、マスタはノード名、トピック名、サービス名、メッセージ型、URI とポートを取得し、接続を要請するノードにノード情報を送信する。roscore を実行すると、ROS の標準ログである DEBUG、INFO、WARN、ERROR、FATAL などを記録する rosout や、パラメータを管理する parameter server が実行される。

roscore を実行すると、ユーザが設定した ROS_MASTER_URI をマスタ URI とし、マスタを起動する。ROS_MASTER_URI は ~/.bashrc ファイルで設定する。

```
$ roscore
... logging to /home/pyo/.ros/log/c2d0b528-6536-11e7-935b-08d40c80c500/ros
launch-pyo-20002.log
Checking log directory for disk usage. This may take awhile.
Press Ctrl-C to interrupt
Done checking log file disk usage. Usage is <1GB.

started roslaunch server http://localhost:43517/
ros_comm version 1.12.7

SUMMARY
========
PARAMETERS
 * /rosdistro: kinetic
 * /rosversion: 1.12.7

NODES
auto-starting new master
process[master]: started with pid [20013]
ROS_MASTER_URI=http://localhost:11311/

setting /run_id to c2d0b528-6536-11e7-935b-08d40c80c500
process[rosout-1]: started with pid [20027]
started core service [/rosout]
```

この結果から、/home/xxx/.ros/log/ フォルダにログが記録され、「Ctrl キー +"c" キー」の入力で roscore を終了でき、roslaunch server、ROS_MASTER_URI などに関する情報、/rosdistro と /rosversion などのパラメータサーバ、/rosout ノードが実行されていることがわかる。

ログが記録される位置 **COLUMN**

上記の結果では、ログの位置が /home/xxx/.ros/log/ であるとされているが、実際は環境変数 ROS_HOME で設定されている位置に記録される。ROS_HOME が設定されていない場合、ROS_HOME のデフォルト値である ~/.ros/log/ が使用される。

5.3.2 rosrun：ROS ノードの実行

rosrun は、指定したパッケージのノードを実行するときに利用する。

```
rosrun [パッケージ名] [ノード名]
```

以下はturtlesimパッケージのturtlesim_nodeノードを実行する例である。turtlesimを実行すると、カメのアイコンが画面に現れる。

```
$ rosrun turtlesim turtlesim_node
[INFO] [1499667389.392898079]: Starting turtlesim with node name /turtlesi
m
[INFO] [1499667389.399276453]: Spawning turtle [turtle1] at x=[5.544445],
 y=[5.544445], theta=[0.000000]
```

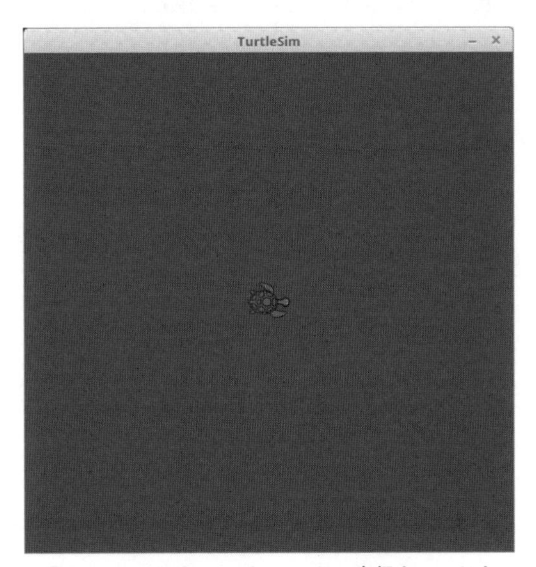

図 5.1 turtlesim_node ノードの実行ウィンドウ

5.3.3 roslaunch：複数の ROS ノードの実行

roslaunchは、指定したパッケージに含まれる複数のノードを、事前に設定したオプションに基づいて実行するコマンドである。

```
roslaunch [パッケージ名] [launchファイル名]
```

次に示す例は、openni_launchパッケージのopenni.launchをroslaunchにより実行することで、camera_nodelet_manager、depth_metric、depth_metric_rect、depth_pointsなど、20個のノードを同時に実行する。ただし、Microsoft社のKinectをPCに接続しておく必要がある。

```
$ roslaunch openni_launch openni.launch
(省略)
```

openni_launchパッケージを使用するためには、下記を用いてパッケージを事前にインストールしておく必要がある。

```
$ sudo apt-get install ros-kinetic-openni-launch
```

*.launchファイルの作成方法については、7.6節「roslaunchの使用法」で説明する。

5.3.4 rosclean：ROSログの検査、削除

roscleanは、ROSログファイルの検査、削除に利用するコマンドである。

```
rosclean [オプション]
```

roscoreを起動すると、その後に実行したすべてのノードに対するログが記録されるが、データが蓄積されるにつれシステムに負荷がかかる。このとき、roscleanコマンドを実行することでログの削除ができる。

roscoreの実行時にWARNINGメッセージが表示され、蓄積されたログファイルが1 GBを超えたと警告されることがある。ログファイルが大きくなるとシステムが不安定になりがちなので、定期的にroscleanコマンドを用いて削除を行う。

```
WARNING: disk usage in log directory [/xxx/.ros/log] is over 1GB.
```

以下にログファイルをroscleanで削除した例を示す。途中で実行の確認がされるので、ログを削除する際は"y"キーを入力する。

```
$ rosclean purge
Purging ROS node logs.
PLEASE BE CAREFUL TO VERIFY THE COMMAND BELOW!
Okay to perform:

rm -rf /home/pyo/.ros/log
(y/n)?
```

また、ログ使用量を調べるには下記を用いる。

```
$ rosclean check
320K ROS node logs       ←ROSノードログの総使用量が320 KBである
```

5.4 ROS 情報コマンド

ROS の情報コマンドは、ROS のトピック、サービス、ノード、パラメータなどの情報を確認するときに利用する（表 5.8）。特に、rostopic、rosservice、rosnode、rosparam は頻繁に利用されるコマンドであり、rosbag コマンドはメッセージを記録、再生する機能を持っている。

表 5.8 ROS 情報コマンド

コマンド	使用頻度	コマンドの意味	コマンドの機能
rostopic	★★★	ros+topic	ROS トピック情報を確認
rosservice	★★★	ros+service	ROS サービス情報を確認
rosnode	★★★	ros+node	ROS ノード情報を確認
rosparam	★★★	ros+param(eter)	ROS パラメータ情報を確認または修正
rosbag	★★★	ros+bag	ROS メッセージを記録または再生
rosmsg	★★☆	ros+msg	ROS メッセージ情報を確認
rossrv	★★☆	ros+srv	ROS サービス情報を確認
rosversion	★☆☆	ros+version	ROS パッケージやそのリリースバージョン情報を確認
roswtf	☆☆☆	ros+wtf	ROS システムを検査

5.4.1 ノードの実行

ここでは、実際に turtlesim パッケージのノードを実行する過程や、そこで使用されるノード、トピック、サービスなどについて説明する。ノードを実行するには roscore を実行する必要がある。

roscore の実行

開かれているターミナルをすべて閉じ、新しいターミナルを開いて下記を実行する。

```
$ roscore
```

新しいターミナルを開き、turtlesim パッケージの turtlesim_node ノードを実行する。ノードが実行されると、新しいウィンドウが開かれ、1 匹のカメが表示される。

```
$ rosrun turtlesim turtlesim_node
```

turtlesim パッケージの turtle_teleop_key ノードの実行

新しいターミナルを開き、以下を入力して turtlesim パッケージの turtle_teleop_key ノードを実行する。

```
$ rosrun turtlesim turtle_teleop_key
```

その後、そのターミナル上で方向キーを入力すると、青いウィンドウ内にいるカメが前後左右に動く。方向キーを押すことで、設定された並進速度および回転速度がメッセージとして送信され、turtlesim_node ノードがそのメッセージから速度情報を取得し、画面上のカメを移動させる。メッセージに対する詳細は、4.2 節「メッセージ通信」、および第 7 章「ROS 基本プログラミング」を参照のこと。

5.4.2 rosnode コマンド

rosnode はノードの状態を制御したり、ノードの情報を得る際に利用するコマンドである（表 5.9）。

表 5.9 rosnode コマンド

コマンド	コマンドの機能
rosnode list	実行中のノードのリストを表示
rosnode ping [ノード名]	指定したノードとの接続テスト
rosnode info [ノード名]	指定したノードの情報を表示
rosnode machine [PC 名または IP]	指定した PC または IP 上で実行されているノードのリストを表示
rosnode kill [ノード名]	指定したノードを中止
rosnode cleanup	接続情報が確認できないノードの登録情報を削除

rosnode list：実行中のノードのリストを表示

rosnode list は、roscore によってマスタに登録されているノードのリストを表示するコマンドである。roscore および turtlesim_node ノード、turtle_teleop_key ノードが実行中であれば、ターミナルには roscore と同時に実行される rosout、および実行中の teleop_turtle、turtlesim ノードが表示される。

```
$ rosnode list
/rosout
/teleop_turtle
/turtlesim
```

ノードの実行名とノード名 COLUMN

上記で実行したノードのノード名は turtlesim_node、turtle_teleop_key であるが、rosnode list によるノードの検索結果には、teleop_turtle と turtlesim と表示されている。これは、turtle_teleop_key ノードのソースコードで、ノードの初期化を行う ros::init(argc, argv, "teleop_turtle") 関数で、ノード名を teleop_turtle と設定しているためである。その後、ノードの初期化の際にノード名が変更されている。

rosnode ping [ノード名]：指定したノードとの接続テスト

次に示す例では、turtlesim ノードとリモートコンピュータとの間で通信が可能かをテストする。通信が確認された場合、ノードからの XMLRPC 応答が受信される。

```
$ rosnode ping /turtlesim
rosnode: node is [/turtlesim]
pinging /turtlesim with a timeout of 3.0s
xmlrpc reply from http://192.168.1.100:45470/     time=0.377178ms
```

もしノードに問題があるなどで通信ができない場合、以下のようにエラーメッセージが出力される。

```
ERROR: connection refused to [http://192.168.1.100:55996/]
```

rosnode info [ノード名]：指定したノードの情報の表示

rosnode info は、指定したノードの情報を表示するときに利用するコマンドである。Publications、Subscriptions、Services などが確認でき、ノードが実行される URI とトピックの入出力に関する情報も取得できる。

```
$ rosnode info /turtlesim
--------------------------------------------------
Node [/turtlesim] Publications:
 * /turtle1/color_sensor [turtlesim/Color]
(省略)
```

rosnode machine [PC 名または IP]：指定した PC または IP 上で実行されているノードのリストを表示

rosnode machine は、指定した PC、端末などで実行されているノードのリストを表示するときに利用するコマンドである。

```
$ rosnode machine 192.168.1.100
/rosout
/teleop_turtle
/turtlesim
```

rosnode kill [ノード名]：指定したノードの中止

rosnode kill は、指定したノードの実行を終了するコマンドである。ノードの実行中止には「Ctrl キー +"c" キー」を入力する方法もある。

```
$ rosnode kill /turtlesim
killing /turtlesim
killed
```

このコマンドでノードが終了すると、ノードが実行中であったターミナルに警告メッセージが表示される。

```
[WARN] [1499668430.215002371]: Shutdown request received.
[WARN] [1499668430.215031074]: Reason given for shutdown: [user request]
```

rosnode cleanup：接続情報が確認できないノードの登録情報の削除

rosnode cleanup は、接続情報が確認できないノード（幽霊ノード）の登録情報を削除するコマンドである。ノードが異常終了したとき、マスタの情報が削除されず、幽霊ノードになる場合がある。このとき roscore を起動しなおすか、rosnode cleanup コマンドを用いれば、幽霊ノードをノードリストから削除できる。

```
$ rosnode cleanup
```

5.4.3 rostopic コマンド

rostopic は現在ネットワーク上で使用されているトピックの情報を得たり、トピックをパブリッシュする際に利用するコマンドである（表 5.10）。

表 5.10 rostopic コマンド

コマンド	コマンドの機能
rostopic list	登録されたトピックのリストを表示
rostopic echo [トピック名]	指定したトピックのメッセージ内容をリアルタイム表示
rostopic find [メッセージ型名]	指定したメッセージ型のメッセージを使用するトピックを表示
rostopic type [トピック名]	指定したトピックのメッセージ型を表示
rostopic bw [トピック名]	指定したトピックのメッセージデータバンド幅を表示
rostopic hz [トピック名]	指定したトピックのメッセージパブリッシュ周期を表示
rostopic info [トピック名]	指定したトピックの情報を表示
rostopic pub [トピック名] [メッセージ型] [パラメータ]	指定したトピック名でメッセージをパブリッシュ

ROS トピックのコマンドを実行する前に、すべてのノードを終了しておく。次に、以下に示す各コマンドをそれぞれ別のターミナル上で実行する。

```
$ roscore
```

```
$ rosrun turtlesim turtlesim_node
```

```
$ rosrun turtlesim turtle_teleop_key
```

rostopic list：登録されたトピックのリストの表示

rostopic list は、roscore に登録されているすべてのトピックのリストを表示するコマンドである。

```
$ rostopic list
/rosout
/rosout_agg
/turtle1/cmd_vel
/turtle1/color_sensor
/turtle1/pose
```

rostopic list コマンドに -v オプションを付けると、パブリッシュされているトピックおよびサブスクライブされているトピックを分け、さらに各トピックのメッセージ型を表示する。

```
$ rostopic list -v
Published topics:
* /turtle1/color_sensor [turtlesim/Color] 1 publisher
* /turtle1/cmd_vel [geometry_msgs/Twist] 1 publisher
* /rosout [rosgraph_msgs/Log] 2 publishers
* /rosout_agg [rosgraph_msgs/Log] 1 publisher
* /turtle1/pose [turtlesim/Pose] 1 publisher

Subscribed topics:
* /turtle1/cmd_vel [geometry_msgs/Twist] 1 subscriber
* /rosout [rosgraph_msgs/Log] 1 subscriber
```

rostopic echo [トピック名]：指定したトピックのメッセージ内容のリアルタイム表示

rostopic echo は、指定したトピックのメッセージの内容をリアルタイムで表示するコマンドである。以下の例では、/turtle1/pose トピックについて、そのメッセージを構成する x、y、theta、linear_velocity、angular_velocity のデータを表示している。

```
$ rostopic echo /turtle1/pose
x: 5.35244464874
y: 5.544444561
theta: 0.0
linear_velocity: 0.0
angular_velocity: 0.0
(省略)
```

rostopic find [メッセージ型]：指定したメッセージ型のメッセージを使用するトピック表示

rostopic find は、指定したメッセージ型のメッセージを使用しているトピックを表示するコマンドである。次に示す例では、/turtlesim/Pose 型のメッセージを使用しているトピックを表示する。

```
$ rostopic find turtlesim/Pose
/turtle1/pose
```

rostopic type [トピック名]：指定したトピックのメッセージ型の表示

rostopic type は、指定したトピックのメッセージ型を表示するコマンドである。次に示す例では、/turtle1/pose トピックが使用しているメッセージ型を表示する。

```
$ rostopic type /turtle1/pose
turtlesim/Pose
```

rostopic bw [トピック名]：指定したトピックのメッセージデータのバンド幅の表示

rostopic bw は、指定したトピックのメッセージデータのバンド幅を表示するコマンドである。次に示す例は、/turtle1/pose トピックのメッセージデータのバンド幅を表している。

```
$ rostopic bw /turtle1/pose
subscribed to [/turtle1/pose]
average: 1.27KB/s
mean: 0.02KB min: 0.02KB max: 0.02KB window: 62 ...
(省略)
```

rostopic hz [トピック名]：指定したトピックのメッセージデータのパブリッシュ周期

rostopic hz は、指定したトピックのメッセージデータのパブリッシュ周期を表示するコマンドである。次に示す例は、/turtle1/pose トピックのパブリッシュ周期を表している。

```
$ rostopic hz /turtle1/pose
subscribed to [/turtle1/pose]
average rate: 62.502
min: 0.016s max: 0.016s std dev: 0.00005s window: 62
```

rostopic info [トピック名]：指定したトピックの情報の表示

rostopic info は、指定したトピックの情報を表示するコマンドである。次に示す例は、/turtle1/pose トピックの情報を表しており、使用されるメッセージ型は turtlesim/Pose であることを示している。

```
$ rostopic info /turtle1/pose
Type: turtlesim/Pose
Publishers:
 * /turtlesim (http://192.168.1.100:42443/)
Subscribers: None
```

rostopic pub [トピック名] [メッセージ型] [パラメータ]：指定したトピックをパブリッシュ

rostopic pub は、指定したトピックとメッセージ型、送信したいパラメータの値を用いて、手動でパブリッシュするコマンドである。次に示す例は、/turtle1/cmd_vel トピックを通して geometry_msgs/Twist 型のメッセージをパブリッシュする方法である。

```
$ rostopic pub -1 /turtle1/cmd_vel geometry_msgs/Twist -- '[2.0, 0.0, 0.0]
' '[0.0, 0.0, 1.8]'
publishing and latching message for 3.0 seconds
```

ここで、各オプションについて説明する。

- -1：メッセージを 1 回パブリッシュする
- /turtle1/cmd_vel：指定したトピック名
- geometry_msgs/Twist：パブリッシュするメッセージの型
- -- '[2.0, 0.0, 0.0]' '[0.0, 0.0, 1.8]'：x 軸方向に 2.0 m/s で移動、z 軸周りに 1.8 rad/s で回転する速度指令値

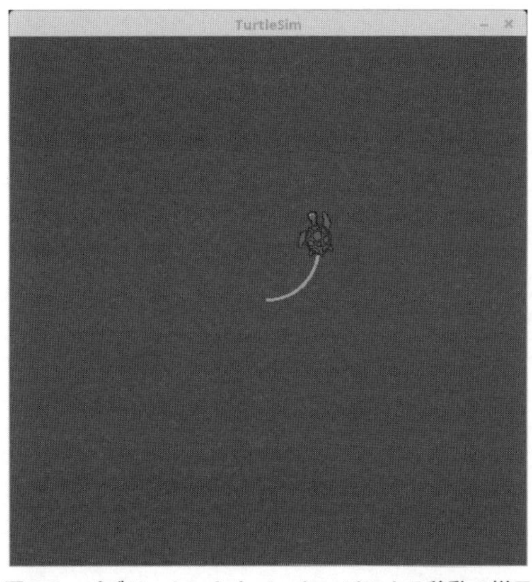

図 5.2 パブリッシュしたメッセージによる移動の様子

5.4.4 rosservice コマンド

rosserviceは現在ネットワーク上で使用されているサービスの情報を得たり、サービスを要請する際に利用するコマンドである（表5.11）。

表5.11 rosservice コマンド

コマンド	コマンドの機能
rosservice list	登録されたサービスのリストを表示
rosservice info [サービス名]	指定したサービスの情報を表示
rosservice type [サービス名]	指定したサービスのサービス型を表示
rosservice find [サービス型]	指定したサービス型を用いるサービスを表示
rosservice uri [サービス名]	指定したサービスのURIを表示
rosservice args [サービス名]	指定したサービスのパラメータを表示
rosservice call [サービス名] [パラメータ]	指定したサービス名とパラメータでサービス要請

ROSサービスのコマンドを実行する前にすべてのノードを終了しておく。また、以下に示す各コマンドをそれぞれ別のターミナル上で入力し、turtlesim_nodeノードとturtle_teleop_keyノードを実行する。

```
$ roscore
```

```
$ rosrun turtlesim turtlesim_node
```

```
$ rosrun turtlesim turtle_teleop_key
```

rosservice list：登録されたサービスのリストの表示

rosservice listは、roscoreに登録されているすべてのサービスのリストを表示するコマンドである。

```
$ rosservice list
/clear
/kill
/reset
/rosout
/get_loggers
/rosout
/set_logger_level
/spawn
/teleop_turtle/get_loggers
/teleop_turtle/set_logger_level
/turtle1/set_pen
/turtle1/teleport_absolute
```

```
/turtle1/teleport_relative
/turtlesim/get_loggers
/turtlesim/set_logger_level
```

rosservice info [サービス名]：指定したサービスの情報の表示

rosservice info は、指定したサービスの情報を表示するコマンドである。次に示す例は、/turtle1/set_pen サービスの情報を表しており、サービスに関連しているノードのネーム、URI、サービス型、パラメータを表示している。

```
$ rosservice info /turtle1/set_pen
Node: /turtlesim
URI: rosrpc://192.168.1.100:34715
Type: turtlesim/SetPen
Args: r g b width off
```

rosservice type [サービス名]：指定したサービスのサービス型の表示

rosservice type は、指定したサービスのサービス型を表示するコマンドである。次に示す例では、/turtle1/set_pen サービスのサービス型を表示する。

```
$ rosservice type /turtle1/set_pen
turtlesim/SetPen
```

rosservice find [サービス型]：指定したサービス型を使用するサービスの表示

rosservice find は、指定したサービス型を使用しているサービスを表示するコマンドである。次に示す例では、/turtlesim/SetPen 型のサービスを検索し、表示する。

```
$ rosservice find turtlesim/SetPen
/turtle1/set_pen
```

rosservice uri [サービス名]：指定したサービスの URI の表示

rosservice uri は、指定したサービスの URI を表示するコマンドである。次に示す例では、/turtle1/set_pen サービスの URI を表示する。

```
$ rosservice uri /turtle1/set_pen
rosrpc://192.168.1.100:50624
```

rosservice args [サービス名]：指定したサービスのパラメータの表示

rosservice args は、指定したサービスのパラメータを表示するコマンドである。次に示す例では、/turtle1/set_pen サービスが使用するパラメータを表しており、パラメータは r、g、b、width、off であることを示している。

```
$ rosservice args /turtle1/set_pen
r g b width off
```

rosservice call [サービス名] [パラメータ]：指定したサービス、パラメータを用いたサービス要請

rosservice call は、指定したパラメータを使用し、サービス要請を行うコマンドである。このコマンドは機器のテストに頻繁に利用される。次に示す例では、/turtle1/set_pen サービスに設定可能なパラメータ（r、g、b、width、off）にパラメータ値 '255 0 0 5 0' を与える。ここで、r、g、b はそれぞれ赤、緑、青の色の強さを表す値、width は線の太さ、off は線の有無である。

```
$ rosservice call /turtle1/set_pen 255 0 0 5 0
```

上記のコマンドを入力すると、turtlesim に使用されるペンの色が赤、太さが 5 に設定され、図 5.3 に示しているような結果が表示される。

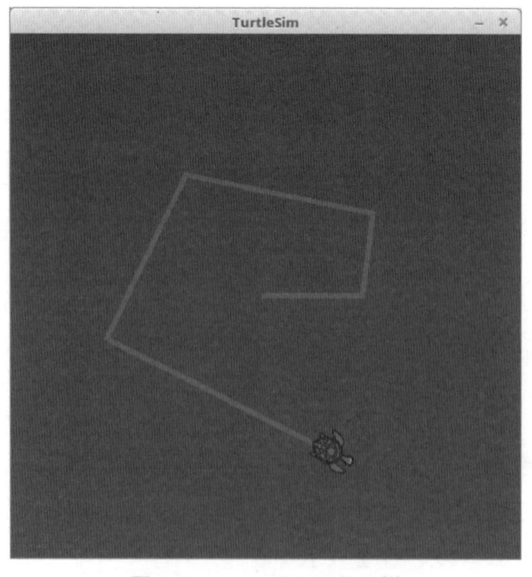

図 5.3 rosservice call の例

5.4.5 rosparam コマンド

rosparam は登録されているパラメータを表示したり、パラメータを設定する際に利用するコマンドである（表 5.12）。

表 5.12 rosparam コマンド

コマンド	コマンドの機能
rosparam list	登録されたパラメータのリストを表示
rosparam get [パラメータ名]	指定したパラメータの値を表示
rosparam set [パラメータ名]	指定したパラメータの値を設定
rosparam dump [ファイル名]	指定したファイルにパラメータを記録
rosparam load [ファイル名]	指定したファイルに記録されているパラメータ値を呼び出す
rosparam delete [パラメータ]	指定したパラメータを削除

ROS パラメータのコマンドを実行する前にすべてのノードを終了しておく。また、以下に示す各コマンドを別々のターミナル上で入力し、turtlesim_node ノードと turtle_teleop_key ノードを実行する。

```
$ roscore
```

```
$ rosrun turtlesim turtlesim_node
```

```
$ rosrun turtlesim turtle_teleop_key
```

rosparam list：登録されたパラメータのリストの表示

rosparam list は、roscore に登録されているすべてのパラメータのリストを表示するコマンドである。

```
$ rosparam list
/background_b
/background_g
/background_r
/rosdistro
/roslaunch/uris/host_192_168_1_100__39536
/rosversion
/run_id
```

rosparam get [パラメータ名]：指定したパラメータの値の表示

rosparam get は、指定したパラメータの値を表示するコマンドである。次に示している例は、/background_b パラメータの値を表示している。

```
$ rosparam get /background_b
255
```

登録されたすべてのパラメータの値を確認したい場合、オプション / を用いる。

```
$ rosparam get /
background_b: 255
background_g: 86
background_r: 69
rosdistro: 'kinetic'
roslaunch:
  uris: {host_192_168_1_100__43517: 'http:// 192.168.1.100:43517/'}
rosversion: '1.12.7'
run_id: c2d0b528-6536-11e7-935b-08d40c80c500
```

rosparam dump [ファイル名]：パラメータを指定したファ イルに記録

rosparam dump は、パラメータを指定したファイルに記録するコマンドである。次に示す例では、パラメータ値を ~/parameters.yaml ファイルに記録する。

```
$ rosparam dump ~/parameters.yaml
```

rosparam set [パラメータ名]：指定したパラメータの値の設定

rosparam set は、指定したパラメータに値を設定するコマンドである。次に示す例では、turtlesim ノードの背景色を表すパラメータ background_b の値を 0 に設定する。

```
$ rosparam set background_b 0
$ rosservice call clear
```

このコマンドを入力することによって、背景色の RGB 値は 255、86、69 から 0、86、69 に変更され、図 5.4 に示すように左から右の図に背景色が変わる。ここで、turtlesim ノードは実行中にパラメータを読み込まないため、手動でパラメータ値を反映させる必要がある。この例では、rosservice call clear コマンドを入力し、パラメータを反映している。

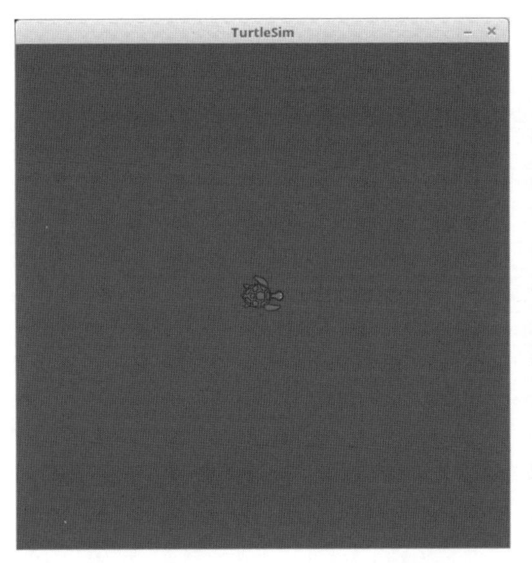

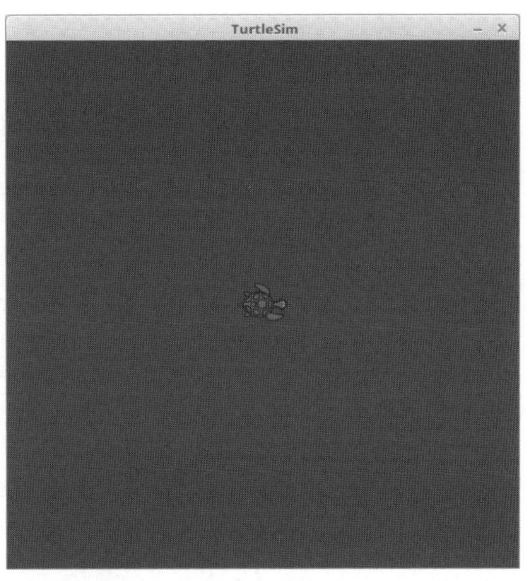

図 5.4 rosparam set の例

rosparam load [ファイル名]：パラメータ値を指定したファイルから読み込む

rosparam load は、指定したファイルからパラメータ値を読み込むコマンドである。次に示している例では、~/parameters.yaml ファイルからパラメータ値を読み込む。~/parameters.yaml ファイルには、turtlesim ノードの背景色が青のときに rosparam dump コマンドによって記録されたパラメータ値が保存されている。このファイルを読み込み、rosservice call clear コマンドでパラメータを反映すると、背景は図 5.4 の右の図から左の図に戻る。

```
$ rosparam load ~/parameters.yaml
$ rosservice call clear
```

rosparam delete [パラメータ名]：指定したパラメータの削除

rosparam delete は、指定したパラメータを削除するコマンドである。次に示す例では、/background_b パラメータを削除する。

```
$ rosparam delete /background_b
```

5.4.6 rosmsg コマンド

rosmsg は使用されているメッセージの情報を得る際に利用するコマンドである（表5.13）。

表5.13 rosmsg コマンド

コマンド	コマンドの機能
rosmsg list	インストールされた全メッセージのリストを表示
rosmsg show [メッセージ名]	指定したメッセージの情報を表示
rosmsg md5 [メッセージ名]	指定したメッセージの md5sum を設定
rosmsg package [パッケージ名]	指定したパッケージで使用されるメッセージを表示
rosmsg packages	メッセージを使用している全パッケージを表示

ROS メッセージ情報のコマンドを実行する前にすべてのノードを終了しておく。また、以下に示す各コマンドをそれぞれ別のターミナル上で入力し、turtlesim_node ノードと turtle_teleop_key ノードを実行する。

```
$ roscore
```

```
$ rosrun turtlesim turtlesim_node
```

```
$ rosrun turtlesim turtle_teleop_key
```

rosmsg list：インストールされたすべてのメッセージのリストの表示

rosmsg list は、インストールされたすべてのメッセージのリストを表示するコマンドである。

```
$ rosmsg list
actionlib/TestAction
actionlib/TestActionFeedback
actionlib/TestActionGoal
actionlib/TestActionResult
actionlib/TestFeedback
actionlib/TestGoal
sensor_msgs/Joy
sensor_msgs/JoyFeedback
sensor_msgs/JoyFeedbackArray
sensor_msgs/LaserEcho
zeroconf_msgs/DiscoveredService
(省略)
```

rosmsg show [メッセージ名]：指定したメッセージの情報の表示

rosmsg show は、指定したメッセージの情報を表示するコマンドである。次に示す例は、turtlesim/Pose メッセージの情報を表示している。ここで、float32 は浮動小数点型の変数であり、このメッセージは x、y、theta、linear_velocity、angular_velocity で構成されていることがわかる。

```
$ rosmsg show turtlesim/Pose
float32 x
float32 y
float32 theta
float32 linear_velocity
float32 angular_velocity
```

rosmsg md5 [メッセージ名]：指定したメッセージの md5sum の表示

rosmsg md5 は、指定したメッセージの md5sum を表示するコマンドである。次に示す例では、turtlesim/Pose メッセージの md5sum を示している。

```
$ rosmsg md5 turtlesim/Pose
863b248d5016ca62ea2e895ae5265cf9
```

rosmsg package [パッケージ名]：指定したパッケージで使用されるメッセージのリストの表示

rosmsg package は、指定したパッケージで使用されるメッセージのリストを表示するコマンドである。次に示す例では、turtlesim パッケージで使用されるメッセージのリストを示している。

```
$ rosmsg package turtlesim
turtlesim/Color
turtlesim/Pose
```

rosmsg packages：メッセージを使用するすべてのパッケージのリストの表示

rosmsg packages は、メッセージを使用するすべてのパッケージのリストを表示するコマンドである。次に示す例では、このコマンドの入力によって検索された、メッセージを使用するすべてのパッケージを表示している。

```
$ rosmsg packages
actionlib
actionlib_msgs
actionlib_tutorials
base_local_planner
bond
```

```
control_msgs
costmap_2d
(省略)
```

5.4.7　rossrv コマンド

rossrv は使用されているサービスの情報を得る際に利用するコマンドである（表 5.14）。

表 5.14　rossrv コマンド

コマンド	コマンドの機能
rossrv list	インストールされた全サービスのリストを表示
rossrv show ［サービス名］	指定したサービスの情報を表示
rossrv md5 ［サービス名］	指定したサービスの md5sum を設定
rossrv package ［パッケージ名］	指定したパッケージで使用されるサービスを表示
rossrv packages	サービスを使用している全パッケージを表示

ROS サービス情報のコマンドを実行する前にすべてのノードを終了する。また、以下に示す各コマンドをそれぞれ別のターミナル上で入力し、turtlesim_node ノードと turtle_teleop_key ノードを実行する。

```
$ roscore
```

```
$ rosrun turtlesim turtlesim_node
```

```
$ rosrun turtlesim turtle_teleop_key
```

rossrv list：インストールされたすべてのサービスのリストの表示

rossrv list は、インストールされたすべてのサービスのリストを表示するコマンドである。

```
$ rossrv list
control_msgs/QueryCalibrationState
control_msgs/QueryTrajectoryState
diagnostic_msgs/SelfTest
dynamic_reconfigure/Reconfigure
gazebo_msgs/ApplyBodyWrench
gazebo_msgs/ApplyJointEffort
gazebo_msgs/BodyRequest
gazebo_msgs/DeleteModel
(省略)
```

rossrv show［サービス名］：指定したサービスの情報の表示

rossrv show は、指定したサービスの情報を表示するコマンドである。次に示す例は、

turtlesim/SetPen サービスの情報を表示している。前述のように、3つのハイフン（---）でサービスの要請と応答を区別している。この例では、r、g、b、width、off を要請するが、応答としては何も取得しない。サービスファイルに対する詳細は4.3節、および7.3節を参考のこと。

```
$ rossrv show turtlesim/SetPen
uint8 r
uint8 g
uint8 b
uint8 width
uint8 off
---
```

rossrv md5 [サービス名]：指定したサービスの md5sum の表示

rossrv md5 は、指定したサービスの md5sum を表示するコマンドである。次に示す例では、turtlesim/SetPen サービスの md5sum を表示している。

```
$ rossrv md5 turtlesim/SetPen
9f452acce566bf0c0954594f69a8e41b
```

rossrv package [パッケージ名]：指定したパッケージで使用されるサービスのリストの表示

rossrv packageは、指定したパッケージで使用されるサービスを表示するコマンドである。次に示す例では、turtlesim パッケージで使用されるサービスの一覧を示している。

```
$ rossrv package turtlesim
turtlesim/Kill
turtlesim/SetPen
turtlesim/Spawn
turtlesim/TeleportAbsolute
turtlesim/TeleportRelative
```

rossrv packages：サービスを使用するすべてのパッケージのリストの表示

rossrv packages は、サービスを使用するすべてのパッケージのリストを表示するコマンドである。次に示す例では、このコマンドの入力によって検索された、サービスを使用するすべてのパッケージを表示している。

```
$ rossrv packages
control_msgs
diagnostic_msgs
dynamic_reconfigure
gazebo_msgs
map_msgs
nav_msgs
```

```
navfn nodelet
oroca_ros_tutorials
roscpp
sensor_msgs
std_srvs
tf
tf2_msgs
turtlesim
(省略)
```

5.4.8 rosbag コマンド

rosbagはログ情報を記録、再生する際に使用するコマンドである（表5.15）。

表5.15 rosbagコマンド

コマンド	コマンドの機能
rosbag record [オプション] [トピック名]	指定したトピックのメッセージをbagファイルに記録
rosbag info [ファイル名]	指定したbagファイルの情報を確認
rosbag play [ファイル名]	指定したbagファイルを再生
rosbag compress [ファイル名]	指定したbagファイルを圧縮
rosbag decompress [ファイル名]	指定したbagファイルを解凍
rosbag filter [入力ファイル名] [出力ファイル名] [オプション]	指定した内容を除去した新しいbagファイルを生成
rosbag reindex [ファイル名]	指定したbagファイルのインデックスを再作成
rosbag check bag [ファイル名]	指定したbagファイルが現在のシステムで再生できるかを確認
rosbag fix [入力ファイル名] [出力ファイル名] [オプション]	バージョンの違いによって再生できないbagファイルを再生できるように修正

ROSログ情報のコマンドを実行する前にすべてのノードを終了しておく。また、以下に示す各コマンドをそれぞれ別のターミナル上で入力し、turtlesim_nodeノードとturtle_teleop_keyノードを実行する。

```
$ roscore
```

```
$ rosrun turtlesim turtlesim_node
```

```
$ rosrun turtlesim turtle_teleop_key
```

rosbag record [オプション] [トピック名]：指定したトピックのメッセージを記録

rosbag recordは、指定したトピックのメッセージを記録するコマンドである。まず、rostopic listコマンドを入力し、現在ROSで使用されているトピックのリストを確認する。

```
$ rostopic list
/rosout
/rosout_agg
/turtle1/cmd_vel
/turtle1/color_sensor
/turtle1/pose
```

次に、以下に示すように1つのトピックを選び、そのトピックを記録する。記録開始後、turtle_teleop_key ノードが実行されたターミナル上で方向キーを入力し、カメを動かすと、/turtle1/cmd_vel トピックのメッセージが記録される。最後に、「Ctrl キー +"c" キー」を入力し、記録を終了すると、2017-07-10-14-16-28.bag のような bag ファイルが生成される。

```
$ rosbag record /turtle1/cmd_vel
[INFO] [1499663788.499650818]: Subscribing to /turtle1/cmd_vel
[INFO] [1499663788.502937962]: Recording to 2017-07-10-14-16-28.bag.
```

ここで、すべてのトピックを記録をする場合は -a オプションを付ける。

```
$ rosbag record -a
[WARN] [1499664121.243116836]: --max-splits is ignored without --split
[INFO] [1499664121.248582681]: Recording to 2017-07-10-14-22-01.bag.
[INFO] [1499664121.248879947]: Subscribing to /turtle1/color_sensor
[INFO] [1499664121.252689657]: Subscribing to /rosout
[INFO] [1499664121.257219911]: Subscribing to /rosout_agg
[INFO] [1499664121.260671283]: Subscribing to /turtle1/pose
```

rosbag info [bag ファイル名]：指定した bag ファイルの情報の確認

rosbag info は、指定した bag ファイルの情報を表示するコマンドである。次に示す例では、/turtle1/cmd_vel トピックを通してパブリッシュされた 373 個のメッセージを記録している。記録したメッセージ型は geometry_msgs/Twist であり、ファイルパスおよびファイル名、bag のバージョン、時間などの情報も確認できる。

```
$ rosbag info 2017-07-10-14-16-28.bag
path:        2017-07-10-14-16-28.bag
version:     2.0
duration:    17.4s
start:       Jul 10 2017 14:16:30.36 (1499663790.36)
end:         Jul 10 2017 14:16:47.78 (1499663807.78)
size:        44.5 KB
messages:    373
compression: none [1/1 chunks]
types:       geometry_msgs/Twist [9f195f881246fdfa2798d1d3eebca84a]
topics:      /turtle1/cmd_vel   373 msgs    : geometry_msgs/Twist
```

rosbag play [bag ファイル名]：指定した bag ファイルの再生

rosbag play は、指定した bag ファイルを再生するコマンドである。次に示す例では、事前に記録しておいた 2017-07-10-14-16-28.bag を再生する。ここで、turtlesim_node ノードを実行してから bag ファイルを再生すると、パブリッシュされる /turtle1/cmd_vel トピックのメッセージによってカメが動く。ただし、図 5.5 と同様の結果を得るためは、turtlesim_node ノードを再実行し、カメの軌跡および位置を初期化する必要がある。

```
$ rosbag play 2017-07-10-14-16-28.bag
[INFO] [1499664453.406867251]: Opening 2017-07-10-14-16-28.bag
Waiting 0.2 seconds after advertising topics... done.
Hit space to toggle paused, or 's' to step.
[RUNNING]  Bag Time: 1499663790.357031   Duration: 0.000000 / 17.419737
[RUNNING]  Bag Time: 1499663790.357031   Duration: 0.000000 / 17.419737
[RUNNING]  Bag Time: 1499663790.357163   Duration: 0.000132 / 17.419737
(省略)
```

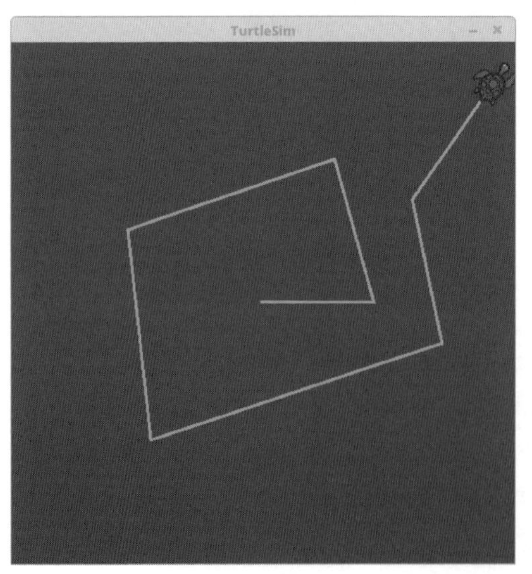

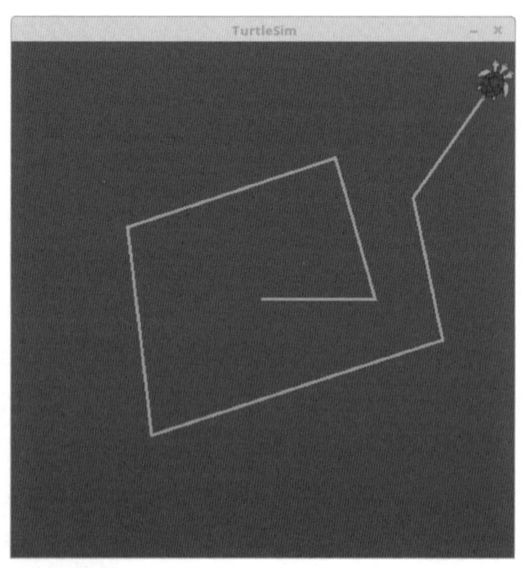

図 5.5　rosbag play の例示

rosbag compress [bag ファイル名]：指定した bag ファイルの圧縮

rosbag compress は、指定した bag ファイルを圧縮するコマンドである。長時間、bag ファイルを記録する場合、容量がかなり大きくなる。次に示す例では、事前に記録しておいた 2017-07-10-14-16-28.bag を圧縮する。

```
$ rosbag compress 2017-07-10-14-16-28.bag
2017-07-10-14-16-28.bag       0%     0.0 KB 00:00
2017-07-10-14-16-28.bag     100%    35.0 KB 00:00
```

圧縮の結果、bag ファイルはもとの容量より 1/4 の大きさになった。圧縮が終わると、もとの bag ファイルのファイル名には orig という文字が追加される。

```
2017-07-10-14-16-28.bag 12.7kB
2017-07-10-14-16-28.orig.bag 45.5kB
```

rosbag decompress [bag ファイル名]：指定した bag ファイルの解凍

rosbag decompress は、指定した bag ファイルを解凍するコマンドである。次に示す例では、bag ファイルの圧縮を解除し、もとの状態に戻している。

```
$ rosbag decompress 2017-07-10-14-16-28.bag
2017-07-10-14-16-28.bag       0%      0.0 KB 00:00
2017-07-10-14-16-28.bag     100%     35.0 KB 00:00
```

5.5 ROS catkin コマンド

ROS の catkin コマンドは、catkin ビルドシステムを使用し、パッケージをビルドするときに利用する（表 5.16）。

表 5.16　ROS catkin コマンド

コマンド	使用頻度	コマンドの意味
catkin_create_pkg	★★★	パッケージの自動生成
catkin_make	★★★	catkin ビルドシステムでビルドを実行
catkin_eclipse	★★☆	生成したパッケージを Eclipse から使用できるように変更
catkin_prepare_release	★★☆	リリース版に使用される変更履歴およびバージョンタグの管理
catkin_generate_changelog	★★☆	リリース版の CHANGELOG.rst ファイルの生成
catkin_init_workspace	★★☆	catkin ビルドシステムの作業フォルダの初期化
catkin_find	★☆☆	catkin 検索

catkin_create_pkg：パッケージの自動生成

catkin_create_pkg はパッケージを自動生成するコマンドである。

```
catkin_create_pkg [パッケージ名] [依存パッケージ1] [依存パッケージ2] ...
```

このコマンドにより、CMakeLists.txt や package.xml ファイルを含む空のパッケージが自動生成される。ROS のビルドシステムに関する詳細は 4.9 節を参照してほしい。次に示す例では、catkin_create_pkg コマンドを用いて roscpp、std_msgs パッケージに依存する my_package パッケージを生成している。

```
$ cd ~/catkin_ws/src
$ catkin_create_pkg my_package roscpp std_msgs
```

catkin_make：catkin ビルドシステムでビルドを実行

catkin_make はユーザが作成したパッケージ、またはダウンロードしたパッケージをビルドするコマンドである。次に示す例では、~/catkin_ws/src フォルダにあるすべてのパッケージをビルドする。

```
$ cd ~/catkin_ws
$ catkin_make
```

一部のパッケージをビルドするには、--pkg ［パッケージ名］オプションを付ける。

```
$ catkin_make --pkg user_ros_tutorials
```

catkin_eclipse：catkin ビルドシステムによって生成されたパッケージを Eclipse 上で使用できるように変更

catkin_eclipse は統合開発環境（IDE）の1つである Eclipse（イクリプス）を使用し、ユーザが作成したパッケージを開発、管理できる環境を構築するコマンドである。このコマンドを入力すると、~/catkin_ws/build/.cproject、~/catkin_ws/build/.project など、Eclipse 用プロジェクトファイルが生成される。Eclipse のメニューから、「Makefile Project with Existing Code」を選択し、~/catkin_ws/build/ を選ぶと、~/catkin_ws/src フォルダにあるすべてのパッケージが Eclipse によって管理できる。

```
$ cd ~/catkin_ws
$ catkin_eclipse
```

catkin_prepare_release：リリース版に使用される変更履歴およびバージョンタグの管理

catkin_prepare_release は、catkin_generate_changelog コマンドで作成された CHANGELOG.rst ファイルをアップデートするときに利用するコマンドである。catkin_generate_changelog と catkin_prepare_release コマンドは、作成したパッケージを公式 ROS リポジトリに登録するか、登録したパッケージのバージョンをアップデートするときに利用する。

catkin_generate_changelog：リリース版の CHANGELOG.rst ファイルの生成

catkin_generate_changelog はパッケージのバージョンをアップデートする際に変更事項が記される CHANGELOG.rst ファイルを作成するコマンドである。

catkin_init_workspace：catkin ビルドシステムの作業フォルダの初期化

catkin_init_workspace はユーザ作業フォルダ（~/catkin_ws/src）の初期化を行うコマンドである。このコマンドはほとんどの場合、ROS インストールの際に1回だけ実行される。

```
$ cd ~/catkin_ws/src
$ catkin_init_workspace
```

catkin_find：catkin 検索（作業空間の探索）

catkin_find はプロジェクトの作業フォルダを表示するコマンドである。

```
catkin_find [パッケージ名]
```

catkin_find コマンドを入力することで、使用しているすべての作業フォルダを表示できる。さらに、catkin_find [パッケージ名] を入力すると、指定したパッケージの作業フォルダが表示される。

```
$ catkin_find
/home/pyo/catkin_ws/devel/include
/home/pyo/catkin_ws/devel/lib
/home/pyo/catkin_ws/devel/share
/opt/ros/kinetic/bin
/opt/ros/kinetic/etc
/opt/ros/kinetic/include
/opt/ros/kinetic/lib
/opt/ros/kinetic/share
```

```
$ catkin_find turtlesim
/opt/ros/kinetic/include/turtlesim
/opt/ros/kinetic/lib/turtlesim
/opt/ros/kinetic/share/turtlesim
```

5.6 ROSパッケージコマンド

ROSのパッケージコマンドは、パッケージの情報の表示および関連パッケージのインストールなど、パッケージの操作に利用する（表5.17）。

表5.17 ROSパッケージコマンド

コマンド	使用頻度	コマンドの意味	コマンドの機能
rospack	★★★	ros+pack(age)	指定したROSパッケージに関する情報の表示
rosinstall	★★☆	ros+install	ROS追加パッケージのインストール
rosdep	★★☆	ros+dep(endencies)	パッケージの依存ファイルの確認とインストール
roslocate	☆☆☆	ros+locate	ROSパッケージ情報の表示
roscreate-pkg	☆☆☆	ros+create-pkg	ROSパッケージの自動生成（旧rosbuildシステム）
rosmake	☆☆☆	ros+make	ROSパッケージのビルド（旧rosbuildシステム）

rospack：指定したROSパッケージに関する情報の表示

rospackは、指定したパッケージの位置、依存関係の表示、または全パッケージのリストを表示するコマンドである。find、list、depends-on、depends、profileなどのオプションを付けて使用する。

```
rospack [オプション] [パッケージ名]
```

rospack findは、指定したパッケージの位置を表示するコマンドである。次に示す例では、turtlesimパッケージの位置を表示する。

```
$ rospack find turtlesim
/opt/ros/kinetic/share/turtlesim
```

rospack listは、インストールされているすべてのパッケージのリストを表示するコマンドである。

```
$ rospack list
actionlib /opt/ros/kinetic/share/actionlib
actionlib_msgs /opt/ros/kinetic/share/actionlib_msgs
actionlib_tutorials /opt/ros/kinetic/share/actionlib_tutorials
amcl /opt/ros/kinetic/share/amcl
angles /opt/ros/kinetic/share/angles
base_local_planner /opt/ros/kinetic/share/base_local_planner
bfl /opt/ros/kinetic/share/bfl
(省略)
```

ここでgrepコマンドと組み合わせると、特定の文字の入ったパッケージを検索できる。

```
$ rospack list | grep turtle
turtle_actionlib /opt/ros/kinetic/share/turtle_actionlib
turtle_tf /opt/ros/kinetic/share/turtle_tf
turtle_tf2 /opt/ros/kinetic/share/turtle_tf2
turtlesim /opt/ros/kinetic/share/turtlesim
```

rospack depends-onは、指定したパッケージを使用している他パッケージのリストを表示するコマンドである。次に示す例では、turtlesimパッケージを使用しているパッケージのリストを示す。

```
$ rospack depends-on turtlesim
turtle_tf2
turtle_tf
turtle_actionlib
```

rospack dependsは、指定したパッケージが依存している他パッケージのリストを表示するコマンドである。次に示す例では、turtlesimパッケージが依存している他パッケージのリストを示す。

```
$ rospack depends turtlesim
cpp_common
rostime
roscpp_traits
roscpp_serialization
genmsg
genpy
message_runtime
std_msgs
geometry_msgs
catkin
gencpp
genlisp
message_generation
rosbuild
rosconsole
rosgraph_msgs
xmlrpcpp
roscpp
rospack
roslib
std_srvs
```

rospack profileは、パッケージが位置している/opt/ros/kinetic/share、~/catkin_ws/srcフォルダおよびパッケージの情報を確認し、パッケージインデックスを再度生成するコマンドである。このコマンドは、新しく開発またはダウンロードしたパッケージが、roscdなどのコマンドで参照できないときに頻繁に利用される。

```
$ rospack profile
Full tree crawl took 0.021790 seconds.
Directories marked with (*) contain no manifest.  You may
want to delete these directories.
To get just of list of directories without manifests,
re-run the profile with --zombie-only
-------------------------------------------------------------
0.020444   /opt/ros/kinetic/share
0.000676   /home/pyo/catkin_ws/src
0.000606   /home/pyo/catkin_ws/src/ros_turtorials
0.000240 * /opt/ros/kinetic/share/OpenCV-3.2.0-dev
0.000054 * /opt/ros/kinetic/share/OpenCV-3.2.0-dev/haarcascades
0.000035 * /opt/ros/kinetic/share/doc
0.000020 * /opt/ros/kinetic/share/OpenCV-3.2.0-dev/lbpcascades
0.000008 * /opt/ros/kinetic/share/doc/liborocos-kdl
```

rosinstall：ROSの追加パッケージのインストール

rosinstallはsvn、Mercurial、git、Bazaarなどのソースコードマネジメント（SCM）によって管理されているROSパッケージを自動でインストールまたはアップデートするコマンドである。3.1節で述べたように、1回実行すれば、その後のパッケージのインストールまたはアップデートが自動で行われる。

rosdep：パッケージの依存ファイルの確認とインストール

rosdepは、指定したパッケージが依存しているファイルの確認、およびインストールするコマンドである。オプションとしてcheck、install、init、updateなどが使用できる。

```
rosdep [オプション]
```

rosdep checkは、指定したパッケージの依存性を確認するコマンドである。また、rosdep installは、指定したパッケージの依存パッケージをインストールするコマンドである。そのほかにもrosdep init、rosdep updateなどのコマンドがあるが、実際の使用法は3.1節の説明を参考にしてほしい。

```
$ rosdep check turtlesim
All system dependencies have been satisified
$ rosdep install turtlesim
#All required rosdeps installed successfully
```

roslocate：ROSパッケージの情報の表示

roslocateは、指定したパッケージが使用しているROSのバージョン、SCMの種類、リポジトリの位置など、パッケージ関連情報を表示するコマンドである。オプションとしてinfo、vcs、type、uri、repoなどが利用できる。

```
roslocate [オプション] [パッケージ名]
```

次に示す例では、infoオプションにより、パッケージに関するすべての情報を表示している。

```
$ roslocate info turtlesim
Using ROS_DISTRO: kinetic
- git:
local-name: turtlesim
uri: https://github.com/ros/ros_tutorials.git
version: kinetic-devel
```

roscreate-pkg：ROSパッケージの自動生成（旧rosbuildシステムで使用）

roscreate-pkgは、過去のrosbuildシステムにおいて、catkin_create_pkgコマンドと同等であり、パッケージを自動生成する。バージョン互換性を保つために残されているコマンドである。

rosmake：ROSパッケージのビルド（旧rosbuildシステムで使用）

rosmakeは、過去のrosbuildシステムにおいて、catkin_makeコマンドと同等であり、パッケージをビルドする。バージョン互換性を保つために残されているコマンドである。

第6章

ROSツール

ROSには、第5章で説明したコマンド以外にも、ユーザが開発し、公開したものも含めてさまざまなツールがあり、ROSを用いたプログラミングを手助けしてくれる。本章では頻繁に利用される以下のツールを取り上げ、その使用法を説明する。

- RViz　3次元可視化ツール
- rqt　Qtを用いたROS GUI開発ツール
- rqt_image_view　画像表示ツール（rqtの一部）
- rqt_graph　ノードやメッセージの関係をグラフで表示するツール（rqtの一部）
- rqt_plot　2次元データプロットツール（rqtの一部）
- rqt_bag　GUIベースのbagデータ分析ツール（rqtの一部）

6.1　3次元可視化ツール（RViz）

RViz†1はROSの3次元可視化ツールであり、主にROSメッセージに含まれている3次元データを表示する際に利用される（図6.1）。このツールを用いると、レーザレンジファインダにより取得した障害物との距離データ、RealSense、KinectまたはXtionなどの3次元深度センサにより取得したPoint Cloud Data（点群データ）、カラーカメラにより取得したカラー画像などを表示できる。

†1　http://wiki.ros.org/rviz

図6.1 3次元可視化ツールRVizの起動画面

3次元データの表示には、ポリゴン（Polygon）やインタラクティブマーカ（Interactive Markers）[†2]などが使用できる。また、ロボットなどの表示対象の3次元形状はURDF（Unified Robot Description Format）[†3]を用いて記述し、表示対象を自由に移動、回転させることができるため、ロボットのシミュレーション結果を表示するのに適している。図6.2に示した例では、URDFで表現されたロボットの3次元モデルと、レーザレンジファインダから取得した距離データを重ねて表示している。さらに、ロボットに搭載したカメラ画像も、図6.2の左下のように表示できる。図6.3、6.4、6.5は、Kinect、レーザレンジファインダ、RealSenseの各センサから取得したデータを3次元表示した例である。

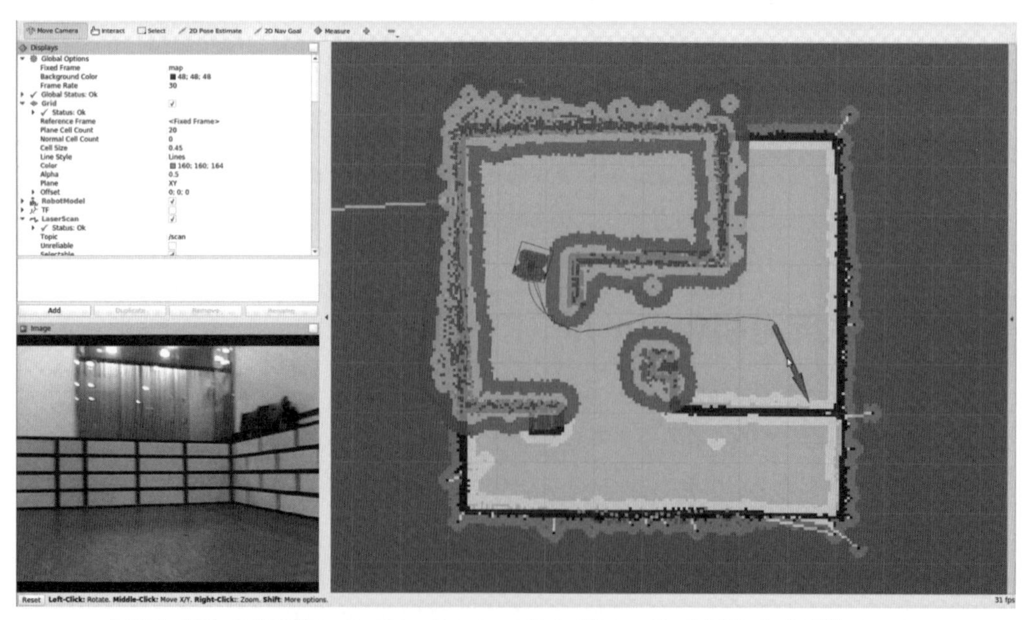

図6.2 RVizの使用例1：TurtleBot3とレーザレンジファインダを用いたナビゲーション

---

† 2 http://wiki.ros.org/rviz/Tutorials/Interactive%20Markers%3A%20Getting%20Started

† 3 http://wiki.ros.org/urdf

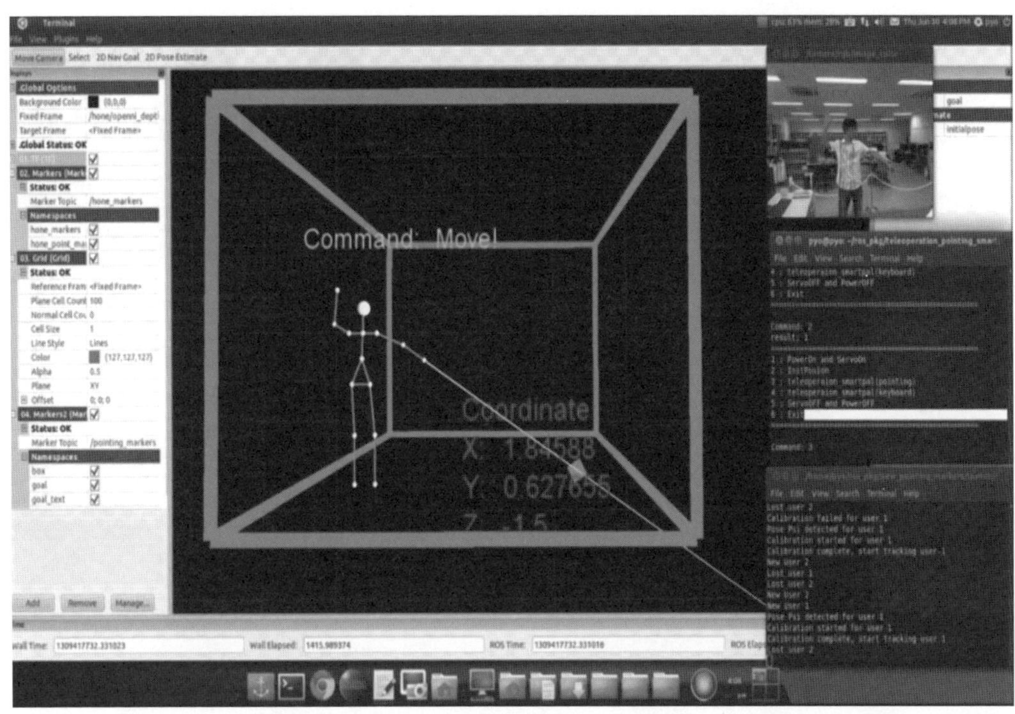

図 6.3　RViz の使用例 2：Kinect により取得された人の姿勢データとロボットへの指示

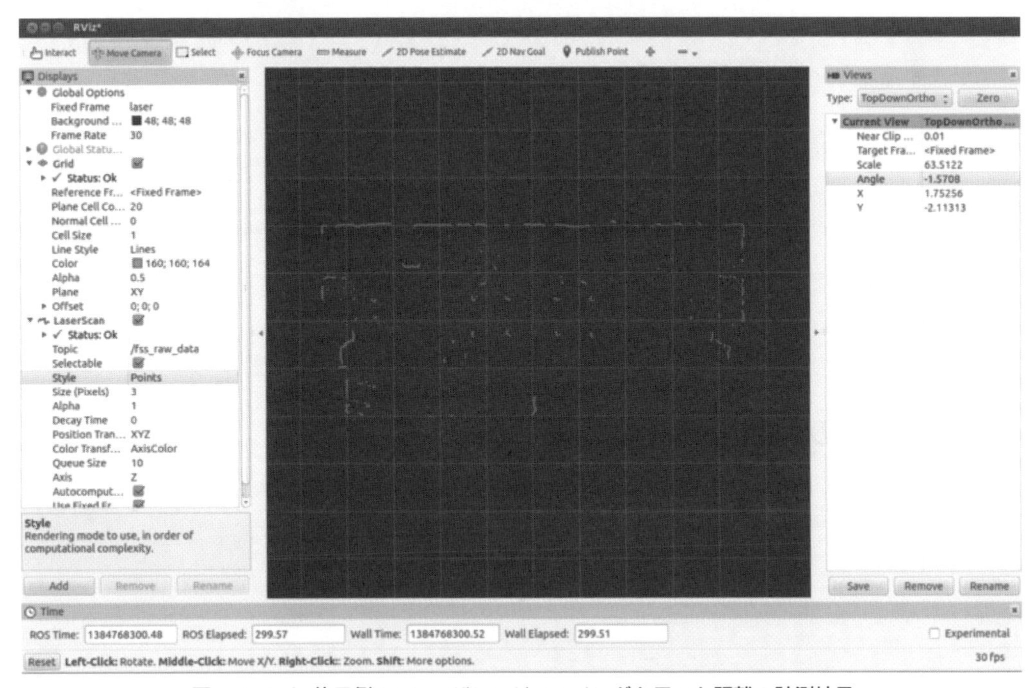

図 6.4　RViz 使用例 3：レーザレンジファインダを用いた距離の計測結果

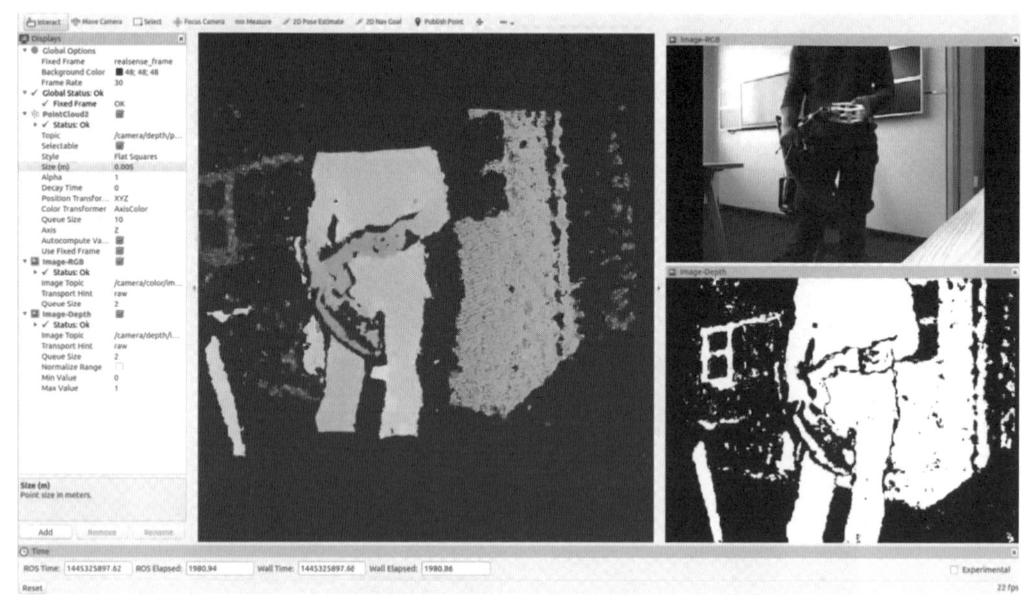

図 6.5　RViz 使用例 4：RealSense によって取得した距離、赤外線データとカラー画像

6.1.1　RViz のインストールおよび実行

RViz は ROS のデスクトップ版（インストールコマンドは `ros-[ROS_DISTRO]-desktop-full`）を用いれば、すでにインストールされているが、下記のコマンドを用いても個別にインストールすることができる。

```
$ sudo apt-get install ros-kinetic-rviz
```

RViz の実行コマンドを以下に示す。RViz を実行する際には、他の ROS ツールと同様に `roscore` の起動が必要である。このほか、`rosrun rviz rviz` と入力しても RViz を起動できる。

```
$ rviz
```

6.1.2　RViz の画面の構成

RViz の画面は以下のものから構成されている（図 6.6）。

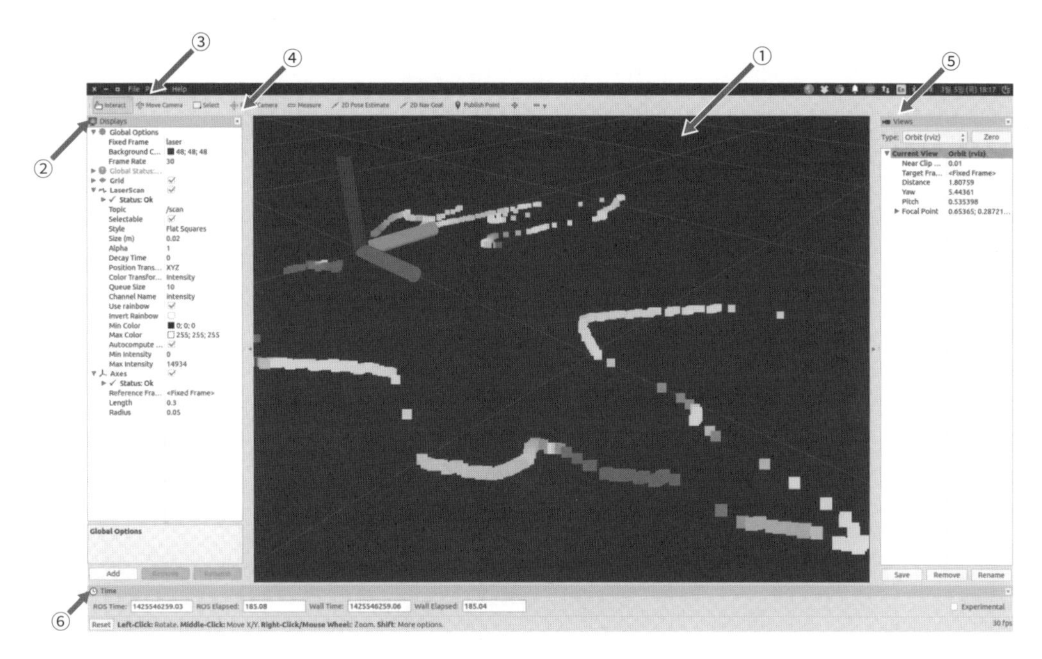

図 6.6　RViz の画面の構成

① 3D ビュー（3D View）

さまざまなデータを 3 次元表示するときに使用されるメイン画面であり、3 次元空間上に何も置かれていないとき、画面は黒色で表示される。3D ビューにおける背景色、固定フレーム、グリッドなどは、左側にあるディスプレイの Global Options および Grid の項目から設定できる。

② ディスプレイ（Displays）

画面の左側に位置しており、ユーザが表示したいトピックの選択や 3D ビューに表示する内容を変更できる。ディスプレイ[†4]の左下には「Add」ボタンがあり、これをクリックすると、図 6.7 に示しているような画面が表れる。現在、約 30 種類のディスプレイを選択できるが、詳細については後述する。

③ メニュー（Menu）

画面の左上に位置しており、ディスプレイのパネルの選択や、ディスプレイの状態を記録または呼び出すことができる。

④ ツール（Tools）

画面の上端にあるボタンで、これを用いてインタラクティブマーカの操作（Interact）、カメラの選択と移動（Move Camera）、焦点の変更（Focus Camera）、距離測定（Measure）、2 次元位置推定（2D Pose Estimate）、2 次元ナビゲーションの目標位置の設定（2D Nav

---

† 4　http://wiki.ros.org/rviz/DisplayTypes

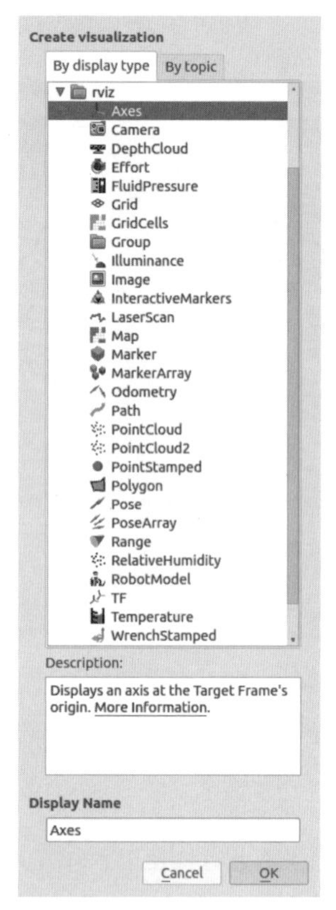

図6.7　RVizのディスプレイの選択画面

Goal)、マウスで指定した点をパブリッシュする機能（Publish Point）など、さまざまな機能を持ったツールを選択できる。

⑤ ビュー（Views）

3Dビューの視点を設定できる。

- Orbit　　指定した視点（Focal Point）を中心に回転する。
- FPS（First-Person）　　1人称視点（ユーザ中心画像）で表示する。
- ThirdPersonFollower　　3人称視点（俯瞰画像）で特定の対象を追跡する。
- TopDownOrtho　　z軸方向に正射影する。
- XYOrbit　　Orbitと似ているが、視点（Focal Point）はXY平面上に固定して表示する。

⑥ 時間（Time）

現在時間（Wall Time）とROS時間（ROS Time）、それぞれに対する経過時間（Wall/ROS Elapsed）を表す。経過時間は主にシミュレーションを行う際に必要になる。経過時間をリセットするには、下端の「Reset」ボタンをクリックする。

6.1.3　RViz ディスプレイ

ディスプレイ[†5]は、RVizのなかでもっとも頻繁に使用される機能である。ここでは、3Dビュー画面に表示したいメッセージを選択する。ディスプレイで選択できる項目を表6.1に示す。

表 6.1　RViz のディスプレイ

アイコン	名　称	説　明
	Axes	xyz 座標軸を表示する
	Camera	カメラ視点からレンダリングした画像を新しいウィンドウ上に表示し、その上に映像をオーバレイする
	DepthCloud	深度画像（DepthMap）で表された点群（Point Cloud）を表示する。DepthMap と ColorImag トピックを配信する Kinect、Xtion などのセンサを用いた場合、取得した点群にカラー画像を重ねて表示する
	Effort	ロボットの各関節に加わる力を表示する
	FluidPressure	空気、水などの流体の圧力を表示する
	Grid	2 次元または 3 次元のグリッドを表示する
	GridCells	グリッドの各セルを表示する。この機能は主にナビゲーションのコストマップで障害物を表示するときに使用される
	Group	ディスプレイをグループ化する
	Illuminance	照度を表示する
	Image	画像を新しいウィンドウ上に表示する。Camera ディスプレイとは違い、映像をオーバレイしない
	InteractiveMarkers	1 つ以上の Interactive Marker を表示する。マーカの姿勢（x、y、z、Roll、Pitch、Yaw）はマウスで変更できる。
	LaserScan	レーザスキャンの計測値を表示する
	Map	ナビゲーションで使用する占有格子地図（Occupancy Map）を Ground Plane 上に表示する
	Marker	RViz で提供している矢印型、円型、三角形、長方形、シリンダ型などのマーカを表示する
	MarkerArray	マーカを複数表示する
	Odometry	時間の経過に従うオドメトリ（Odometry）の変化を矢印で表示する
	Path	ナビゲーションに使用されるロボットの経路を表示する
	PointCloud	深度カメラである RealSense、Kinect、Xtion のセンサデータを点群（Point Cloud）で表示する。点群には PointCloud と PointCloud2 の 2 種類がある。特に PointCloud2 は最新の PCL（Point Cloud Library）で使用しているフォーマットにあわせており、広く使用されている
	PointCloud2	
	PointStamped	丸型ポイントを表示する
	Polygon	ポリゴン（Polygon）の外形を表示する。主にロボットの外形を 2 次元表示する際に使用される

†5　http://wiki.ros.org/rviz/DisplayTypes

アイコン	名 称	説 明
	Pose	3次元空間上でPose（位置と姿勢）を表示する。矢印の根元の位置は（x、y、z）によって、姿勢は（Roll、Pitch、Yaw）によって表現される。ロボットの位置や姿勢を表すときに使用されるが、ナビゲーションなどで目標位置および姿勢を表示するときにも使用する
	PoseArray	姿勢を複数個、表示する
	Range	円錐を表示する。超音波、赤外線センサなどの距離センサの測定範囲を表現するときに使用される
	RelativeHumidity	相対湿度を示す
	RobotModel	ロボットモデルを表す
	TF	座標変換TFを表す。階層構造を持つ相対座標を xyz 座標軸で表示する
	Temperature	温度を表示する
	WrenchStamped	矢印マーカ（力）と回転マーカ（トルク）でねじり（Wrench）を表す

6.2 ROSのGUIツール（rqt）

ROSでは3次元可視化ツールであるRVizのほかにも、ロボットソフトウェア開発で便利に使えるGUIツールを多く提供している。例えば、各ノードの階層構造や接続関係をグラフで表すgraph、メッセージを2次元プロットで表示するplotなどである。これらのGUI開発ツールはrqt[†6]と呼ばれ、ROS Fuerteバージョンから30個以上の関連ツールが統廃合されてきた。また、RVizもrqtのプラグインの一部と見ることもでき、rqtはROSにおいて重要なツールとなった。rqtはその名前のとおりQtをベースにしている。Qtは、コンピュータプログラミングで広く利用されているクロスプラットフォームフレームワークであり、ユーザがプラグインを自由に追加できる。本節では、rqtのプラグインのうち、`rqt_image_view`、`rqt_graph`、`rqt_plot`、`rqt_bag`について説明する。

6.2.1 rqtのインストールおよび実行

rqtはROSのデスクトップ版（インストールコマンドは`ros-[ROS_DISTRO]-desktop-full`）にも含まれているが、下記のコマンドで個別にインストールすることもできる。

```
$ sudo apt-get install ros-kinetic-rqt*
```

rqtを実行するには、以下の実行コマンドを入力するか、`rosrun rqt_gui rqt_gui`コマンドで実行する。

```
$ rqt
```

†6 http://wiki.ros.org/rqt

rqtを実行すると、図6.8に示すrqtのGUI画面が表れる。初めて起動させた場合には、画面上には空ウィンドウが表示される。メニューからプラグインを指定することで、さまざまな情報を表示できる。

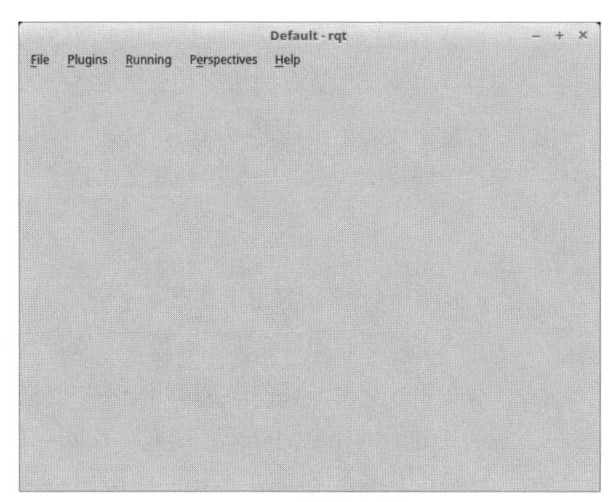

図6.8 rqtの初期画面

rqtの各メニューは以下の構成である。

- File（ファイル）　rqtを終了するサブメニューが含まれている。
- Plugins（プラグイン）　約30個のプラグインが含まれている。
- Running（動作）　現在動作しているプラグインが表示され、中止することもできる。
- Perspectives（プラグイン構成）　現在動作しているプラグインの構成を記録しておき、次回の起動に反映する。

6.2.2 rqtプラグイン

rqtウィンドウの上端にあるメニューから「Plugins（プラグイン）[†7][†8]」をクリックし、そのなかの約30個のプラグインから、必要に応じて適当な機能を持つプラグインを選択する。公式に提供されるプラグインのほかに、ユーザが開発した非公式プラグインも追加できる。

Actions（アクション）

- Action Type Browser　アクション型のデータ構造の確認に用いるプラグイン

Configuration（構成）

- Dynamic Reconfigure　ノードのパラメータ値の変更に用いるプラグイン
- Launch　`roslaunch`のGUIプラグイン。使用したい`roslaunch`の正

†7 http://wiki.ros.org/rqt/Plugins
†8 http://wiki.ros.org/rqt_common_plugins

式名称が不明なとき、頻繁に使用される

Introspection（内部構造）

- Node Graph　動作中のノードの関係、またはメッセージの流れを確認するときに用いるグラフビュー形式のプラグイン
- Package Graph　パッケージの依存関係をグラフ形式で表すプラグイン
- Process Monitor　実行中のノードの PID（Processor ID）、CPU の使用率、メモリの使用率、スレッド数の確認に用いるプラグイン

Logging（ロギング）

- Bag　ROS のデータ記録用プラグイン
- Console　ノードの実行中に発生する警告（Warning）、エラー（Error）などのメッセージの確認に用いるプラグイン
- Logger Level　ノードの動作を記録する頻度（ロガーレベル[†9]）を Debug、Info、Warn、Error、Fatal から設定する。デバッグ時に Debug を選択すると、多くの情報が得られる

Miscellaneous Tools（多様なツール）

- Python Console　Python コンソール画面のプラグイン
- Shell　シェルを起動するプラグイン
- Web　Web ブラウザを立ち上げるプラグイン

Robot Tools（ロボットツール）

- Controller Manager　ロボットコントローラの状態、タイプ、ハードウェアインタフェースの情報などを確認できるプラグイン
- Diagnostic Viewer　ロボットの診断およびエラーを確認できるプラグイン
- Moveit! Monitor　動作計画ソフトウェア MoveIt! のデータを確認するプラグイン
- Robot Steering　ロボットの手動制御に使用する GUI ツール、遠隔操作に用いる
- Runtime Monitor　リアルタイムでノードの実行中に発生する警告、エラーを確認できるプラグイン

Services（サービス）

- Service Caller　実行中のサービスサーバに接続し、サービス要請を行う GUI プラグイン、サービスのテストに用いる
- Service Type Browser　サービス型のデータ構造を確認できるプラグイン

---

† 9　http://wiki.ros.org/roscpp/Overview/Logging

Topics（トピック）

- Easy Message Publisher　GUI環境でトピックをパブリッシュするためのプラグイン
- Topic Publisher　トピックのパブリッシュのためのGUIプラグイン
- Topic Type Browser　トピックのデータ構造を確認できるプラグイン、トピックのメッセージ型の確認に便利
- Topic Monitor　使用中のトピックを表すプラグイン、ユーザは一覧から選択したトピックの情報を確認できる

Visualization（可視化）

- Image View　カメラの画像データを確認できるプラグイン、カメラ画像の簡易テストに用いられる
- Navigation Viewer　ナビゲーションでロボットの位置、目標地点を確認できるプラグイン
- Plot　2次元データプロットに使用するGUIプラグイン、2次元データのグラフ化に用いられる
- Pose View　ロボットモデルおよびTFなどの姿勢を表示するプラグイン
- RViz　3次元可視化ツールであるRVizのプラグイン
- TF Tree　各座標系の関係をツリー構造で表すグラフビュー形式のプラグイン

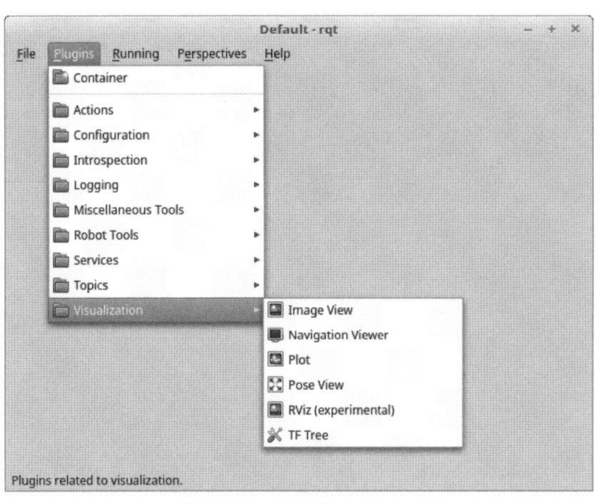

図6.9　rqtプラグイン

次に、rqtプラグインのうち、頻繁に利用されるrqt_image_view、rqt_graph、rqt_plot、rqt_bagについて説明する。

6.2.3 rqt_image_view

カメラ画像を示すプラグイン[†10]である。画像を処理するプログラムではなく、画像の確認など簡単な用途で利用される。このプラグインの動作を理解するため、市販のUSBカメラを接続して画像を取得してみよう。USBカメラからの画像の取得には、USBカメラが利用可能なUVCを用いたuvc_cameraパッケージを利用する。uvc_cameraパッケージのインストールは下記のコマンドで行う。

```
$ sudo apt-get install ros-kinetic-uvc-camera
```

USBカメラをコンピュータに接続し、uvc_cameraパッケージのuvc_camera_nodeノードを実行する。

```
$ rosrun uvc_camera uvc_camera_node
```

次に、rqtコマンドを入力してrqtを実行し、メニューから「Plugins」→「Visualization」→「Image View」を選択する。

```
$ rqt
```

または、rqt_image_view専用の実行コマンドにより実行する。

```
$ rqt_image_view
```

† 10 http://wiki.ros.org/rqt_image_view

図 6.10　USB カメラの画像をイメージビューで確認した様子

6.2.4　rqt_graph

rqt_graph[†11] は、実行中のノードと ROS のネットワーク上を送受信されているメッセージの関係をグラフで図示するツールである。ここでは、3.3 節で説明した turtlesim パッケージの turtlesim_node ノードおよび turtle_teleop_key ノード、また 6.2.3 項で説明した uvc_camera パッケージの uvc_camera_node ノードをそれぞれ実行し、rqt_graph を用いてノードの関係図を表示してみよう。

```
$ rosrun turtlesim turtlesim_node
$ rosrun turtlesim turtle_teleop_key
$ rosrun uvc_camera uvc_camera_node
$ rosrun image_view image_view image:=image_raw
```

その後、rqt コマンドを入力し、メニュー上で「Plugins」→「Introspection」→「Node Graph」を選択するか、rqt_graph 専用コマンドを入力することで rqt_graph を実行する。図 6.11 に、rqt_graph 上のノードの関係図を示す。

† 11　http://wiki.ros.org/rqt_graph

```
$ rqt
```

または、

```
$ rqt_graph
```

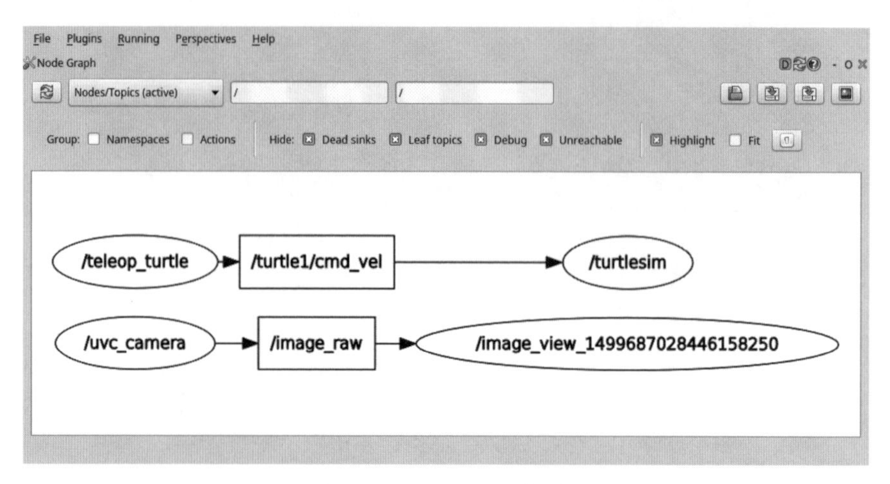

図 6.11 rqt_graph の表示例

図6.11に示されている上側の丸、四角は、それぞれノード（/teleop_turtle、/turtlesim）、トピックのメッセージ（/turtle1/cmd_vel）を表す。また、矢印の方向はメッセージの送受信関係を表す。前述のように、この例ではturtle_teleop_keyノードのネームはteleop_turtleに、turtlesim_nodeノードのネームはturtlesimに変えられており、方向キーの入力によって並進速度、回転速度がメッセージ（トピック名/turtle1/cmd_vel）で送受信されている。

カメラ画像の取得においても、uvc_cameraパッケージの/uvc_cameraノードが/image_rawトピックをパブリッシュし、/image_view_xxxノードがサブスクライブしており、その関係図（図6.11の下側）もrqt_graphによって表示できる。ここでは簡単な構成のノード間通信について確認したが、実際のROSプログラミングでは数十個のノードがさまざまなトピックのメッセージを送受信する。rqt_graphは、それらの関係を確認する際にとても便利である。

6.2.5 rqt_plot

rqt_plot[†12]は2次元データをプロットするツールである。ここではrqt_plotを下記のコマンドを入力し、実行してみる。rqt_plotはrosrun rqt_plot rqt_plotコマンドを用いても実行できる。

† 12 http://wiki.ros.org/rqt_plot

```
$ rqt_plot
```

rqt_plotを起動したら、ウィンドウ上の右上のギヤの形をしたオプションアイコンをクリックする。このとき、図6.12に示しているように、MatPlot、PyQtGraph、QwtPlotが選択できる。本書ではデフォルトであるMatPlotを使用するが、他のオプションをインストールし、使用することもできる。例えば、PyQtGraphの場合、ダウンロードサイト[†13]から`python-pyqtgraph_0.9.xx-x_all.deb`ファイルをダウンロードしてインストールすると、PyQtGraph項目が選択できるようになる。

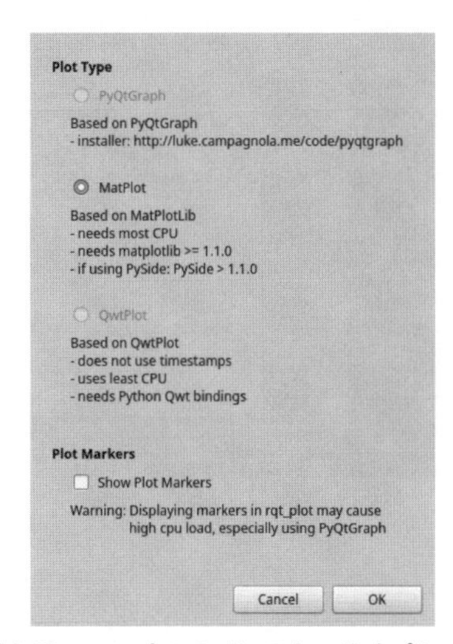

図6.12　rqt_plotのインストールオプション

次に、`turtlesim`パッケージの`turtlesim_node`ノードを実行したまま、rqt_plotを用いて`turtlesim`ノードの`Pose`メッセージであるx、y座標をプロットしてみる。

```
$ rosrun turtlesim turtlesim_node
```

rqt_plotの上端にあるTopicに「/turtle1/pose/」を入力し、2次元座標空間（x軸：データ値、y軸：時間）でメッセージのデータを表示してみる。この一連の作業は、下記のコマンドで実行することもできる。

```
$ rqt_plot /turtle1/pose/
```

その後、`turtlesim`パッケージの`turtle_teleop_key`ノードを実行し、画面上のカメを動かしてみる。

†13　http://www.pyqtgraph.org/downloads

```
$ rosrun turtlesim turtle_teleop_key
```

図6.13に示しているように、上のノードの実行によって、カメの x、y、θ（theta)、並進速度、回転速度の値が表示されることがわかる。この例では turtlesim パッケージを用いた仮想ロボットのデータを使用したが、ユーザが開発したノードからパブリッシュしたデータ、特に速度、加速度など、時系列で得られるセンサデータも簡単に確認できる。

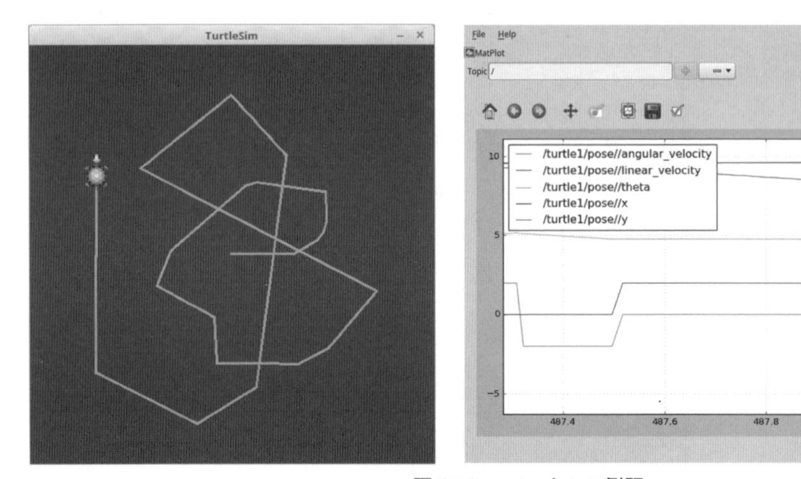

図 6.13 rqt_plot の例題

6.2.6 rqt_bag

rqt_bag はメッセージを可視化する GUI ツールである。5.4.8 項の ROS ログ情報で説明した rosbag はテキスト版であるが、rqt_bag はカメラの画像なども記録できる。rqt_bag を試す前に、6.2.5 項の rqt_graph で説明した turtlesim パッケージ、uvc_camera パッケージのノードをすべて実行し、/image_raw と /turtle1/cmd_vel のメッセージを bag ファイルに記録しておく。5.4 節では rosbag を利用し、ROS 上のトピックメッセージを bag ファイルに記録、再生、圧縮したが、rqt_bag を利用してもこれらの機能を利用できる。さらに、rqt_bag は GUI を用いているため、bag ファイルに記録されているカメラの映像も、ビデオエディタのように扱うことができ、便利である。

下記のコマンドを用いて、USB カメラの画像を bag ファイルに記録し、rqt_bag を再生してみる。

まず、USB カメラを起動して、/image_raw トピックを rosbag で記録する。

```
$ rosrun uvc_camera uvc_camera_node
$ rosbag record /image_raw
```

次に、rqt コマンドを入力して rqt を実行し、「Plugin」→「Logging」→「Bag」を選択する。

```
$ rqt
```

その後、左上のフォルダアイコン（Load Bag）をクリックし、事前に記録しておいた *.bag ファイルを呼び出す。その結果、図 6.14 に示しているように、カメラの画像が時間軸に対して並べられる。これから、拡大、再生、時間対データ数などを確認でき、マウスの右クリックによって表示される「Publish」オプションからメッセージをパブリッシュできる。

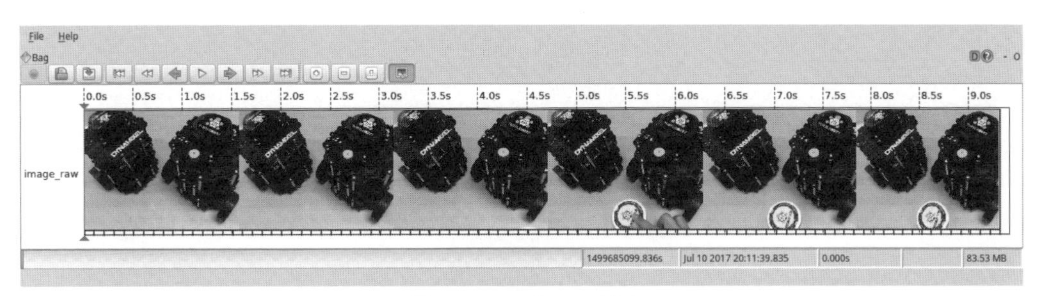

図 6.14　rqt_bag の例示

以上、rqt ツールのインストール、使用法に関して述べた。本書ではすべてのプラグインに対しては説明できないが、他のツールも同様に便利であり、ぜひ試してほしい。rqt は、ROS ノードのようにロボットやセンサを直接制御するものではないが、得られたデータを記録、分析するのに便利な補助ツールである。

第7章

ROS基本プログラミング

前章まではROSの概要について述べた。本章からは、本格的なROSプログラミングについて述べる。前述のように、メッセージ、トピック、サービス、アクション、パラメータはROSにおいて重要な要素である。本章では、ノードの間で送受信されるトピック、サービス、アクション、パラメータについて、実例を交えて説明する。

7.1　ROSを利用した開発に必要な基礎知識

7.1.1　標準単位系

ROSで使用するメッセージは、REP 103 †1にも明記されているように、標準単位系として世界中で広く用いられているSI単位系を採用している（表7.1）。具体的には、長さ（Length）はメートル（Meter）、質量（Mass）はキログラム（Kilogram）、時間（Time）は秒（Second）、電流（Current）はアンペア（Ampere）、角度（Angle）はラジアン（Radian）、周期（Frequency）はヘルツ（Hertz）、力（Force）はニュートン（Newton）、電力（Power）はワット（Watt）、電圧（Voltage）はボルト（Volt）、温度（Temperature）は摂氏（Celcius）などである。また、これらを組み合わせて、並進速度はm/sで、回転速度はrad/sで表している。ROSでは標準で提供しているメッセージの使用を推奨しているが、新しいメッセージを定義し、使用する場合も、SI単位系を採用する必要がある。

表7.1　SI単位系

量	単位
長さ	メートル〔m〕
質量	キログラム〔kg〕
時間	秒〔s〕
電流	アンペア〔A〕
角度	ラジアン〔rad〕

量	単位
周期	ヘルツ〔Hz〕
力	ニュートン〔N〕
電力	ワット〔W〕
電圧	ボルト〔V〕
温度	摂氏〔°C〕

†1　http://www.ros.org/reps/rep-0103.html

REP（ROS Enhancement Proposals） **COLUMN**

REPは、ROSコミュニティのユーザが提案したルール、新しい機能、管理方法などに対する提案をまとめた標準文書であり、ROSに関するルールの決定や、開発、運営、管理に必要な内容を議論するために使用される。REPはhttp://www.ros.org/reps/rep-0000.htmlから確認できる。

7.1.2 座標表現の方式

ROSにおける座標系[†2]の定義には、図7.1に示しているように、正面がx軸の＋方向、左向きがy軸の＋方向、上向きがz軸の＋方向となる右手系のxyz座標系を使用する。なお、それぞれの軸は赤色（R）、緑色（G）、青色（B）で表示される場合が多い。右手系とは、右手の親指、人指し指、中指を伸ばすと、親指がx軸、人指し指がy軸、中指がz軸に対応した座標系である。

ロボットの回転方向は右手の法則[†3]に従い、親指を回転軸としたときに、他の指が巻く方向が回転の正（＋）方向である。例えば、回転角度はラジアンで表記されるため、ロボットが12時方向から9時方向に向かう場合、z軸方向で+1.5708 rad回転している。

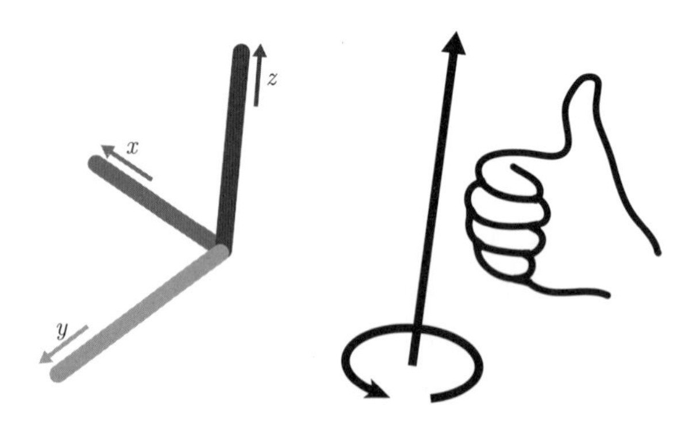

図7.1 x、y、z軸の方向および回転軸に対する回転方向

7.1.3 プログラミングのルール

ROSには、各プログラムのソースコードの再利用性を高めるために、標準のコーディングスタイルのガイドラインがあり、ROSを用いたプログラム開発ではそれに従うことが求められている。コーディングスタイルを統一し、プログラムの可読性を高めることで、他のユーザがコードを理解しやすくなり、プログラムの共同開発にも役立つ。ROSはオープンソースを推奨しており、ソースコードを共有しやすくするためにも、各ユーザは推奨されたルールに従って開発する必要がある。

† 2 http://www.ros.org/reps/rep-0103.html#coordinate-frame-conventions
† 3 http://en.wikipedia.org/wiki/Right-hand_rule

ルールに関する内容は、言語ごとにWiki(C++ †4、Python †5)でまとめられている。表7.2に、パッケージやトピックなどの基本的な命名方法†6を示す。ROSを用いたプログラム開発の前に、必ず確認しておくこと。

表7.2 命名規則

対 象	命名規則	例
パッケージ	under_scored	first_ros_package
トピック サービス	under_scored	raw_image
ファイル	under_scored	turtlebot3_fake.cpp
ただし、ROSメッセージおよびサービスを使用する際、/msg、/srvフォルダに置かれるメッセージ、サービス、アクションファイルのファイル名はCamelCasedルール（アンダースコアを用いず単語の先頭は大文字）に従うようにする。これは、*.msg、*.srv、*.actionファイルがヘッダーファイルに変換されると、構造体や型として扱われるためである。例：TransformStamped.msg、SetSpeed.srv		
ネームスペース	under_scored	ros_awesome_package
変数	under_scored	string table_name;
型	CamelCased	typedef int32_t PropertiesNumber;
クラス	CamelCased	class UrlTable
構造体	CamelCased	struct UrlTableProperties
列挙型	CamelCased	enum ChoiceNumber
関数	camelCased	addTableEntry();
メソッド	camelCased	void setNumEntries(int32_t num_entries)
定数	ALL_CAPITALS	const uint8_t DAYS_IN_A_WEEK = 7;
マクロ	ALL_CAPITALS	#define PI_ROUNDED 3.0

7.2 パブリッシャとサブスクライバノードの作成

本節では、ROSのトピック通信で使用されるパブリッシャとサブスクライバについて学ぶ。以下では、簡単なメッセージファイルを作成し、パブリッシャやサブスクライバを実装したノードの具体的な作成方法を示す。

7.2.1 パッケージの作成

まず以下のように、ros_tutorials_topicパッケージを新たに作成する。作成されたパッケージは、パッケージ名に続くオプションによって、message_generation、std_msgs、roscppパッケージに依存する。つまり、本パッケージを利用するには、新しくメッセージを生成するのに必要なパッケージmessage_generation、ROSの標準メッセージパッケージstd_msgs、ROSでC/C++言語を用いるためのクライアントライブラリroscppが必要となる。

---

†4 http://wiki.ros.org/CppStyleGuide
†5 http://wiki.ros.org/PyStyleGuide
†6 http://wiki.ros.org/ROS/Patterns/Conventions#Naming_ROS_Resources

これら依存パッケージについては、パッケージを生成した後でも、package.xmlファイルに記述すれば指定できる。

```
$ cd ~/catkin_ws/src
$ catkin_create_pkg ros_tutorials_topic message_generation std_msgs roscpp
```

パッケージを作成すると、~/catkin_ws/srcフォルダにros_tutorials_topicパッケージのフォルダが作成され、そのなかにCMakeLists.txtやpackage.xml、その他の必要なファイルやフォルダが置かれる。ファイルのリストは、lsコマンド、あるいはGUIベースのNautilusを用いて確認できる。

```
$ cd ros_tutorials_topic
$ ls
include            ←ヘッダーファイルのフォルダ
src                ←ソースコードフォルダ
CMakeLists.txt     ←ビルド設定ファイル
package.xml        ←パッケージ設定ファイル
```

7.2.2 パッケージ設定ファイル（package.xml）の修正

パッケージの作成で重要な設定ファイルであるpackage.xmlは、パッケージの情報を記載したXML形式のファイルであり、パッケージ名、著作者、ライセンス、依存パッケージなどが定義されている。パッケージの作成にあたり、まずエディタ（gedit、vim、emacsなど）を用いてpackage.xmlを開き、作成するノードにあわせて修正する。

```
$ gedit package.xml
```

リスト7.1は、筆者が修正したpackage.xmlファイルのコードである。リスト7.1および4.9節を参考にしながら、作成する。

リスト7.1 ros_tutorials_topic/package.xml

```
<?xml version="1.0"?>
<package>
  <name>ros_tutorials_topic</name>
  <version>0.1.0</version>
  <description>ROS turtorial package to learn the topic</description>
  <license>Apache License 2.0</license>
  <author email="pyo@robotis.com">Yoonseok Pyo</author>
  <maintainer email="pyo@robotis.com">Yoonseok Pyo</maintainer>
  <url type="bugtracker">https://github.com/ROBOTIS-GIT/ros_tutorials/issues</url>
  <url type="repository">https://github.com/ROBOTIS-GIT/ros_tutorials.git</url>
  <url type="website">http://www.robotis.com</url>
  <buildtool_depend>catkin</buildtool_depend>
```

```
  <build_depend>roscpp</build_depend>
  <build_depend>std_msgs</build_depend>
  <build_depend>message_generation</build_depend>
  <run_depend>roscpp</run_depend>
  <run_depend>std_msgs</run_depend>
  <run_depend>message_runtime</run_depend>
  <export></export>
</package>
```

7.2.3 ビルド設定ファイル（CMakeList.txt）の修正

ROS のビルドシステムである catkin は CMake を採用しており、ビルド環境は CMakeList.txt ファイルに記述される。このファイルには実行ファイルの生成、依存パッケージ優先のビルド、リンク生成など、ビルドの詳細が記載されている。

```
$ gedit CMakeLists.txt
```

リスト 7.2 は、筆者が修正した CMakeList.txt ファイルのコードである。リスト 7.2 および 4.9 節を参考にしながら、作成する。

リスト 7.2 ros_tutorials_topic/CMakeLists.txt

```
cmake_minimum_required(VERSION 2.8.3)
project(ros_tutorials_topic)

## catkinビルドを行う際に要求されるパッケージを記述する
## ここでは、message_generation, std_msgs, roscppが依存性パッケージに登録され、
## これらのパッケージが事前にインストールされていないと、本パッケージのビルドの途中でエラーが発生する
find_package(catkin REQUIRED COMPONENTS message_generation std_msgs roscpp)

## メッセージ宣言: MsgTutorial.msg
add_message_files(FILES MsgTutorial.msg)

## 依存するメッセージを設定するオプションである
## std_msgsが設置されていないと、ビルドの途中でエラーが生じる
generate_messages(DEPENDENCIES std_msgs)

## catkinパッケージオプションであるライブラリ、catkinビルドの依存性、
## システム依存パッケージについて記述する
catkin_package(
LIBRARIES ros_tutorials_topic
CATKIN_DEPENDS std_msgs roscpp
)

## インクルードディレクトリを設定する
include_directories(${catkin_INCLUDE_DIRS})

## topic_publisherノードに対するビルドオプションである
```

```
## 実行ファイル、ターゲットリンクライブラリ、追加依存性などについて記述する
add_executable(topic_publisher src/topic_publisher.cpp)
add_dependencies(topic_publisher ${${PROJECT_NAME}_EXPORTED_TARGETS}
${catkin_EXPORTED_TARGETS})
target_link_libraries(topic_publisher ${catkin_LIBRARIES})

add_executable(topic_subscriber src/topic_subscriber.cpp)
add_dependencies(topic_subscriber ${${PROJECT_NAME}_EXPORTED_TARGETS}
${catkin_EXPORTED_TARGETS})
target_link_libraries(topic_subscriber ${catkin_LIBRARIES})
```

7.2.4 メッセージファイルの作成

前項では、CMakeList.txtファイルに以下のコードを追加した。

```
add_message_files(FILES MsgTutorial.msg)
```

これは、本パッケージのノードが使用するMsgTutorial.msgメッセージを含めてビルドするためのオプションである。ただし、まだMsgTutorial.msgファイルが作成されていないため、以下のコマンドを用いてメッセージファイルを生成する。

```
$ roscd ros_tutorials_topic    ←パッケージフォルダに移動
$ mkdir msg                    ←パッケージフォルダのなかにmsgフォルダを生成
$ cd msg                       ←生成したmsgフォルダに移動
$ gedit MsgTutorial.msg        ←MsgTutorial.msgファイルをエディタで開く
```

次に、リスト7.3の内容をMsgTutorial.msgに記入する。MsgTutorial.msgは、time型のstampメッセージと、int32型のdataメッセージで構成される。メッセージ型には、そのほかにも、bool、int8、int16、float32、string、durationなどの標準メッセージ型（std_msgs†7）、またはROSで頻繁に使用されるメッセージを集めたcommon_msgs†8などがある。

リスト7.3　ros_tutorials_topic/msg/MsgTutorial.msg

```
time stamp
int32 data
```

†7　http://wiki.ros.org/std_msgs
†8　http://wiki.ros.org/common_msgs

メッセージ（msg、srv、action）パッケージの独立化 COLUMN

自身で作成したmsg、srv、actionファイルは、それを使用するパッケージとは別のパッケージとして作成した方が好ましい。例えば、特定のメッセージを用いるパブリッシャとサブスクライバを別々のコンピュータ上で動かす場合、メッセージファイルは両方のコンピュータ内に置く必要がある。ここで、パブリッシャあるいはサブスクライバのパッケージにメッセージファイルを含めてしまうと、メッセージ通信を行うためには、使用しないパッケージもインストールしなければならない。しかし、メッセージファイルのみからなるパッケージを作成しておき、パブリッシャあるいはサブスクライバを含むパッケージでメッセージ専用のパッケージを依存パッケージに設定すれば、どちらか必要なパッケージをインストールするだけで済む。本書に示している例では、コードの説明を簡単にするためメッセージ専用パッケージは作成しないが、上で示した方法でパッケージの構成を簡単化できる。

7.2.5 パブリッシャを実装したノードの作成

7.2.3項のビルド設定ファイルの修正では、CMakeList.txtファイルに以下を追加した。

```
add_executable(topic_publisher src/topic_publisher.cpp)
```

これにより、srcフォルダにあるtopic_publisher.cppファイルをビルドし、topic_publisherの名前の実行ファイルが作成される。そこで、以下のコマンドを用いて、リスト7.4に従って、パブリッシャを実装したノードを作成する。

```
$ roscd ros_tutorials_topic/src      ← パッケージのソースフォルダsrcへ移動
$ gedit topic_publisher.cpp          ← ソースファイルをエディタで開く
```

リスト7.4 ros_tutorials_topic/src/topic_publisher.cpp

```
#include "ros/ros.h"     // ROS基本ヘッダーファイル
#include "ros_tutorials_topic/MsgTutorial.h"
                 // MsgTutorial.msgファイルをビルドして自動生成されたヘッダーファイル

int main(int argc, char **argv)                  // ノードのメイン関数
{
  ros::init(argc, argv, "topic_publisher");      // ノード名の初期化
  ros::NodeHandle nh;         // ROSシステムとの通信を行うためのノードハンドルの宣言

  // パブリッシャの宣言
  // ros_tutorials_topicパッケージのMsgTutorialメッセージファイルを用いた
  // ros_tutorial_pubパブリッシャを作成する
  // ここで、トピック名は「ros_tutorial_msg」になり、
  // パブリッシャキュー（Queue）のサイズは100に設定
  ros::Publisher ros_tutorial_pub =
    nh.advertise<ros_tutorials_topic::MsgTutorial>
    ("ros_tutorial_msg", 100);
```

```
  // ループ周期を設定する。ここでは周期を10Hz（0.1秒間隔での繰り返し）に設定
  ros::Rate loop_rate(10);

  ros_tutorials_topic::MsgTutorial msg;
                    // MsgTutorial.msgファイルに記載した形式のメッセージmsgを宣言
  int count = 0;  // メッセージに値を与えるための変数の宣言

  while (ros::ok())
  {
    msg.stamp = ros::Time::now();    // 現在時間をmsgのstampメッセージに与える
    msg.data  = count;            // count変数の値をmsgのdataメッセージに与える

    ROS_INFO("send msg = %d", msg.stamp.sec);
                                  // stamp.secメッセージの値を表示する
    ROS_INFO("send msg = %d", msg.stamp.nsec);
                                  // stamp.nsecメッセージの値を表示する
    ROS_INFO("send msg = %d", msg.data);     // dataメッセージの値を表示する

    ros_tutorial_pub.publish(msg);            // メッセージをパブリッシュする

    loop_rate.sleep();            // 設定したループ周期にあわせてスリープを実行する

    ++count;                      // count変数を1ずつ増やす
  }

  return 0;
}
```

7.2.6　サブスクライバを実装したノードの作成

7.2.3項のビルド設定ファイルの修正では、CMakeList.txtファイルに以下を追加した。

```
add_executable(topic_subscriber src/topic_subscriber.cpp)
```

これにより、srcフォルダにあるtopic_subscriber.cppファイルをビルドし、topic_subscriberの名前で実行ファイルが作成される。そこで、以下のコマンド、リスト7.5に従って、サブスクライバを実装したノードを作成する。

```
$ roscd ros_tutorials_topic/src     ←パッケージのソースフォルダsrcへ移動
$ gedit topic_subscriber.cpp        ←ソースファイルをエディタで開く
```

リスト7.5　ros_tutorials_topic/src/topic_subscriber.cpp

```
#include "ros/ros.h"          // ROS基本ヘッダーファイル
#include "ros_tutorials_topic/MsgTutorial.h"
              // MsgTutorial.msgファイルをビルドして自動生成されたヘッダーファイル

// メッセージのコールバック関数であり、ros_tutorial_msgトピックにてメッセージを受信した
// とき動作する関数
```

```
// 関数の引数はros_tutorials_topicパッケージのMsgTutorialメッセージ
void msgCallback(const ros_tutorials_topic::MsgTutorial::ConstPtr& msg)
{
  ROS_INFO("receive msg = %d", msg->stamp.sec);
                              // stamp.secメッセージの値を表示する
  ROS_INFO("receive msg = %d", msg->stamp.nsec);
                              // stamp.nsecメッセージの値を表示する
  ROS_INFO("receive msg = %d", msg->data);     // dataメッセージの値を表示する
}

int main(int argc, char **argv)          // ノードのメイン関数
{
  ros::init(argc, argv, "topic_subscriber");  // ノード名の初期化

  ros::NodeHandle nh;        // ROSシステムとの通信を行うためのノードハンドルを宣言

  // サブスクライバの宣言。ros_tutorials_topicパッケージのMsgTutorial.msgファイルを
  // 用いたros_tutorial_subサブスクライバ を作成する
  // ここで、トピック名は「ros_tutorial_msg」であり、
  // サブスクライバのキュー (Queue) サイズは100に設定
  ros::Subscriber ros_tutorial_sub =
          nh.subscribe("ros_tutorial_msg", 100, msgCallback);

  // コールバック関数を呼び出すための関数であり、メッセージの受信を待機し、受信した場合
  // コールバック関数を実行する
  ros::spin();

  return 0;
}
```

7.2.7 ノードのビルド

次に、以下のコマンドを実行して、ros_tutorials_topic パッケージのメッセージファイル、パブリッシャやサブスクライバのノードをビルドする。ただし、ros_tutorials_topic パッケージのソースは ~/catkin_ws/src/ros_tutorials_topic/src に、ros_tutorials_topic パッケージのメッセージファイルは ~/catkin_ws/src/ros_tutorials_topic/msg に置かれている。

```
$ cd ~/catkin_ws   ←catkinフォルダへ移動
$ catkin_make      ←catkinビルドを実行
```

catkin ビルド（catkin_make）を実行すると、ビルドファイルは ~/catkin_ws の /build、/devel フォルダに生成される。ここで、/build には catkin ビルドの設定に関するファイルが、/devel/lib/ros_tutorials_topic にはメッセージファイルに基づいて自動で生成されたヘッダーファイルが作成される。

7.2.8 パブリッシャの実行

ROSのノード実行コマンドである rosrun を用いてパブリッシャ側のノードを実行してみる。ここで、topic_publisher は ros_tutorials_topic パッケージに含まれるパブリッシャを実装したノードである。なお、ノードを実行する際には、roscore を先に実行しておく必要があることに注意すること。

```
$ rosrun ros_tutorials_topic topic_publisher
```

パブリッシャを実行すると、図7.2に示すようなテキストが出力される。画面上に単純にテキストを出力するには、ROSプログラミングにおいてC++の printf のような機能を持つ ROS_INFO() を使用する。また、実際にパブリッシュされているメッセージを表示するには、サブスクライバまたは rostopic コマンドを利用する。

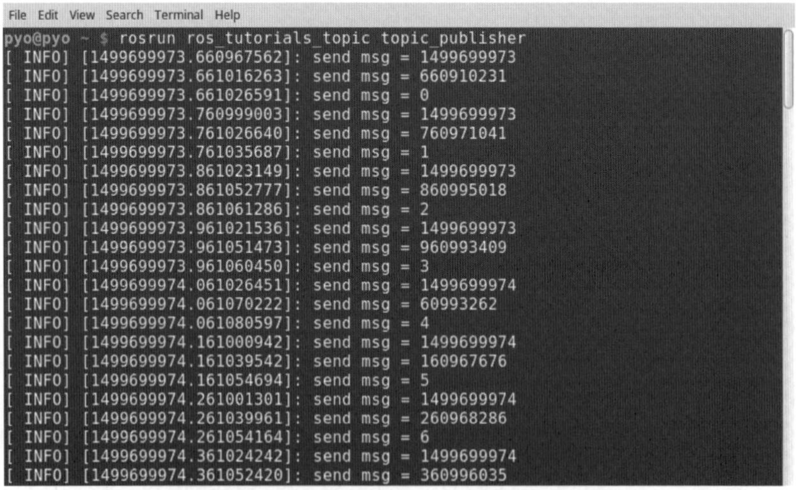

```
File  Edit  View  Search  Terminal  Help
pyo@pyo ~ $ rosrun ros_tutorials_topic topic_publisher
[ INFO] [1499699973.660967562]: send msg = 1499699973
[ INFO] [1499699973.661016263]: send msg = 660910231
[ INFO] [1499699973.661026591]: send msg = 0
[ INFO] [1499699973.760999003]: send msg = 1499699973
[ INFO] [1499699973.761026640]: send msg = 760971041
[ INFO] [1499699973.761035687]: send msg = 1
[ INFO] [1499699973.861023149]: send msg = 1499699973
[ INFO] [1499699973.861052777]: send msg = 860995018
[ INFO] [1499699973.861061286]: send msg = 2
[ INFO] [1499699973.961021536]: send msg = 1499699973
[ INFO] [1499699973.961051473]: send msg = 960993409
[ INFO] [1499699973.961060450]: send msg = 3
[ INFO] [1499699974.061026451]: send msg = 1499699974
[ INFO] [1499699974.061070222]: send msg = 60993262
[ INFO] [1499699974.061080597]: send msg = 4
[ INFO] [1499699974.161000942]: send msg = 1499699974
[ INFO] [1499699974.161039542]: send msg = 160967676
[ INFO] [1499699974.161054694]: send msg = 5
[ INFO] [1499699974.261001301]: send msg = 1499699974
[ INFO] [1499699974.261039961]: send msg = 260968286
[ INFO] [1499699974.261054164]: send msg = 6
[ INFO] [1499699974.361024242]: send msg = 1499699974
[ INFO] [1499699974.361052420]: send msg = 360996035
```

図7.2 topic_publisher ノードを実行した結果

ここからは、topic_publisher からパブリッシュされるメッセージを、rostopic コマンドを用いて表示してみよう。まず、ROSネットワーク上に登録されているトピックのリストを確認する。トピックリストの確認には、以下のコマンドを用いる。

```
$ rostopic list
/ros_tutorial_msg
/rosout
/rosout_agg
```

トピックリストに /ros_tutorials_msg トピックの登録が確認できたら、以下のコマンドを用いてメッセージの内容を確認する。

```
$ rostopic echo /ros_tutorial_msg
```

```
File  Edit  View  Search  Terminal  Help
pyo@pyo ~ $ rostopic echo /ros_tutorial_msg
stamp:
  secs: 1499700351
  nsecs: 684514825
data: 1713
---
stamp:
  secs: 1499700351
  nsecs: 784542724
data: 1714
---
stamp:
  secs: 1499700351
  nsecs: 884544453
data: 1715
---
stamp:
  secs: 1499700351
  nsecs: 984543934
data: 1716
---
stamp:
  secs: 1499700352
  nsecs:  84543178
```

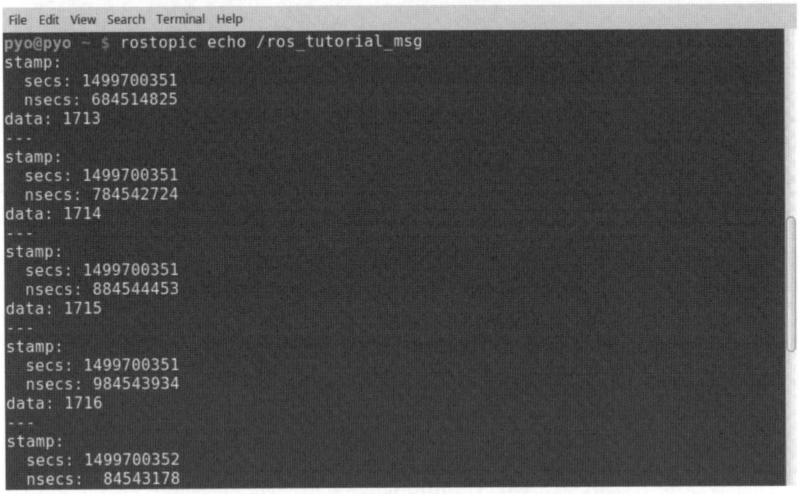

図 7.3　ros_tutorial_msg トピックを表示した結果

7.2.9　サブスクライバの実行

次に、サブスクライバ側のノードを実行してみる。ここで、topic_subscriber は ros_tutorials_topic パッケージに含まれるサブスクライバを実装したノードである。

```
$ rosrun ros_tutorials_topic topic_subscriber
```

サブスクライバを実行すると、図 7.4 に示すような画面が出力される。この出力結果は、パブリッシャからパブリッシュされた ros_tutorial_msg トピックのメッセージをサブスクライバが受信し、画面上に表示したものである。

```
File Edit View Search Terminal Help
pyo@pyo ~ $ rosrun ros_tutorials_topic topic_subscriber
[ INFO] [1499700485.184875537]: recieve msg = 1499700485
[ INFO] [1499700485.184946471]: recieve msg = 184567102
[ INFO] [1499700485.184957742]: recieve msg = 3048
[ INFO] [1499700485.284812298]: recieve msg = 1499700485
[ INFO] [1499700485.284836776]: recieve msg = 284574255
[ INFO] [1499700485.284844492]: recieve msg = 3049
[ INFO] [1499700485.384811804]: recieve msg = 1499700485
[ INFO] [1499700485.384839629]: recieve msg = 384569171
[ INFO] [1499700485.384849957]: recieve msg = 3050
[ INFO] [1499700485.484795619]: recieve msg = 1499700485
[ INFO] [1499700485.484824179]: recieve msg = 484569717
[ INFO] [1499700485.484838747]: recieve msg = 3051
[ INFO] [1499700485.584792760]: recieve msg = 1499700485
[ INFO] [1499700485.584820628]: recieve msg = 584569677
[ INFO] [1499700485.584830560]: recieve msg = 3052
[ INFO] [1499700485.684824324]: recieve msg = 1499700485
[ INFO] [1499700485.684852121]: recieve msg = 684581217
[ INFO] [1499700485.684861556]: recieve msg = 3053
[ INFO] [1499700485.785495346]: recieve msg = 1499700485
[ INFO] [1499700485.785527583]: recieve msg = 785156898
[ INFO] [1499700485.785552403]: recieve msg = 3054
[ INFO] [1499700485.884855517]: recieve msg = 1499700485
[ INFO] [1499700485.884885781]: recieve msg = 884544763
```

図7.4 topic_subscriberノードの実行画面

7.2.10 実行したノードの通信状態の確認

次に、6.2節で説明したrqtを用いて、実行中のノード間の通信状態を確認する。以下に示すようにコマンドを入力して、rqt（「Plugins」→「Introspection」→「Node Graph」）かrqt_graphを用いて、ROS上で動作しているノードやメッセージを確認する。

```
$ rqt_graph
```

または、

```
$ rqt
```

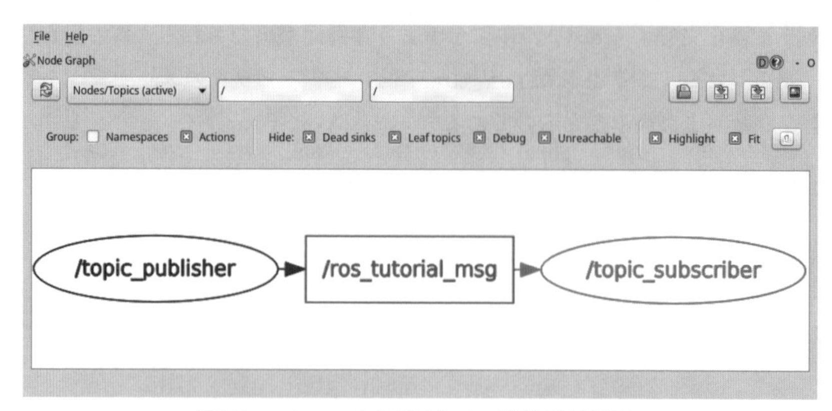

図7.5 rqt_graphを用いたノード間の通信状態

図7.5から、ROSネットワーク上にパブリッシャのノード（topic_publisher）、サブスク

ライバのノード（topic_subscriber）とトピック（ros_tutorial_msg）が登録されており、それらが矢印によってつながれていることから、ノード間で通信が行われていることがわかる。

ここで利用したソースコードは以下のリンクからも入手できる。

https://github.com/ROBOTIS-GIT/ros_tutorials/tree/master/ros_tutorials_topic

このソースコードを利用するには、これを含むチュートリアルのソースコードを catkin_ws/src フォルダにダウンロードし、catkin_make を用いてビルドする。

```
$ cd ~/
$ git clone https://github.com/ROBOTIS-GIT/ros_tutorials.git
$ cp -r ~/ros_tutorials/ros_tutorials_topic ~/catkin_ws/src
$ cd ~/catkin_ws
$ catkin_make
```

その後、topic_publisher と topic_subscriber ノードを実行する。

```
$ rosrun ros_tutorials_topic topic_publisher
```

```
$ rosrun ros_tutorials_topic topic_subscriber
```

7.3 サービスサーバとクライアントノードの作成

ROS のサービス通信は、要請があるときのみ応答するサービスサーバと、サービスサーバに要請するサービスクライアントに分けられる。サービスは 1 回ごとに通信を行い、サービスの要請と応答が完了すれば、ノード間の接続が切れる。

この仕組みは、ロボットに特定の動作をさせるように要請する際に利用できる。また、特定の条件に従いイベントを発生させるときにも利用できる。さらに、トピック通信によってネットワークに負荷がかかるとき、その軽減のためにも利用されている。

本節では簡単なサービスファイル、サービスサーバとサービスクライアントノードを作成、実行する方法について述べる。

7.3.1 パッケージの作成

まず以下のように、ros_tutorials_service パッケージを新たに作成する。作成されたパッケージは、パッケージ名に続くオプションによって、message_generation、std_msgs、roscpp パッケージに依存する。

```
$ cd ~/catkin_ws/src
$ catkin_create_pkg ros_tutorials_service message_generation std_msgs
roscpp
```

パッケージを生成すると、~/catkin_ws/srcフォルダにros_tutorials_serviceパッケージのフォルダが作成され、そのなかにCMakeLists.txtやpackage.xml、その他の必要なファイルやフォルダが置かれる。ファイルのリストは、lsコマンド、あるいはGUIベースのNautilusを用いて確認できる。

```
$ cd ros_tutorials_service
$ ls
include              ←ヘッダーファイルのフォルダ
src                  ←ソースコードフォルダ
CMakeLists.txt       ←ビルド設定ファイル
package.xml          ←パッケージ設定ファイル
```

7.3.2 パッケージ設定ファイル（package.xml）の修正

package.xmlをエディタで開き、現在のノードにあわせて修正する。

```
$ gedit package.xml
```

リスト7.6は、筆者が修正したpackage.xmlファイルのコードである。リスト7.6および4.9節を参考にしながら、作成する。

リスト7.6 ros_tutorials_service/package.xml

```
<?xml version="1.0"?>
<package>
  <name>ros_tutorials_service</name>
  <version>0.1.0</version>
  <description>ROS turtorial package to learn the service</description>
  <license>Apache License 2.0</license>
  <author email="pyo@robotis.com">Yoonseok Pyo</author>
  <maintainer email="pyo@robotis.com">Yoonseok Pyo</maintainer>
  <url type="bugtracker">https://github.com/ROBOTIS-GIT/ros_tutorials/issues</url>
  <url type="repository">https://github.com/ROBOTIS-GIT/ros_tutorials.git</url>
  <url type="website">http://www.robotis.com</url>
  <buildtool_depend>catkin</buildtool_depend>
  <build_depend>roscpp</build_depend>
  <build_depend>std_msgs</build_depend>
  <build_depend>message_generation</build_depend>
  <run_depend>roscpp</run_depend>
  <run_depend>std_msgs</run_depend>
  <run_depend>message_runtime</run_depend>
  <export></export>
</package>
```

7.3.3 ビルド設定ファイル（CMakeList.txt）の修正

7.2.3 項と同様に CMakeList.txt ファイルを編集する。前節ではパブリッシャ側のノード、サブスクライバ側のノード、msg ファイルを作成したが、本節ではサービスサーバのノード、サービスクライアントのノード、srv ファイルを作成する。

```
$ gedit CMakeLists.txt
```

リスト 7.7 は、筆者が修正した CMakeList.txt ファイルのコードである。リスト 7.7 および 4.9 節を参考にしながら、作成する。

リスト 7.7　ros_tutorials_service/CMakeLists.txt

```
cmake_minimum_required(VERSION 2.8.3)
project(ros_tutorials_service)

## catkinビルドを行う際に要求されるパッケージを記述する
## ここでは、message_generation, std_msgs, roscpp が依存パッケージに登録され、
## これらのパッケージが事前にインストールされていないと、本パッケージのビルドの途中でエラーが
## 発生する
find_package(catkin REQUIRED COMPONENTS message_generation std_msgs
roscpp)

## サービス宣言: SrvTutorial.srv
add_service_files(FILES SrvTutorial.srv)

## 依存するメッセージを設定するオプションである
## std_msgsが設置されていないと、ビルドの途中でエラーが生じる
generate_messages(DEPENDENCIES std_msgs)

## catkinパッケージオプションであるライブラリ、catkinビルドの依存性、
## システム依存パッケージについて記述する
catkin_package(
LIBRARIES ros_tutorials_service
CATKIN_DEPENDS std_msgs roscpp
)

## インクルードディレクトリを設定する
include_directories(${catkin_INCLUDE_DIRS})

## service_serverノードに対するビルドオプションである
## 実行ファイル、ターゲットリンクライブラリ、追加依存性などについて記述する
add_executable(service_server src/service_server.cpp)
add_dependencies(service_server ${${PROJECT_NAME}_EXPORTED_TARGETS}
    ${catkin_EXPORTED_TARGETS})
target_link_libraries(service_server ${catkin_LIBRARIES})

## service_client ノードに対するビルドオプションである
```

```
add_executable(service_client src/service_client.cpp)
add_dependencies(service_client ${${PROJECT_NAME}_EXPORTED_TARGETS}
    ${catkin_EXPORTED_TARGETS})
target_link_libraries(service_client ${catkin_LIBRARIES})
```

7.3.4 サービスファイルの作成

前項では、CMakeList.txt ファイルに以下のコードを追加した。

```
add_service_files(FILES SrvTutorial.srv)
```

これは、本パッケージのノードが使用する SrvTutorial.srv メッセージを含めてビルドするためのオプションである。ただし、まだ SrvTutorial.srv ファイルは作成されていないため、以下のコマンドを用いてメッセージファイルを生成する。

```
$ roscd ros_tutorials_service    ←パッケージフォルダに移動
$ mkdir srv                      ←パッケージフォルダのなかにsrvフォルダを生成
$ cd srv                         ←生成したsrvフォルダに移動
$ gedit SrvTutorial.srv          ←SrvTutorial.srvファイルをエディタで開く
```

次に、リスト 7.8 の内容を SrvTutorial.srv に記入する。SrvTutorial.srv は、int64 型の a、b サービス要請メッセージと、int64 型の result サービス応答メッセージから構成される。3つのハイフン「---」で要請と応答メッセージを区分している。

リスト 7.8　ros_tutorials_service/srv/SrvTutorial.srv

```
int64 a
int64 b
---
int64 result
```

7.3.5 サービスサーバを実装したノードの作成

7.3.3 項のビルド設定ファイルの修正では、CMakeList.txt ファイルに以下を追加した。

```
add_executable(service_server src/service_server.cpp)
```

これにより、src フォルダにある service_server.cpp ファイルをビルドし、service_server の名前の実行ファイルが作成される。そこで、以下のコマンド、リスト 7.9 に従って、サービスサーバを実装したノードを作成する。

```
$ roscd ros_tutorials_service/src    ←パッケージのソースフォルダsrcへ移動
$ gedit service_server.cpp           ←ソースファイルをエディタで開く
```

リスト 7.9 ros_tutorials_service/src/service_server.cpp

```
#include "ros/ros.h"                // ROS基本ヘッダーファイル
#include "ros_tutorials_service/SrvTutorial.h"
// SrvTutorial.srvファイルをビルドして自動生成されたヘッダーファイル

// サービス要請があった場合、以下の処理を行う
// サービス要請はreq引数に、サービス応答はres引数に与えられる
bool calculation(ros_tutorials_service::SrvTutorial::Request &req,
                 ros_tutorials_service::SrvTutorial::Response &res)
{
  // サービス要請を受けたとき、aとbの値を足し、サービス応答に用いるメッセージに与える
  res.result = req.a + req.b;

  // サービス要請に使用したa、bの値を出力し、サービス応答の際に送信するresultの値も出力する
  ROS_INFO("request: x=%ld, y=%ld", (long int)req.a, (long int)req.b);
  ROS_INFO("sending back response: %ld", (long int)res.result);

  return true;
}

int main(int argc, char **argv)                    // ノードのメイン関数
{
  ros::init(argc, argv, "service_server");        // ノード名の初期化
  ros::NodeHandle nh;          // ROSシステムとの通信を行うためのノードハンドルの宣言

  // サービスサーバ宣言。
  // ros_tutorials_serviceパッケージのSrvTutorial.srvファイルを用いて
  // サービスサーバros_tutorials_service_serverを宣言する
  // サービス名はros_tutorial_srvであり、サービス要請があったとき、
  // calculation関数を実行する
  ros::ServiceServer ros_tutorials_service_server =
          nh.advertiseService("ros_tutorial_srv", calculation);

  ROS_INFO("ready srv server!");

  ros::spin();     // サービス要請を待つ

  return 0;
}
```

7.3.6 サービスクライアントを実装したノードの作成

7.3.3 項のビルド設定ファイルの修正では、CMakeList.txt ファイルに以下を追加した。

```
add_executable(service_client src/service_client.cpp)
```

これにより、src フォルダにある service_client.cpp ファイルをビルドし、service_client の名前の実行ファイルが作成される。そこで、以下のコマンド、リスト 7.10 に従って、クライアントを実装したノードを作成する。

```
$ roscd ros_tutorials_service/src  ←パッケージのソースフォルダsrcへ移動
$ gedit service_client.cpp         ←ソースファイルをエディタで開く
```

リスト 7.10 ros_tutorials_service/src/service_client.cpp

```
#include "ros/ros.h"              // ROS基本ヘッダーファイル
#include "ros_tutorials_service/SrvTutorial.h"
        // SrvTutorial.srvファイルをビルドして自動生成されたヘッダーファイル
#include <cstdlib>                              // atoll関数を含んだライブラリ

int main(int argc, char **argv)                 // ノードのメイン関数
{
  ros::init(argc, argv, "service_client");  // ノード名の初期化

  if (argc != 3)  // 入力値エラーの処理
  {
    ROS_INFO(
        "cmd : rosrun ros_tutorials_service service_client arg0 arg1");
    ROS_INFO("arg0: double number, arg1: double number");
    return 1;
  }

  ros::NodeHandle nh;        // ROSシステムと通信のためのノードハンドル宣言

  // サービスクライアント宣言、ros_tutorials_serviceパッケージのSrvTutorial.srv
  // ファイルを用いてサービスクライアントを宣言する
  // サービス名は「ros_tutorial_srv」である
  ros::ServiceClient ros_tutorials_service_client =
      nh.serviceClient<ros_tutorials_service::SrvTutorial>(
          "ros_tutorial_srv");

  // SrvTutorial.srvのサービスメッセージ型のオブジェクトsrvを宣言する
  ros_tutorials_service::SrvTutorial srv;

  // サービス要請を行うノードが実行されるとき、キー入力によって得られた値を
  // サービス要請メッセージa、bに与える
  srv.request.a = atoll(argv[1]);
  srv.request.b = atoll(argv[2]);

  // サービス要請をし、要請が受け付けられた場合、返された応答の値をターミナル上に出力する
  if (ros_tutorials_service_client.call(srv))
  {
    ROS_INFO("send srv, srv.Request.a and b: %ld, %ld",
        (long int)srv.request.a, (long int)srv.request.b);
    ROS_INFO("receive srv, srv.Response.result: %ld",
        (long int)srv.response.result);
  }
  else
  {
    ROS_ERROR("Failed to call service ros_tutorial_srv");
    return 1;
  }
```

```
    return 0;
  }
```

7.3.7 ノードのビルド

次に、以下のコマンドを実行して、ros_tutorials_serviceパッケージのサービスファイル、サービスサーバやサービスクライアントのノードをビルドする。ただし、ros_tutorials_serviceパッケージのソースは~/catkin_ws/src/ros_tutorials_service/srcに、ros_tutorials_serviceパッケージのサービスファイルは~/catkin_ws/src/ros_tutorials_service/srvに置かれている。

```
$ cd ~/catkin_ws && catkin_make   ←catkinフォルダへ移動した後、catkinビルドを実行
```

catkinビルドを実行すると、ビルドファイルは~/catkin_wsの/build、/develフォルダに生成される。ここで、/buildにはcatkinビルドの設定に関するファイルが、/devel/lib/ros_tutorials_serviceには実行ファイルが、また/devel/include/ros_tutorials_serviceにはサービスファイルに基づいて自動で生成されたヘッダーファイルが作成される。

7.3.8 サービスサーバの実行

前項で作成したサービスサーバは、サービス要請メッセージを受信するまでは何の処理もしない。したがって、以下のように実行すると、サービスサーバはサービス要請を受け取るまで待機する。

```
$ rosrun ros_tutorials_service service_server
[INFO] [1495726541.268629564]: ready srv server!
```

7.3.9 サービスクライアントの実行

次に、サービスクライアント側のノードを実行する。

```
$ rosrun ros_tutorials_service service_client 2 3
[INFO] [1495726543.277216401]: send srv, srv.Request.a and b: 2, 3
[INFO] [1495726543.277258018]: receive srv, srv.Response.result: 5
```

サービスクライアントを、サービス要請メッセージの値とともに実行する。入力した値は、サービス要請メッセージとして送信され、サービスサーバで行われる計算に使用される。また、計算結果である5は、サービス応答メッセージとしてサービスクライアントに返送される。

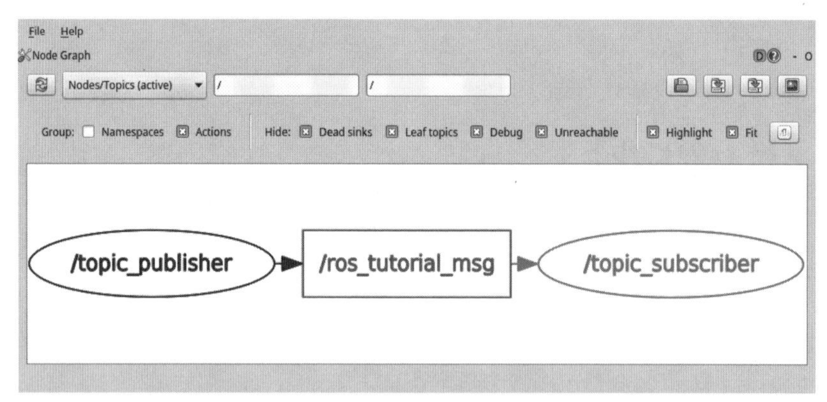

図 7.6　rqt_graph を用いたノード間の通信状態（サービスは表示されていない）

図 7.6 には rqt_graph を用いたトピック通信の接続状態を示しているが、サービスは 1 回だけの通信であるため、rqt_graph には表示されない。

7.3.10　rosservice call コマンドの使用方法

サービス要請は、前述したようにサービスクライアントのノードを実行することによって行われるが、`rosservice call` コマンドまたは rqt の Service Caller プラグインを利用することもできる。以下では、`rosservice call` の使用法について説明する。

`rosservice call` コマンドには、`/ros_tutorials_srv` などのサービス名と、サービス要請メッセージの値を並べて記述する。

```
$ rosservice call /ros_tutorial_srv 10 2
result: 12
```

まず 7.3.8 項で説明したサービスサーバのノードを実行し、その後上記のコマンドを入力すると、計算結果として足し算された値が出力される。この例では、`int64` 型であるサービス要請メッセージ `a`、`b` に `10`、`2` が与えられ、サービスサーバではそれらの値を足し、`int64` 型であるサービス応答メッセージ `result` で計算結果 `12` を返信している。

7.3.11　GUI ツール Service Caller の使用方法

次に、もう 1 つのサービス要請手法である rqt の Service Caller プラグインの使用法を説明する。以下のコマンドを入力し、rqt を実行する。

```
$ rqt
```

次に、rqt のメニューから「Plugins」→「Services」→「Service Caller」を選択する。

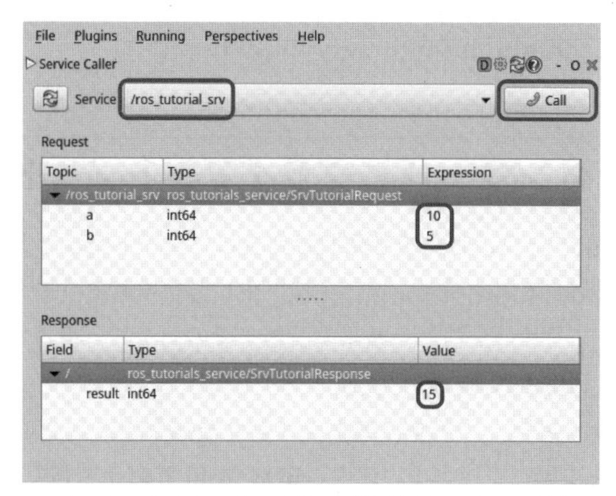

図 7.7　rqt の Service Caller プラグインのウィンドウ

図 7.7 に示している画面上で、「Service」選択ボックスでサービス名を選択すると、「Request」欄にサービス要請に必要な情報が表示される。ここでは、サービス要請を行うためには各「Expression」に数値情報を入力する必要がある。そこで「a」に「10」を、「b」に「5」を入力する。その後、画面の右上にある緑色の電話機アイコン「Call」をクリックすると、入力された値をサービス要請メッセージとして送信し、画面の下端にある「Response」にサービス応答メッセージが表示される。前述した `rosservice call` はターミナル上で実行できるが、Linux または ROS のコマンドに慣れていない場合には、rqt の Service Caller の方がわかりやすいであろう。

本節では、サービスのサーバとクライアントを実装したノードを作成し、ノード間のサービス通信の仕組みについて説明した。ここで利用したソースコードは以下のリンクからも入手できる。

https://github.com/ROBOTIS-GIT/ros_tutorials/tree/master/ros_tutorials_service

このソースコードを利用するには、これを含むチュートリアルのソースコードをホームフォルダ（~/）にダウンロードし、`catkin_make` を用いてビルドする。

```
$ cd ~/
$ git clone https://github.com/ROBOTIS-GIT/ros_tutorials.git
$ cp -r ~/ros_tutorials/ros_tutorials_service ~/catkin_ws/src
$ cd ~/catkin_ws
$ catkin_make
```

その後、`service_server` と `service_client` ノードを実行する。

```
$ rosrun ros_tutorials_service service_server
```

```
$ rosrun ros_tutorials_service service_client 2 3
```

7.4 アクションサーバとクライアントノードの作成

ROSのアクション通信[†9]は、目標を受信したときにフィードバックと結果を返すアクションサーバと、目標を送信するアクションクライアントに分けられる。アクション通信は、非同期、双方向通信を行い、目標の送信から結果の受信までの間が長い場合や、その間にフィードバックが必要な場合に利用される。

本節では簡単なアクションファイル、アクションサーバとアクションクライアントノードを作成、実行する方法について述べる。また、ROS Wikiで紹介されているactionlibの例題[†10]をもとに、アクションの使用法について説明する。

7.4.1 パッケージの生成

まず以下のように、ros_tutorials_actionパッケージを新たに作成する。作成されたパッケージは、パッケージ名に続くオプションによって、message_generation、std_msgs、actionlib_msgs、actionlib、roscppパッケージに依存する。

```
$ cd ~/catkin_ws/src
$ catkin_create_pkg ros_tutorials_action message_generation std_msgs
actionlib_msgs actionlib roscpp
```

7.4.2 パッケージ設定ファイル（package.xml）の修正

package.xmlをエディタで開き、現在のノードにあわせて修正する（リスト7.11）。

```
$ roscd ros_tutorials_action
$ gedit package.xml
```

リスト7.11 ros_tutorials_action/package.xml

```
<?xml version="1.0"?>
<package>
  <name>ros_tutorials_action</name>
  <version>0.1.0</version>
  <description>ROS turtorial package to learn the action</description>
  <license>BSD</license>
  <author>Melonee Wise</author>
  <maintainer email="pyo@robotis.com">Yoonseok Pyo</maintainer>
  <url type="bugtracker">https://github.com/ROBOTIS-GIT/ros_tutorials/issues</url>
```

†9 http://wiki.ros.org/actionlib

†10 http://wiki.ros.org/actionlib_tutorials/Tutorials

```
  <url type="repository">https://github.com/ROBOTIS-GIT/ros_tutorials.git</url>
  <url type="website">http://www.robotis.com</url>
  <buildtool_depend>catkin</buildtool_depend>
  <build_depend>roscpp</build_depend>
  <build_depend>actionlib</build_depend>
  <build_depend>message_generation</build_depend>
  <build_depend>std_msgs</build_depend>
  <build_depend>actionlib_msgs</build_depend>
  <run_depend>roscpp</run_depend>
  <run_depend>actionlib</run_depend>
  <run_depend>std_msgs</run_depend>
  <run_depend>actionlib_msgs</run_depend>
  <run_depend>message_runtime</run_depend>
  <export></export>
</package>
```

7.4.3 ビルド設定ファイル（CMakeList.txt）の修正

7.2.3 項と同様に CMakeList.txt ファイルを編集する（リスト 7.12）。ただし、前節までに述べたトピック通信、サービス通信とは違い、アクション通信ではビルド設定ファイルをより細かく修正する必要がある。本節で使用する例では Boost などの外部ライブラリを使用するため、それに対するオプションの追加が必要となる。

```
$ gedit CMakeLists.txt
```

リスト 7.12 ros_tutorials_action/CMakeLists.txt

```
cmake_minimum_required(VERSION 2.8.3)
project(ros_tutorials_action)

## catkinビルドを行う際に要求されるパッケージを記述する
## ここでは、message_generation, std_msgs, actionlib_msgs, actionlib, roscpp
## が依存パッケージに登録され、これらのパッケージが事前にインストールされていないと、
## 本パッケージのビルドの途中でエラーが発生する
find_package(catkin REQUIRED COMPONENTS
  message_generation
  std_msgs
  actionlib_msgs
  actionlib
  roscpp
)

## Boostライブラリのsystemを依存パッケージに追加する
find_package(Boost REQUIRED COMPONENTS system)

## 依存するメッセージを設定するオプションである
## actionlib_msgsやstd_msgsがインストールされていないと、ビルドの途中でエラーが生じる
add_action_files(FILES Fibonacci.action)
generate_messages(DEPENDENCIES actionlib_msgs std_msgs)
```

```
## catkinパッケージオプションであるライブラリ、catkinビルドの依存性、
## システム依存パッケージについて記述する
catkin_package(
  LIBRARIES ros_tutorials_action
  CATKIN_DEPENDS std_msgs actionlib_msgs actionlib roscpp
  DEPENDS Boost
)

## インクルードディレクトリを設定する
include_directories(${catkin_INCLUDE_DIRS} ${Boost_INCLUDE_DIRS})

## action_serverノードに対するビルドオプションである
## 実行ファイル、ターゲットリンクライブラリ、追加依存性などについて記述する
add_executable(action_server src/action_server.cpp)
add_dependencies(action_server ${${PROJECT_NAME}_EXPORTED_TARGETS}
    ${catkin_EXPORTED_TARGETS})
target_link_libraries(action_server ${catkin_LIBRARIES})

## action_clientノードに対するビルドオプションである
add_executable(action_client src/action_client.cpp)
add_dependencies(action_client ${${PROJECT_NAME}_EXPORTED_TARGETS}
    ${catkin_EXPORTED_TARGETS})
target_link_libraries(action_client ${catkin_LIBRARIES})
```

7.4.4 アクションファイルの作成

前項では、CMakeList.txtファイルに下記を追加した。

```
add_action_files(FILES Fibonacci.action)
```

これは、本パッケージのノードが使用するFibonacci.actionメッセージを含めてビルドするためのオプションである。ただし、まだFibonacci.actionファイルは作成されていないため、以下のコマンドを用いてメッセージファイルを生成する。

```
$ roscd ros_tutorials_action ←パッケージフォルダに移動
$ mkdir action               ←パッケージフォルダのなかにactionフォルダを生成
$ cd action                  ←生成したactionフォルダに移動
$ gedit Fibonacci.action     ←Fibonacci.actionファイルをエディタで開く
```

アクションファイルに記載してあるメッセージは、3つのハイフン（---）によってアクション目標メッセージ、アクション結果メッセージ、アクションフィードバックメッセージに分けられる（リスト7.13）。ここで、目標メッセージ、結果メッセージは、サービス通信における要請メッセージ、応答メッセージにそれぞれ対応するが、フィードバックメッセージは処理の途中で中間結果の送信に用いられるメッセージであり、サービス通信にはこの機能がない。

リスト 7.13 Fibonacci.action

```
#goal definition
int32 order
---
#result definition
int32[] sequence
---
#feedback
int32[] sequence
```

アクション通信に使用する 5 つの基本的なメッセージ **COLUMN**

アクション通信は、アクションファイルに記載される目標（Goal）、結果（Result）、フィードバック（Feedback）のほかにも、取り消し（Cancel）、状態（Status）を表す 2 つのメッセージが利用できる。取り消しメッセージは、実行中のアクションのクライアント、または別のノードで実行されているアクションを中止するときに用いられ、actionlib_msgs/GoalID メッセージを利用する。また、状態メッセージは、PENDING、ACTIVE、PREEMPTED、SUCCEEDED †11 などの状態遷移 †12 からアクションの現状を確認できる。

7.4.5 アクションサーバを実装したノードの作成

7.4.3 項のビルド設定ファイルの修正では、CMakeList.txt ファイルに以下を追加した。

```
add_executable(action_server src/action_server.cpp)
```

これにより、src フォルダにある action_server.cpp ファイルをビルドし、action_server の名前の実行ファイルが作成される。そこで、以下のコマンド、リスト 7.14 に従って、アクションサーバを実装したノードを作成する。

```
$ roscd ros_tutorials_action/src   ←パッケージのソースフォルダsrcへ移動
$ gedit action_server.cpp          ←ソースファイルをエディタで開く
```

リスト 7.14 ros_tutorials_action/src/action_server.cpp

```
#include <ros/ros.h>                  // ROS基本ヘッダーファイル
#include <actionlib/server/simple_action_server.h>
        // actionライブラリのヘッダーファイル
#include <ros_tutorials_action/FibonacciAction.h>
        // FibonacciAction.actionファイルをビルドして自動生成されたヘッダーファイル
class FibonacciAction
{
  protected:
```

†11 http://docs.ros.org/kinetic/api/actionlib_msgs/html/msg/GoalStatus.html
†12 http://wiki.ros.org/actionlib/DetailedDescription

```
// ノードハンドルの宣言
ros::NodeHandle nh_;

// アクションサーバの宣言
actionlib::SimpleActionServer<ros_tutorials_action::FibonacciAction> as_;

// アクション名の変数を宣言
std::string action_name_;

// パブリッシュのためのアクションフィードバックおよびアクション結果のオブジェクトの宣言
ros_tutorials_action::FibonacciFeedback feedback_;
ros_tutorials_action::FibonacciResult result_;

public:

// アクションサーバの初期化 (ノードハンドル、アクション名、アクションコールバック関数)
FibonacciAction(std::string name) :
  as_(nh_, name, boost::bind(&FibonacciAction::executeCB, this, _1),
      false),
  action_name_(name)
  {
    as_.start();
  }

~FibonacciAction(void)
{
}

// アクション目標 (Goal) メッセージを受信し、指定したアクション (ここではフィボナッチ数列の
// 演算) を実行する関数
void executeCB(const ros_tutorials_action::FibonacciGoalConstPtr &goal)
{
  ros::Rate r(1);          // ループ周期: 1Hz
  bool success = true;     // アクションの成功、失敗を表す変数

  // フィボナッチ数列の初期化の設定、フィードバックの1番目(0)、2番目(1)のメッセージを追加
  feedback_.sequence.clear();
  feedback_.sequence.push_back(0);
  feedback_.sequence.push_back(1);

  // アクション名、目標、フィボナッチ数列の初めの数2つを出力
  ROS_INFO("%s: Executing,
      creating fibonacci sequence of order %i with seeds %i, %i",
      action_name_.c_str(), goal->order, feedback_.sequence[0],
      feedback_.sequence[1]);

  // アクションの内容
  for(int i=1; i<=goal->order; i++)
  {
    // アクションクライアントからアクションの取り消しを確認
    if (as_.isPreemptRequested() || !ros::ok())
    {
```

```
        ROS_INFO("%s: Preempted", action_name_.c_str());
                                  // アクションの取り消しを知らせる
        as_.setPreempted(); // アクションの取り消し
        success = false;    // アクションを失敗にみなし、変数にそれを記録
        break;
      }

      // アクションを取り消すか、アクションの目標に到達する前に、
      // フィードバックに現在の数と以前の数を足した値を記録する
      feedback_.sequence.push_back(
              feedback_.sequence[i] + feedback_.sequence[i-1]);
      as_.publishFeedback(feedback_); // フィードバックをパブリッシュする
      r.sleep();              // 上記で決めたループ周期によってスリープ状態に入る
    }

    // アクションの目標値を達成した場合、現在のフィボナッチ数列の値を転送する
    if(success)
    {
      result_.sequence = feedback_.sequence;
      ROS_INFO("%s: Succeeded", action_name_.c_str());
      as_.setSucceeded(result_);
    }
  }

};

int main(int argc, char** argv)          // ノードのメイン関数
{
  ros::init(argc, argv, "action_server");        // ノード名の初期化
  FibonacciAction fibonacci("ros_tutorial_action");
          // Fibonacci宣言 (アクション名:ros_tutorial_action)
  ros::spin();                    // アクション目標の受信まで待つ
  return 0;
}
```

7.4.6 アクションクライアントを実装したノードの作成

7.4.3 項のビルド設定ファイルの修正では、CMakeList.txt ファイルに以下を追加した。

```
add_executable(action_server src/action_client.cpp)
```

これにより、src フォルダにある action_client.cpp ファイルをビルドし、action_client の名前の実行ファイルが作成される。そこで、以下のコマンド、リスト 7.15 に従って、クライアントを実装したノードを作成する。

```
$ roscd ros_tutorials_action/src    ←パッケージのソースフォルダsrcへ移動
$ gedit action_client.cpp           ←ソースファイルをエディタで開く
```

リスト 7.15 ros_tutorials_action/src/action_client.cpp

```
#include <ros/ros.h>     // ROS基本ヘッダーファイル
#include <actionlib/client/simple_action_client.h>
            // actionライブラリヘッダーファイル
#include <actionlib/client/terminal_state.h>
            // アクション目標状態のヘッダーファイル
#include <ros_tutorials_action/FibonacciAction.h>
            // FibonacciAction.actionファイルをビルドし自動生成されたヘッダーファイル

int main (int argc, char **argv)          // ノードのメイン関数
{
  ros::init(argc, argv, "action_client"); // ノード名の初期化

  // アクションクライアントの宣言 (アクション名：ros_tutorial_action)
  actionlib::SimpleActionClient<ros_tutorials_action::FibonacciAction> ac(
        "ros_tutorial_action", true);

  ROS_INFO("Waiting for action server to start.");
  ac.waitForServer(); //アクションサーバが実行されるまで待機

  ROS_INFO("Action server started, sending goal.");
  ros_tutorials_action::FibonacciGoal goal; // アクション目標のオブジェクトの宣言
  goal.order = 20;       // アクション目標の指定 (フィボナッチ数列のを20まで演算)
  ac.sendGoal(goal);     // アクション目標の転送

  // アクション目標の達成に対するタイムリミットを設定 (ここでは30秒)
  bool finished_before_timeout = ac.waitForResult(ros::Duration(30.0));

  // アクション目標の達成に対するタイムリミット内にアクション結果メッセージが受信された場合
  if (finished_before_timeout)
  {
    // アクション目標の状態について受信し、画面上に出力
    actionlib::SimpleClientGoalState state = ac.getState();
    ROS_INFO("Action finished: %s",state.toString().c_str());
  }
  else
    ROS_INFO("Action did not finish before the time out.");
                                      // タイムリミットを超えた場合

  //exit
  return 0;
}
```

7.4.7 ノードのビルド

次に、以下のコマンドを実行して、ros_tutorials_actionパッケージのアクションファイル、アクションサーバやアクションクライアントのノードをビルドする。ただし、ros_tutorials_actionパッケージのソースは~/catkin_ws/src/ros_tutorials_action/srcに、ros_tutorials_actionパッケージのアクションファイルは~/catkin_ws/src/

ros_tutorials_action/src/action に置かれている。

```
$ cd ~/catkin_ws && catkin_make  ←catkinフォルダへ移動した後、catkinビルドを実行
```

7.4.8 アクションサーバの実行

前項で作成したアクションサーバは、アクション目標メッセージを受信するまでは何の処理もしない。したがって、以下のように実行すると、アクションサーバはアクション目標を受け取るまで待機する。

```
$ rosrun ros_tutorials_action action_server
```

4.3 節で述べたように、アクション目標はサービス要請に、アクション結果はサービス応答に対応する。また、アクションでは、フィードバックメッセージによって、例えばロボット動作中の中間結果を得ることができる。アクションのメッセージ通信はサービスのメッセージ通信と似ているが、実際はトピックにおけるメッセージ通信に近い。したがって、アクションのメッセージ通信は rostopic で確認できる。

```
$ rostopic list
/ros_tutorial_action/cancel
/ros_tutorial_action/feedback
/ros_tutorial_action/goal
/ros_tutorial_action/result
/ros_tutorial_action/status
/rosout
/rosout_agg
```

各メッセージの詳細を知りたい場合には、rostopic list に -v オプションを付ける。これによりパブリッシュおよびサブスクライブが行われているトピックが以下のように表示される。

```
$ rostopic list -v
Published topics:
 * /ros_tutorial_action/feedback [ros_tutorials_action/FibonacciActionFeed
back] 1 publisher
 * /ros_tutorial_action/status [actionlib_msgs/GoalStatusArray] 1 publishe
r
 * /rosout [rosgraph_msgs/Log] 1 publisher
 * /ros_tutorial_action/result [ros_tutorials_action/FibonacciActionResult
] 1 publisher
 * /rosout_agg [rosgraph_msgs/Log] 1 publisher

Subscribed topics:
 * /ros_tutorial_action/goal [ros_tutorials_action/FibonacciActionGoal] 1
subscriber
```

```
  * /rosout [rosgraph_msgs/Log] 1 subscriber
  * /ros_tutorial_action/cancel [actionlib_msgs/GoalID] 1 subscriber
```

また、アクション通信でノードの関係を取得するにはrqt_graphを用いる。

```
$ rqt_graph
```

図7.8では、双方向で送受信されるアクションメッセージ、アクションサーバ、アクションクライアントが示されている。ここで、アクションメッセージはros_tutorial_action/action_topicsによって示されているが、メニューからActionsを解除すると、5つのメッセージが表示される（図7.9）。これにより、アクションは5つのトピックと、これらのトピックをパブリッシュ、サブスクライブするノードによって構成されていることがわかる。

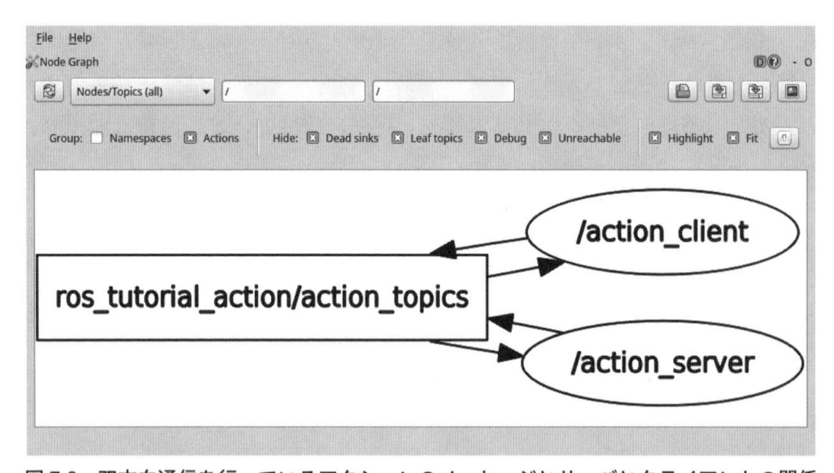

図7.8 双方向通信を行っているアクションのメッセージとサーバとクライアントの関係

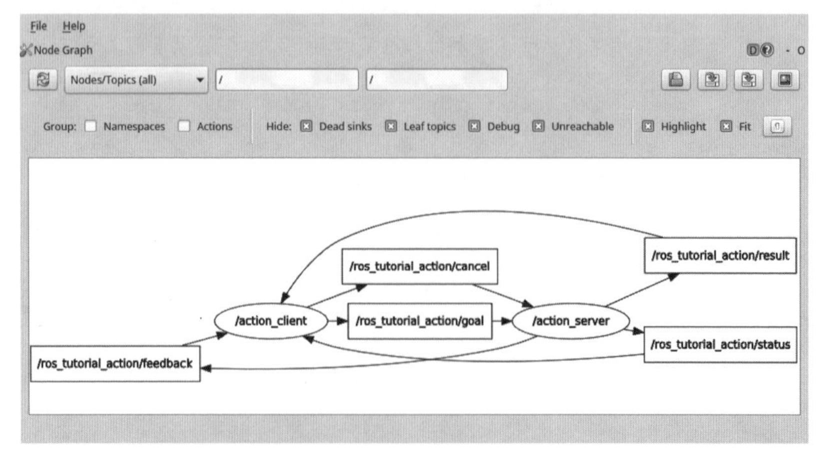

図7.9 アクションで使用する5つのメッセージ

7.4.9 アクションクライアントの実行

次に、アクションクライアント側のノードを実行する。7.4.7項で作成したアクションクライアントは、実行と同時にある値（20）をアクション目標メッセージにより送信する。

```
$ rosrun ros_tutorials_action action_client
```

アクションサーバでは、送られた値を用いてフィボナッチ数列を計算する。計算途中の中間結果は、rostopic echo /ros_tutorials_action/feedbackにより確認できる。

```
$ rosrun ros_tutorials_action action_server
 [INFO] [1495764516.294367721]: ros_tutorial_action: Executing, creating
fibonacci sequence of order 20 with seeds 0, 1
 [INFO] [1495764536.294488991]: ros_tutorial_action: Succeeded

$ rosrun ros_tutorials_action action_client
 [INFO] [1495764515.999158825]: Waiting for action server to start.
 [INFO] [1495764516.293575887]: Action server started, sending goal.
 [INFO] [1495764536.295139830]: Action finished: SUCCEEDED

$ rostopic echo /ros_tutorial_action/feedback
header:
   seq: 42
   stamp:
     secs: 1495764700
     nsecs: 413836908
   frame_id: ''
 status:
   goal_id:
     stamp:
       secs: 1495764698
       nsecs: 413136891
     id: /action_client-1-1495764698.413136891
   status: 1
   text: This goal has been accepted by the simple action server
 feedback:
   sequence: [0, 1, 1, 2, 3]
 ---
```

本節では、アクションのサーバとクライアントを実装したノードを作成し、ノード間のアクション通信の仕組みについて説明した。ここで利用したソースコードは以下のリンクからも入手できる。

https://github.com/ROBOTIS-GIT/ros_tutorials/tree/master/ros_tutorials_action

このソースコードを利用するには、ソースコードをホームフォルダ（~/）にダウンロードし、

catkin_make を用いてビルドする。

```
$ cd ~/
$ git clone https://github.com/ROBOTIS-GIT/ros_tutorials.git
$ cp -r ~/ros_tutorials/ros_tutorials_action ~/catkin_ws/src
$ cd ~/catkin_ws
$ catkin_make
```

その後、action_server と action_client ノードを実行する。

```
$ rosrun ros_tutorials_action action_server
```

```
$ rosrun ros_tutorials_action action_client
```

7.5 パラメータの使用法

第4章および第5章では、パラメータに関する用語や概念について説明した。本節では実習を通してパラメータの使い方を学んでいく。パラメータの説明は4.1節を、rosparam コマンドについては5.4節をそれぞれ参照してほしい。

7.5.1 パラメータを利用したノードの作成

7.3節で作成したサービスサーバのノードでは、サービス要請メッセージで受信した a、b を足し算し、その答えを返した。ここでは、そのソースコード service_server.cpp を修正し、パラメータを使用して四則演算を実行できるように変更する。次に示すコマンド、リスト7.16 のように service_server.cpp ソースコードを修正する。

```
$ roscd ros_tutorials_service/src  ←パッケージのソースフォルダsrcへ移動
$ gedit service_server.cpp         ←ソースファイルをエディタで開く
```

リスト 7.16　ros_tutorials_service/src/service_server.cpp

```
#include "ros/ros.h"                // ROS基本ヘッダーファイル
#include "ros_tutorials_service/SrvTutorial.h"
        // SrvTutorial.srvファイルをビルドして自動生成されたヘッダーファイル

#define PLUS             1 // 足し算
#define MINUS            2 // 引き算
#define MULTIPLICATION   3 // 掛け算
#define DIVISION         4 // 割り算

int g_operator = PLUS;
```

```
// サービス要請があった場合、この関数が実行される
// サービス要請の引数にreq、サービス応答の引数にresをそれぞれ与える
bool calculation(ros_tutorials_service::SrvTutorial::Request &req,
    ros_tutorials_service::SrvTutorial::Response &res)
{
 // サービス要請を受けた際、得られたa、bの値をパラメータの値に従い演算する
 // 演算の後、サービス応答のメッセージに値を与える
 switch(g_operator)
 {
  case PLUS:
    res.result = req.a + req.b; break;
  case MINUS:
    res.result = req.a - req.b; break;
  case MULTIPLICATION:
    res.result = req.a * req.b; break;
  case DIVISION:
    if(req.b == 0)
    {
      res.result = 0; break;
    }
    else
    {
      res.result = req.a / req.b; break;
    }
    default:
      res.result = req.a + req.b; break;
    }
   // サービス要請に用いたa、bの値と、またサービス応答に与えたresult値を出力する
   ROS_INFO("request: x=%ld, y=%ld", (long int)req.a, (long int)req.b);
   ROS_INFO("sending back response: [%ld]", (long int)res.result);
   return true;
}
int main(int argc, char **argv) // ノードのメイン関数
{
 ros::init(argc, argv, "service_server"); // ノード名の初期化
 ros::NodeHandle nh;                      // ノードハンドルの宣言
 nh.setParam("calculation_method", PLUS); // パラメータの初期設定
 // サービスサーバの宣言、ros_tutorials_serviceパッケージのSrvTutorial.srvファイルを
 // 用いたサービスサーバservice_serverを作成する。サービス名はros_tutorial_srv
 // であり、サービス要請があった場合、calculation関数を呼び出す
 ros::ServiceServer ros_tutorial_service_server =
     nh.advertiseService("ros_tutorial_srv", calculation);
 ROS_INFO("ready srv server!");
 ros::Rate r(10); // 10hz
 while (1)
 {
  // 演算子をパラメータに従って変更する
  nh.getParam("calculation_method", g_operator);
  ros::spinOnce(); // コールバック関数の処理ルーティン
  r.sleep();       // ループ反復においてのsleep処理
 }
 return 0;
}
```

上述したソースコードのうち、パラメータに関係するsetParam、getParamについてより詳しく説明する。

7.5.2 パラメータの設定

前項で紹介した例では、setParam関数を使用し、calculation_methodパラメータをPLUSに設定している。ここでは、PLUSの値を1と定義しているため、calculation_methodパラメータの値も1になり、サービス要請メッセージによって受信した2つの数値は足し算される。

```
nh.setParam("calculation_method", PLUS);
```

パラメータの値は、Integer、Float、Boolean、String、Dictionary、Listなどが設定できる。例えば、1はIntegerで、1.0はFloat、"InternetOfThings"はString、trueはBoolean、[1,2,3]はInteger List、a:b、c:dはDictionaryでそれぞれ表現できる。

7.5.3 パラメータの読み取り

7.5.1項で紹介した例では、getParam関数を使用し、0.1秒ごとにcalculation_methodパラメータの値を読み出してg_operatorにセットする。その後、g_operatorの値をもとに、サービス要請メッセージから取得した2つの数値の四則演算を行う。

```
nh.getParam("calculation_method", g_operator);
```

7.5.4 ノードのビルドおよび実行

まず、以下のコマンドを入力し、ros_tutorials_serviceパッケージのサービスサーバのノードをcatkinビルドする。

```
$ cd ~/catkin_ws && catkin_make
```

ビルドが終了したら、以下のようにros_tutorials_serviceパッケージのservice_serverノードを実行する。

```
$ rosrun ros_tutorials_service service_server
[INFO] [1495767130.149512649]: ready srv server!
```

7.5.5 パラメータのリストの確認

rosparam list コマンドを使用し、現在の ROS ネットワーク上に登録されているパラメータのリストを確認する。出力されたリストには、/calculation_method が含まれている。

```
$ rosparam list
/calculation_method
/rosdistro
/rosversion
/run_id
```

7.5.6 パラメータの使用例

次に示すコマンドを使用し、パラメータの設定によりサービス要請に対する応答が変化することを確かめる。

```
$ rosservice call /ros_tutorial_srv 10 5          ←四則演算の変数a、bを入力
result: 15                                        ←足し算（デフォルト）の結果
$ rosparam set /calculation_method 2              ←引き算
$ rosservice call /ros_tutorial_srv 10 5
result: 5
$ rosparam set /calculation_method 3              ←掛け算
$ rosservice call /ros_tutorial_srv 10 5
result: 50
$ rosparam set /calculation_method 4              ←割り算
$ rosservice call /ros_tutorial_srv 10 5
result: 2
```

上述のように、rosparam set コマンドで calculation_method パラメータの値を変えることができる。これにより、同じコマンド rosservice call /ros_tutorial_srv 10 5 を入力しても、calculation パラメータの値によって異なる結果が得られた。このように、ROS ではパラメータの設定によって、ノードの外部からノードの処理を変更できる。

本節では、サービスサーバのソースコードにパラメータの設定および読み取りを追加し、パラメータによってノードの処理が変えられることを学んだ。ここで使用したソースコードは、もともとのソースコードと区別するため、パッケージ名を ros_tutorials_parameter に変更し、下記のリンクにアップロードされている。

https://github.com/ROBOTIS-GIT/ros_tutorials/tree/master/ros_tutorials_parameter

このソースコードを利用するには、ソースコードをホームフォルダ（~/）にダウンロードし、catkin_make を用いてビルドする。

```
$ cd ~/
$ git clone https://github.com/ROBOTIS-GIT/ros_tutorials.git
$ cp -r ~/ros_tutorials/ros_tutorials_parameter ~/catkin_ws/src
$ cd ~/catkin_ws
$ catkin_make
```

その後、service_server_with_parameterとservice_client_with_parameterノードを実行する。

```
$ rosrun ros_tutorials_parameter service_server_with_parameter
```

```
$ rosrun ros_tutorials_parameter service_client_with_parameter 2 3
```

7.6　roslaunchの使用法

rosrunコマンドは1つのノードを実行するのに対し、roslaunchコマンドは事前に指定しておいた複数のノードを一度に実行することができる。このほか、パラメータとノードのネーム変更、ノードのネームスペースの設定、ROS_ROOTやROS_PACKAGE_PATHの設定、環境変数の変更など、さまざまな実行オプションが設定できる。

roslaunchは*.launchファイルを用いて実行ノードの設定を行う。roslaunchファイルはXMLにより記述され、タグ別にオプションを設定する。実行コマンドはroslaunch　[パッケージ名]　[roslaunch名]である。

7.6.1　roslaunchの利用

roslaunchの使用法について学ぶため、以前に作成したtopic_publisherやtopic_subscriberノードのノード名を変更し、実行してみる。また、パブリッシャとサブスクライバを実装したノードを2つずつ実行し、それぞれ通信する。

```
$ roscd ros_tutorials_topic
$ mkdir launch
$ cd launch
$ gedit union.launch
```

また、union.launchファイルをリスト7.17のように作成する。

リスト 7.17 union.launch

```
<launch>
  <node pkg="ros_tutorials_topic" type="topic_publisher" name="topic_publisher1"/>
  <node pkg="ros_tutorials_topic" type="topic_subscriber" name="topic_subscriber1"/>
  <node pkg="ros_tutorials_topic" type="topic_publisher" name="topic_publisher2"/>
  <node pkg="ros_tutorials_topic" type="topic_subscriber" name="topic_subscriber2"/>
</launch>
```

<launch>タグの間には、roslaunchコマンドでノードを実行するときに必要なタグが記述される。<node>タグには、roslaunchコマンドで実行するノードについて記述する。またその実行オプションには、pkg、type、nameなどがある。

- pkg　パッケージ名
- type　実行するノードのノード名
- name　実際にROS上に登録されるノードの名称。一般的にはtypeと同じネームに設定するが、必要に応じて変更できる。例えば、同じノードをネームを変えて複数実行するときに利用される。

roslaunchファイルを作成した後、以下のコマンドによりunion.launchを実行する。roslaunchコマンドによって複数のノードを実行すると、実行したノードの出力（Info、Errorなど）はターミナル上に出力されないため、デバッグには不便である。そこで、--screenオプションを追加すると、実行したすべてのノードの出力がターミナル上に表示される。

```
$ roslaunch ros_tutorials_topic union.launch --screen
```

この実行結果を以下に示す。

```
$ rosnode list
/rosout
/topic_publisher1
/topic_publisher2
/topic_subscriber1
/topic_subscriber2
```

この結果から、topic_publisherノードのノード名がtopic_publisher1とtopic_publisher2に、topic_subscriberノードのノード名がtopic_subscriber1とtopic_subscriber2に変更され、実行されていることがわかる。

しかし、rqt_graphで接続を確認してみると、図7.10に示すようにパブリッシャとサブスクライバは一対一で通信を行っているのではなく、意図しない相手とも通信していることがわかる。これは、ネットワーク内で使用しているトピックのトピック名が同じであるためである。そこで、roslaunch でネームスペースを使用し、トピック名を変更してみる。

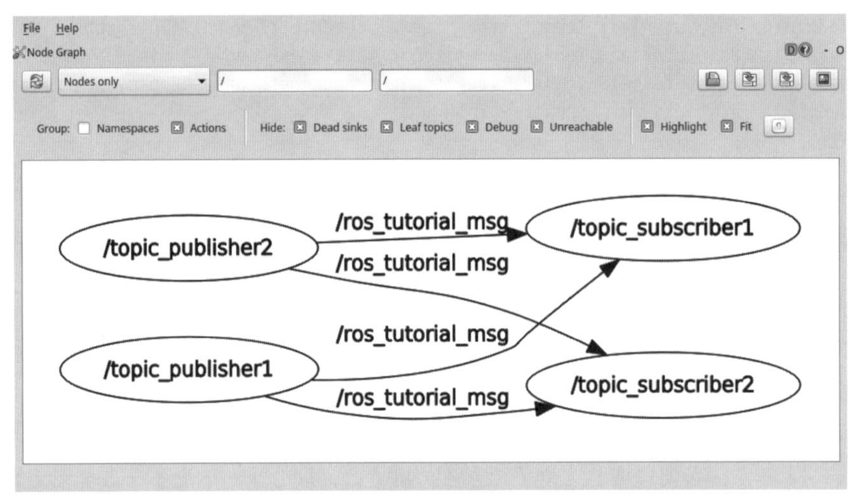

図 7.10 roslaunch を使用し、複数のノードを実行した結果

このために、union.launch ファイルを以下のコマンド、リスト 7.18 のように修正する。

```
$ roscd ros_tutorials_topic/launch
$ gedit union.launch
```

リスト 7.18 ros_tutorials_topic/launch/union.launch

```
<launch>
  <group ns="ns1">
    <node pkg="ros_tutorials_topic" type="topic_publisher" name="topic_publisher"/>
    <node pkg="ros_tutorials_topic" type="topic_subscriber" name="topic_subscriber"/>
  </group>
  <group ns="ns2">
    <node pkg="ros_tutorials_topic" type="topic_publisher" name="topic_publisher"/>
    <node pkg="ros_tutorials_topic" type="topic_subscriber" name="topic_subscriber"/>
  </group>
</launch>
```

<group> は、指定したノードをグループ化するタグであり、オプションとして ns が設定できる。ns はネームスペース（Namespace）の略であり、ここに属しているノード、メッセージのネームは、ns が設定したネームの下位に置かれるようになる。

上記の union.launch ファイルを用いてノードを実行し、rqt_graph からノードとメッセージの状態を確認する。図 7.11 の結果から、各ノードやメッセージはそれぞれネームスペースによって一対一で結ばれ、ROS 上に登録されていることがわかる。

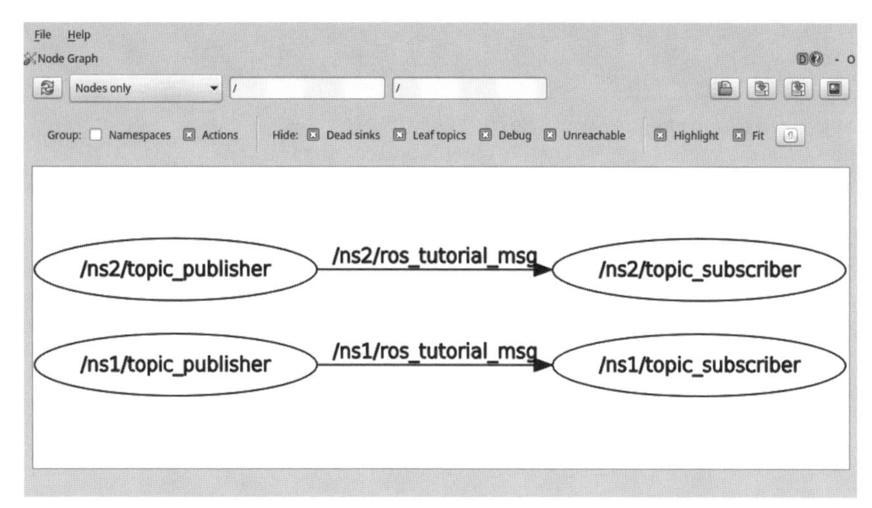

図 7.11　ネームスペースを利用したときのメッセージ通信

7.6.2　launch ファイルのタグ

launch ファイルの XML †13 ファイル上でのタグの組み合わせによって、さまざまな機能を実現できる。launch ファイルで使用できるタグを以下に示す。

- <launch>　roslaunch によって実行される部分を表す。
- <node>　ノードの起動や実行オプションを記述するタグである。パッケージ名、ノード名、実行名などを変更できる。
- <machine>　ノードを実行する PC のネーム。address、ros-root、ros-package-path などが設定できる。
- <include>　別の launch ファイルを呼び出し、実行する。
- <remap>　ノード名、トピック名など、ノードで使用している変数名を変更する。
- <env>　PATH、IP などの環境変数を設定する。
- <param>　パラメータ名、タイプ、値などを設定する。
- <rosparam>　rosparam コマンドのように、load、dump、delete など、パラメータ情報を確認または修正する。
- <group>　実行するノードをグループ化するときに使用する。
- <test>　ノードのテストに使用する。<node> と似ているが、テストに用いるオプションが含まれている。
- <arg>　launch ファイル内での変数の定義に使用する。

以下の例のように <arg> と <param> を用いると、roslaunch コマンドから launch ファ

†13　http://wiki.ros.org/roslaunch/XML

イル内のパラメータの値を変更できる。

```
<launch>
  <arg name="update_period" default="10" />
  <param name="timing" value="$(arg update_period)"/>
</launch>
```

```
$ roslaunch my_package my_package.launch update_period:=30
```

第8章

ロボット、センサ、モータ

ROSが公式に提供しているパッケージは、2,000種類以上ある。なかでも、ロボットハードウェアに関連したパッケージである、ロボット本体の制御に関するロボットパッケージ、センサに関するセンサパッケージ、駆動部に関するモータパッケージは、ROS Wikiで特に区分して管理されている。本章では、代表的なロボットパッケージ、センサパッケージ、モータパッケージについて説明した後、その他の公開パッケージの検索方法や使用方法について説明する。

8.1 ロボットパッケージ

ロボットはハードウェアとソフトウェアから構成される。ハードウェアはロボット本体の構造材、モータ、ギア、制御回路、センサなどであり、ソフトウェアは電源管理やモータ制御などの組込みソフトウェアから、センサから取得したデータを用いた認知や判断、動作生成、地図作成、ナビゲーションなどの知的な情報処理までさまざまなレベルがある。

ROSはハードウェアとアプリケーションプログラムをつなぐミドルウェアと呼ばれるソフトウェアであり、ロボット本体の制御に関連するロボットパッケージ†1、センサに関連するセンサパッケージ†2、駆動部に関連するモータパッケージ†3などに分類される。これらのパッケージは、Willow GarageやROBOTIS、Yujin Robot、Fetch Roboticsなどのロボット関連企業から提供されるものや、Open Robotics（旧オープンソースロボティクス財団、OSRF）、あるいはロボットに関連した大学の研究室や個人の開発者から提供される場合もある。

ROSを用いた代表的なロボットとして、図8.1に示すPR2とTurtleBotがある。PR2は、初期のROSの開発を担当したWillow Garage社が開発したヒューマノイドロボットである。

---

†1　http://robots.ros.org/、http://wiki.ros.org/Robots
†2　http://wiki.ros.org/Sensors
†3　http://wiki.ros.org/Motor%20Controller%20Drivers

現在でも、PR2のROSパッケージは他のロボットのROSパッケージの開発に大きな影響を与えている。しかしPR2は高性能で汎用性は高いが、価格が高く、研究機関以外では導入されなかった。TurtleBotは、より広い一般ユーザ層の利用を想定して開発された低価格な移動ロボットである。開発当初はiRobot社の掃除ロボットであるRoomba Createモデルを採用し、後継のTurtleBot2では、韓国のサービスロボット専門企業であるYujin Robot社のiCleboがベースのKOBUKIを採用した。現在では、モジュールアクチュエータであるDynamixelを移動台車部に採用し、ROBOTIS社、Open Roboticsが共同で開発したTurtleBot3が提供されている。第10章では、TurtleBot3をリファレンスロボットプラットフォームとしたTurtleBot関連のロボットパッケージの使用法について説明している。

図8.1 PR2（左）、TurtleBot2（左から2番目）、TurtleBot3（右の3台・BurgerとWaffle、Waffle Pi）

これらのロボット以外でも、図8.2に示すように、ROSでは約180種類のロボットに対するパッケージが公開されている。ただしこれらはROSパッケージを一般公開したロボットであり、ロボット関連企業、研究所、大学、個人の開発者などが非公開で開発を行っているロボットも多数ある。

図8.2のロボットは、以下のようなさまざまな分野で利用されている。

- マニピュレータ（Manipulator）
- 移動ロボット（Mobile Robot）
- 自律走行車（Autonomous Car）
- ヒューマノイド（Humanoid）
- 無人航空機（UAV：Unmanned Aerial Vehicle）
- 無人潜水艦（UUV：Unmanned Undersea Vehicle）
- 無人表面走行車（USV：Unmanned Surface Vehicle）

使用したいロボットが公式ROSパッケージに登録されていれば、ソースコードのダウンロードとインストールは簡単であり、すぐにロボットを利用できる。ロボットのROSパッケージはhttp://robots.ros.org/に公開されており、以下のコマンドでもROSパッケージの一覧を確認できる。

図 8.2 ROS を導入したロボット† 4

```
$ apt-cache search ros-kinetic
```

あるいは、Linux の GUI ベースのパッケージマネージャプログラムである Synaptic を利用し、ros-kinetic の単語を検索する方法もある。

以下は PR2 関連パッケージをインストールするコマンドである。

```
$ sudo apt-get install ros-kinetic-pr2-desktop
```

また、以下は TurtleBot3 パッケージをインストールするコマンドである† 5。

```
$ sudo apt-get install ros-kinetic-turtlebot3 ros-kinetic-turtlebot3-msgs
ros-kinetic-turtlebot3-simulations
```

もし、使用したいロボットパッケージが公式にリリースされていなくても、ロボットパッケージの Wiki ページにインストール方法などが詳しく紹介されていることもある。例えば、移動ロボットとして有名な Pioneer は、まず catkin ビルドシステムの作業フォルダに移動し、パッケージの Wiki ページに紹介されているリポジトリから最新のパッケージをダウンロードしてビルドする。

---

† 4　http://robots.ros.org/

† 5　TurtleBot3 パッケージでは、アップデートを容易にするため、バイナリファイルのインストールではなく、最新のソースコードのダウンロードとインストールを推奨する。

```
$ cd ~/catkin_ws/src     ←catkinビルドシステムの作業フォルダに移動
$ hg clone http://code.google.com/p/amor-ros-pkg/
                         ←リポジトリからソースをダウンロード
```

多くのロボットパッケージでは、公式のROSパッケージをインストールするか、あるいはWikiページで紹介されているソースリポジトリからパッケージをダウンロードしてインストールするかのどちらかを選択する。パッケージの使用法（ノード、メッセージ関連）はパッケージのWikiページで紹介されている。ロボットパッケージには、例えばロボット駆動用ドライバノード、センサデータの取得および処理を行うノード、遠隔操作ノード、逆運動学用ノード、移動ロボットのナビゲーションノードなどが含まれる。

8.2 センサパッケージ

センサはロボットにおけるもっとも重要な構成要素の1つである。知能化されたロボットは、車輪やマニピュレータで移動や作業を行う単純な機械ではなく、センサを用いて自身の周辺環境を認識し、自ら作業を計画し実行する。このため、センサデータに対する必要な環境情報の抽出と理解、認識などの処理が大切であり、現在でも活発に研究されている。取得される環境情報は、位置、空間、物体、音声、匂い、磁気や電流、慣性力、外力、気温や天気などさまざまであり、これらの情報は実世界でロボットが作業をするためには極めて重要である。

8.2.1 センサの種類

ロボットが正確に周囲の環境を認識するためにさまざまなセンサからのデータが用いられるが、そのうちもっとも重要なデータの1つが距離データであり、その取得には距離センサが用いられる。距離センサには、LDS（Laser Distance Sensor）、LiDAR（Light Detection And Ranging）、またはLRF（Laser Range Finder）と呼ばれるレーザ距離センサ、赤外線センサ、ステレオカメラ、超音波センサなどがあり、近年では低価格な3次元距離センサとしてIntel社RealSense、Microsoft社Kinect、ASUS社Xtionなどがよく利用されている。そのほかにも、物体認識に用いるカメラ、位置の推定に用いるエンコーダや慣性センサ、音声認識に用いるマイクロフォンなどさまざまなセンサがロボットには利用されている。

センサデータには、マイクロプロセッサからADC（Analog Digital Converter）を通して得られる単純な信号データのほか、レーザ距離センサ、3次元距離センサ、カメラなどから得られる多次元データもある。特に多次元データはマイクロプロセッサでは処理が難しいため、PCが利用される。しかし、PCにセンサを接続するには専用のドライバが必要であり、またOpenNI、OpenCV、PCLなどの画像処理ライブラリや点群処理ライブラリも必要になる。

ROSでは、センサのドライバやライブラリを含めた開発環境が提供されている。市販されているすべてのセンサをカバーしているわけではないが、センサ関連パッケージは日々充実しつつあり、I2C、UART などを採用したセンサなど、インタフェースも統一されつつある。センサメーカーも ROS に対応したセンサパッケージを多く提供しており、今後はセンサの互換性に関する制約は徐々に解消されていくと思われる。

図 8.3 ROS で使用可能なセンサの例

8.2.2 センサパッケージの分類

センサに関する ROS の Wiki [†6] ページではさまざまなセンサが紹介されている。このページでは、センサを 1D Range Finder、2D Range Finder、3D Sensor、Pose Estimation (GPS+IMU)、Camera、Sensor Interface、Audio/Speech Recognition、Environmental、Force/Torque/Touch Sensor、Motion Capture、Power Supply、RFID などに区分し、各センサについて説明している。センサパッケージの使用法は、この ROS のセンサ Wiki ページから参照できる。以下は、特に重要なパッケージである。

- **1D Range Finder** 低価格なロボットでよく使用される 1 次元距離センサ
- **2D Range Finder** LDS、LiDAR、LRF とも呼ばれ、主にナビゲーションで使用される
- **3D Sensor** RealSense、Kinect、Xtion などの 3 次元距離センサ
- **Audio/Speech Recognition** まだ標準的な製品はないが、今後の発展が期待される
- **Camera** 物体認識、顔認識、文字判別などに使用されるカメラのド

† 6 http://wiki.ros.org/Sensors

ライバや画像処理パッケージなどが用意されている

- **Sensor Interface** センサデータの取得に用いるマイクロプロセッサとのUART通信、またはPCとの接続をサポートするインタフェース

このようにROSではさまざまなセンサパッケージがサポートされている。次節では、特に頻繁に利用されるカメラ、深度カメラ（Depth Camera）、レーザ距離センサについて述べる。

8.3 カメラ

ロボットにとってカメラは人間の眼に相当する。カメラから取得した映像データはロボットの周辺環境の認識に有用である。カメラは単眼による色認識、物体追跡、物体認識などから、複数のカメラを用いたステレオビジョンによる距離測定、Visual-SLAMによる3次元地図作成など、幅広く利用されている。

本節では安価で手に入りやすいUSBカメラを利用し、ROSで提供されている例題を実行してみる。USBカメラはビデオ入力装置のなかでもUSBをサポートしているカメラであり、USB video device class（UVC）[†7]とも呼ばれている。

UVCは2017年5月現在1.5バージョン[†8]までリリースされている。UVC 1.5は最新のUSB 3.0に対応し、Linux、Windows、macOSなど、既存のほとんどのOSで使用できる。

カメラのインタフェース **COLUMN**

カメラのインタフェースはUSBだけではない。例えばインターネットに直接接続できるネットワークカメラは、LANやWi-Fiでネットワークに接続して映像データをWebストリームとして流すことができる。これらはWebカメラとも呼ばれる。そのほか、高速転送が可能なCamera LinkやFireWire（IEEE 1394）、GigEを採用したカメラもある。FireWireはApple社が開発した規格であり、多くのApple社の製品で採用されている。

8.3.1 USBカメラ関連パッケージ

ROSはUSBカメラに関連したさまざまなパッケージを提供しており、詳しくはROS Wikiの「センサ／カメラ」カテゴリー[†9]で紹介されている。以下では、いくつかの代表的なパッケージについて説明する。

- **libuvc_camera** Ken Tossellにより開発された、UVC標準カメラに使用できるインタフェースパッケージ

†7 https://en.wikipedia.org/wiki/USB_video_device_class
†8 http://www.usb.org/developers/docs/devclass_docs/
†9 http://wiki.ros.org/Sensors/Cameras

- **uvc_camera** 細かい設定が可能。また、カメラを2台用いたステレオカメラにも対応している。
- **usb_cam** Bosch社が開発した簡単な構成のカメラドライバ
- **freenect_camera、openni_camera、openni2_camera** Kinect、Xtionなどの深度カメラのためのパッケージ。深度カメラの多くはカラーカメラも内蔵しているため、RGB-Dカメラとも呼ばれている。
- **camera1394** IEEE 1394規格のFireWireカメラのためのドライバ
- **prosilica_camera** 主に研究用途に使用されるAVT社のProsilicaカメラのためのドライバ
- **pointgrey_camera_driver** 主に研究用途で使用されるPoint Grey Research社のカメラのためのドライバ
- **camera_calibration** James Bowman、Patrick Mihelichが開発したカメラキャリブレーションのためのパッケージで、OpenCVのキャリブレーション機能を利用している。多数のカメラ関連パッケージがこのパッケージに依存している。

8.3.2 USBカメラのテスト

本節では、Ken Tossellが開発した`uvc_camera`[†10]を利用する。これは、もっとも一般的に利用されているUSBカメラパッケージである。他のパッケージを使う場合も、使い方はほぼ同じであるが、詳細はそれぞれのWikiページを確認してほしい。

USBカメラ

USBカメラをコンピュータのUSBポートに接続する。

カメラ接続情報

新しくターミナルを開き、`lsusb`コマンドによりUSBカメラが正しく接続されているかを確認する。一般的なUVC系のカメラであれば、下線で示す部分のようにカメラの接続を確認できる。

```
$ lsusb
Bus 004 Device 001: ID 1d6b:0003 Linux Foundation 3.0 root hub
Bus 003 Device 001: ID 1d6b:0002 Linux Foundation 2.0 root hub
Bus 002 Device 002: ID 2109:0812 VIA Labs, Inc. VL812 Hub
Bus 002 Device 001: ID 1d6b:0003 Linux Foundation 3.0 root hub
Bus 001 Device 005: ID 046d:c52b Logitech, Inc. Unifying Receiver
Bus 001 Device 006: ID 05e3:0608 Genesys Logic, Inc. Hub
```

† 10 http://wiki.ros.org/uvc_camera

```
Bus 001 Device 013: ID 046d:08ce Logitech, Inc. QuickCam Pro 5000
Bus 001 Device 012: ID 0c45:7603 Microdia
Bus 001 Device 002: ID 2109:2812 VIA Labs, Inc. VL812 Hub
Bus 001 Device 007: ID 8087:0a2a Intel Corp.
Bus 001 Device 001: ID 1d6b:0002 Linux Foundation 2.0 root hub
```

uvc_camera パッケージのインストール

以下のようにuvc_cameraパッケージをインストールする。

```
$ sudo apt-get install ros-kinetic-uvc-camera
```

image 関連パッケージのインストール

以下のようにimage関連パッケージをインストールする。

```
$ sudo apt-get install ros-kinetic-image-*
$ sudo apt-get install ros-kinetic-rqt-image-view
```

uvc_camera ノードの実行

以下のようにuvc_cameraノードを実行する。ただし、「[WARN] [1423194481.257752159]：Camera calibration file/home/xxx/.ros/camera_info/camera.yaml not found」のように、カメラキャリブレーション関連の警告が出力される。これは、キャリブレーションファイルが見つからなかった場合に表示される。カメラキャリブレーションについては8.3.5項で説明する。

```
$ roscore
```

```
$ rosrun uvc_camera uvc_camera_node
```

トピックメッセージの確認

以下のようにトピックメッセージを確認すると、カメラ情報（/camera_info）と映像情報（/image_raw）がパブリッシュされていることがわかる。

```
$ rostopic list
/camera_info
/image_raw
/image_raw/compressed
/image_raw/compressed/parameter_descriptions
/image_raw/compressed/parameter_updates
/image_raw/compressedDepth
/image_raw/compressedDepth/parameter_descriptions
/image_raw/compressedDepth/parameter_updates
/image_raw/theora
```

```
/image_raw/theora/parameter_descriptions
/image_raw/theora/parameter_updates
/rosout
/rosout_agg
```

8.3.3 映像情報の確認

前節では、uvc_camera_node ノードを実行して、映像情報がパブリッシュされていることを確認した。本節では、可視化ツールである image_view と RViz を利用して映像情報を確認してみよう。もし映像が表示されない場合は、前節の説明に戻り、カメラドライバやカメラの接続に問題がないかを確認すること。

image_view ノードによる確認

image_view ノードを実行して映像情報を確認する。image:=/image_raw オプションを付けると、トピック名が /image_raw の image トピックと通信するようになる。これを実行すると、図 8.4 に示しているように、カメラの映像が小さなウィンドウ上に表示される。

```
$ rosrun image_view image_view image:=/image_raw
```

図 8.4　image_view ノードを利用して表示した映像

rqt_image_view ノードからの確認

次に、6.2 節で説明した rqt_image_view で確認してみる。rqt_image_view は rqt プラグインのなかの image_view であり、GUI 環境で利用する。rqt_image_view ノードを実行すると、図 8.5 に示している映像が表示される。image_view とは違い、ノードを実行した後でも GUI 上でトピックを選択することができる。

```
$ rqt_image_view image:=/image_raw
```

図 8.5　rqt_image_view ノードを利用して表示した映像

RViz からの確認

可視化ツール RViz により確認してみる。RViz の詳細については 6.1 節を参照してほしい。

```
$ rviz
```

RViz を実行し、Displays オプションを変更する。RViz の左下の「Add」をクリックし、図 8.6 のように「By display type」タブから「Image」を選択して Image ディスプレイを呼び出す。

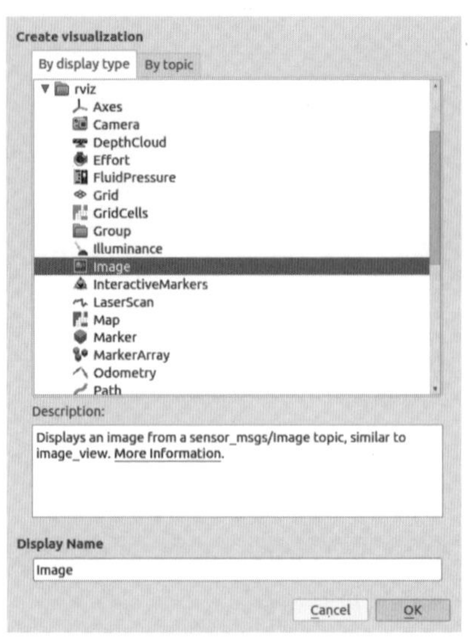

図 8.6　RViz に Image ディスプレイを追加

次に「Image」→「Image Topic」の値を「/image_raw」に変更すると、図 8.7 に示すよう

に映像が表示される。もし映像が小さい場合は、その image ビューの外枠をマウスで掴んで動かせば、ビューのサイズを変更できる。

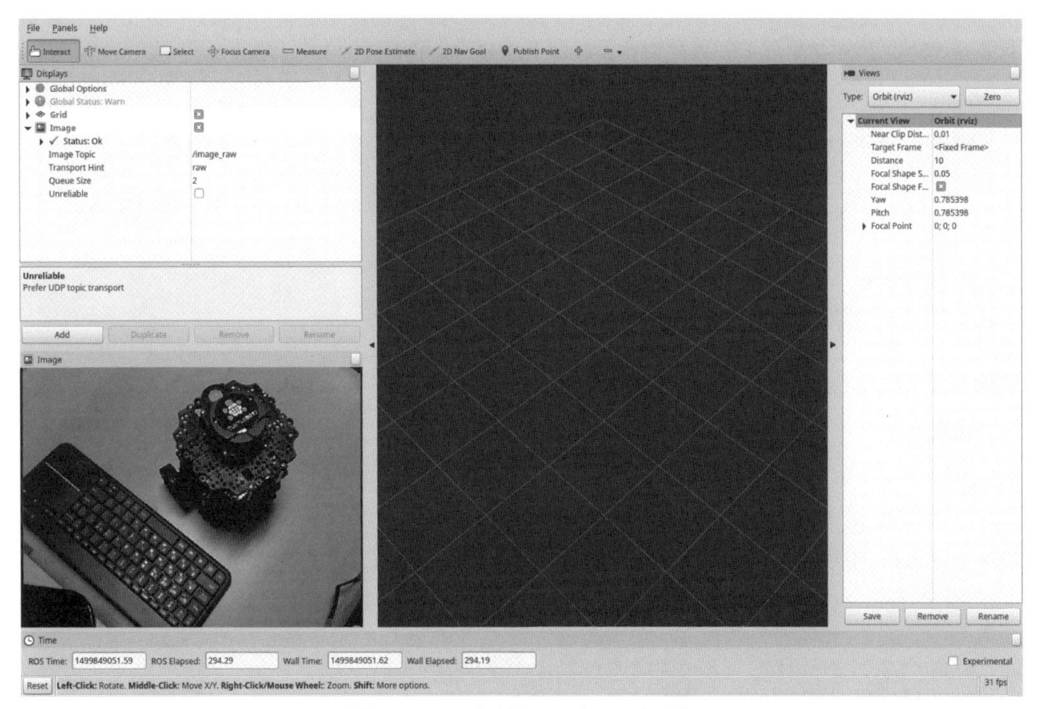

図 8.7 RViz を利用して表示した映像

8.3.4 映像の遠隔送信

前節では、1 台のコンピュータに USB カメラを接続し、そのコンピュータ上で映像を確認した。しかしこの方法では、ロボットに搭載したカメラは、ロボットが移動するとその場で映像が確認できなくなる。本節では、ロボットに装着したカメラの映像を、遠隔地にある別のコンピュータで確認する方法について説明する。

カメラが接続されたコンピュータ

ネットワークで接続された複数のコンピュータで ROS を使う場合、マスタはどのコンピュータで起動しても構わないが、ここではカメラが接続されているコンピュータをマスタにする。このために、まず ROS_MASTER_URI と ROS_HOSTNAME などのネットワーク変数を設定する。gedit などを用いて .bashrc ファイルを開く。

```
$ gedit ~/.bashrc
```

.bashrc ファイルには多くの設定が記述されているが、他の設定はそのままで、.bashrc

ファイルの一番下に記述されている ROS_MASTER_URI と ROS_HOSTNAME を書き換える。次に示している例では、カメラが接続されているコンピュータの IP アドレスを 192.168.1.100 としているが、これは一例であり、実際の IP アドレスに書き換える。コンピュータの IP アドレスは ifconfig コマンドで確認できる。詳しくは 3.2 節を参照してほしい。

```
export ROS_MASTER_URI = http://192.168.1.100:11311
export ROS_HOSTNAME = 192.168.1.100
```

次に、roscore を実行し、別のターミナル上で uvc_camera_node ノードを実行する。

```
$ roscore
$ rosrun uvc_camera uvc_camera_node
```

映像表示用コンピュータ

映像を表示するコンピュータでも同様に、.bashrc ファイルを開いて ROS_MASTER_URI と ROS_HOSTNAME を変更する。次に示すように、ROS_MASTER_URI をカメラが接続されたコンピュータの IP アドレスに、ROS_HOSTNAME を映像表示用コンピュータの IP アドレス（ここでは 192.168.1.120）にそれぞれ書き換える。192.168.1.120 も一例であり、実際の IP アドレスは ifconfig などで確認すること。次に、image_view を起動すれば、映像が表示される。

```
export ROS_MASTER_URI = http://192.168.1.100:11311
export ROS_HOSTNAME = 192.168.1.120
```

```
$ rosrun image_view image_view image:=/image_raw
```

本節では、ロボットに搭載したカメラの映像を遠隔地にある別のコンピュータで確認する方法について説明した。これにより、遠隔地からロボットの周辺環境を確認することができ、遠隔探査ロボット、ビデオ会議ロボット、映像をリアルタイムで送信できる Web カメラや、それを利用した監視カメラシステムなどが実現できる。

8.3.5 カメラキャリブレーション

uvc_camera ノードを実行すると、「[WARN] [1423194481.257752159]：Camera calibration file /home/xxx/.ros/camera_info/camera.yaml not found」などのエラーが出力される。このエラーは、カメラ映像の確認だけであれば無視できる。しかし、ステレオカメラを用いて距離を測定する場合や、物体認識などの複雑な画像処理を行う際にはカメラキャリブレーションが必要である。

カメラで取得された映像から正確な距離情報を計算するには、カメラのレンズ特性、レンズとイメージセンサとの距離、光軸方向などの情報が必要である。しかし、カメラの機種ごとにレンズやイメージセンサの構造が異なり、また製造過程で生じる物理的な個体差や、それによって生じる像の歪みなど、出力される映像はそれぞれのカメラ固有の特性に依存する。

カメラキャリブレーションは、カメラ固有の特性をパラメータで表現し、出力映像を補正するために行われる。カメラキャリブレーションについての詳細は、OpenCVなどの画像処理に関する書籍を参考にしてほしい。

ROSにはOpenCVのカメラキャリブレーションを利用したキャリブレーションパッケージ[†11]が提供されている。以降ではこれを利用したカメラキャリブレーションを行ってみる。

カメラキャリブレーション

キャリブレーション関連パッケージをインストールし、uvc_camera_nodeノードを実行する。なお、roscoreは事前に実行しておく。

```
$ sudo apt-get install ros-kinetic-camera-calibration
$ rosrun uvc_camera uvc_camera_node
```

次に、現在利用しているカメラの情報を確認する。まだカメラキャリブレーションに関する情報がないため、出力結果には初期値が表示される。

```
$ rostopic echo /camera_info
header:
  seq: 7609
  stamp:
    secs: 1499873386
    nsecs: 558678149
  frame_id: camera
height: 480
width: 640
distortion_model: ''
D: []
K: [0.0, 0.0, 0.0, 0.0, 0.0, 0.0, 0.0, 0.0, 0.0]
R: [0.0, 0.0, 0.0, 0.0, 0.0, 0.0, 0.0, 0.0, 0.0]
P: [0.0, 0.0, 0.0, 0.0, 0.0, 0.0, 0.0, 0.0, 0.0, 0.0, 0.0, 0.0]
binning_x: 0
binning_y: 0
roi:
  x_offset: 0
  y_offset: 0
  height: 0
  width: 0
  do_rectify: False
---
```

† 11　http://wiki.ros.org/camera_calibration

チェスボードの用意

カメラキャリブレーションには、図8.8に示す黒と白の四角からなるチェスボードを利用する。以下のリンクから8×6のチェスボードをダウンロードし、印刷して、曲がらない平らな板に貼っておく。目的によっては1m以上のチェスボードを利用する場合もあるが、ここではA4用紙にチェスボードを印刷する。ただし、8×6とは、水平方向に9個、縦方向に7個の四角があり、交点がそれぞれ8個と6個あることを意味する。

http://wiki.ros.org/camera_calibration/Tutorials/MonocularCalibration?action=AttachFile&do=view&target=check-108.pdf

図8.8 キャリブレーション用チェスボード（8×6）

キャリブレーション

キャリブレーションノードの実行にあたって、`--size`オプションと`--square`オプションを設定する。`--size`はチェスボードの横×縦のサイズであり、`--square`はチェスボードに書かれている各正方形の実際のサイズである。正方形の大きさはプリンタによって異なる場合があるため、印刷後に実際にサイズを計測し、`--square`オプションの値に設定する。筆者の場合24 mm（=0.024 m）であったため、以下のように設定した。

```
$ rosrun camera_calibration cameracalibrator.py --size 8x6 --square 0.024
image:=/image_raw camera:=/camera
```

キャリブレーションノードを実行すると、図8.9のようにGUIが表示される。ここで、カメラでチェスボードを撮影すると、キャリブレーションが開始される。GUI画面の右側に、X、Y、Size、Skewと表示されているバーがある。正しくキャリブレーションを行うには、それぞれのバーが緑色になるように、チェスボードを手で左右方向（X）、上下方向（Y）、前後方向（Size）、ねじり方向（Skew）に動かしながら撮影する。

図 8.9　キャリブレーション GUI の初期状態

図 8.10 に示しているように、キャリブレーションに必要な枚数の画像が撮影されると、「CALIBRATE」ボタンが選択できるようになる。このボタンをクリックすると、約 1 〜 5 分程度、計算される。計算が終わったら、「SAVE」ボタンをクリックしてキャリブレーション情報を保存する。保存されたファイルの位置は、キャリブレーションを実行したターミナル上に表示される。通常は `/tmp/calibrationdata.tar.gz` のように `/tmp` フォルダの下に保存される。

図 8.10　GUI 環境でのキャリブレーションの様子

カメラパラメータファイルの生成

次に、カメラキャリブレーションパラメータが記録されるカメラパラメータファイル(camera.yaml)を生成する。以下に示すように、calibrationdata.tar.gzファイルを解凍すると、キャリブレーションで使用されたイメージファイル(*.png)とキャリブレーションパラメータが記録されているost.txtファイルが作成される。

```
$ cd /tmp
$ tar -xvzf calibrationdata.tar.gz
```

次に、ost.txtからost.iniにファイル名を変更し、camera_calibration_parsersパッケージのconvertノードを利用して、カメラパラメータファイル(camera.yaml)を生成する。生成されたファイルを~/.ros/camera_info/フォルダに移動する。以降、ROS上で実行されるカメラの関連パッケージは、この情報を参照する。

```
$ mv ost.txt ost.ini
$ rosrun camera_calibration_parsers convert  ost.ini camera.yaml
$ mkdir ~/.ros/camera_info
$ mv camera.yaml ~/.ros/camera_info/
```

camera.yamlファイルをエディタで開いてみると、リスト8.1のような内容が記載されている。このうち、カメラの名前(camera_name)は自由に変更できる。一般的なカメラ関連パッケージではカメラ名をcameraに設定しているため、筆者もカメラ名をnarrow_stereoからcameraに変更している。また、camera.yamlは筆者の設定であり、ユーザが使っているカメラやノードによって値が違う場合もある。

リスト8.1 ~/.ros/camera_info/camera.yaml

```
image_width: 640
image_height: 480
camera_name: camera
camera_matrix:
  rows: 3
  cols: 3
  data: [778.887262, 0, 302.058565, 0, 779.885146, 221.545303, 0, 0, 1]
distortion_model: plumb_bob
distortion_coefficients:
  rows: 1
  cols: 5
  data: [0.195718, -0.419555, -0.002234, -0.016098, 0]
rectification_matrix:
  rows: 3
  cols: 3
  data: [1, 0, 0, 0, 1, 0, 0, 0, 1]
projection_matrix:
```

```
    rows: 3
    cols: 4
    data: [794.464417, 0, 294.819501, 0, 0, 805.005371, 220.404173, 0, 0, 0, 1, 0]
```

このcamera.yamlファイルには、カメラ内部行列camera_matrix、歪み係数distortion_coefficientsとステレオカメラのための補正行列rectification_matrix、投影行列projection_matrixなどが記録されている。それぞれの意味は、http://wiki.ros.org/image_pipeline/CameraInfoで詳しく説明されている。

最後に、再度uvc_camera_nodeノードを実行する。今回は補正ファイルの警告が表示されないことを確認する。

```
$ rosrun uvc_camera uvc_camera_node
[INFO] [1499873830.472050095]: using default calibration URL
[INFO] [1499873830.472116471]: camera calibration URL:
file:///home/xxx/.ros/camera_info/camera.yaml
```

また、/camera_infoトピックを確認してみると、以下のようにD、K、R、Pパラメータが埋め込まれている。

```
$ rostopic echo /camera_info
header:
  seq: 2213
  stamp:
    secs: 1499874042
    nsecs: 898227060
  frame_id: camera
height: 480
width: 640
distortion_model: plumb_bob
D: [0.195718, -0.419555, -0.002234, -0.016098, 0.0]
K: [778.887262, 0.0, 302.058565, 0.0, 779.885146, 221.545303, 0.0, 0.0,
1.0]
R: [1.0, 0.0, 0.0, 0.0, 1.0, 0.0, 0.0, 0.0, 1.0]
P: [794.464417, 0.0, 294.819501, 0.0, 0.0, 805.005371, 220.404173, 0.0,
0.0, 0.0, 1.0, 0.0]
binning_x: 0
binning_y: 0
roi:
  x_offset: 0
  y_offset: 0
  height: 0
  width: 0
  do_rectify: False
---
```

8.4 深度カメラ（Depth Camera）

深度カメラは深度（距離）を測定できるカメラである。深度センサ（Depth Sensor）やRGB-Dセンサ（RGB-D Sensor）、RGB-Dカメラ（RGB-D Camera）と呼ばれる場合もあるが、ここではより一般的に深度カメラとして説明する。

8.4.1 深度カメラの種類

深度カメラは、距離情報を取得する方法によりさまざまな種類に分類することができるが、特に代表的な方法にToF（Time of Flight）†12、構造化光（Structured Light）†13、ステレオ（Stereo）†14がある。

ToF（Time of Flight）

ToF方式は、赤外線を放射し、それが戻ってくる時間を正確に計測することで距離を測定する。一般には赤外線放射部と受光部が対になり（赤外線カメラを使用している製品など、異なる場合もある）、各ピクセルで距離を計測する。ToF方式はその計測原理からハードウェアが精密で、次項で説明する投影パターン方式を採用した構造化光方式の深度カメラより一般に価格が高い。近年では、位相差を利用した安価なセンサも市販されている。

ToF方式のセンサには、パナソニック社のD-Imager、MESA Imaging社のSwissRanger、Fotonic社のFOTONIC-B70、pmdtechnologies社のCamCubeとCamBoard、SoftKinetic社のDepthSense DSシリーズ、Microsoft社のXbox One Kinectなどがある（図8.11）。しかしXbox One Kinectは2017年10月に生産中止が報道され、今後は入手が困難になるものと思われる。

図8.11 左からD-Imager、SwissRanger、CamBoard、Xbox One Kinect

構造化光（Structured Light）

構造化光方式を採用した製品としては、赤外性パターン光を投影するMicrosoft社のKinect、ASUS社のXtionなどが有名である（図8.12）。ほかにも、PrimeSense社のCarmine、Capriなどがあり、最近ではOccipital社のStructure Sensorが発売された。このセンサは共通してPrimeSense社のPrimeSense System on a Chip（SoC）を使用している。

† 12 https://en.wikipedia.org/wiki/Time-of-flight_camera
† 13 https://en.wikipedia.org/wiki/Structured-light_3D_scanner
† 14 https://en.wikipedia.org/wiki/Range_imaging

図 8.12 左から Kinect、Xtion、Carmine、Structure Sensor

PrimeSense 社の PrimeSense SoC を使用した深度カメラは、赤外線プロジェクタと赤外線カメラによって構成されたセンサであり、投影された赤外線パターンから距離を計算する。この技術は、ToF 方式の欠点であった高価なハードウェアと外部干渉に対する問題を解決し、注目を集めた。まず、PrimeSense 社の PrimeSense SoC を搭載した Carmine、Capri が発売され、その後、同じ SoC チップを搭載した Microsoft 社の Kinect が Xbox のコントローラとして発売されて普及した。その後も、PC での使用を前提とした ASUS 社の Xtion なども発売された。これらはすべて PrimeSense SoC を搭載したセンサである。

しかし、2013 年 12 月に Apple 社が PrimeSense 社を買収すると、PrimeSense 社の Carmine、Capri などが購入できなくなり、また Microsoft 社の Kinect、ASUS 社の Xtion も生産中止となった。PrimeSense SoC を搭載した最後の製品である Occipital 社の Structure Sensor は、現在でも Apple 社のアクセサリとして販売を継続しているが、今後どのようになるかは Occipital 社も未定とのことである。

ステレオ（Stereo）

深度カメラの一種であるステレオカメラ（図 8.13）は、前述の 2 種類のカメラよりも古くから研究されており、人間と同様に両眼の視差を用いて距離を求めるものである。ステレオカメラは、ある間隔（基線長）で 2 つの画像センサを設置し、それぞれで撮影した 2 枚の画像の差から物体までの距離を計算する。この方式の代表的な製品としては、Point Grey 社の Bumblebee や WithRobot 社の OjOcamStereo がある。

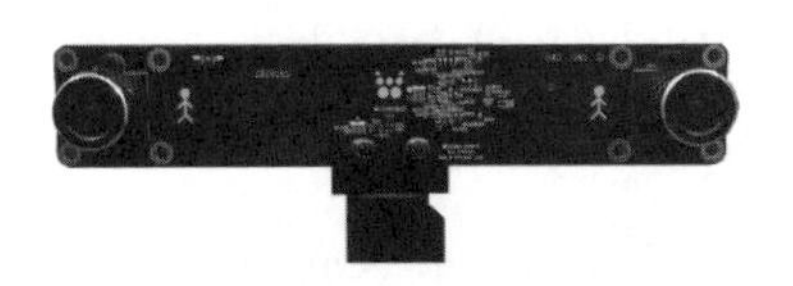

図 8.13 左から Bumblebee、OjOcamStereo、RealSense

ステレオカメラの種類も多様であるが、近年注目されている方式として、2 つの赤外線画像センサと赤外線を走査するプロジェクタを内蔵し、赤外線を一定のパターンで走査し、両方の画像センサでこれを計測することで、三角測量法により距離を求める方式がある。上述した一般的なステレオカメラと区別するために、前者はパッシブ（Passive）ステレオカメラ、後者はアクティブ（Active）ステレオカメラとも呼ぶ。後者のカメラの代表的な製品は、Intel 社のRealSenseであり、R200モデルの場合、極めて安価（100ドル程度）でサイズも小さく、性能も前述したXtionとほぼ同じである。また、RealSenseの新製品であるD400シリーズは、安価にもかかわらず、小さなサイズ、広い視野角、屋外での使用が可能、測定可能距離の向上などを実現し、ロボット分野でも使用されている。

8.4.2 深度カメラの使用例

本節ではIntel社のRealSense R200を利用し、深度カメラのドライバのインストールと動作テストを行う。

RealSense関連パッケージのインストール

RealSense関連ドライバおよび実行パッケージをダウンロードし、インストールする。

```
$ sudo apt-get install ros-kinetic-librealsense ros-kinetic-realsense-came
ra
```

r200_nodelet_default.launchファイルの実行

`realsense_camera`パッケージの`r200_nodelet_default.launch`ファイルを実行する。

```
$ roscore
```

```
$ roslaunch realsense_camera r200_nodelet_default.launch
```

以上の手順で関連パッケージのインストールができないか、あるいは動作しない場合、ROSのWiki[†15]を参照してほしい。まれにLinuxカーネルの設定変更が必要になる場合もある。

8.4.3 Point Cloud Data（点群データ）の可視化

深度カメラで得られる3次元距離値は、対象の表面のある1点までの距離であるが、計測された点の集合を雲に例えてPoint Cloud Dataと呼ぶ。以降では、GUI環境でPoint Cloud Dataを確認するために、RVizを実行して次の手順でディスプレイオプションを変更する。

① 「Global Options」→「Fixed Frame」を「camera_depth_frame」に変更する。
② RViz上の左下にある「Add」ボタンをクリックし、「PointCloud2」を選択して追加する。詳細設定で「Topic」に「/camera/depth/points」を設定して、適当な大きさや色などを設定する。
③ すべての設定を終えると、図8.14に示すようにPoint Cloud Dataが表示される。色の基準をx軸に指定しているため、x軸方向に離れるほど紫に近い色が表示される。

---

† 15 http://wiki.ros.org/librealsense

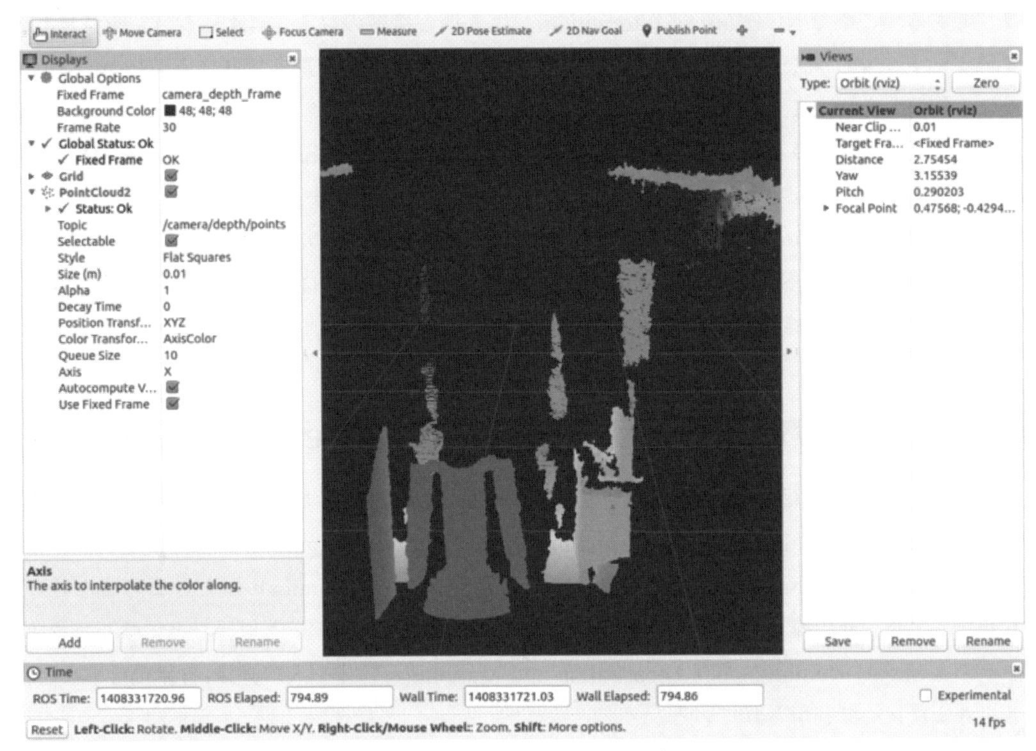

図 8.14　RViz 上で PointCloud2 ディスプレイを用いて表示した Point Cloud Data

RealSense 以外の深度カメラを利用する場合には、ROS の Wiki † 16 から各カメラの操作方法およびパッケージの使用方法を調べてほしい。

8.4.4　Point Cloud Data 関連ライブラリ

Point Cloud Library

代表的な深度センサには、本節の深度カメラや次節のレーザ距離センサなどがあるが、これらは対象表面のある点までの距離を計測し、これをまとめた点の集合である Point Cloud Data としてデータを取り扱う。PCL（Point Cloud Library）† 17 は、Point Cloud Data に対して、フィルタリング、分割、表面の再構成、モデルからのフィッティングや特徴抽出などを行うライブラリである。

OpenNI

OpenNI（Open Natural Interaction）† 18 は、PrimeSense 社を中心に、Willow Garage 社、ASUS 社とともに PrimeSense 社の製品のために開発されたドライバ、および API ライブ

† 16　http://wiki.ros.org/Sensors#A3D_Sensors_.28range_finders_.26_RGB-D_cameras.29
† 17　http://pointclouds.org/
† 18　http://en.wikipedia.org/wiki/OpenNI

ラリである。ここでNI（Natural Interaction）は、人間と機械のコミュニケーションを意味し、キーボードやマウスなどではなく、人間の感覚との自然な相互作用を意味する。PrimeSense SoCを搭載したほとんどのセンサはこのドライバを使用している。

OpenNIに近いものとしては、Microsoft社のKinect Windows SDKや、Kinectを初めてハッキングし、無料で配布されたlibfreenectなどがある。OpenNIはPoint Cloud Dataを扱う基本的なドライバのほか、人体の骨格を表現するためのNITEなどのミドルウェアも含まれている。OpenNIはPrimeSense社がApple社に買収された後、開発中止の危機にあったが、現在ではOccipital社が引き継ぎ、GitHubリポジトリ[†19]でOpenNI[†20]を提供している。

8.5 レーザ距離センサ（Laser Distance Sensor、LDS）

レーザ距離センサはレーザ光を利用して物体との距離を測定するセンサであり、LiDAR（Light Detection and Ranging, Laser Imaging Detection and Ranging）、レーザレンジファインダ（Laser Range Finder、LRF）、レーザスキャナ（Laser Scanner）などさまざまな呼び方がある。レーザ距離センサは、高性能、高速、リアルタイムなデータ取得などに強く、ロボットでもSLAM（Simultaneous Localization and Mapping）、物体や人の認識、自律走行車など、さまざまな目的で利用されている。

代表的な製品には、図8.15に示すようにSICK社のLMSシリーズ、北陽電機社のURGシリーズ、複数個のレーザダイオードを搭載したVelodyne社のHDLシリーズなどがある。しかし、これらのセンサは非常に高価であり、数十万円から数百万円程度である。一方、RPLIDARなどのより安価な中国製品も市販されており、約4万円で購入できる。近年ではほぼ同じ仕様の日立-LGデータストレージ社（HLDS）のレーザ距離センサ（HLS-LFCD2）[†21]が1万円で購入できるようになった。

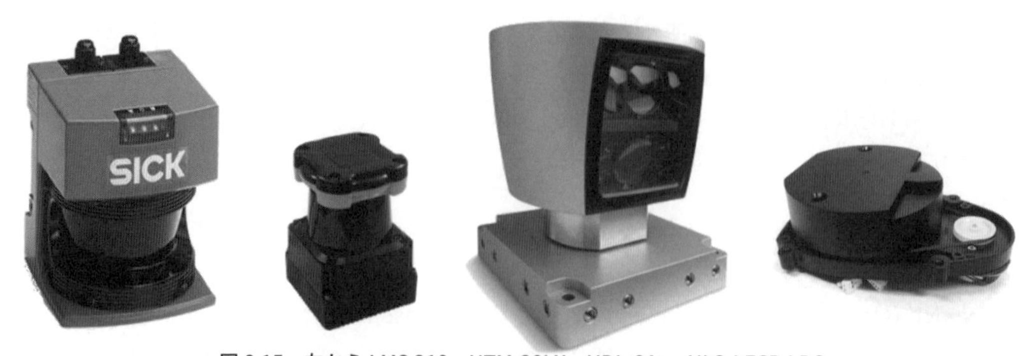

図8.15 左からLMS 210、UTM-30LX、HDL-64e、HLS-LFCD LDS

† 19 https://github.com/occipital/openni2
† 20 https://structure.io/openni
† 21 http://wiki.ros.org/hls_lfcd_lds_driver

8.5.1 レーザ距離センサにおける距離測定の原理

レーザ距離センサによる距離の測定では、物体へ投射したレーザの投射光と物体からの反射光の位相差を使用する。通常、搭載するレーザ光源は1つであるが、Velodyne社のHDL/VLPシリーズは16個から64個のレーザ光源を使用している。一般的なレーザ距離センサは1つのレーザ光源と1つの反射鏡、モータで構成されている。レーザ距離センサを起動するとモータ音が聞こえるが、これは内部の反射鏡を回転させることでレーザを水平面に走査しているためである。製品によって異なるが、一般的には走査範囲は180度から360度である。

図8.16の左の図はレーザ距離センサを表している。レーザ距離センサの内部にはレーザ光源が置かれており、斜めに傾いた反射鏡を回転させながら、レーザの反射光が戻ってくるまでの時間を測定する（正確には位相差を計算している）。これにより、図8.16の中央の図に示しているように、レーザ距離センサを中心に水平面上に置かれた物体を検出することができる。ただし、図8.16の右の図に表しているように、距離が離れると計測点の間隔が広がる問題がある。

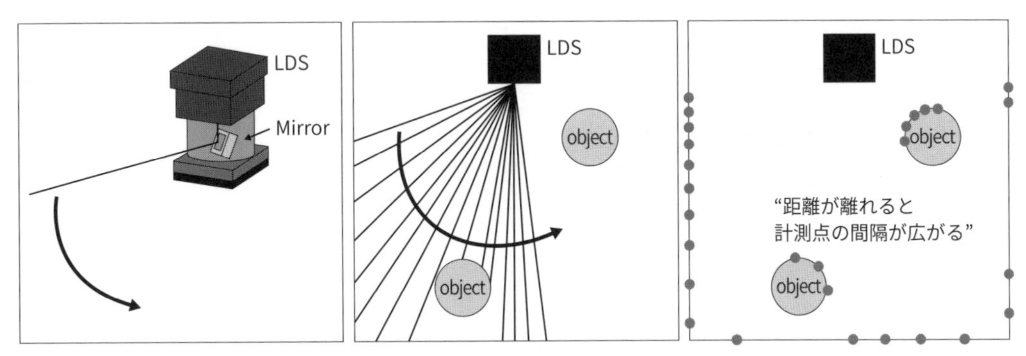

図8.16 レーザ距離センサを利用した距離測定

通常、ユーザはレーザ距離センサの原理について詳しく知る必要はないが、レーザ距離センサを扱うときに注意すべき点がいくつかある。

まず、レーザ距離センサは強いレーザ光源を搭載しているため、人の目に当たると目が損傷を受けるおそれがある。ただし、製品ごとにレーザ強度に応じたクラスが決められており、ユーザはこの値に注意すればよい。クラスはレーザの安全性を示す分類であり、クラス1から4までに分けられ、身体に対して安全なほど低いクラスになる。例えば、クラス1は目に直接照射しても問題はないが、クラス2からは長時間の照射は危険である。上述したレーザ距離センサはすべてクラス1に該当する。

レーザ距離センサは、レーザ光が反射して戻ってきたときに距離の測定が可能になるため、透明なガラス、ペットボトル、グラスなど、レーザが反射されずに透過、散乱するか、鏡など、光を反射する物体では正確な距離を測定できない。

また、単一光源のセンサは光源から水平面の平行にレーザを走査するため、センサを基準に水平面上にある物体のみが検出され、2次元平面上の距離データが得られる（センサにパン・チルト機構を取り付けることで全方向走査を行った例もある）。

8.5.2 レーザ距離センサの使用例

ROSの代表的なレーザ距離センサのパッケージとしては、SICK社製レーザ距離センサのsicks300、sicktoolbox、sicktoolbox_wrapperパッケージ、北陽電機社製レーザ距離センサのhokuyo_node、urg_nodeパッケージ、velodyne社製レーザ距離センサのvelodyneパッケージなどがある。また、低から中程度の価格帯のレーザ距離センサとしては、RPLIDARのrplidar、TurtleBot3で採用されたhls_lfcd_lds_driverなどがある。

hls_lfcd_lds_driver パッケージのインストール

本書ではHLDS（日立-LGデータストレージ）社製のレーザ距離センサHLS-LFCD2の使用例を示す。まず必要なhls_lfcd_lds_driverパッケージ[†22]を以下に示すようにインストールする。

```
$ sudo apt-get install ros-kinetic-hls-lfcd-lds-driver
```

レーザ距離センサの接続と使用権限の変更

HLDS社製のレーザ距離センサはUSBインタフェース方式を採択している。USBコネクタをコンピュータのUSBポートにつなぎ、「ttyUSB*」として認識されているか確認する（ここではttyUSB0として認識されている）。

```
$ ls -l /dev/ttyUSB*
crw-rw---- 1 root dialout 188, 0 Jul 13 23:25 /dev/ttyUSB0
```

上記の結果を見ると、ttyUSB0ポートの使用権限がまだ与えられていない状態である。そこで、次に示すようにアクセス許可を設定する。

```
$ sudo chmod a+rw /dev/ttyUSB0
$ ls -l /dev/ttyUSB*
crw-rw-rw- 1 root dialout 188, 0 Jul 13 23:25 /dev/ttyUSB0
```

ここで、chmod a+rwコマンドはすべてのユーザに書き込み、読み込み許可を与える。これにより、USBポートを通して通信を行う権限が与えられる。

hlds_laser.launch ファイルの実行

hlds_laser.launchファイルを実行する。

† 22 http://wiki.ros.org/hls_lfcd_lds_driver

```
$ roslaunch hls_lfcd_lds_driver hlds_laser.launch
```

スキャンデータの確認

hlds_laser ノードを実行すると、/scan トピックを通じてレーザ距離センサのセンサデータが送信される。そこで rostopic echo コマンドを用いてデータを確認する。

```
$ rostopic echo /scan
header:
  seq: 49
  stamp:
    secs: 1499956463
    nsecs: 667570534
  frame_id: laser
angle_min: 0.0
angle_max: 6.28318548203
angle_increment: 0.0174532923847
time_increment: 2.98899994959e-05
scan_time: 0.0
range_min: 0.119999997318
range_max: 3.5
ranges: [0.0, 0.47200000286102295, 0.4779999852180481, 0.48399999737739563
, 0.4909999966621399, 0.4970000088214874, 0.0, 0.5099999904632568,（省略）]
```

スキャンデータにある frame_id は laser に設定されており、測定角は 6.28318548203 rad（=360°）になっていることが確認できる。角度の増分は 1°（0.0174532923847〔rad〕=1〔deg〕）、測定距離の最小値や最大値は、それぞれ 0.12 m と 3.5 m に設定されており、角度ごとの距離の測定値は配列型でパブリッシュされることがわかる。

8.5.3　レーザ距離センサによる距離データの可視化

ここでは、GUI 環境でレーザ距離センサの距離データを表示するために RViz を実行し、以下に述べるようにディスプレイのオプションを変更する。

```
$ rviz
```

① RViz の右上にあるビューの「Type」を「TopDownOrtho」に設定する。このオプションは、2 次元上に表した距離データを *XY* 平面上の視点から見られるようにする。
② RViz の左上にある「Global Options」→「Fixed Frame」を「laser」に変更する。
③ RViz の左下にある「Add」ボタンをクリックし、ディスプレイの「Axes」を選択して追加する。また、図 8.17 に示しているように、「Length」「Radius」などを設定する
④ RViz の左下にある「Add」ボタンをクリックし、ディスプレイの「LaserScan」を選択して追加する。また、図 8.17 に示しているように、「Topic」「Color Transformer」「Color」

などを設定する。

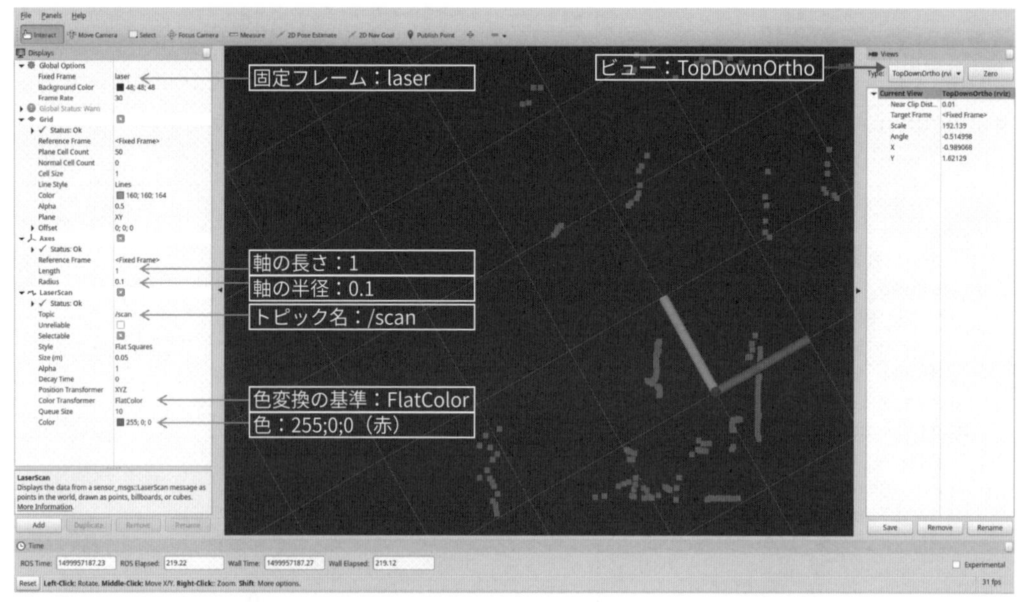

図 8.17　RViz 上で表されている LaserScan のデータ点

すべての設定ができると、図 8.17 に示しているように青（z 軸）を中心にレーザ計測され、検出された物体を表す赤い点が、赤（x 軸）と緑（y 軸）で表された XY 座標平面上に表示される。このとき、XY 座標平面の各格子のサイズは 1 m であることから、可視化したデータと実物が置かれている位置を実際に比較してほしい。

なお、hls_lfcd_lds_driver パッケージの view_hlds_laser.launch を利用すれば、すでにすべて設定された RViz を自動的に起動できる。

```
$ roslaunch hls_lfcd_lds_driver view_hlds_laser.launch
```

8.5.4　レーザ距離センサの活用例

レーザ距離センサを利用した代表例である SLAM[†23] では、図 8.18 に示すように、ロボットにレーザ距離センサを搭載することで、ロボット周辺の壁や障害物の認識とロボットの位置推定を同時に行い、そこから得られたデータをもとに地図を作成する。SLAM の詳細は第 11 章で述べる。

† 23　https://en.wikipedia.org/wiki/Simultaneous_localization_and_mapping

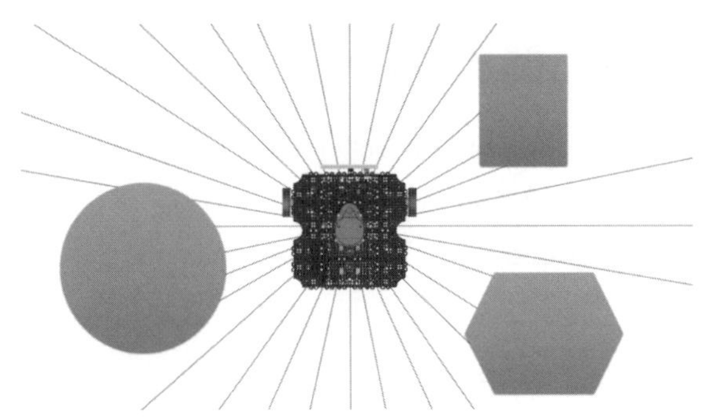

図 8.18 レーザ距離センサの活用例 1：移動ロボットにおける障害物の検出

その他のレーザ距離センサの使用例として、図 8.19 に示すような人やものの追跡がある。この例では、ロボットの周辺のさまざまな物体（机や椅子）の検出と、足首を計測して人の位置を推定した結果を比較することで、現在、人が行っている行動を推定する。実際にレーザ距離センサをロボット上に設置し、アプリケーションを作成する方法は、第 10 章と第 11 章で述べる。

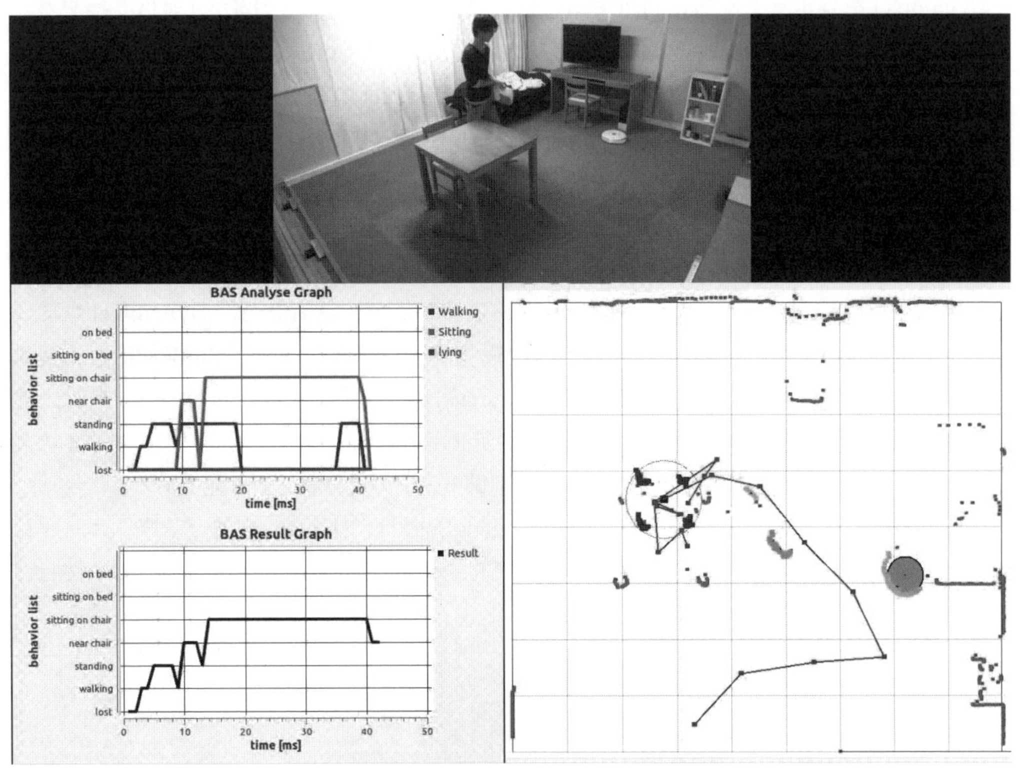

図 8.19 レーザ距離センサの活用例 2：人や物体の検出および人の行動推定

8.6　モータ駆動に関するパッケージ

最近 ROS Wiki に追加された Motor Controller Drivers のページ[†24]は、ROS 上で利用できるモータとサーボコントローラを収録したページである。現在は、PhidgetMotorControl HC、Roboteq AX2550 Motor Controller、Robotis Dynamixel をサポートするパッケージが紹介されている。

8.6.1　Dynamixel

Dynamixel シリーズでは、モータ同士が相互に通信し、制御するデイジーチェーン（Daisy Chain）方式を採用することで、ロボットの配線を簡単にした。また、Dynamixel の内部は、減速ギア、コントローラ、駆動部、通信部などがモジュール化されており、位置、速度、温度、負荷、電圧、電流などを検知し、フィードバック情報を送信する双方向通信を行っている。さらに、一般的な位置制御だけでなく、ロボット制御で頻繁に利用される速度制御とトルク制御も、一部のシリーズで使用可能である。

Dynamixel をロボット制御に利用するには、第 13 章で紹介する U2D2（通信変換デバイス）を経由したプロトコル通信制御と、第 9 章で紹介する OpenCR のような組込みボードを介した制御がある。一方、これ以外の環境での Dynamixel の制御は、Dynamixel 専用ソフトウェア開発キット Dynamixel SDK[†25]を用いて可能である。Dynamixel SDK は、Linux、Windows、macOS の各 OS で、C、C++、C #、Python、Java、MATLAB、LabVIEW などのプログラミング言語をサポートしている。特に、Dynamixel SDK は Arduino、ROS プラットフォームにも対応している。Dynamixel をサポートする ROS パッケージには、`dynamixel_motor`、`arbotix`、`dynamixel_workbench` がある。ここで、前者 2 つは Dynamixel コミュニティのユーザが開発し、提供している ROS パッケージであり、後者は ROBOTIS 社が提供している公式 ROS パッケージである。特に、`dynamixel_workbench` パッケージ[†26]は上述した Dynamixel SDK を採用しており、ROS Qt がサポートする GUI ツールから、モータの設定、位置／速度／トルク制御など、さまざまな制御モードの切り替えが可能である。

本書で利用するロボットプラットフォーム TurtleBot3 は、Dynamixel をアクチュエータに採用しており、モータコントローラ部には OpenCR を使用している。このモータについては、第 9 章と第 10 章で詳しく説明する。

† 24　http://wiki.ros.org/Motor%20Controller%20Drivers
† 25　http://wiki.ros.org/dynamixel_sdk
† 26　http://wiki.ros.org/dynamixel_workbench

図 8.20 Dynamixel シリーズ

8.7 公開パッケージの使用方法

ROS で公開されているパッケージはどれぐらいあるのだろうか。ROS Kinetic バージョンで提供している公式パッケージは 2017 年 7 月の時点で約 1,600 個[† 27] に達しており、ユーザが開発したパッケージは、重複したものまで含めると約 5,000 個[† 28] が存在している。本節では、公開されているパッケージのなかで、必要となるパッケージを検索する方法と、そのインストール方法、および使い方について説明する。

まず、Browsing packages for kinetic の Web ページ[† 29] にアクセスし、上部の ROS のバージョンから「kinetic」をクリックすると、図 8.21 に示すように ROS の最新 LTS バージョンである Kinetic のパッケージリストが表示される。

Name	Maintainers / Authors	Description
acc_finder	Martin Guenther	This package contains two small tools to help configure the navigation pipeline. The node min_max_fi...
ackermann_msgs	Jack O'Quin	ROS messages for robots using Ackermann steering.
actionlib	Mikael Arguedas, Vijay Pradeep	The actionlib stack provides a standardized interface for interfacing with preemptable tasks. Ex...
actionlib_lisp	Lorenz Moesenlechner, Georg Bartels	actionlib_lisp is a native implementation of the famous actionlib in Common Lisp. It provides a c...
actionlib_msgs	Tully Foote	actionlib_msgs defines the common messages to interact with an action server and an action clie...
actionlib_tutorials	Daniel Stonier	The actionlib_tutorials package
alexandria	Lorenz Moesenlechner, Georg Bartels	3rd party library: Alexandria
amcl	David V. Lu!!, Michael Ferguson	<p> amcl is a probabilistic localization system for a robot moving in 2D. It...
angles	Ioan Sucan	This package provides a set of simple math utilities to work with angles. The utilities cove...
aniso8601	AlexV	Another ISO 8601 parser for Python
ar_track_alvar	Scott Niekum, Isaac I.Y. Saito	This package is a ROS wrapper for Alvar, an open source AR tag tracking library.

図 8.21 ROS パッケージリスト

† 27 http://repositories.ros.org/status_page/ros_kinetic_default.html
† 28 http://rosindex.github.io/stats/
† 29 http://www.ros.org/browse/list.php

このリストは、ROS Kineticバージョンで公開されたパッケージを示し、約1,600個ある。以前のLTSバージョンであるIndigoでは、2,900以上のパッケージが公開されていた。ROSのバージョンアップとともにパッケージもバージョンアップされ、サポートが継続される場合や、開発が中止され、上位バージョンには含まれないパッケージもある。しかし、ROSではバージョンが異なっても、それぞれのパッケージはある程度互換性を持つように作られているため、簡単な修正によりバージョンの違うROS上でも使用できる場合が多い。以下では、パッケージリストに表示されているパッケージの使い方について説明する。

8.7.1 パッケージの検索

欲しいパッケージを探すため、http://wiki.ros.org/ のWebページの「Search」欄にキーワードを入力すると、関連の高い順に検索結果が示される。例えば、「find object」を入力した後、「Submit」ボタンをクリックすると、入力したキーワードに対するさまざまなパッケージ情報や質問を確認できる。

図8.22 パッケージ検索

適切なキーワードで検索すると、図8.22に示すように関連したパッケージが表示される。ここでは、上から2個目の検索結果にある「find_object_2d - ROS Wiki」の「find_object_2d」パッケージを利用する。「find_object_2d - ROS Wiki」をクリックすると、図8.23に示しているような`find_object_2d`パッケージのWikiページが開かれる。このページには、ビルドシステムがcatkinか、またはrosbuildか、誰が製作したか、オープンソースライセンスはどれに設定されているかなど、パッケージを導入する際に確認すべき情報が示されている。まず、上部の「kinetic」ボタンをクリックし、kineticバージョンの情報を確認する。このページには、パッケージの依存パッケージ（右にある「Dependencies」をクリック）、プロジェクトのWebページのリンク（External website）、パッケージのリポジトリ住所、パッケージの使い方などが記載されている。

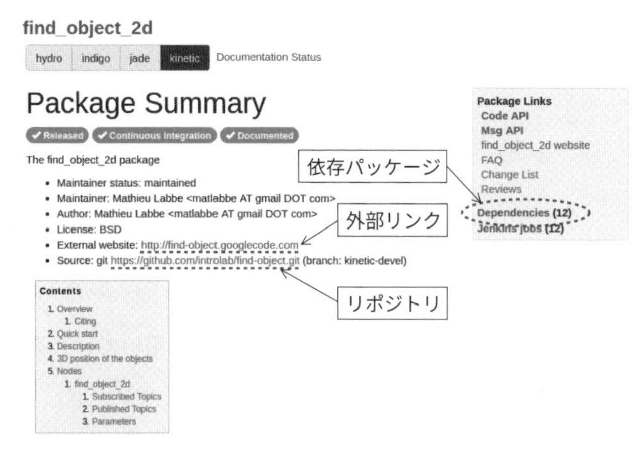

図8.23 パッケージ情報

8.7.2 依存パッケージのインストール

`find_object_2d`パッケージのWikiページ[†30]でパッケージの依存性（Dependencies）を確認する。図8.23に示す例では、パッケージが他の12個のパッケージに依存していることを

† 30 http://wiki.ros.org/find_object_2d

確認できる。

- catkin
- cv_bridge
- genmsg
- image_transport
- message_filters
- pcl_ros
- roscpp
- rospy
- sensor_msgs
- std_msgs
- std_srvs
- tf

そこで、rospack list または rospack find コマンドを用いて、必要なパッケージがインストールされているかを確認する。

rospack list コマンドを使用した場合

```
$ rospack list
actionlib /opt/ros/kinetic/share/actionlib
actionlib_msgs /opt/ros/kinetic/share/actionlib_msgs
actionlib_tutorials /opt/ros/kinetic/share/actionlib_tutorials
```

rospack find コマンドを使用した場合（すでにインストールされているとき）

```
$ rospack find cv_bridge
/opt/ros/kinetic/share/cv_bridge
```

rospack find コマンドを使用した場合（まだインストールされていないとき）

```
$ rospack find cv_bridge
[rospack] Error: package 'cv_bridge' not found
```

インストールされていないときには、それぞれのパッケージについて説明している Wiki ページを確認し、個別にインストールする。

```
$ sudo apt-get install ros-kinetic-cv-bridge
```

Wiki ページ[†31]の「2. Quick start」では、find_object_2d パッケージが uvc_camera パッ

† 31　http://wiki.ros.org/find_object_2d

ケージ[32]に依存しているとされており、uvc_camera パッケージもインストールしておく。

```
$ sudo apt-get install ros-kinetic-uvc-camera
```

8.7.3　パッケージのインストール

依存パッケージのインストールを終えたら、find_object_2d をインストールする。一般的なインストール方法には、バイナリファイルを用いてインストールする方法と、ソースコードをダウンロードし、ビルドして使用する方法がある。図 8.23 に示しているように、パッケージ情報にはリポジトリのリンクが記載されている。これをクリックし、GitHub アドレスに移動すると、インストール方法を見ることができる。

バイナリファイルを用いたパッケージのインストール

```
$ sudo apt-get install ros-kinetic-find-object-2d
```

ソースコードを用いたパッケージのインストール

```
$ cd ~/catkin_ws/src
$ git clone https://github.com/introlab/find-object.git
$ cd ~/catkin_ws/
$ catkin_make
```

また、ROS とは直接関係はないが、find_object_2d パッケージでは OpenCV と Qt ライブラリを使用するため、あらかじめインストールしておく。

```
$ sudo apt-get install libopencv-dev     ←OpenCVのインストール
$ sudo apt-get install libqt4-dev        ←Qtのインストール
```

8.7.4　パッケージの実行

find_object_2d パッケージの説明に従ってパッケージを利用してみる。次に示すコマンドでノードを実行する。

```
$ roscore
```

```
$ rosrun uvc_camera uvc_camera_node
```

その後、もう 1 つのターミナルを開き、以下を入力すると、find_object_2d ノードが実行される。

† 32　http://wiki.ros.org/uvc_camera

```
$ rosrun find_object_2d find_object_2d image:=image_raw
```

検出対象の画像をPNG形式やJPEGなどの一般的な画像ファイル形式で保存しておき、実行したGUIプログラムの上にドラッグ&ドロップする。この例では、図8.24に示している画像を検出に使用する。

find_object_2d　ROS.org

図8.24　検出対象として使用する2枚の画像

実際に物体検出を実行してみよう。図8.24に示している検出対象と、検出対象に登録していない画像を一緒に印刷したものを用意し、カメラで撮影する。検出に成功すると、図8.25に示しているように検出結果が四角で囲まれる。

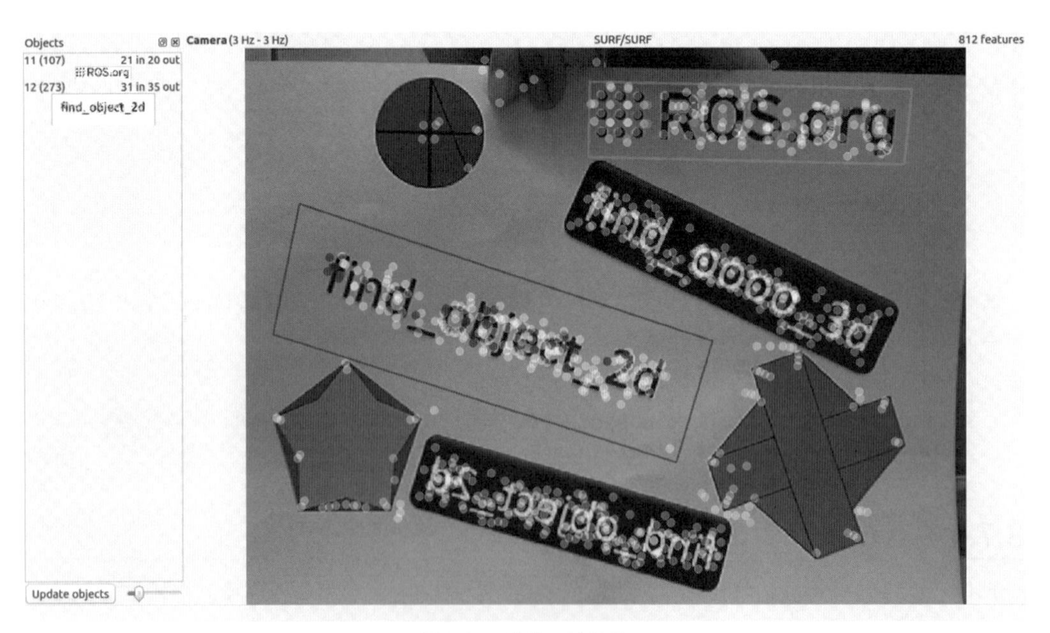

図8.25　物体の検出例

また、ターミナル上で`rostopic echo`コマンドを使用して`/object`トピックのメッセージを確認したり、`print_objects_detected`ノードを実行し、検出された対象の情報を確認することもできる。このパッケージを利用して新しいパッケージを作成するには、検出された座標値をトピックメッセージとして受信するようにする。

```
$ rostopic echo /object
```

```
$ rosrun find_object_2d print_objects_detected
```

ROSパッケージの数は、ROSが広く利用され始めてから急速に増えている。本節で説明したように、必要な機能を有するパッケージを探し出し、利用する方法さえ知っていれば、専門分野でなくとも他人が開発した機能を手軽に利用して目標のアプリケーションを開発できる。これがROSの利点であり、ROSコミュニティの目標である。これにより、それぞれの専門家による幅広い知識を効率的に蓄積、利用でき、ロボット技術の一層の発展が期待できる。

以上、公開されているパッケージの活用方法について述べた。ROS Wikiには、パッケージの使用方法が詳しく説明されているため、パッケージを利用した開発の際には参考にしてほしい。

第9章

組込みシステム

組込みシステムとは、制御が必要なシステムに内蔵され、特定の機能を提供するコンピュータシステムである。

ロボットを構成するハードウェアへのアクセスやリアルタイム制御を実現するために、ロボットでは組込みシステムが用いられる場合が多い。ROSでは、組込みシステムをサポートするために、ROSのメッセージ、トピック、サービスなどをシリアル通信で利用できるrosserialなどを提供している。本章では、組込みシステムの定義から、ROSで利用可能な組込みシステムと組込みボード、rosserialの使い方について説明し、組込みシステムの例としてROSの公式ロボットプラットフォームであるTurtleBot3で採用された組込みシステムボードOpenCRを紹介する。

組込みシステム（Embedded System） **COLUMN**

組込みシステムは、機械やその他の制御が必要なシステムに対し、制御のための特定の機能を提供するコンピュータシステムであり、システムを構成するデバイス内に存在する電子システムである。すなわち、組込みシステムは、デバイス全体の一部として構成され、システムやデバイスの頭脳の役割を担う特殊なコンピュータシステムと定義できる。

9.1 組込みシステムの構成

ロボットが高度な機能を実現するためには、図9.1に示しているように、複数の組込みシステムが使用される。例えば、ロボットのアクチュエータやセンサにはリアルタイム制御に適したマイクロコントローラが使用され、カメラを用いた画像処理やナビゲーションなどには、高性能なプロセッサを搭載したコンピュータが用いられる。

組込みシステムで用いられる制御コンピュータには、図9.2に示すように8ビットのマイクロコントローラから高性能なPCまでさまざまな種類があり、必要な機能にあわせて、適切な性能の組込みシステムを構成する必要がある。ROSを用いるには、PCやARM社のCortex-Aシリーズなどの高性能なCPUとLinuxなどのオペレーティングシステムが必要である。

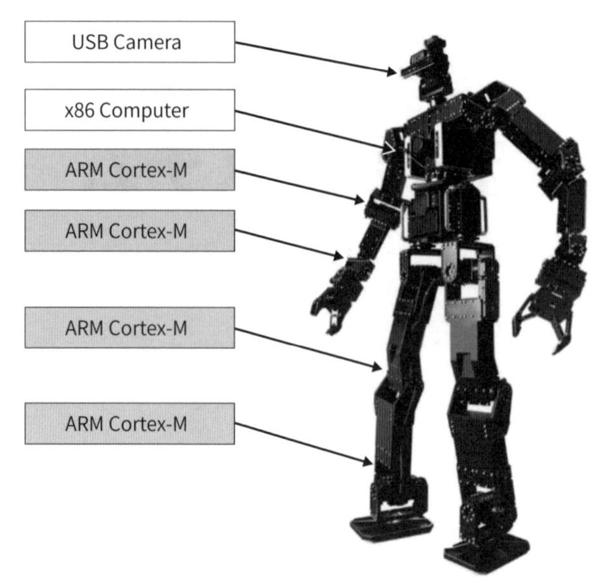

図9.1 ロボットの組込みシステムの構成

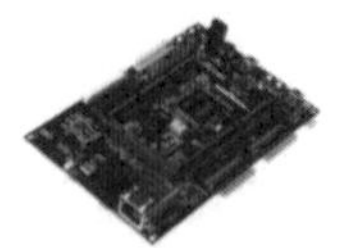

	8/16ビットMCU	32ビットMCU		ARM A-class	x86
		スモール	ビッグ		
チップ例	Atmel AVR	ARM Cortex-M0	ARM Cortex-M7	サムスン Exynos	Intel Core i5
システム例	Arduino Leonardo	Arduino M0 Pro	SAM V71	ODROID	Intel NUC
MIPS	10	100	100	1000	10000
RAM	1～32 KB	32 KB	384 KB	数GB（外部メモリ）	2～16 GB（SODIMM）
最大電力	10 mW	100 mW	100 mW	1000 mW	10000 mW
周辺機器	UART、USB FS、他	USB FS	イーサネット、USB HS	ギガビットイーサネット	USB SS、PCI Express

図9.2 組込みボードの種類

LinuxやWindowsなどの汎用オペレーティングシステムは、そのままではリアルタイム性が保障されないため、アクチュエータやセンサを制御するためには、リアルタイム制御に適したマイクロコントローラが使用される。

図8.1に示したTurtleBot3 Burgerにも、アクチュエータとセンサ制御のためにCortex-M7系のマイクロコントローラが使用されており、LinuxとROSのオペレーティングシステムが

動作する Raspberry Pi 3 ボードと USB で接続される。図 9.3 は、TurtleBot3 のシステム構成を示している。

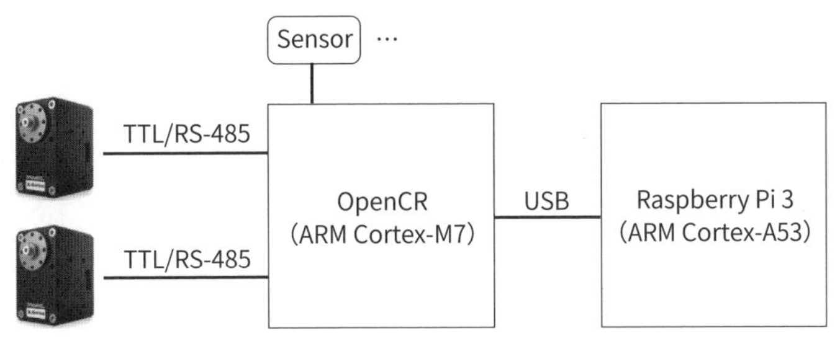

図 9.3　TurtleBot3 の組込みシステムの構成

9.2 OpenCR

OpenCR（Open-source Control Module for ROS）は、ROS をサポートする組込みボードであり、TurtleBot3 のメインコントローラとして使用されている（図 9.4、9.5）。回路、ファームウェア、ガーバーデータ（プリント基板データ）などのハードウェア情報や、TurtleBot3 に実装された OpenCR 用のソースコードも公開されているため、ユーザの好みにあわせてカスタマイズしたり、再配布することができる。

メイン MCU には ST Microelectronics 社製の STM32F746 を採用しており、ARM Cortex-M7 コアを内蔵することで浮動小数点演算をハードウェア的にサポートし、高い性能が必要な機能の実装に適している。

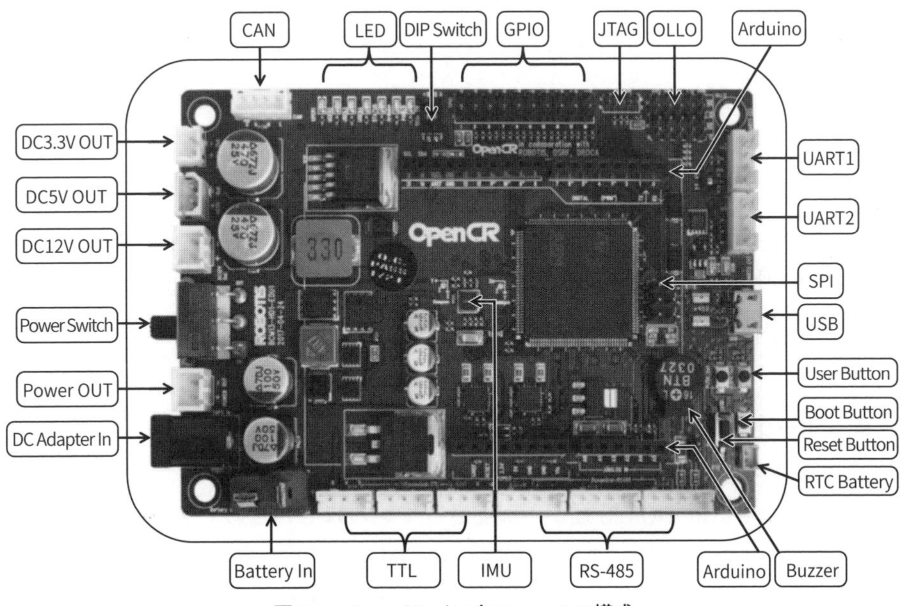

図 9.4　OpenCR インタフェースの構成

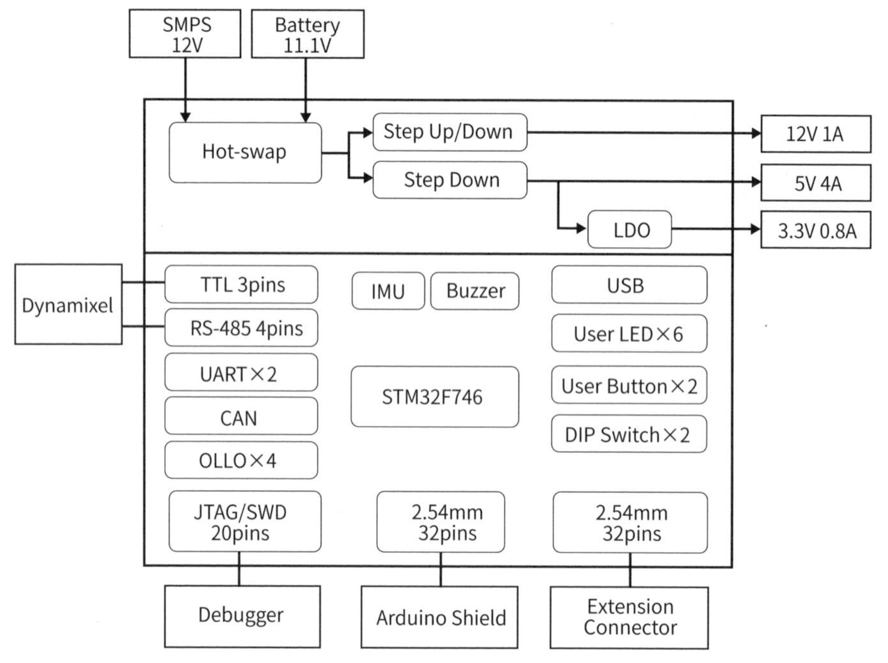

図 9.5 OpenCR ブロックダイアグラム

9.2.1 OpenCR の特徴

高性能マイクロコントローラ

OpenCR が搭載している ST Microelectronics 社の STM32F746 は、ARM 社のマイクロコントローラのなかで最上位級である Cortex-M7 コアを使用し、最大 216 MHz で駆動される高性能のマイクロコントローラである。高速演算が必要なアルゴリズムや、大量のデータを処理する作業も可能である。

Arduino との互換性

OpenCR の主な開発環境は Arduino IDE であり、組込みシステムの開発環境に慣れていない人でも簡単に使用することができる。Arduino UNO のピンヘッダと互換性のあるインタフェースを採用し、従来の Arduino 開発環境で作成されたライブラリとソースコードが使用でき、さまざまなシールドモジュールもほぼ使用可能である。Arduino IDE のボードマネージャを通じて OpenCR ボードが追加、管理されるため、ファームウェアのアップデートも簡単である。

さまざまなインタフェース

ROBOTIS 社製のアクチュエータ Dynamixel の通信インタフェースである TTL と RS-485 の両方をサポートし、ROBOTIS 社から販売されているほとんどのアクチュエータを使用することができる。ほかにも UART/SPI/I2C/CAN 通信インタフェースをサポートするための GPIO も搭載している。また、ボードのデバッグのために JTAG ポートもサポートしており、プロフェッショナルな開発者がSTLinkやJLinkなどのJTAG機器を利用し、ファームウェアを開発、デバッグすることも可能である。

IMUセンサ

ジャイロ／加速度／地磁気センサがすべて内蔵されたMPU-9250チップがボードに組み込まれており、センサを追加せずにさまざまなアプリケーションが開発できる。また、SPI通信でセンサのデータを処理するため、高速な読み取り／書き込みが可能である。

電源の出力

入力電圧は7～24Vであり、12/5/3.3Vを出力する。5Vは4Aの高出力であり、Raspberry Piなどのシングルボートコンピュータの電源としても使用できる。

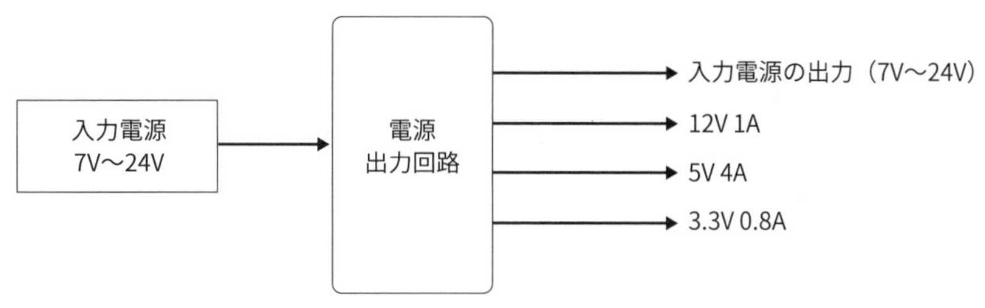

図9.6　出力電源の回路

電源のホットスワップ

バッテリ電源を接続した状態でSMPS（Switched-Mode Power Supply、AC電源をDC電源に変換し、電源を供給する装置）の電源を接続すると、ボードの電源がバッテリ電源からSMPS電源に自動的に切り替わる。また、SMPS電源を切断するとバッテリ電源で動作する。これにより、電源を切らずにバッテリ交換やSMPSへの切り替え作業ができる。

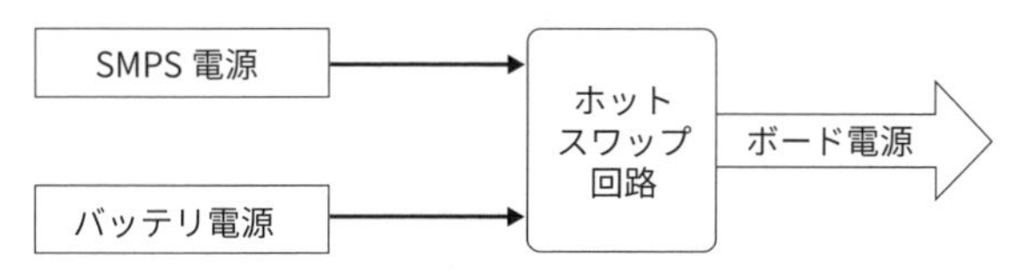

図9.7　ホットスワップの構成

オープンソース

OpenCRボードの製作のためのすべてのデータが公開されている[†1][†2]。ブートローダ、ファームウェアや、ハードウェアの製作に必要なPCBガーバーなどのファイルもGitHub上に公開されている。これにより、ユーザは必要に応じてボードを改良し、製作することができる。

†1　https://github.com/ROBOTIS-GIT/OpenCR
†2　https://github.com/ROBOTIS-GIT/OpenCR-Hardware

9.2.2 OpenCR の仕様

ハードウェア仕様

OpenCR のハードウェア仕様を表 9.1 に示す。

表 9.1 OpenCR のハードウェア仕様

項目	仕様
マイクロコントローラ	STM32F746ZGT6/32-bit ARM Cortex-M7 with FPU（216MHz, 462DMIPS)
センサ	3 軸ジャイロ、3 軸加速度、3 軸地磁気
プログラマ	ARM Cortex 10pin JTAG/SWD connector
	USB Device Firmware Upgrade（DFU)
	USB（仮想 COM ポート）
拡張ピン	32 ピン（L 14, R 18）※ Arduino connectivity
	センサモジュール× 4 ピン
	拡張コネクタ× 18 ピン
通信規格	USB
	TTL（JST 3 ピン /Dynamixel)
	RS-485（JST 4 ピン /Dynamixel)
	UART × 2
	CAN
	SPI
LED ボタン スイッチ	LD2（red/green）: USB communication
	ユーザ LED × 4 : LD3（red), LD4（green), LD5（blue)
	ユーザボタン× 2
	ユーザスイッチ× 2
電源	外部入力ソース
	5 V（USB V バス)、7-24 V（電源 or SMPS)
	デフォルト電源 : LI-PO 11.1V 1,800 mAh 19.98 Wh
	デフォルト SMPS : 12 V 5 A
	外部出力ソース
	12 V@1 A、5 V@4 A、3.3 V@800 mA
	RTC（Real Time Clock) 外部電源接続
	電源 LED: LD1（red, 3.3 V 電源 ON)
	リセットボタン× 1（ボード電源リセット）
	電源 ON/OFF スイッチ× 1
寸法	105（W）× 75（D）mm
質量	60 g

フラッシュメモリマップ

OpenCRのフラッシュメモリのサイズは1MBであり、「ブートローダ」と「Arduinoで使用するEEPROMをエミュレートする領域」および「ファームウェア」で構成されている。Arduinoで使用するEEPROMライブラリを実装するため、フラッシュメモリを利用してエミュレートする。また、EEPROMとして使うとき、フラッシュメモリの書き込み寿命を延ばすために2つのセクタを使用する。

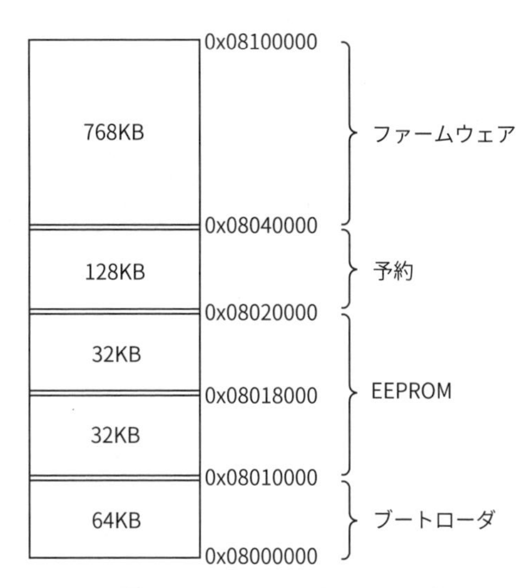

図9.8 フラッシュメモリマップ

IMUセンサ

InvenSense社製のMPU-9250センサが、測定精度を高めるためにOpenCRボードの中央に配置されている。MPU-9250にはジャイロ／加速度／地磁気センサが内蔵されており、ジャイロ／加速度センサと地磁気センサの方向とボードの方向は、それぞれ図9.9、9.10に示すように定義されている。

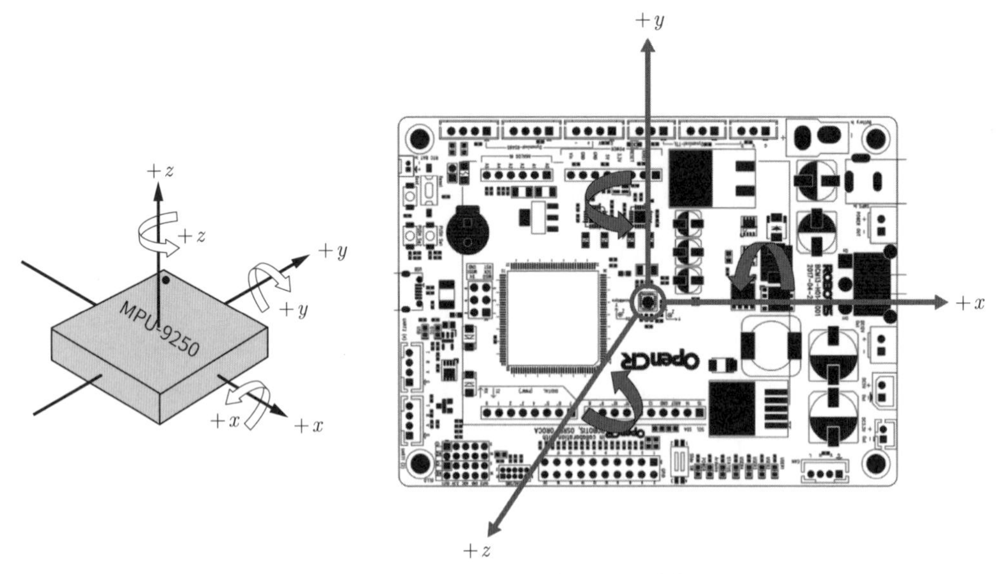

図 9.9 ジャイロ／加速度センサの方向

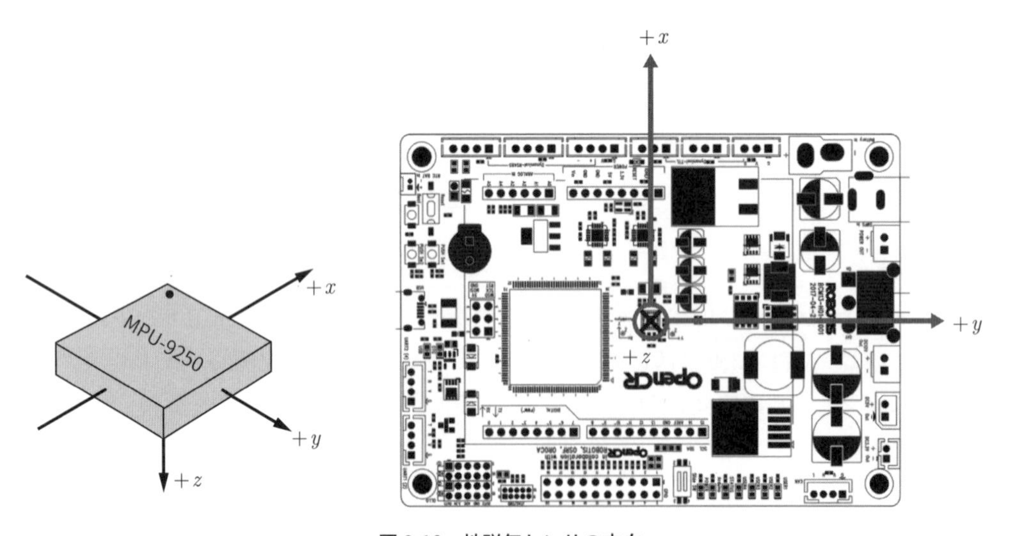

図 9.10 地磁気センサの方向

9.2.3 開発環境の構築

OpenCR の主な開発環境は Arduino IDE である。これにより Arduino に対する互換機能は、提供されているライブラリを用いることで実現できる。OpenCR のインストールから設定までの作業は Arduino IDE を利用して行う。Arduino IDE では、Arduino.cc から配布されているベースソフトウェアや、他のボードのファームウェアをダウンロードするボードマネージャを用いることで、ボードを追加、管理する。以下では、Linux 上で開発環境を構築する手順について述べる。

USB ポートの権限の設定

Arduino IDE で OpenCR にファームウェアをアップロードするためには、USB の管理者アクセス権限を得る必要がある。新しいターミナル（Ctrl キー +Alt キー +"t" キー）を開き、以下のコマンドを入力してポートの権限を変更する。

```
$ wget https://raw.githubusercontent.com/ROBOTIS-GIT/OpenCR/master/99-open
cr-cdc.rules
$ sudo cp ./99-opencr-cdc.rules /etc/udev/rules.d/
$ sudo udevadm control --reload-rules
$ sudo udevadm trigger
```

99-opencr-cdc.rules ファイルには、USB ポートのアクセス権限の変更、モデムとして認識されないようにするオプションが記載されている。Linux ではシリアルデバイスが接続されたとき、モデムデバイスを識別するために特定のコマンドを送信するが、これがボードの利用時に問題となる可能性があるため、その手順を行わないように設定する必要がある。

```
ATTRS{idVendor}=="0483" ATTRS{idProduct}=="5740", ENV{ID_MM_DEVICE_IGNORE}
="1", MODE:="0666"
```

コンパイラの環境の設定

OpenCR で使用している gcc は 32 ビット環境でビルドした実行ファイルを生成するため、64 ビットの OS を使用する場合、32 ビットのライブラリ互換性を追加する。

```
$ sudo apt-get install libncurses5-dev:i386
```

Arduino IDE のインストール

Arduino IDE のダウンロードサイト†3 から最新バージョンの Arduino IDE をダウンロードする。OpenCR は 1.6.12 以降のバージョンでテストされており、現時点の最新バージョンである 1.8.2 で動作を確認している。このバージョン以上の Arduino IDE を使用しても、下位バージョンとの互換性は保持しており、常に最新のバージョンの IDE を使用して問題ない。

最新バージョンをダウンロードし、~/tools フォルダに解凍してインストールを行う。tools フォルダがない場合は、cd ~/ && mkdir tools コマンドで作成する。

以下の説明はバージョン 1.8.2 の例である。

```
$ cd ~/tools/arduino-1.8.2
$ ./install.sh
```

† 3 https://www.arduino.cc/en/Main/Software

シェルの設定ファイルにArduino IDEのパスを追加する。シェルの設定ファイル(.bashrc)をgedit、または他のテキストエディタを利用して編集する。

```
$ gedit ~/.bashrc
```

解凍したパスをPATHに追加し、それがシステムに反映されるように設定ファイルを読み込む。

```
export PATH=$PATH:$HOME/tools/arduino-1.8.2
```

```
$ source ~/.bashrc
```

Arduino IDEの実行

インストールが終了したら、以下のコマンドを入力し、Arduino IDEを実行する。

```
$ arduino
```

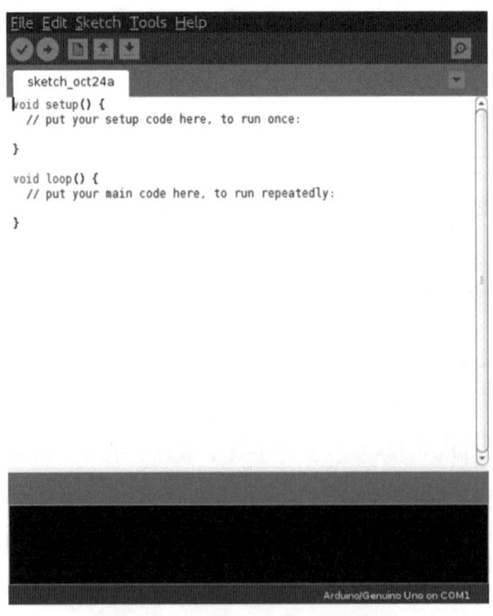

図9.11 Arduino IDE実行画面

OpenCRの設定

インストール後、OpenCRボード用ソフトをダウンロードする。このソフトウェアには、ファームウェアをビルドし、OpenCRにアップロードするためのソースコードが含まれている。Arduino IDEのメニューで「File（ファイル）」→「Preferences（環境設定）」を選択し、図9.12の「Additional Boards Manager URLs（追加のボードマネージャのURL）」の欄に以下のボード設定ファイルのリンクを入力し、「OK」ボタンを押す。

```
https://raw.githubusercontent.com/ROBOTIS-GIT/OpenCR/master/arduino/opencr
_release/package_opencr_index.json
```

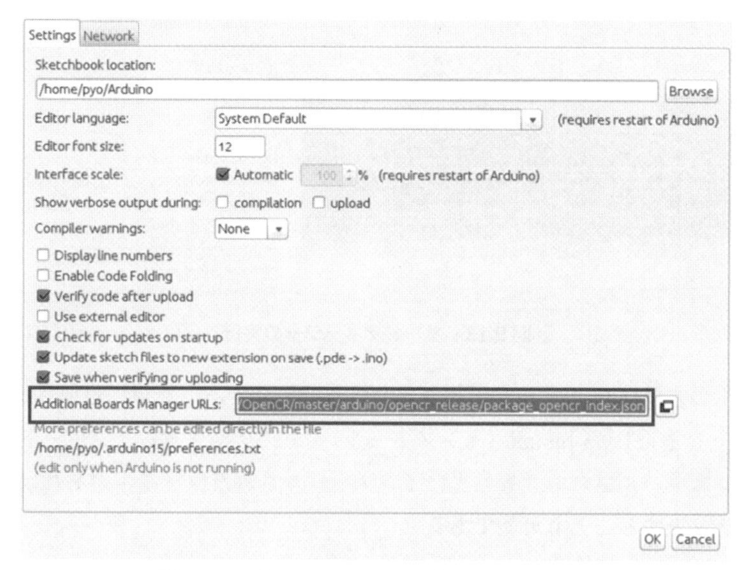

図9.12　ボードマネージャ設定ファイルの入力

リンクを入力した後、図9.13に示すようにArduino IDEのメニューから「Tools（ツール）」→「Board（ボード）」→「Boards Manager（ボードマネージャ）」を選択する。

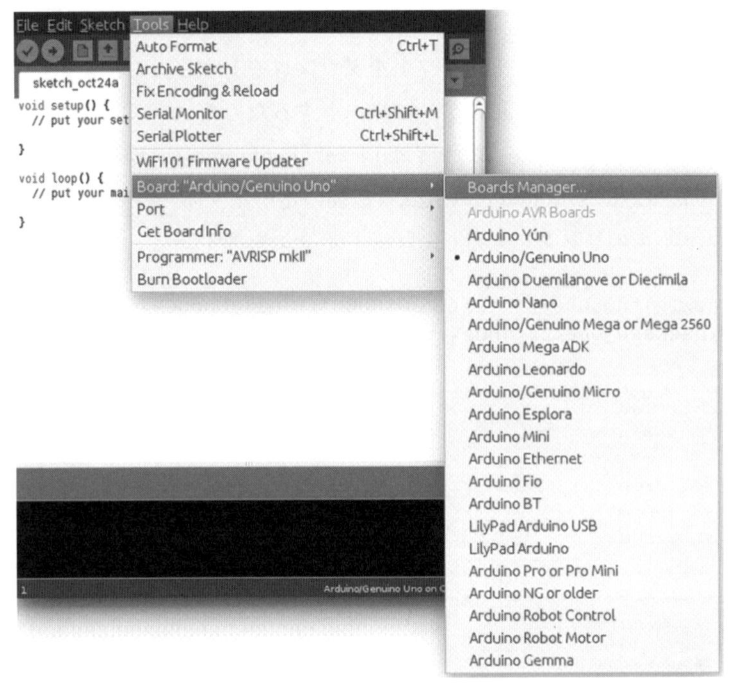

図 9.13 ボードマネージャの実行

ボードリストの末尾に OpenCR が追加されたことを確認する。新規に追加された「OpenCR by ROBOTIS」を選択し、「Install（インストール）」をクリックすると、ボード関連ファイルが自動的にインストールされる。もし先にインストールされたファイルがあれば、それを削除、またはアップデートすることも可能である。

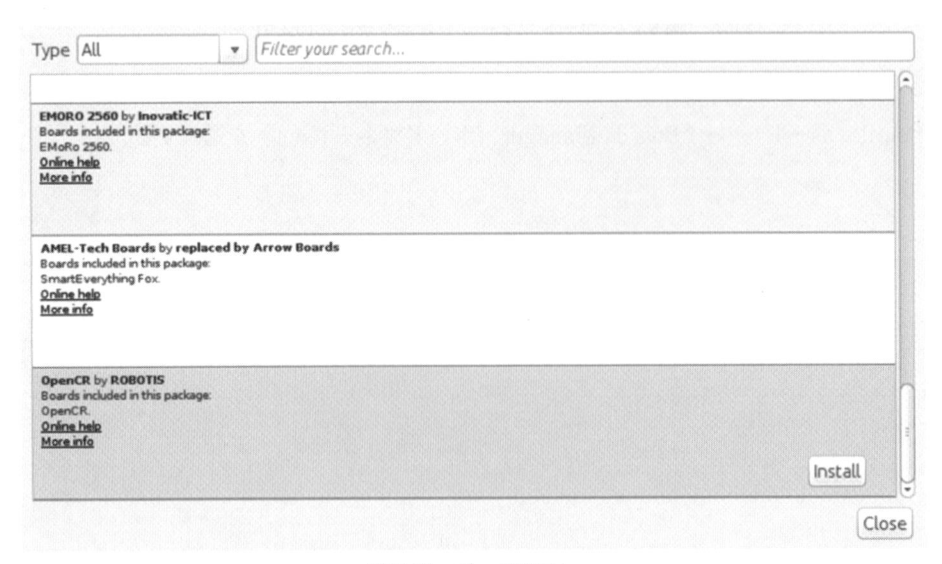

図 9.14 ボードリスト

ここまで、ボードマネージャを用いてOpenCR関連ファイルをインストールした。インストールされたOpenCRファイルを適用するためには、図9.15に示すようにArduino IDEのメニューから「Tools（ツール）」→「Board（ボード）」→「OpenCR Board」を選択する。

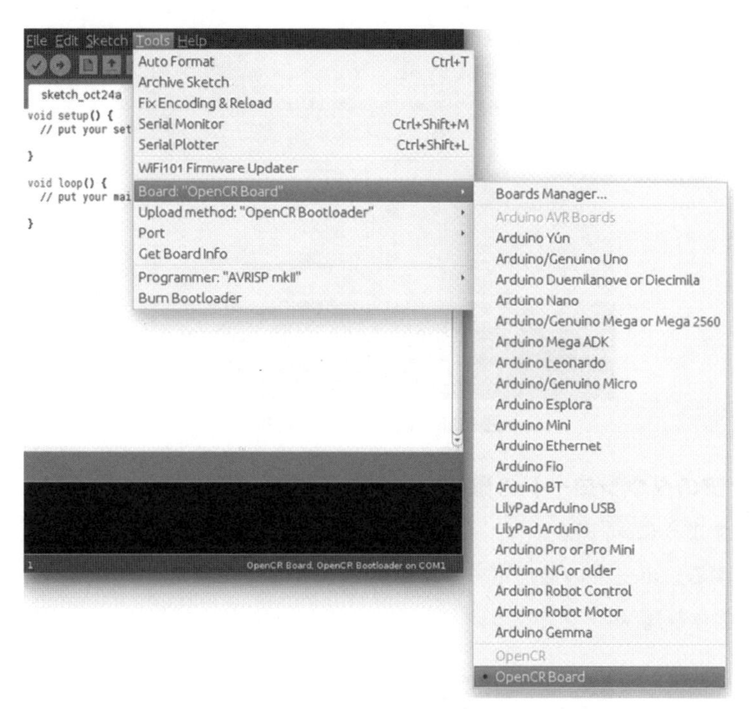

図9.15　ボードの選択

OpenCRボードをPCに接続すると、シリアルデバイスとして認識される。図9.16に示すように、「Tools（ツール）」→「Port（シリアルポート）」で接続されているシリアルポートの名前を選択すると、OpenCRボードが使用できるようになる。

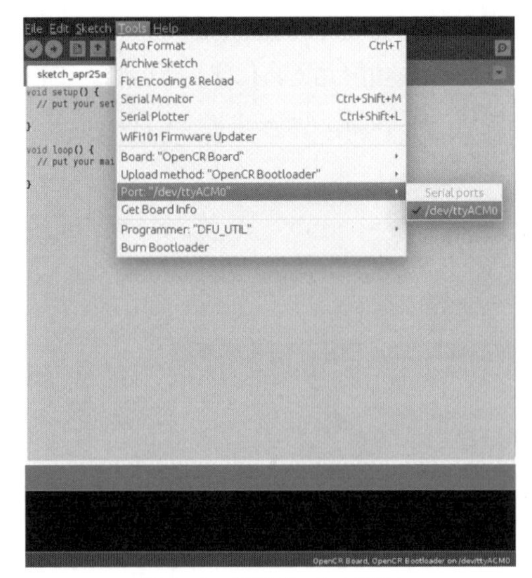

図 9.16　通信ポートの選択

ファームウェアのダウンロードの確認

図9.17に示すように、「File（ファイル）」→「New（新規ファイル）」を選択し、新しいファイルを作成する。ボードの通信ポートを選択し、上端の矢印アイコンの「Upload（マイコンボードに書き込む）」ボタンをクリックしてソースコードをビルドし、アップロードする。

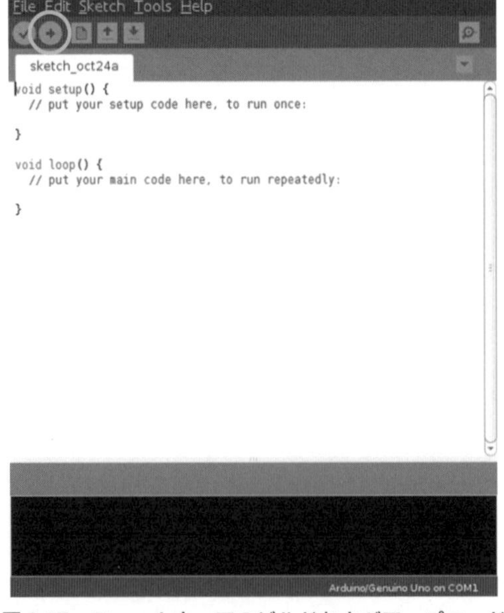

図 9.17　ファームウェアのビルドおよびアップロード

ソースコードのビルドが完了すると、Arduino IDE は OpenCR のダウンローダを呼び出し、作成したファームウェアをダウンロードする。下端のメッセージウィンドウには、次のようなプロセスメッセージが出力され、最後にアップロードしたファームウェアを実行する。

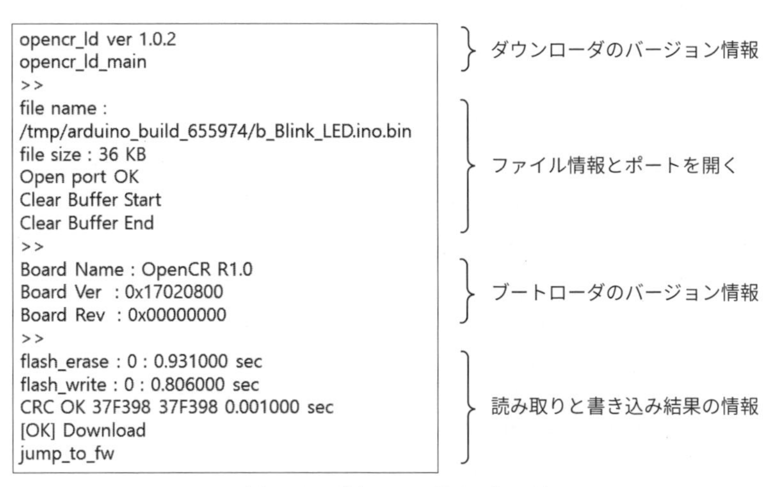

```
opencr_ld ver 1.0.2
opencr_ld_main
>>
file name :
/tmp/arduino_build_655974/b_Blink_LED.ino.bin
file size : 36 KB
Open port OK
Clear Buffer Start
Clear Buffer End
>>
Board Name : OpenCR R1.0
Board Ver  : 0x17020800
Board Rev  : 0x00000000
>>
flash_erase : 0 : 0.931000 sec
flash_write : 0 : 0.806000 sec
CRC OK 37F398 37F398 0.001000 sec
[OK] Download
jump_to_fw
```


図 9.18　ダウンロードメッセージ

ファームウェアの復旧モード

ダウンロードしたファームウェアの動作に問題が発生し、ファームウェアをアップロードすることができない場合、強制的にブートローダを呼び出すと、ファームウェアをアップロードできる。ブートローダを実行するには、図 9.19 に示すようにボード上の「PUSH SW2」ボタンを押した状態で「RESET」ボタンを押す。この状態でファームウェアをアップロードすればよい。

図 9.19　ファームウェア復旧モードの実行

ブートローダのアップデート

OpenCR のブートローダの更新が必要な場合には、STM32F746 に内蔵されたブートローダの DFU 機能を利用する。DFU 機能を利用すれば、JTAG のような機器がなくても、ブートローダの更新が可能である。ブートローダは、ボードの生産工程でダウンロードしてあるため、ユーザが更新することはまれである。PC と OpenCR をつないだ状態で BOOT0 ピンを押しながら「RESET」ボタンを押すと、STM32F746 に内蔵されたブートローダが実行され、DFU モードに変更される。

図 9.20 DFU モードのボタン

DFU モードに変更されたことは、`lsusb` コマンドを用いて確認できる。変更されていれば、図 9.21 に示しているように、USB デバイスリストの中に「STMicroelectronics STM Device in DFU Mode」が表示される。

```
$ lsusb
```

```
$ lsusb
Bus 004 Device 001: ID 1d6b:0003 Linux Foundation 3.0 root hub
Bus 003 Device 001: ID 1d6b:0002 Linux Foundation 2.0 root hub
Bus 002 Device 003: ID 2109:0812 VIA Labs, Inc. VL812 Hub
Bus 002 Device 001: ID 1d6b:0003 Linux Foundation 3.0 root hub
Bus 001 Device 005: ID 046d:c52b Logitech, Inc. Unifying Receiver

Bus 001 Device 020: ID 0483:df11 STMicroelectronics STM Device in DFU Mode

Bus 001 Device 013: ID 05e3:0608 Genesys Logic, Inc. Hub
Bus 001 Device 012: ID 046d:08ce Logitech, Inc. QuickCam Pro 5000
Bus 001 Device 011: ID 0c45:7603 Microdia
Bus 001 Device 010: ID 2109:2812 VIA Labs, Inc. VL812 Hub
Bus 001 Device 007: ID 8087:0a2a Intel Corp.
Bus 001 Device 001: ID 1d6b:0002 Linux Foundation 2.0 root hub
```

図 9.21 DFU デバイスの確認

DFU モードを使用するには、図 9.22 に示すように Arduino IDE メニューから「Tools（ツール）」→「Programmer（書込装置）」→「DFU_UTIL」を選択する。

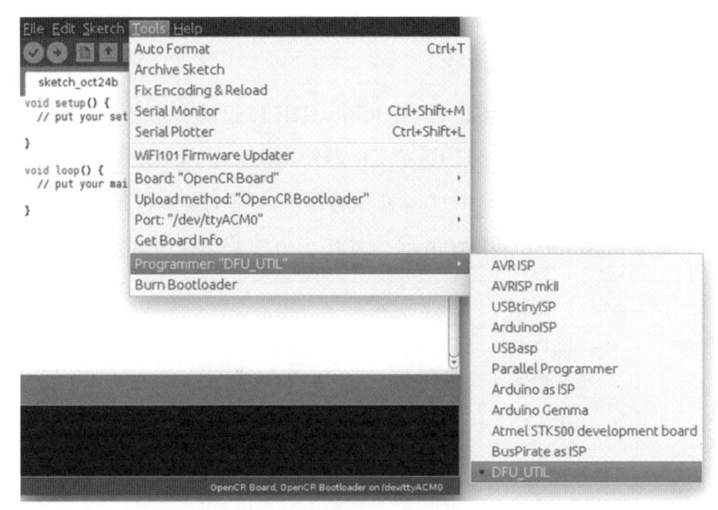

図 9.22　Programmer（書込装置）の選択

プログラムを変更した後、図 9.23 に示すように「Tools（ツール）」→「Burn Bootloader（ブートローダを書き込む）」を選択すると、ブートローダが更新される。アップデートが完了した後、ボードをリセットする。

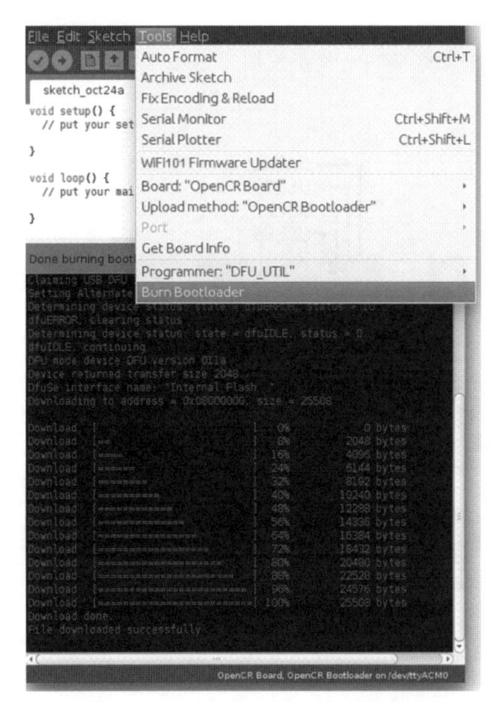

図 9.23　ブートローダのアップデート

9.2.4 OpenCRの使用例

ボードマネージャを用いてOpenCRをArduino IDEに追加すると、「File（ファイル）」→「Examples（スケッチ例）」メニューにOpenCRの使用例のリストが表示される。ここには、ユーザがOpenCRに追加されたハードウェアを制御する方法など、使い方を学習するためのさまざまな例題が用意されている。OpenCRがサポートする主な機能に対する例題を見てみよう。

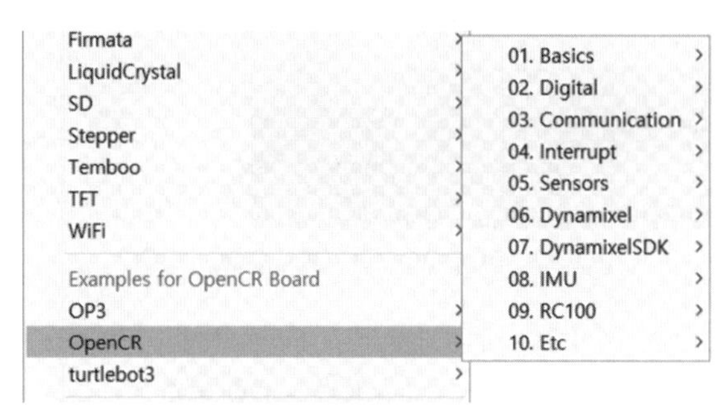

図9.24 OpenCRの例題

LED

OpenCRは図9.25に示すようにユーザが使用できる4個のLEDがある。これらのLEDを使用してみる。

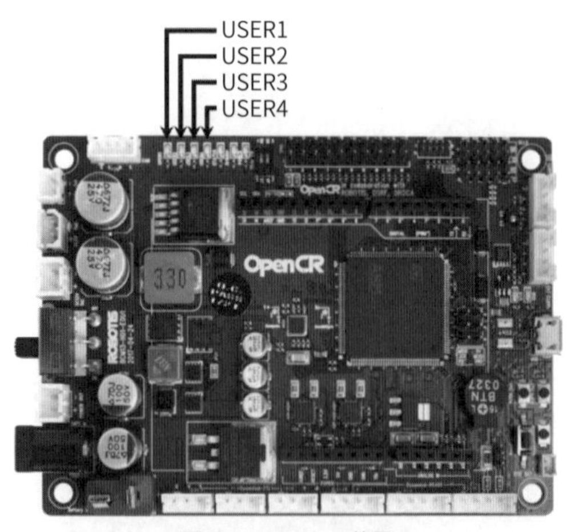

図9.25 LEDの位置

4個のLEDは BDPIN_LED_USER_1 ～ BDPIN_LED_USER_4 で定義されており、次に示す例題では、LEDを順々に点滅させる。

リスト 9.1 blink_led

```
int led_pin = 13;
int led_pin_user[4] = { BDPIN_LED_USER_1, BDPIN_LED_USER_2,
    BDPIN_LED_USER_3, BDPIN_LED_USER_4 };

void setup() {
pinMode(led_pin, OUTPUT);
  pinMode(led_pin_user[0], OUTPUT);
  pinMode(led_pin_user[1], OUTPUT);
  pinMode(led_pin_user[2], OUTPUT);
  pinMode(led_pin_user[3], OUTPUT);
}

void loop() {
  int i;

  digitalWrite(led_pin, HIGH);
  delay(100);
  digitalWrite(led_pin, LOW);
  delay(100);

  for( i=0; i<4; i++ )
  {
    digitalWrite(led_pin_user[i], HIGH);
    delay(100);
  }
  for( i=0; i<4; i++ )
  {
    digitalWrite(led_pin_user[i], LOW);
    delay(100);
  }
}
```

ブザー

OpenCR にはブザーが内蔵されている。Arduino の基本関数である tone() 関数を用いて使用することができ、ブザーが接続されているピンは BDPIN_BUZZER に定義されている。tone() 関数のパラメータは、ピン番号、周波数〔Hz〕、持続時間〔ms〕である。

リスト 9.2 buzzer

```
void setup()
{
}

void loop() {
  tone(BDPIN_BUZZER, 1000, 100);
  delay(200);
}
```

電圧管理

バッテリや SMPS によって入力される電圧を測定できる。getPowerInVoltage() 関数は入力電圧を返し、単位はボルト〔V〕である。

リスト 9.3 read_voltage

```
void setup() {

  Serial.begin(115200);
}

void loop() {
  float voltage;

  voltage = getPowerInVoltage();

  Serial.print("Voltage : ");
  Serial.println(voltage);
}
```

IMU センサ

加速度／ジャイロセンサの測定値を統合し、ボードのロール（Roll）、ピッチ（Pitch）、ヨー（Yaw）値に変換する。cIMU クラスをオブジェクトとして生成し、update() 関数を呼び出すと、定期的に加速度／ジャイロセンサの測定値を読み込み、姿勢を計算する。計算周期は初期設定では 200 Hz であるが、これは変更可能である。

リスト 9.4 read_roll_pich_yaw

```
#include <IMU.h>

cIMU    IMU;

void setup()
{
  Serial.begin(115200);

  IMU.begin();
}

void loop()
{
  static uint32_t pre_time;

  IMU.update();


  if( (millis()-pre_time) >= 50 )
  {
```

```
        pre_time = millis();

        Serial.print(IMU.rpy[0]);
        Serial.print(" ");
        Serial.print(IMU.rpy[1]);
        Serial.print(" ");
        Serial.println(IMU.rpy[2]);
      }
    }
```

Dynamixel SDK

ROBOTIS 社製のアクチュエータ Dynamixel を制御するために、OpenCR では Dynamixel SDK Arduino C++ バージョンが利用できる。Dynamixel SDK Arduino C++ バージョンの使い方は Dynamixel SDK C++ と同じであり、Dynamixel SDK C++ で作成したソースコードを一部変更するだけで Arduino 版に適用することができる。

Dynamixel SDK は ROBOTIS-GIT/DynamixelSDK †4 から入手でき、OpenCR 用に修正したソースコードも用意されている。

Dynamixel SDK の例題の一部は OpenCR ライブラリにも含まれており、Dynamixel SDK のプロトコル 1.0、2.0 をすべてサポートしている（図 9.26、9.27）。

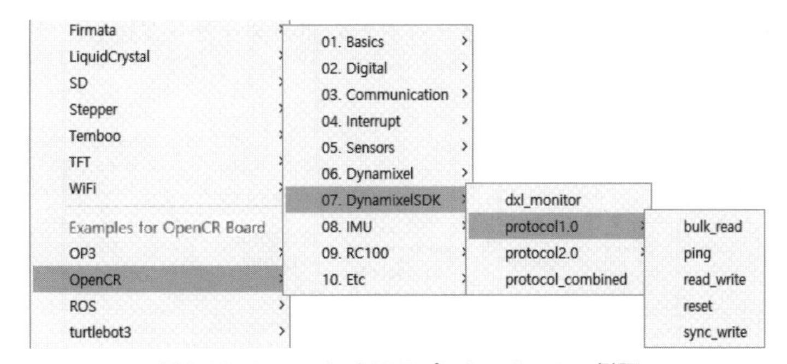

図 9.26　Dynamixel SDK プロトコル 1.0 の例題

†4　https://github.com/ROBOTIS-GIT/DynamixelSDK

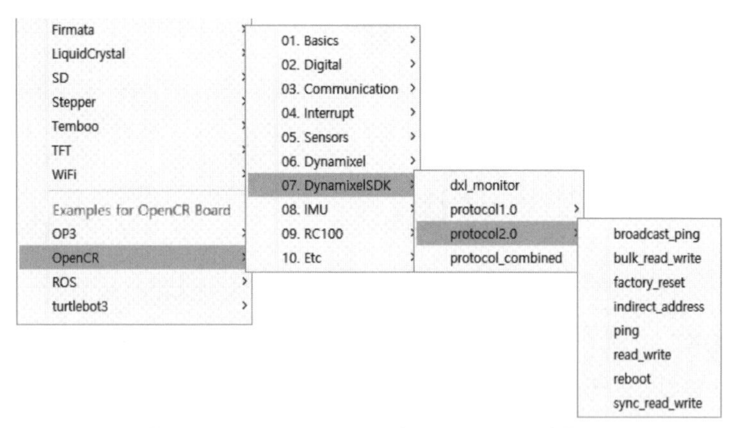

図 9.27 Dynamixel SDK プロトコル 2.0 の例題

9.3 rosserial

rosserial は、ROS のメッセージ、トピックおよびサービスなどを、シリアル通信で使用できるように変換するパッケージである。一般的にはマイクロコントローラでは、ROS の通信に使用する TCP/IP よりも、UART などのシリアル通信が使用される。したがって、マイクロコントローラと ROS が動作するコンピュータとの間のメッセージ通信には、rosserial など両者を仲介するものが必要である。

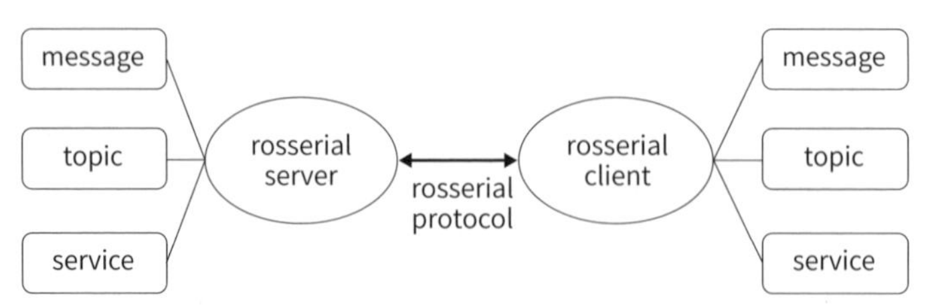

図 9.28 rosserial server と client

ROS が動作する PC は rosserial server になり、PC と接続しているマイクロコントローラは rosserial client になる。server と client は rosserial protocol を利用してデータを送信／受信するため、データが送信／受信できるハードウェアならば利用できる。これにより、マイクロコントローラでよく利用される UART を用いても、ROS メッセージやトピック通信などが利用できるようになる。

例えば、マイクロコントローラに接続されたセンサの値を ADC を用いてデジタル化した後、シリアル通信で転送すると、コンピュータの `rosserial_server` ノードがそれを ROS トピックに変換し、送信する。また、ROS 上でモータの速度制御値をトピック通信で送信すると、`rosserial_server` ノードがこれをシリアル通信でマイクロコントローラに転送し、接続されたモータを直接制御することができる。

シングルボードコンピュータを含む一般的なコンピュータシステムではリアルタイム制御は保障されていないが、このように補助ハードウェアコントローラにマイクロコントローラを利用し、rosserialにより直接データをやり取りできるようにすると、ある程度のリアルタイム性は確保できる。

9.3.1 rosserial server

rosserial protocolを通じ、ROSが動作するPCと組込みシステムとの間を仲介するノードである。このノードは3つのプログラミング言語で実装されている。

rosserial_python

Python言語で実装されており、広く利用されている。

rosserial_server

C++言語で実装されており、性能は向上しているが、`rosserial_python`に比べて若干機能が制約されている。

rosserial_java

Java言語で実装されており、Android SDKなどとともに利用される場合がある。

9.3.2 rosserial client

rosserialのclientのライブラリであり、Arduinoやmbedなどの、シリアル通信を使用しているプラットフォームに移植されている。Arduinoプラットフォームをサポートすることにより、Arduinoをサポートするすべてのボードで使用することができ、ソースコードが公開されているため、他プラットフォームにも簡単に移植することができる。

rosserial_arduino

Arduinoボードで使用するためのライブラリであり、Arduino UNOとLeonardoボードをサポートしているが、ソースを修正すれば他のボードでも利用できる。TurtleBot3で採用されたOpenCRボードでも、`rosserial_arduino`のソースコードの一部を修正して使用している。

rosserial_embeddedlinux

組込みシステム用Linuxで使用可能なライブラリである。

rosserial_windows

Windows OS、Windowsのアプリケーションプログラムとの通信をサポートする。

rosserial_mbed

組込みシステム開発環境であるmbedプラットフォームをサポートする。

rosserial_tivac

TI社製Launchpadボードで使用するためのライブラリである。

9.3.3 rosserial protocol

rosserial serverとrosserial clientは、シリアル通信におけるパケット形式でデータを送受信する。rosserial protocolはバイト単位で定義されており、パケットの同期およびデータ検証のための情報が含まれる。

パケットの構成

rosserialパケットは、ROSの標準メッセージデータを送受信するために追加されたヘッダ部とメッセージデータからなり、それぞれチェックサムによって有効性が検証される。

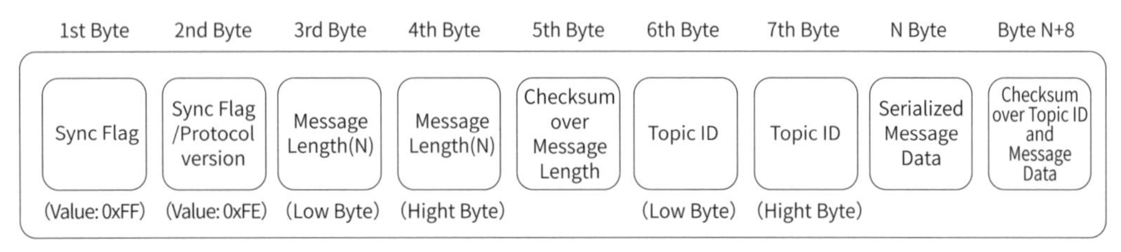

図9.29 rosserialパケットの構成

Sync Flag

パケットが始まる位置を示すヘッダであり、値は常に0xFFである。

Sync Flag/Protocol version

プロトコルのバージョンを示し、ROS Groovyの場合は0xFF、ROS Hydro、Indigo、Jade、Kineticでは0xFEである。

Message Length

パケットによって転送されるメッセージデータの長さを示すヘッダであり、2バイトで構成される。Lowバイトが先に転送され、続いてHighバイトが転送される。

Checksum over Message Length

メッセージの長さを示すヘッダの有効性を検証するためのチェックサムであり、以下のように計算される。

```
255 - (Message Length Low Byte + Message Length High Byte) % 256
```

Topic ID

2バイトで構成され、メッセージの型を区別するためのIDとして使用される。Topic ID 0～100番まではシステム関数のために予約されている。システムで使用される主なTopic IDは次のように決められており、これは`rosserial_msgs/TopicInfo`で確認することができる。

```
uint16 ID_PUBLISHER=0
uint16 ID_SUBSCRIBER=1
uint16 ID_SERVICE_SERVER=2
uint16 ID_SERVICE_CLIENT=4
uint16 ID_PARAMETER_REQUEST=6
uint16 ID_LOG=7
uint16 ID_TIME=10
uint16 ID_TX_STOP=11
```

Serialized Message Data

送受信メッセージをシリアル形式で転送するためのデータである。

Checksum over Topic ID and Message Data

Topic IDとメッセージデータの有効性を検証するためのチェックサムであり、次のように計算される。

```
255 - (Topic ID Low Byte + Topic ID High Byte + data byte values) % 256
```

クエリパケット

rosserial serverが実行されると、clientにトピック名とトピック型などの情報をクエリパケットにより要求する。クエリパケットは、Topic IDが0であり、データサイズは0である。つまり、クエリパケットのデータは、以下のようになる。

```
0xff 0xfe 0x00 0x00 0xff 0x00 0x00 0xff
```

クエリパケットを受信したclientは、以下の内容を含んだメッセージをserverに送信し、serverはこの情報に基づいてメッセージを送受信する。

```
uint16 topic_id
string topic_name
string message_type
string md5sum
int32 buffer_size
```

9.3.4 rosserialにおける制約

rosserialを利用してROSの標準メッセージを送受信することができるが、組込みシステムのハードウェアの制約のため、rosserialを使用してもある程度の違いが生じる。rosserialを利用したノードを作成する際には、このような制約を考慮する必要がある。

メモリ制約

組込みシステムに使用されるマイクロコントローラは、利用可能なメモリが制限されており、一般的なPCに比べてかなり容量が小さい。したがって、メモリ容量を考慮し、使用するパブリッシャ、サブスクライバの個数と、送信／受信バッファのサイズを事前に決定しておく必要がある。送信／受信バッファのサイズを超えるメッセージのデータは、送信／受信されないため注意が必要である。

Float64

rosserial clientで`rosserial_arduino`を使用する場合、Arduinoボードに使用されたマイクロコントローラは、64ビットの実数演算をサポートしないため、ライブラリを作成する際に自動的に32ビット型に変更する。もし64ビット実数演算をサポートする場合、`make_libraries.py`でデータ型変換部を修正すればよい。

Strings

マイクロコントローラのメモリ制限のため、文字列データを`String`メッセージ内に格納せず、外部で定義された文字列データのポインタ値のみをメッセージに格納する。したがって、`String`メッセージを使用するには以下のような手順が必要である。

```
std_msgs::String str_msg;
unsigned char hello[13] = "hello world!";
str_msg.data = hello;
```

Arrays

`String`と同様に、メモリの制約によって配列データに対するポインタを使用すると、配列のサイズを知ることができない。したがって、配列のサイズに関する情報を追加する。

通信速度

UARTでは115,200 bpsなどの通信速度を用いると、メッセージ数が多くなると応答および処理が遅くなる場合がある。しかし、OpenCRではUSBを利用した仮想のシリアル通信を利用して、高速通信が可能である。

9.3.5 rosserialのインストール

rosserialを使用するには、ROSに必要なパッケージをインストールし、使用するデバイスのプラットフォーム用のclientライブラリを使用する。次の手順に従ってパッケージをインストールし、Arduinoプラットフォームを利用する。

パッケージのインストール

次のコマンドを用いてrosserialとArduino系パッケージをインストールする。その他のパッケージとして`ros-kinetic-rosserial-windows`、`ros-kinetic-rosserial-xbee`、`ros-kinetic-rosserial-embeddedlinux`などがあるが、これらは必要な場合にインストールする。

```
$ sudo apt-get install ros-kinetic-rosserial ros-kinetic-rosserial-server
ros-kinetic-rosserial-arduino
```

ライブラリの生成

Arduinoで使用するには、Arduino用のrosserialライブラリを作成する必要がある。次のように、Arduino IDEの個人フォルダのライブラリフォルダに移動し、すでに生成されているライブラリがある場合には削除する。rosserial_arduinoパッケージのmake_libraries.pyを実行してros_libを生成する。ただし、TurtleBot3にはros_libがすでにライブラリとして追加されているため、TurtleBot3を使用している場合には以下のコマンドは行う必要はない。

```
$ cd ~/Arduino/libraries/
$ rm -rf ros_lib
$ rosrun rosserial_arduino make_libraries.py
```

通信ポートの変更

Arduino ROSライブラリを生成した際、デフォルトで設定されている通信ポートを使用するようになっている。一般的なArduinoボードの場合、HardwareSerialクラスのSerialオブジェクトを使用するようになっているため、通信ポートを変更するには生成されたライブラリのソースを修正する必要がある。ライブラリフォルダのros.hファイルの内容を見ると、ArduinoHardwareクラスを使用してNodeHandleを定義している。したがって、使用するポートのハードウェアの機能をArduinoHardwareクラスで変更すればよい。

```
$ cd ros_lib
$ gedit ros.h
```

リスト9.5　ros.h

```
#include "ros/node_handle.h"
#include "ArduinoHardware.h"

namespace ros
{
  /* Publishers, Subscribers, Buffer Sizes */
  typedef NodeHandle_<ArduinoHardware, 25, 25, 1024, 1024> NodeHandle;
}
```

OpenCRの場合、ArduinoHardware.hファイルでSERIAL_CLASSはUSBSerialに変更し、USBで通信できるようにしてある。別のポートに変更する場合は、シリアルポートクラスとオブジェクトを変更すればよい。

```
$ gedit ArduinoHardware.h
```

リスト 9.6　ArduinoHardware.h

```
#define SERIAL_CLASS USBSerial
(中略)
class ArduinoHardware
{
  iostream = &Serial;
  (中略)
}
```

9.3.6　rosserial の使用例

OpenCR では rosserial ライブラリと OpenCR を利用した rosserial の使用例を提供している。図 9.30 に示すように、LED や Button などの入出力の例から、IMU センサを使用した例まで提供されており、今後も継続的に追加される予定である。

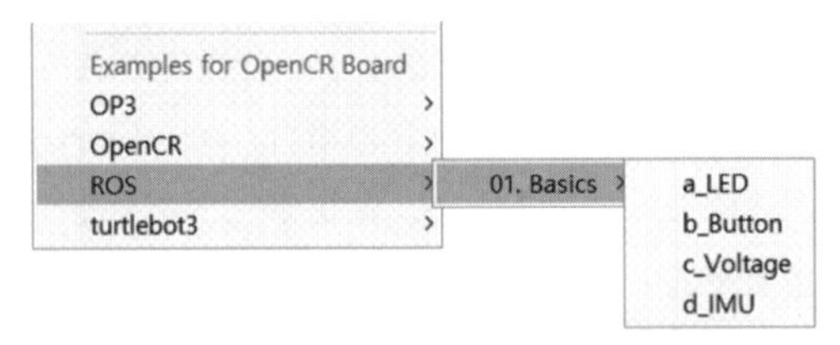

図 9.30　OpenCR 用 rosserial の使用例

次に紹介する例を実行するには、先に `roscore` を実行しておく必要がある。

LED

4 個の LED に対し、ROS 標準データ型である `std_msgs/Byte` を利用して `led_out` サブスクライバを定義する。サブスクライバのコールバック関数が呼び出されると、渡されたメッセージの値の 0 ～ 3 番目のビットに該当する LED を、ビットが 1 のときにオン、0 のときにオフにする。

リスト 9.7　a_LED.ino

```
#include <ros.h>
#include <std_msgs/String.h>
#include <std_msgs/Byte.h>

int led_pin_user[4] = { BDPIN_LED_USER_1, BDPIN_LED_USER_2,
    BDPIN_LED_USER_3, BDPIN_LED_USER_4 };

ros::NodeHandle  nh;
```

```
void messageCb( const std_msgs::Byte& led_msg) {
  int i;

  for (i=0; i<4; i++)
  {
    if (led_msg.data & (1<<i))
    {
      digitalWrite(led_pin_user[i], LOW);
    }
    else
    {
      digitalWrite(led_pin_user[i], HIGH);
    }
  }
}

ros::Subscriber<std_msgs::Byte> sub("led_out", messageCb );

void setup() {
  pinMode(led_pin_user[0], OUTPUT);
  pinMode(led_pin_user[1], OUTPUT);
  pinMode(led_pin_user[2], OUTPUT);
  pinMode(led_pin_user[3], OUTPUT);

  nh.initNode();
  nh.subscribe(sub);
}

void loop() {
  nh.spinOnce();
}
```

作成したファームウェアをArduino IDEを用いてアップロードし、次に示すように`rosserial_python`を利用してrosserial serverを実行する。OpenCRを認識したUSBデバイス名が以下と異なる場合、`_port:=/dev/ttyACM0`の部分を修正して実行する。これにより、rosserial serverとOpenCRのclientの間でUSBを通してパケット通信を行い、メッセージを送受信する。

```
$ rosrun rosserial_python serial_node.py __name:=opencr _port:=/dev/ttyACM
0 _baud:=115200
[INFO] [1495609829.326019]: ROS Serial Python Node
[INFO] [1495609829.336151]: Connecting to /dev/ttyACM0 at 115200 baud
[INFO] [1495609831.454144]: Note: subscribe buffer size is 1024 bytes
[INFO] [1495609831.454994]: Setup subscriber on led_out [std_msgs/Byte]
```

新しいターミナルを開き、`rostopic list`を用いて`led_out`トピックが登録されているかを確認する。

```
$ rostopic list
/diagnostics
/led_out
/rosout
/rosout_agg
```

rostopic pub を用いて led_out に値を入力すると、LED が動作する。

```
$ rostopic pub -1 led_out std_msgs/Byte 1     ←USER1 LED On
$ rostopic pub -1 led_out std_msgs/Byte 2     ←USER2 LED On
$ rostopic pub -1 led_out std_msgs/Byte 4     ←USER3 LED On
$ rostopic pub -1 led_out std_msgs/Byte 8     ←USER4 LED On
$ rostopic pub -1 led_out std_msgs/Byte 0     ←LED Off
```

Button

LED の例と同じように std_msgs/Byte データ型を使用するが、OpenCR ボードのボタン入力を server 側に送るためにパブリッシャに Button を宣言する。OpenCR ボードの SW1/SW2 ボタンの状態を一定周期でパブリッシュする。リスト 9.8 に示す例では 50 ms ごとに送信する。

リスト 9.8 b_Button.ino

```
#include <ros.h>
#include <std_msgs/Byte.h>

ros::NodeHandle nh;

std_msgs::Byte button_msg;
ros::Publisher pub_button("button", &button_msg);

void setup()
{
  nh.initNode();
  nh.advertise(pub_button);

  pinMode(BDPIN_PUSH_SW_1, INPUT);
  pinMode(BDPIN_PUSH_SW_2, INPUT);
}

void loop()
{
  uint8_t reading = 0;
  static uint32_t pre_time;


  if (digitalRead(BDPIN_PUSH_SW_1) == HIGH)
  {
    reading |= 0x01;
```

```
    }
    if (digitalRead(BDPIN_PUSH_SW_2) == HIGH)
    {
      reading |= 0x02;
    }

    if (millis()-pre_time >= 50)
    {
      button_msg.data = reading;
      pub_button.publish(&button_msg);
      pre_time = millis();
    }

    nh.spinOnce();
  }
```

Buttonの例をOpenCRボードにアップロードし、PCで`rosserial_python`を実行すると、`button`パブリッシャが設定されたことを示すメッセージが出力される。

```
$ rosrun rosserial_python serial_node.py __name:=opencr _port:=/dev/ttyACM
0 _baud:=115200
[INFO] [1495609931.875745]: ROS Serial Python Node
[INFO] [1495609931.885488]: Connecting to /dev/ttyACM0 at 115200 baud
[INFO] [1495609934.000344]: Note: publish buffer size is 1024 bytes
[INFO] [1495609934.001180]: Setup publisher on button [std_msgs/Byte]
```

ここで、`rostopic list`を用いて`button`トピックがパブリッシュされているかを確認する。

```
$ rostopic list
/button
/diagnostics
/rosout
/rosout_agg
```

新しいターミナルを開き、以下に示すコマンドを入力すると、パブリッシュされる`button`の値を確認できる。

```
$ rostopic echo button
data: 1
---
data: 1
---
data: 1
---
data: 1
---
data: 1
```

入力電圧の測定

図9.31に示すように、入力電圧に対して分圧回路で電圧を下げ、ADCを使用して測定することができる。抵抗分割の法則に基づき、以下の例でADCに入力される出力電圧は、V_{out} = 入力電圧 × (10/57) である。OpenCRでは`getPowerInVoltage()`関数で電圧を測定できる。

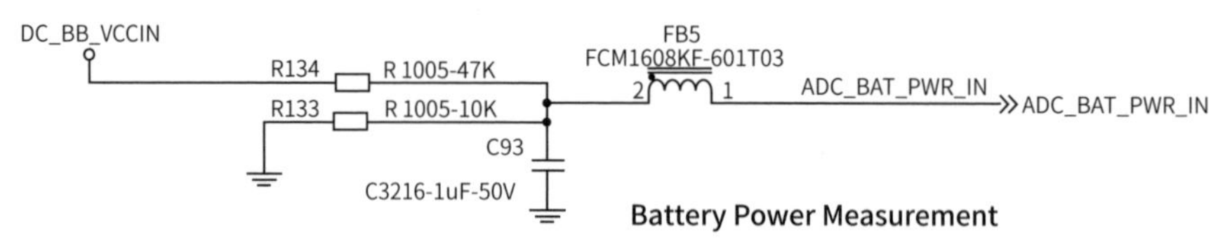

図9.31　電圧を測定する回路

入力電圧を測定する例題では、正確な電圧値を表現するために`std_msgs/Float32`データ型を使用する。ここではトピック名`voltage`でパブリッシャを宣言し、50 msごとに入力電圧を測定しパブリッシュする。

リスト9.9　c_Voltage.ino

```
#include <ros.h>
#include <std_msgs/Float32.h>

ros::NodeHandle nh;

std_msgs::Float32 voltage_msg;
ros::Publisher pub_voltage("voltage", &voltage_msg);

void setup()
{
  nh.initNode();
  nh.advertise(pub_voltage);
}

void loop()
{
  static uint32_t pre_time;


  if (millis()-pre_time >= 50)
  {
    voltage_msg.data = getPowerInVoltage();
    pub_voltage.publish(&voltage_msg);
    pre_time = millis();
  }

  nh.spinOnce();
}
```

次に示すコマンドで rosserial server を実行する。

```
$ rosrun rosserial_python serial_node.py __name:=opencr _port:=/dev/ttyACM
0 _baud:=115200
[INFO] [1495609160.098041]: ROS Serial Python Node
[INFO] [1495609160.108219]: Connecting to /dev/ttyACM0 at 115200 baud
[INFO] [1495609162.224307]: Note: publish buffer size is 1024 bytes
[INFO] [1495609162.225184]: Setup publisher on voltage [std_msgs/Float32]
```

新しいターミナルを開き、rostopic を用いて voltage のトピック値を出力すると、OpenCR に入力される電圧の値を確認できる。

```
$ rostopic echo voltage
data: 12.1300001144
---
data: 12.1099996567
---
data: 12.1300001144
---
data: 12.1099996567
```

IMU

IMU センサを使用するため、ROS の標準メッセージ型である sensor_msgs/Imu を使用する。次に示す例では、IMU センサライブラリで計算された位置姿勢を sensor_msgs/Imu メッセージ型に変換してパブリッシュする。IMU センサの基準となる tf を base_link に生成し、base_link と IMU センサに取り付けられた imu_link の間の位置姿勢の変化を出力する

リスト 9.10 d_IMU.ino

```
#include <ros.h>
#include <sensor_msgs/Imu.h>
#include <tf/tf.h>
#include <tf/transform_broadcaster.h>

#include <IMU.h>


ros::NodeHandle nh;

sensor_msgs::Imu imu_msg;
ros::Publisher imu_pub("imu", &imu_msg);


geometry_msgs::TransformStamped tfs_msg;
tf::TransformBroadcaster tfbroadcaster;

cIMU imu;
```

```
void setup()
{
  nh.initNode();
  nh.advertise(imu_pub);
  tfbroadcaster.init(nh);

  imu.begin();
}

void loop()
{
  static uint32_t pre_time;

  imu.update();

  if (millis()-pre_time >= 50)
  {
    pre_time = millis();

    imu_msg.header.stamp    = nh.now();
    imu_msg.header.frame_id = "imu_link";

    imu_msg.angular_velocity.x = imu.gyroData[0];
    imu_msg.angular_velocity.y = imu.gyroData[1];
    imu_msg.angular_velocity.z = imu.gyroData[2];
    imu_msg.angular_velocity_covariance[0] = 0.02;
    imu_msg.angular_velocity_covariance[1] = 0;
    imu_msg.angular_velocity_covariance[2] = 0;
    imu_msg.angular_velocity_covariance[3] = 0;
    imu_msg.angular_velocity_covariance[4] = 0.02;
    imu_msg.angular_velocity_covariance[5] = 0;
    imu_msg.angular_velocity_covariance[6] = 0;
    imu_msg.angular_velocity_covariance[7] = 0;
    imu_msg.angular_velocity_covariance[8] = 0.02;

    imu_msg.linear_acceleration.x = imu.accData[0];
    imu_msg.linear_acceleration.y = imu.accData[1];
    imu_msg.linear_acceleration.z = imu.accData[2];
    imu_msg.linear_acceleration_covariance[0] = 0.04;
    imu_msg.linear_acceleration_covariance[1] = 0;
    imu_msg.linear_acceleration_covariance[2] = 0;
    imu_msg.linear_acceleration_covariance[3] = 0;
    imu_msg.linear_acceleration_covariance[4] = 0.04;
    imu_msg.linear_acceleration_covariance[5] = 0;
    imu_msg.linear_acceleration_covariance[6] = 0;
    imu_msg.linear_acceleration_covariance[7] = 0;
    imu_msg.linear_acceleration_covariance[8] = 0.04;

    imu_msg.orientation.w = imu.quat[0];
    imu_msg.orientation.x = imu.quat[1];
    imu_msg.orientation.y = imu.quat[2];
```

```
    imu_msg.orientation.z = imu.quat[3];

    imu_msg.orientation_covariance[0] = 0.0025;
    imu_msg.orientation_covariance[1] = 0;
    imu_msg.orientation_covariance[2] = 0;
    imu_msg.orientation_covariance[3] = 0;
    imu_msg.orientation_covariance[4] = 0.0025;
    imu_msg.orientation_covariance[5] = 0;
    imu_msg.orientation_covariance[6] = 0;
    imu_msg.orientation_covariance[7] = 0;
    imu_msg.orientation_covariance[8] = 0.0025;

    imu_pub.publish(&imu_msg);

    tfs_msg.header.stamp    = nh.now();
    tfs_msg.header.frame_id = "base_link";
    tfs_msg.child_frame_id  = "imu_link";
    tfs_msg.transform.rotation.w = imu.quat[0];
    tfs_msg.transform.rotation.x = imu.quat[1];
    tfs_msg.transform.rotation.y = imu.quat[2];
    tfs_msg.transform.rotation.z = imu.quat[3];

    tfs_msg.transform.translation.x = 0.0;
    tfs_msg.transform.translation.y = 0.0;
    tfs_msg.transform.translation.z = 0.0;

    tfbroadcaster.sendTransform(tfs_msg);
  }

  nh.spinOnce();
}
```

これをOpenCRボードにアップロードした後、以下に示すコマンドを用いてrosserial serverを実行すると、imuトピックとtfがパブリッシュされる。

```
$ rosrun rosserial_python serial_node.py __name:=opencr _port:=/dev/ttyACM
0 _baud:=115200
[INFO] [1495611663.941723]: ROS Serial Python Node
[INFO] [1495611663.946220]: Connecting to /dev/ttyACM0 at 115200 baud
[INFO] [1495611666.075668]: Note: publish buffer size is 1024 bytes
[INFO] [1495611666.076638]: Setup publisher on imu [sensor_msgs/Imu]
[INFO] [1495611666.146240]: Setup publisher on /tf [tf/tfMessage]
```

新しいターミナルを開き、rostopicでimuトピックを確認する。

```
$ rostopic echo /imu
header:
  seq: 686
  stamp:
```

```
    secs: 1495611700
    nsecs: 369472074
  frame_id: imu_link
orientation:
  x: 0.0232326872647
  y: -0.0115436725318
  z: -4.04381135013e-05
  w: 0.999659180641
orientation_covariance: [0.0024999999441206455, 0.0, 0.0, 0.0, 0.002499999
9441206455, 0.0, 0.0, 0.0, 0.0024999999441206455]
angular_velocity:
  x: 0.0
  y: 0.0
  z: 0.0
angular_velocity_covariance: [0.019999999552965164, 0.0, 0.0, 0.0, 0.01999
9999552965164, 0.0, 0.0, 0.0, 0.019999999552965164]
linear_acceleration:
  x: 370.0
  y: 754.0
  z: 16228.0
linear_acceleration_covariance: [0.03999999910593033, 0.0, 0.0, 0.0, 0.039
99999910593033, 0.0, 0.0, 0.0, 0.03999999910593033]
---
```

IMU データを GUI で確認する場合には RViz を利用する。

```
$ rviz
```

図 9.32 に示すように、RViz の Displays 画面で「Global Options」→「Fixed Frame」→「base_link」を選択する。その後、Displays 画面の下端に位置している「Add」をクリックし、新しいディスプレイとして「Axes」を追加し、「Reference Frame」→「imu_link」を選択すると、画面上で OpenCR の姿勢を確認することができる。

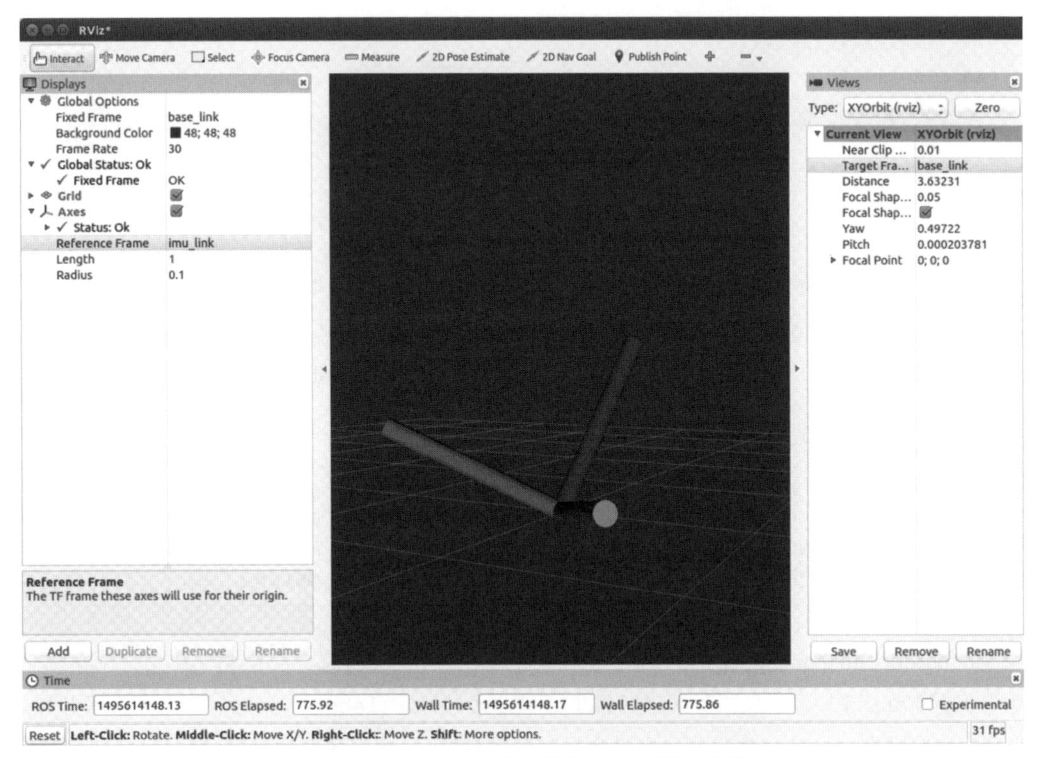

図 9.32　RViz 上で IMU で計測された姿勢を確認

9.4 TurtleBot3 ファームウェア

OpenCR は TurtleBot3 のための rosserial ライブラリを基本的に内蔵しており、例題として TurtleBot3 のファームウェアをダウンロードすることができる。例題ファイルはソースコード形式であるため、ユーザが自由に修正できる。TurtleBot3 関連のファームウェアは、Arduino IDE のボードマネージャを通じて配布されている。ボードマネージャのバージョンが変更された場合、アップデートを行い、最新のファームウェアをダウンロードする。

9.4.1 TurtleBot3 Burger のファームウェア

TurtleBot3 Burger 用ファームウェアは、図 9.33 に示すように、Arduino IDE で「File（ファイル）」→「Examples（スケッチ例）」→「turtlebot3」→「turtlebot3_burger」→「turtlebot3_core」を選択し、「Upload（マイコンボードに書き込む）」ボタンをクリックしてアップロードできる。

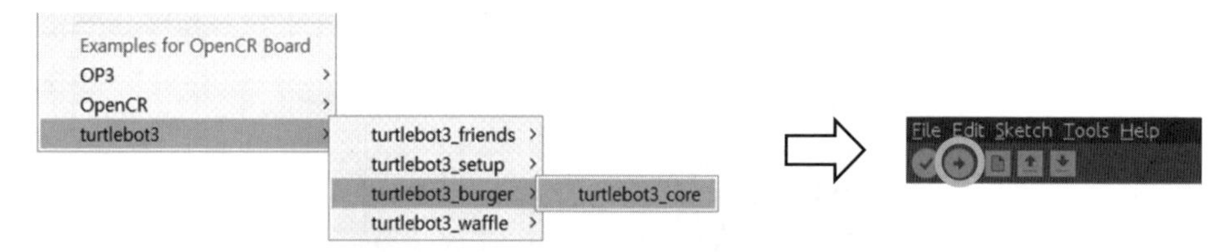

図 9.33　TurtleBot3 Burger のファームウェア

TurtleBot3 Burger と Waffle はアクチュエータ Dynamixel の取り付け位置と回転半径が違うため、turtlebot3_core_config.h で各モデルにあわせた値を定義している。もし Dynamixel の取り付け位置を変更した場合、パラメータの値を修正する必要がある。

リスト 9.11　turtlebot3_core_config.h

```
#define WHEEL_RADIUS             0.033          // meter
#define WHEEL_SEPARATION         0.160          // meter
#define TURNING_RADIUS           0.080          // meter
#define ROBOT_RADIUS             0.105          // meter
```

TurtleBot3 Burger で使用するには、次に示すコマンドのように、rosserial_python ノードを実行すればよい。これにより、図 9.34 に示すように turtlebot3_core ノードが実行され、移動コマンドを /cmd_vel トピックでサブスクライブし、オドメトリ情報（/odom）、IMU 情報（/imu）、センサ情報（/sensor_state）などをパブリッシュする。TurtleBot3 Waffle も使用方法は同じである。より詳しい使い方については第 10 章で述べる。

```
$ rosrun rosserial_python serial_node.py __name:=turtlebot3_core _port:=/d
ev/ttyACM0
[INFO] [1500275719.375458]: ROS Serial Python Node
[INFO] [1500275719.380338]: Connecting to /dev/ttyACM0 at 57600 baud
[INFO] [1500275721.496849]: Note: publish buffer size is 1024 bytes
[INFO] [1500275721.497162]: Setup publisher on sensor_state [turtlebot3_ms
gs/SensorState]
[INFO] [1500275721.499622]: Setup publisher on imu [sensor_msgs/Imu]
[INFO] [1500275721.502328]: Setup publisher on cmd_vel_rc100 [geometry_msg
s/Twist]
[INFO] [1500275721.507266]: Setup publisher on odom [nav_msgs/Odometry]
[INFO] [1500275721.511984]: Setup publisher on joint_states [sensor_msgs/J
ointState]
[INFO] [1500275721.568189]: Setup publisher on /tf [tf/tfMessage]
[INFO] [1500275721.571585]: Note: subscribe buffer size is 1024 bytes
[INFO] [1500275721.571865]: Setup subscriber on cmd_vel [geometry_msgs/Twi
st]
[INFO] [1500275721.573235]: Start Calibration of Gyro
[INFO] [1500275724.046148]: Calibration End
```

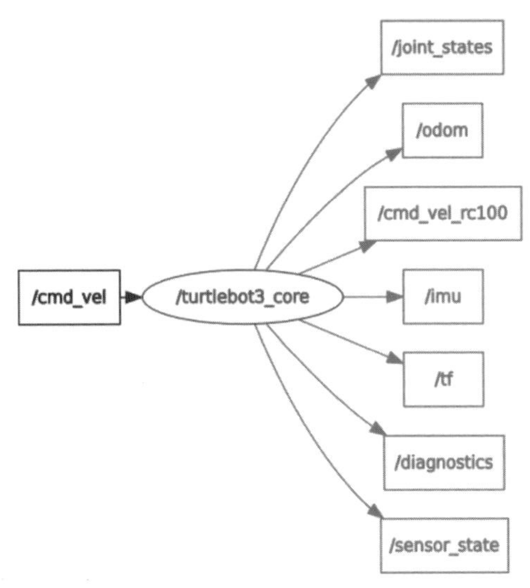

図 9.34 turtlebot3_core ノードがパブリッシュおよびサブスクライブするトピック

9.4.2 TurtleBot3 Waffle と Waffle Pi のファームウェア

TurtleBot3 Waffle と Waffle Pi 用ファームウェアは、図 9.35 に示すように、Arduino IDE で「File（ファイル）」→「Examples（スケッチ例）」→「turtlebot3」→「turtlebot3_waffle」→「turtlebot3_core」を選択し、「Upload（マイコンボードに書き込む）」ボタンをクリックしてアップロードできる。

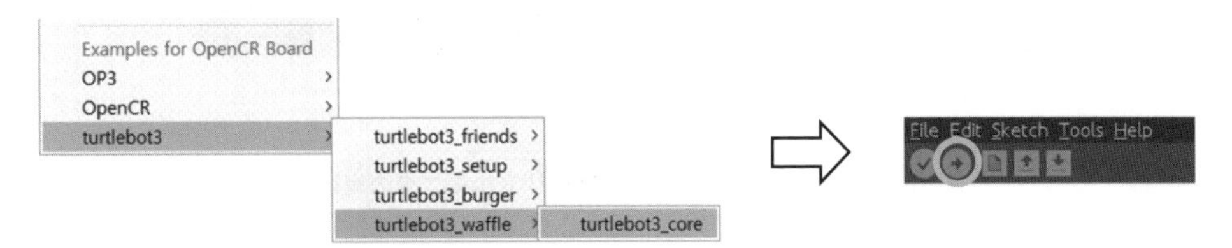

図 9.35 TurtleBot3 Waffle のファームウェア

リスト 9.12 turtlebot3_core_config.h

```
#define WHEEL_RADIUS            0.033       // meter
#define WHEEL_SEPARATION        0.287       // meter
#define TURNING_RADIUS          0.1435      // meter
#define ROBOT_RADIUS            0.220       // meter
```

9.4.3 TurtleBot3 設定ファームウェア

TurtleBot3 に搭載された Dynamixel は、ID と設定値を TurtleBot3 にあわせた状態で出荷される。もしモータを交換したり、他の用途のために値を変更した後、再度 TurtleBot3 で使用する場合には、設定値を修正する必要がある。Dynamixel の設定値を変更する例題も提供されており、これを利用して設定値を変更する。

設定ファームウェアのアップロード

設定値を修正する例題は、図9.36に示しているように、TurtleBot3の例題（「File（ファイル）」→「Examples（スケッチ例）」→「turtlebot3」）で「turtlebot3_setup」→「turtlebot3_setup_motor」を選択し、OpenCRボードにアップロードする。設定が完了した後、OpenCRをTurtleBot3用ファームウェアに戻しておくこと。

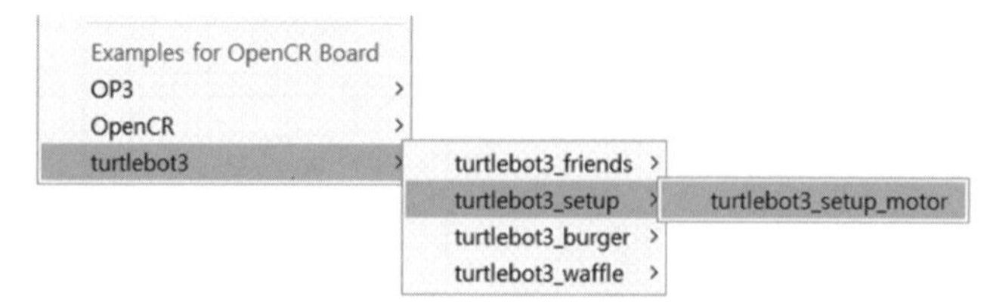

図9.36　TurtleBot3アクチュエータの設定に関する例題

Arduino IDEで矢印アイコンの「Upload（マイコンボードに書き込む）」ボタンをクリックしてファームウェアをアップロードし、図9.37に示す右上の「シリアルモニタ」ボタンをクリックして実行する。その後、設定するDynamixelをOpenCRに接続する。ここで、このファームウェアは1つのDynamixelに対するものであることに注意しよう。必ず1つのDynamixelのみを接続し、例題を実行すること。

図9.37　アップロードおよびシリアルモニタの実行

Dynamixelの設定変更

シリアルモニタが実行されると、図9.38に示しているようにDynamixelを設定するためのメニューが出力される。TurtleBot3ではDynamixelは左右に1つずつ取り付けられているため、変更しようとするDynamixelを選択する必要がある。左のモータを設定する場合は「1」と入力し、Enterキーを押す。

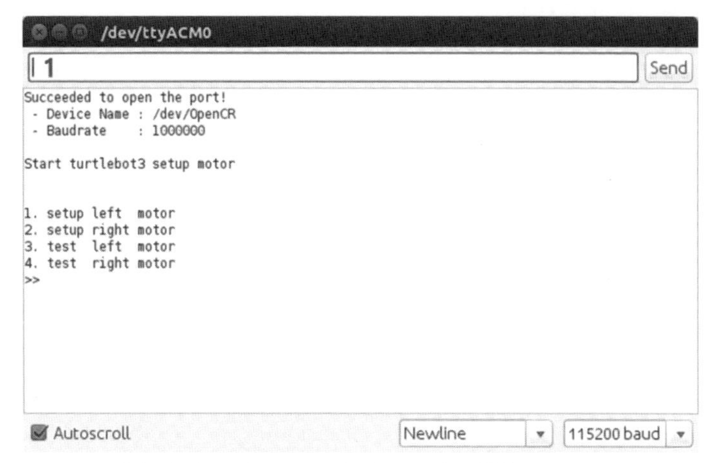

図 9.38 TurtleBot3 アクチュエータの設定メニュー

入力ミスを防ぐために、もう一度確認メニューが表示されるので、「y」を入力する。

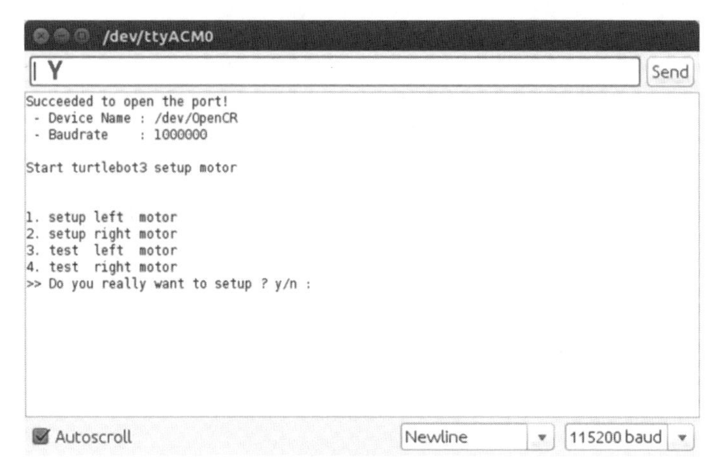

図 9.39 設定確認メニュー

「y」を入力すると、通信速度を変更しながら接続された Dynamixel を検索し、発見した場合、ID と設定値が変更される。変更が完了したら「OK」メッセージを最後に出力する。

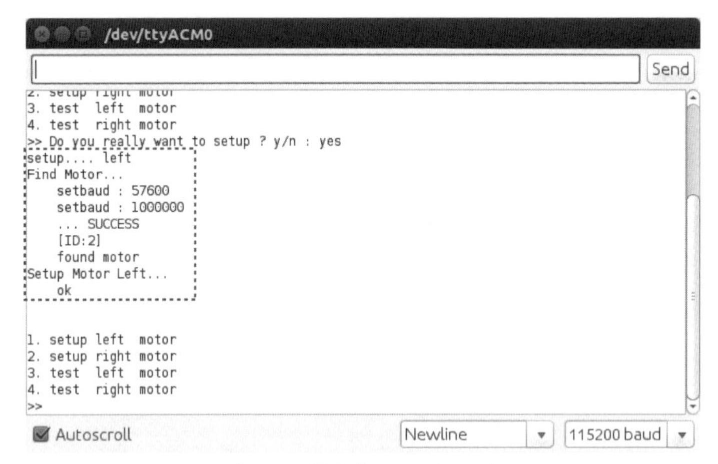

図 9.40 設定完了メッセージ

Dynamixel テスト

設定を完了し、正常に変更がされたかを確認する。図 9.4 に示すように、メニューの「3. test left motor」または「4. test right motor」から設定したアクチュエータを選択し、メニュー番号を入力すると、接続されている Dynamixel が時計回り／反時計回りに繰り返し動く。テストを終了するには、再度 Enter キーを押す。

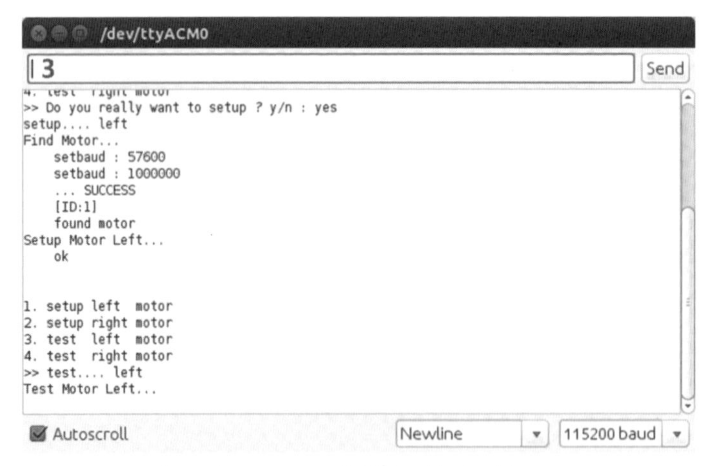

図 9.41 Dynamixel 設定のテストメニュー

以上、ROS と組込みシステムを接続する方法について述べた。リアルタイム制御が必要なロボットにとって組込みシステムは必須であるため、ROS との接続方法に関する知識はロボット開発に役立つであろう。第 10 章、第 11 章、第 12 章、第 13 章では、本章で説明した組込みシステムを利用した移動ロボットの実例を取り扱う。

第10章

移動ロボット

ROSが対応しているロボットはWikiで確認できる。現在180種類以上のロボットが登録されており、一部には一般ユーザが公開したカスタムロボットが含まれているものの、同一のシステムがサポートするロボットの数としては決して少なくはない。特によく知られているロボットに、Willow Garage社が開発したPR2とTurtleBotがある。これらのロボットはWillow Garage社やOpen Robotics（旧OSRF）が開発に参加した、ROSの標準的なロボットプラットフォームである。本章では、このうち一般ユーザを対象に開発されたTurtleBotを中心に説明する。

10.1　TurtleBotシリーズ

TurtleBotはROSの標準ロボットプラットフォームである。turtleの名前は、1967年に開発された教育用コンピュータプログラミング言語であるLogo[†1]に対し、その使用例として製作されたカメ型ロボットに由来する。また、ROSの基礎的なチュートリアルの最初に登場する`turtlesim`ノードも、Logo turtle[†2]プログラムの命令体系を踏襲して開発されたプログラムであり、図10.1に示すROSの象徴でもあるカメアイコンが使用されている。また、ROSのロゴに使用されている9つの点も亀の甲羅に由来している。Logoが、Turtlebot Logo言語を利用したLogo turtleなど、プログラミング言語をはじめで学ぶ人にもわかりやすいように工夫されていたのと同様に、ROSが初めての人でも、TurtleBotを用いてROSをわかりやすく学ぶことができる。TurtleBotが最初に製作されてから7年近く経つが、現在でもROS開発初心者や学生などの間でもっとも広く使われているROSの標準プラットフォームである。

†1　http://el.media.mit.edu/logo-foundation/index.html
†2　http://el.media.mit.edu/logo-foundation/what_is_logo/logo_primer.htm

図 10.1 ROS のバージョンごとのシンボル

TurtleBot シリーズ[†3]は、これまで TurtleBot1、TurtleBot2、TurtleBot3 が開発された（図 10.2）。TurtleBot1 は Willow Garage 社の Tully（現 Open Robotics プラットフォームマネージャ）、Melonee（現 Fetch Robotics CEO）が ROS の普及を目的に、iRobot 社の Roomba ベースの研究用ロボット Create を利用して開発した[†4]ものであり、2010 年に開発され、2011 年から販売を開始した。その後、2012 年には Yujin Robot 社の iClebo ベースの研究用ロボット Kobuki を利用した TurtleBot2 が開発された。2017 年には、TurtleBot1、2 よりも安価で拡張性に優れた TurtleBot3 が開発された。TurtleBot3 では、ROBOTIS 社製のスマートアクチュエータ Dynamixel が駆動部に採用されている。

図 10.2 TurtleBot1（左）、TurtleBot2（左から 2 番目）、TurtleBot3（右の 3 台）

TurtleBot3 は ROS をサポートする小型で安価な移動ロボットであり、教育、研究、ホビーおよび製品のプロトタイプ開発に適している。TurtleBot3 は、プラットフォームのサイズを大幅に小型化して価格を下げるのと同時に、ロボット部品をユーザの目的にあわせて変更、拡張できる。つまり、機構部、コンピュータ、センサなどのオプションパーツを自由に再構成して、さまざまな形の TurtleBot3 を製作できる。TurtleBot3 は、従来の PC に比べて安価、小型で、組込みのために設計された SBC（Single Board Computer）や距離センサ、および最新の 3D プリンタ技術を利用した、TurtleBot の最新シリーズである。

10.2 TurtleBot3 ハードウェア

TurtleBot3[†5]には、図 10.3 に示すように、TurtleBot3 Burger と Waffle、Waffle Pi の 3 つの公式モデルがある。本書では、主に TurtleBot3 Burger を中心に説明する。なお、TurtleBot3 にはこれ以外にも、TurtleBot3 Monster、Tank、Carrier など、TurtleBot3+α で

† 3 http://www.turtlebot.com/about
† 4 http://spectrum.ieee.org/automaton/robotics/diy/interview-turtlebot-inventors-tell-us-everything-about-the-robot
† 5 http://emanual.robotis.com/docs/en/platform/turtlebot3/overview/

TurtleBot3 Burger

360°LiDAR for SLAM & Navigation

Scalable Structure

Single Board Computer
(Raspberry Pi)

OpenCR
(32-bit ARM Cortex-M7)

DYNAMIXEL×2 for Wheels

Sprocket Wheels for
Tire and Caterpillar

Li-Po Battery

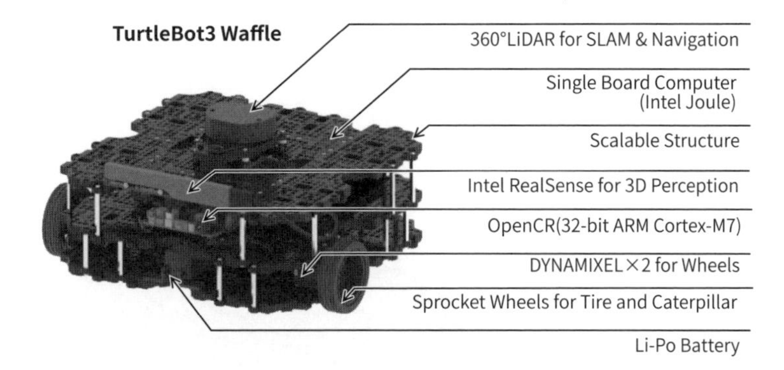

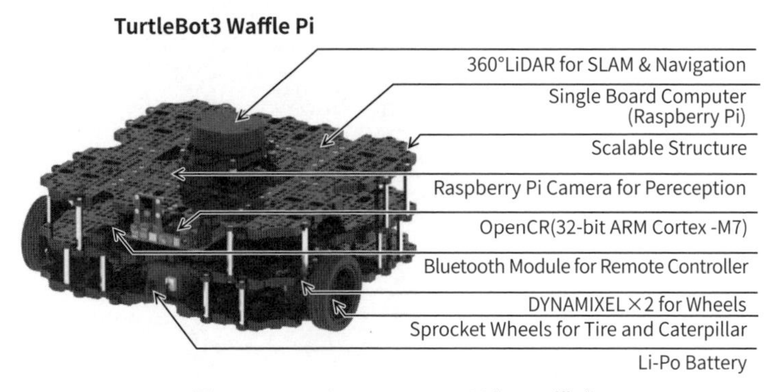

図 10.3　TurtleBot3 のハードウェア構成

表されるさまざまなハードウェアが用意されている。TurtleBot3 の基本的な構成要素は、駆動用アクチュエータ、ROS が動作する SBC、SLAM とナビゲーションのためのセンサ、変形可能な機構パーツ、組込みボード OpenCR、タイヤとキャタピラの両方が利用可能なスプロケットホイール、11.1 V のリチウムポリマーバッテリである。TurtleBot3 Waffle では、より重量物を搭載するために高トルクのアクチュエータを使用し、また Intel プロセッサベースの高性能 SBC（Intel Joule）を採用している。一方、センサも、TurtleBot3 Burger は 360° 距離センサである LDS（Laser Distance Sensor）を搭載し、TurtleBot3 Waffle は 3 次元認識のための深度カメラとしてIntel社RealSenseを搭載している。TurtleBot3 Waffle Piは、機械的にはWaffleと同じだが、SBCはBurgerと同じRaspberry Piを使用している。また、カメラにRaspberry Pi Cameraを使用している。

TurtleBot3のハードウェアに関する情報は、図10.4に示すように、Webブラウザやスマートフォン、タブレットなどを通して多数の人が同時に作業、閲覧できるFull-Cloud 3D CADシステムOnshapeで共有されている。ここでは、TurtleBot3の各コンポーネントを閲覧できる。製作したい部品をユーザのリポジトリ上にダウンロードして再設計すれば、自分だけのオリジナル部品を作れる。また、このモデルをSTL形式でダウンロードすれば、3Dプリンタで製作することもできる。公開されている各モデルファイルは、TurtleBot3の公式Wiki[†6]のAppendixで提供されるOpen Source項目を参照してほしい。

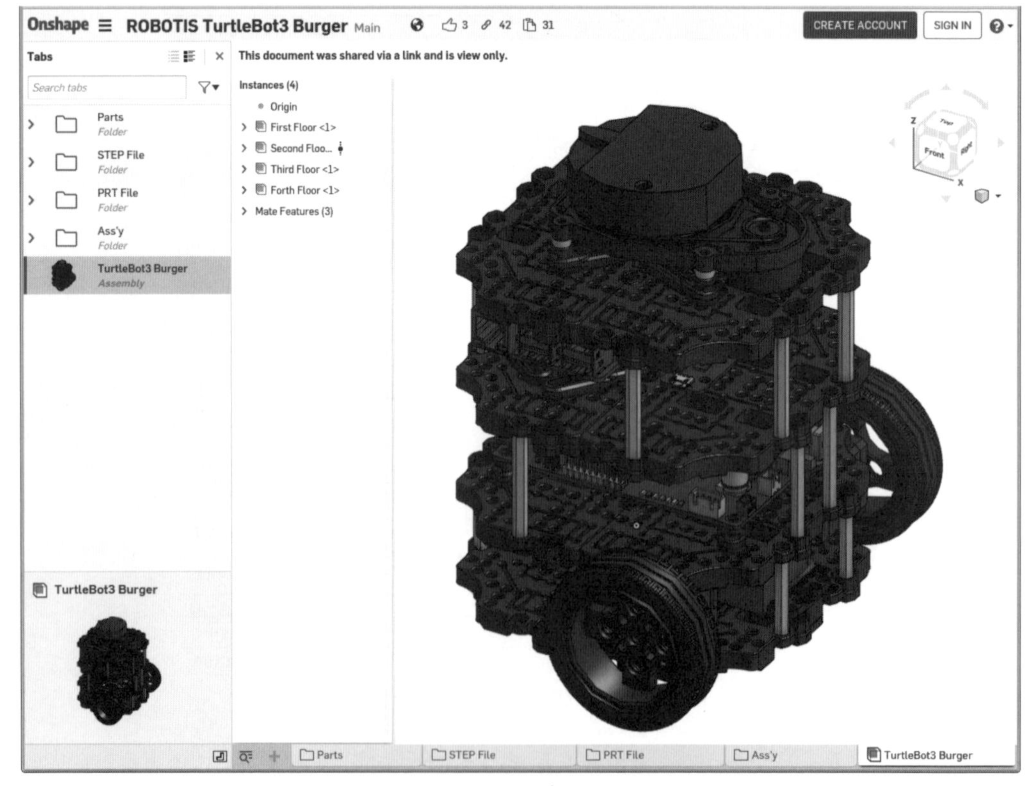

図10.4 TurtleBot3のオープンソースハードウェア

† 6 http://turtlebot3.robotis.com

TurtleBot3 の公式 Wiki **COLUMN**

TurtleBot3 のハードウェアや、本章で説明している基本的な内容は、TurtleBot3 の公式 Wiki から確認できる。TurtleBot3 を用いて ROS を学ぶ際には、この公式 Wiki で掲載されている情報も参考にしてほしい。

http://turtlebot3.robotis.com

TurtleBot3 のオープンソースハードウェア **COLUMN**

TurtleBot3 のハードウェア設計ファイルは、ソフトウェアと同様に、オープンソースで公開されている。TurtleBot3 のコントローラ OpenCR や、各モデルに関するハードウェアファイルが必要な場合は、以下のリンクを確認してほしい。各オープンソースハードウェアは、特別な説明がない限り、Open Source Hardware Statement of Principles and Definition v1.0. ライセンスに従う。

- OpenCR　https://github.com/ROBOTIS-GIT/OpenCR-Hardware
- TurtleBot3 Burger　http://www.robotis.com/service/download.php?no=676
- TurtleBot3 Waffle　http://www.robotis.com/service/download.php?no=677
- TurtleBot3 Waffle Pi　http://www.robotis.com/service/download.php?no=678
- TurtleBot3 Friends OpenManipulator Chain　http://www.robotis.com/service/download.php?no=679
- TurtleBot3 Friends Segway　http://www.robotis.com/service/download.php?no=680
- TurtleBot3 Friends Conveyor　http://www.robotis.com/service/download.php?no=681
- TurtleBot3 Friends Monster　http://www.robotis.com/service/download.php?no=682
- TurtleBot3 Friends Tank　http://www.robotis.com/service/download.php?no=683
- TurtleBot3 Friends Omni　http://www.robotis.com/service/download.php?no=684
- TurtleBot3 Friends Mecanum　http://www.robotis.com/service/download.php?no=685
- TurtleBot3 Friends Bike　http://www.robotis.com/service/download.php?no=686
- TurtleBot3 Friends Road Train　http://www.robotis.com/service/download.php?no=687
- TurtleBot3 Friends Real TurtleBot　http://www.robotis.com/service/download.php?no=688
- TurtleBot3 Friends Carrier　http://www.robotis.com/service/download.php?no=689

10.3 TurtleBot3 ソフトウェア

TurtleBot3 のソフトウェアは、コントローラとして使用する OpenCR ボードのファームウェアと 4 つの ROS パッケージで構成されている。OpenCR のファームウェアは、第 9 章で説明しており、TurtleBot3 の中核部品であることから turtlebot3_core と名付けられた。TurtleBot3 では OpenCR をコントローラとして利用し、駆動用モータである Dynamixel のエンコーダ値からロボットの位置を推定する機能や、上位レベルのプログラムからの指令に基づいてモータを速度制御する機能を有する。また、OpenCR に搭載された 3 軸の加速度センサや

3軸のジャイロセンサから、加速度と角速度のデータを取得してロボットが置かれている姿勢を推定したり、バッテリの状態を測定し、またそれらの値をトピックで送信する。

TurtleBot3のROSパッケージは、turtlebot3、turtlebot3_msgs、turtlebot3_simulations、turtlebot3_applicationsの4つのパッケージで構成されている。turtlebot3パッケージには、TurtleBot3のロボットモデルに関するファイルや、SLAMとナビゲーションを行うためのパッケージ、遠隔操作に関するパッケージがある。そのほか、TurtleBot3のメッセージファイルを集めたturtlebot3_msgsパッケージ、シミュレーションに関する機能を集めたturtlebot3_simulationsパッケージ、アプリケーションの例を集めたturtlebot3_applicationsパッケージがある。

TurtleBot3のオープンソースソフトウェア **COLUMN**

TurtleBot3のソフトウェアはすべてオープンソースで公開されている。TurtleBot3のコントローラに採用されているOpenCRのブートローダ、Arduino IDEと連動するためのファームウェア、TurtleBot3の制御のためのファームウェアなどのTurtleBot3のコントロールボードファームウェアや、前述したROSパッケージ（turtlebot3、turtlebot3_msgs、turtlebot3_simulations、turtlebot3_applications）はオープンソースで提供されている。オープンソースソフトウェアのライセンスは基本的にApache License 2.0に従い、いくつかのソフトウェアは3-Clause BSD LicenseとGPLv3を利用している。

https://github.com/ROBOTIS-GIT/OpenCR
https://github.com/ROBOTIS-GIT/turtlebot3
https://github.com/ROBOTIS-GIT/turtlebot3_msgs
https://github.com/ROBOTIS-GIT/turtlebot3_simulations
https://github.com/ROBOTIS-GIT/turtlebot3_applications

10.4 TurtleBot3の開発環境

TurtleBot3の開発環境は、図10.5に示すように、遠隔制御やSLAM、ナビゲーションに関連したパッケージを実行するRemote PCと、ロボットに搭載され、ロボットの制御やセンサデータの取得を行うTurtleBot SBCに分けられる。両方のコンピュータの開発環境はほぼ同じであるが、それぞれが使用するパッケージは、コンピュータの性能と目的に応じて構成が異なっている。基本的な開発環境の構築には、両方のコンピュータにLinux（Ubuntu 16.04、または互換するLinux Mint、Ubuntu Mate）とROS（Kinetic）をインストールすればよい。インストールに関する説明は、第3章で説明している。ロボットの制御に必要なPC、TurtleBot、OpenCRなどに関する詳細なインストール方法は、下記リンクから確認できる。

http://turtlebot3.robotis.com

LinuxとROSをインストールしたら、次はTurtleBot3関連ソフトウェアをインストールする。各ソフトウェアのインストール方法は、上述したWikiでも説明されているが、本書ではそれを簡略化したインストール方法について述べる。まず、TurtleBot3を遠隔操縦するユーザPC（本書ではRemote PCと呼ぶ）には、次に示す依存パッケージとTurtleBot3の3つのパッケージをインストールする。ただし、本書ではさまざまな例題が収録されている`turtlebot3_applications`パッケージについては説明しない。

依存パッケージのインストール方法 [Remote PC]

```
$ sudo apt-get install ros-kinetic-joy ros-kinetic-teleop-twist-joy ros-ki
netic-teleop-twist-keyboard ros-kinetic-laser-proc ros-kinetic-rgbd-launch
 ros-kinetic-depthimage-to-laserscan ros-kinetic-rosserial-arduino ros-kin
etic-rosserial-python ros-kinetic-rosserial-server ros-kinetic-rosserial-c
lient ros-kinetic-rosserial-msgs ros-kinetic-amcl ros-kinetic-map-server r
os-kinetic-move-base ros-kinetic-urdf ros-kinetic-xacro ros-kinetic-compre
ssed-image-transport ros-kinetic-rqt-image-view ros-kinetic-gmapping ros-k
inetic-navigation
```

TurtleBot3パッケージのインストール方法 [Remote PC]

```
$ cd ~/catkin_ws/src/
$ git clone https://github.com/ROBOTIS-GIT/turtlebot3.git
$ git clone https://github.com/ROBOTIS-GIT/turtlebot3_msgs.git
$ git clone https://github.com/ROBOTIS-GIT/turtlebot3_simulations.git
$ cd ~/catkin_ws && catkin_make
```

続いて、TurtleBot3に搭載されたPC（本書ではTurtleBot SBCと呼ぶ）には、次に示す依存パッケージと、TurtleBot3の2つのパッケージ、およびセンサパッケージをインストールする。

依存パッケージのインストール方法 [TurtleBot SBC]

```
$ sudo apt-get install ros-kinetic-joy ros-kinetic-teleop-twist-joy ros-ki
netic-teleop-twist-keyboard ros-kinetic-laser-proc ros-kinetic-rgbd-launch
 ros-kinetic-depthimage-to-laserscan ros-kinetic-rosserial-arduino ros-kin
etic-rosserial-python ros-kinetic-rosserial-server ros-kinetic-rosserial-c
lient ros-kinetic-rosserial-msgs ros-kinetic-amcl ros-kinetic-map-server r
os-kinetic-move-base ros-kinetic-urdf ros-kinetic-xacro ros-kinetic-compre
ssed-image-transport ros-kinetic-rqt-image-view ros-kinetic-gmapping ros-k
inetic-navigation
```

TurtleBot3パッケージのインストール方法 [TurtleBot SBC]

```
$ cd ~/catkin_ws/src
$ git clone https://github.com/ROBOTIS-GIT/turtlebot3.git
$ git clone https://github.com/ROBOTIS-GIT/turtlebot3_msgs.git
$ git clone https://github.com/ROBOTIS-GIT/hls_lfcd_lds_driver.git
$ cd ~/catkin_ws && catkin_make
```

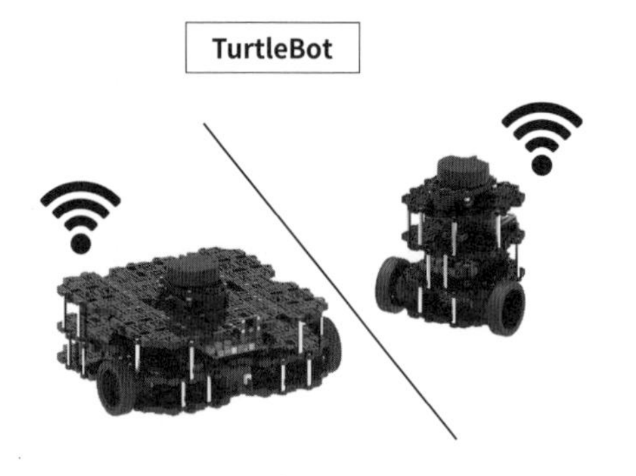

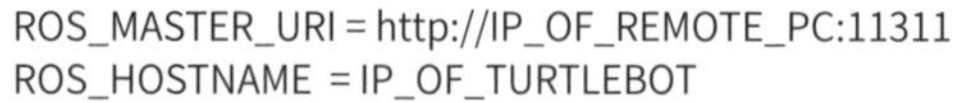

Remote PC

ROS_MASTER_URI = http://IP_OF_REMOTE_PC:11311
ROS_HOSTNAME = IP_OF_REMOTE_PC

Example when ROS Master is running on the Remote PC

図 10.5 TurtleBot3 の遠隔制御のための設定

これらのインストールをすべて完了したら、図10.5に示すようにネットワークを設定する。`ROS_HOSTNAME` と `ROS_MASTER_URI` の設定を変更する方法は、3.2節と8.3節に詳しく説明されており、ここでは設定の手順について簡単に述べる。本書では、ユーザのデスクトップまたはノートパソコンを Remote PC とし、`roscore` が動作するマスタの役割と、遠隔操作、SLAM、ナビゲーションなどの上位レベルのコントローラの役割をさせる。一方、TurtleBot3 に搭載した SBC は、ロボットの動作とセンサデータの取得を行う。以下に示す設定は、マスタを Remote PC 上で動作させる例である。

Remote PC の IP アドレスの確認

ターミナル上で `ifconfig` コマンドを入力し、Remote PC の IP アドレスを確認する。ここでは Remote PC の IP アドレスを 192.168.7.100 とする。

Remote PC の ROS_HOSTNAME と ROS_MASTER_URI の設定

`~/.bashrc` ファイルに記載されている `ROS_HOSTNAME` と `ROS_MASTER_URI` を次のように変更する。

```
export ROS_HOSTNAME=192.168.7.100
export ROS_MASTER_URI=http://${ROS_HOSTNAME}:11311
```

TurtleBot SBC の IP アドレスの確認

ターミナル上で `ifconfig` コマンドを入力し、TurtleBot SBC の IP を確認する。ここでは、TurtleBot SBC の IP アドレスを 192.168.7.200 とする。なお、TurtleBot SBC は Remote PC と同じネットワークを利用していなければならない。

TurtleBot SBCのROS_HOSTNAMEとROS_MASTER_URIの設定

~/.bashrcファイルに記載されているROS_HOSTNAMEとROS_MASTER_URIを次のように変更する。

```
export ROS_HOSTNAME=192.168.7.200
export ROS_MASTER_URI=http://192.168.7.100:11311
```

ここまででTurtleBot3の開発環境が構築できた。次節では、遠隔操作などTurtleBot3のROSパッケージを利用した制御方法について説明する。

10.5 TurtleBot3の遠隔操作

TurtleBot3の遠隔操作について説明する。遠隔操作には、キーボード、Bluetoothコントローラ RC-100、PS3 Joypad、Xbox 360 Joypad、Wii Remote、Nunchuk、スマートフォンのAndroidアプリ、Leap Motion、Myoなど、PCと接続可能なほぼすべてのコントロールデバイスが使用できる。これらの詳細はhttp://turtlebot3.robotis.com/のTeleoperationの項から確認できる。本節では、もっとも簡単に使用できるキーボードと、ロボットの操縦によく用いられるPS3 Joypadについて説明する。

10.5.1 TurtleBot3の遠隔操作

roscoreの実行 [Remote PC]

Remote PC上で以下のコマンドを入力してroscoreを実行する。roscoreは1つ起動すればよい。

```
$ roscore
```

turtlebot3_robot.launchファイルの実行 [TurtleBot SBC]

TurtleBot SBC上でturtlebot3_robot.launchを実行する。このファイルでは、TurtleBot3のコントローラOpenCRと通信するturtlebot3_coreと、360°距離センサであるLDSを駆動するhls_lfcd_lds_driverノードを実行するように設定されている。

```
$ roslaunch turtlebot3_bringup turtlebot3_robot.launch --screen
```

--screen オプション **COLUMN**

roslaunchを実行すると複数のノードが同時に実行できるが、デフォルトではそれぞれのノードから出力されるメッセージは画面に表示されない。このとき、必要に応じて--screenオプションを加えることで、ノードからの出力を画面に表示できる。roslaunchを使用する場合は、このオプションの使用を推奨する。

turtlebot3_teleop_key.launch ファイルの実行 [Remote PC]

Remote PC上でturtlebot3_teleop_key.launchを実行する。

```
$ roslaunch turtlebot3_teleop turtlebot3_teleop_key.launch --screen
```

これを実行すると、turtlebot3_teleop_keyboardノードが実行され、以下に示すメッセージがターミナル上に表示される。このノードは、キーボードから"w"、"a"、"d"、"x"キーの入力を取得し、それをロボットの並進速度〔m/s〕と回転速度〔rad/s〕に変換して送信する。また、スペースバーと"s"キーの入力を取得し、並進速度と回転速度の両方を0にすることで、ロボットの動作を停止させることもできる。

```
Control Your Turtlebot3!
---------------------------
Moving around:
        w
   a    s    d
        x

w/x : increase/decrease linear velocity
a/d : increase/decrease angular velocity
space key, s : force stop

CTRL-C to quit
```

PS3 Joypadを利用して、ロボットを遠隔操縦するためには、以下に示す依存パッケージをRemote PCにインストールしておく必要がある。その後、teleop_twist_joyパッケージのteleop.launchを実行すると、PS3 Joypadを用いてロボットを遠隔操縦できる。このとき、PS3 JoypadはRemote PCとBluetoothで接続しておく必要がある。

```
$ sudo apt-get install ros-kinetic-joy ros-kinetic-joystick-drivers ros-ki
netic-teleop-twist-joy
$ roslaunch teleop_twist_joy teleop.launch --screen
```

10.5.2 TurtleBot3 の表示

RViz によりロボットの状態を表示してみる。まず、ロボットを描画するため、export コマンドを用いて TurtleBot3 のモデルを Burger に指定する。もし TurtleBot3 Waffle を用いる場合、burger の代わりに waffle や waffle_pi を指定すればよい。その後、turtlebot3_model.launch を実行すると、RViz が実行される。

```
$ export TURTLEBOT3_MODEL=burger
$ roslaunch turtlebot3_bringup turtlebot3_model.launch
```

RViz が実行されると、図 10.6 に示すように、RViz の画面に TurtleBot3 Burger のモデルと、ロボットの各関節における tf が、RGB の座標軸とともに表示される。また、ロボット搭載の 360° 距離センサ LDS により取得された障害物までの距離データも RViz の画面上に表示される。

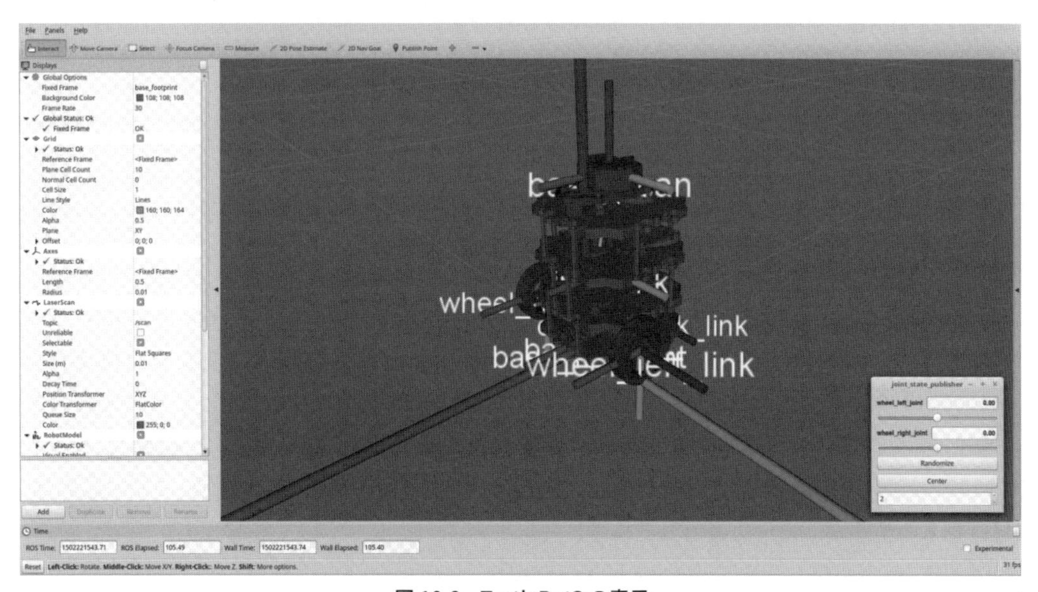

図 10.6　TurtleBot3 の表示

前述したように、TurtleBot3 を制御するためには、Remote PC と TurtleBot SBC の両方でさまざまな設定をする必要があり、毎回それぞれの PC 上でこの作業を行うのは不便である。そこで SSH を用いて Remote PC から TurtleBot SBC に接続する方法を示す。これにより、両方のコンピュータで行っていた作業が Remote PC 上だけで可能になる。Remote PC から TurtleBot SBC に接続する方法を以下に示す。

```
$ ssh turtlebot@192.168.7.200
```

SSH（セキュアシェル、Secure Shell） **COLUMN**

同じネットワーク上にある他のコンピュータにログインしたり、遠隔システム上でコマンドを実行し、別のシステムにファイルをコピーするためのアプリケーションまたはそのプロトコルを指す。この機能は、Linux上で他コンピュータにターミナルを用いて接続し、遠隔コマンドを実行するときに使用される。SSHプログラムは、以下のコマンドを用いてインストールする。

```
$ sudo apt-get install ssh
```

別のコンピュータに接続するには、以下のコマンドをターミナルに入力する。接続が完了すると、一般的なターミナルの使用法で使用できる。

```
$ ssh [他のコンピュータのユーザ名]@[他のコンピュータのIP]
```

Raspberry Pi（TurtleBot3 BurgerとWaffle Pi）を使う場合には、Ubuntu MATEとRaspbianを使用することになるが、SSH機能が基本的には未使用に設定されている。これを使用するためには、下記のリンクで説明するように設定する必要がある。

https://www.raspberrypi.org/documentation/remote-access/ssh/
https://ubuntu-mate.org/raspberry-pi/

10.6　TurtleBot3のトピック通信

Remote PCでroscoreだけを実行し、そのままrostopic listコマンドを用いてトピックリストを確認すると、/rosout、/rosout_aggが表示される。ここで、前述したTurtleBot3の遠隔操作で行ったように、TurtleBot SBCのターミナル上でturtlebot3_robot.launchを実行し、TurtleBot3を起動してみよう。TurtleBot3を起動すると、turtlebot3_coreノードとturtlebot3_ldsノードが実行され、関節の状態、モータ駆動部、IMUなどの情報がトピック通信で送信される。

```
$ roslaunch turtlebot3_bringup turtlebot3_robot.launch --screen
```

次に示すようにrostopic listコマンドを利用すると、登録されているすべてのトピックを確認できる。

```
$ rostopic list
/cmd_vel
/cmd_vel_rc100
/diagnostics
/imu
/joint_states
```

```
/odom
/rosout
/rosout_agg
/rpms
/scan
/sensor_state
/tf
```

ここで、TurtleBot3 の遠隔操作と同様に、Remote PC 上で `turtlebot3_teleop_key.launch` を実行する。

```
$ roslaunch turtlebot3_teleop turtlebot3_teleop_key.launch --screen
```

ノードとトピックの関係など、詳細な情報を得るためには rqt_graph を利用する。図 10.7 は、TurtleBot3 からパブリッシュまたはサブスクライブされているトピックを示している。

```
$ rqt_graph
```

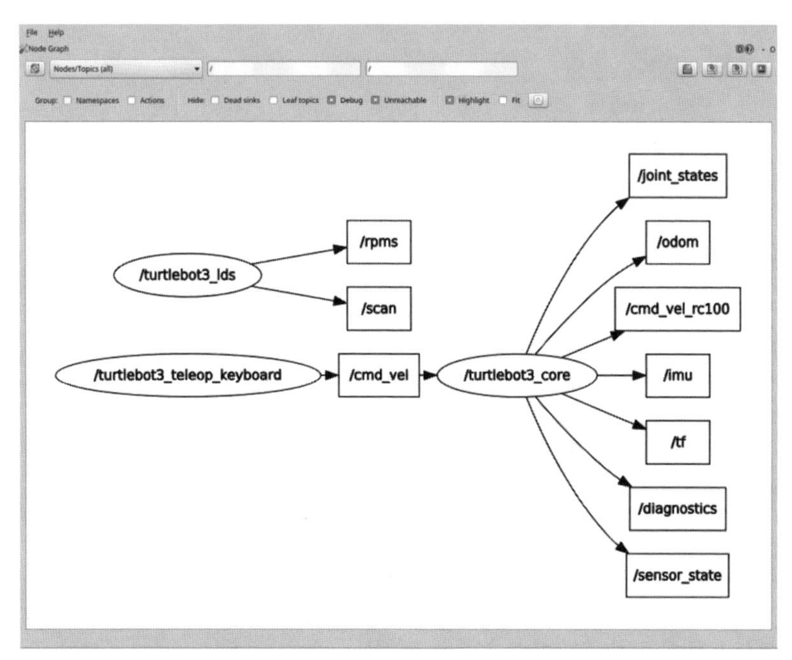

図 10.7 TurtleBot3 のノードとトピック

10.6.1 サブスクライブトピック

本節の例で使用されるトピックは、TurtleBot3 が受信するサブスクライブトピックと、TurtleBot3 が送信するパブリッシュトピックに分けることができる。表 10.1 は、サブスクライブトピックの一覧である。すべてのサブスクライブトピックについて詳しく知る必要はなく、ここではいくつかの重要なトピックについて説明する。特にcmd_velは必ず理解してほしい。cmd_velは、ロボットの制御に頻繁に使用されるトピックであり、ロボットの前進と後進、左右回転などのコマンドがこのトピックを通じて送信される。

表 10.1 TurtleBot3 のサブスクライブトピック

トピック名	メッセージ型	機 能
motor_power	std_msgs/Bool	Dynamixel モータを On/Off
reset	std_msgs/Empty	オドメトリ（odometry）と IMU をリセット
sound	turtlebot3_msgs/Sound	ブザー音の出力
cmd_vel	geometry_msgs/Twist	移動ロボットの並進、回転速度を制御 単位はそれぞれ m/s、rad/s

10.6.2 サブスクライブトピックによるロボット制御

前述したサブスクライブトピックは、Remote PC がパブリッシュしたトピックを TurtleBot3 が受信したものである。すべてのトピックはテストできないため、いくつかのサブスクライブトピックを使用してみる。以下に示すコマンドは、rostopic pub コマンドを用いてモータを停止させる。

```
$ rostopic pub /motor_power std_msgs/Bool "data: 0"
```

以下は、TurtleBot3 を動かすための速度をパブリッシュする。ここで使用する x、y は並進速度〔m/s〕であり、z は回転速度〔rad/s〕である。以下を入力すると、TurtleBot3 は x 軸方向に 0.02 m/s の速度で進む。

```
$ rostopic pub /cmd_vel geometry_msgs/Twist "linear:
  x: 0.02
  y: 0.0
  z: 0.0
angular:
  x: 0.0
  y: 0.0
  z: 0.0"
```

また、以下を入力すると、TurtleBot3 は z 軸周り（上方）に 1.0 rad/s の角速度で回転する。

```
$ rostopic pub /cmd_vel geometry_msgs/Twist "linear:
  x: 0.0
  y: 0.0
  z: 0.0
angular:
  x: 0.0
```

```
    y: 0.0
    z: 1.0"
```

10.6.3 パブリッシュトピック

TurtleBot3 がパブリッシュするトピックは、大きく分けてロボットの状態の診断（Diagnostics）関連、デバッグ関連、センサ関連がある。そのほか、関節の状態（joint_states）、コントローラ情報（controller_info）、オドメトリ（odom）と座標変換（tf）などのトピックもある。

パブリッシュされたすべてのトピックについて知る必要はなく、ここではいくつかの使用法を説明する。特に、オドメトリ odom、座標変換 tf、関節の状態 joint_states、およびセンサデータは、今後 TurtleBot3 を使用する際に必要となるトピックであるため、トピックを通じてどのような情報が送信されるかを確認してほしい。

表 10.2　TurtleBot3 のパブリッシュトピック

トピック名	メッセージ型	機　能
sensor_state	turtlebot3_msgs/SensorState	TurtleBot3 のセンサデータを格納
battery_state	sensor_msgs/BatteryState	バッテリの電圧などの状態を格納
scan	sensor_msgs/LaserScan	TurtleBot3 の LDS のスキャンデータを格納
imu	sensor_msgs/Imu	加速度／ジャイロセンサのデータに基づいて得られたロボットの姿勢データを格納
odom	nav_msgs/Odometry	エンコーダと IMU データに基づいて得られた TurtleBot3 のオドメトリを格納
tf	tf2_msgs/TFMessage	TurtleBot3 の base_footprint、odom などの座標変換を格納
joint_states	sensor_msgs/JointState	左右の両輪を関節として見たときの位置、速度、力（それぞれの単位は m、m/s、N・m）
diagnostics	diagnostic_msgs/DiagnosticArray	自己診断から得られた情報を格納
version_info	turtlebot3_msgs/VersionInfo	TurtleBot3 のハードウェア、ファームウェア、ソフトウェアなどに対する情報を格納
cmd_vel_rc100	geometry_msgs/Twist	Bluetooth コントローラ RC-100 を用いるときに使用するトピック。移動ロボットの速度制御に使用される。単位は m/s、rad/s

10.6.4 パブリッシュトピックを用いたロボットの状態の確認

TurtleBot3 で使用されるパブリッシュトピックには、ロボットのセンサデータ、モータの状態、ロボットの位置などが含まれる。本項では、これらのトピックを受信して、現在のロボット状態を確認する。

sensor_state トピックは、主に組込みボード OpenCR に接続されたアナログセンサのデータを扱う。次に示す例では、bumper、cliff、button、left_encoder、right_encoder

などの情報を取得している。

```
$ rostopic echo /sensor_state
stamp:
  secs: 1500378811
  nsecs: 475322065
bumper: 0
cliff: 0
button: 0
left_encoder: 35070
right_encoder: 108553
battery: 12.0799999237
---
```

odom トピックを用いてオドメトリ情報を取得することができる。移動ロボットでは、ナビゲーションなどで、ジャイロやエンコーダから取得したオドメトリ情報が必要になる。

```
$ rostopic echo /odom
header:
  seq: 30
  stamp:
    secs: 1500379033
    nsecs: 274328964
  frame_id: odom
child_frame_id: ''
pose:
  pose:
    position:
      x: 3.55720114708
      y: 0.655082702637
      z: 0.0
    orientation:
      x: 0.0
      y: 0.0
      z: 0.113450162113
      w: 0.993543684483
  covariance: [0.0, 0.0, 0.0, 0.0, 0.0, 0.0, 0.0, 0.0, 0.0, 0.0, 0.0, 0.0,
 0.0, 0.0, 0.0, 0.0, 0.0, 0.0, 0.0, 0.0, 0.0, 0.0, 0.0, 0.0, 0.0, 0.0, 0.0
, 0.0, 0.0, 0.0, 0.0, 0.0, 0.0, 0.0, 0.0, 0.0]
twist:
  twist:
    linear:
      x: 0.0
      y: 0.0
      z: 0.0
    angular:
      x: 0.0
      y: 0.0
      z: -0.00472585950047
  covariance: [0.0, 0.0, 0.0, 0.0, 0.0, 0.0, 0.0, 0.0, 0.0, 0.0, 0.0, 0.0,
```

```
 0.0, 0.0, 0.0, 0.0, 0.0, 0.0, 0.0, 0.0, 0.0, 0.0, 0.0, 0.0, 0.0, 0.0, 0.0
, 0.0, 0.0, 0.0, 0.0, 0.0, 0.0, 0.0, 0.0, 0.0]
---
```

tf トピックのメッセージには、XY 平面上のロボットの位置である base_footprint と、オドメトリ情報である odom、相対座標変換で記述されるロボットの各関節の Pose（位置と姿勢）が格納されている。

```
$ rostopic echo /tf
transforms:
  -
    header:
      seq: 0
      stamp:
        secs: 1500379130
        nsecs: 727869913
      frame_id: odom
    child_frame_id: base_footprint
    transform:
      translation:
        x: 3.55720019341
        y: 0.655082404613
        z: 0.0
      rotation:
        x: 0.0
        y: 0.0
        z: 0.112961538136
        w: 0.993599355221
---
```

上述した情報は、rqt の tf_tree プラグインを使用することで、図 10.8 のように GUI 環境からも確認できる。図 10.8 では、ロボットのモデルが設定されていないため、各座標が接続されていない。しかし、ロボットモデルを与えた上で座標変換を実行すると、図 10.14 に示すようにロボットの各関節の接続状態を確認できる。

```
$ rosrun rqt_tf_tree rqt_tf_tree
```

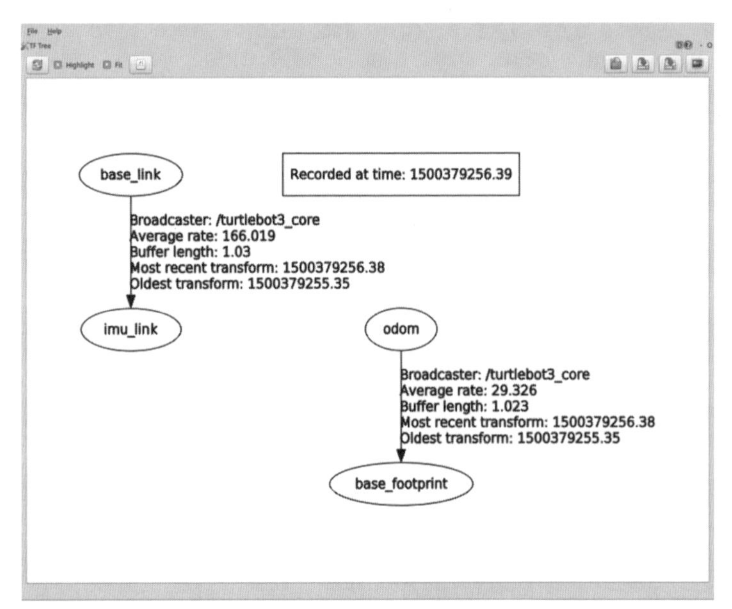

図10.8　tf_treeを用いた座標変換の確認

ここまでTurtleBot3のトピックについて説明した。ROSノード間の通信に使用されるトピックは、他のサービス、アクションに比べて頻繁に使用される通信方式であり、必ず理解しておく必要がある。

10.7　RVizを用いたTurtleBot3のシミュレーション

10.7.1　シミュレーション環境の構築

実際にTurtleBot3がなくても、仮想のロボットを用いたシミュレーションでソフトウェアを開発できる。これには、ROSの3次元可視化ツールであるRVizを利用する方法と、3次元ロボットシミュレータGazeboを利用する方法がある。

本節では、このうちRVizを利用する方法について説明する。シミュレーションには、`turtlebot3_simulations`メタパッケージを使用する。なお、このメタパッケージで仮想シミュレーションを利用するには、先に`turtlebot3_fake`パッケージをインストールしておく必要がある（10.4節のTurtleBot3の開発環境の手順に従えば自動的にインストールされている）。すでにインストールされていれば、次項に進む。

10.7.2　仮想ロボットの実行

仮想TurtleBot3を使用するには、`turtlebot3_fake`パッケージにある`turtlebot3_fake.launch`を実行する。

```
$ export TURTLEBOT3_MODEL=burger
$ roslaunch turtlebot3_fake turtlebot3_fake.launch
```

これは、turtlebot3_descriptionパッケージにあるTurtleBot3の3次元モデルを読み込み、実物のロボットと同様にトピックをパブリッシュするturtlebot3_fake_nodeと、ロボットの車輪回転データから得られる両車輪および各関節の姿勢を、tf形式でパブリッシュするrobot_state_publisherノードを実行する。ただし、カメラや距離センサなどのセンサデータはRViz上で扱うことができないため、物理エンジンをサポートする3次元シミュレータGazeboを利用する。Gazeboについては次節で説明する。本節では、仮想TurtleBot3を用いた簡単な移動と、パブリッシュされるオドメトリ情報、tfについて説明する。

turtlebot3_fake.launchファイルを実行すると、TurtleBot3の3次元モデルが読み込まれる。これをRViz上で表示するには、RViz画面の左側にある「Displays」メニューから「Global Options」→「fixed frame」を「/odom」に設定し、「Displays」メニューの左下にある「Add」から「RobotModel」を追加する。

図10.9 仮想TurtleBot3の表示

次に、仮想ロボットを操縦してみる。ロボットをキーボードで操作するため、turtlebot3_teleopパッケージのturtlebot3_teleop_key.launchを実行する。

```
$ roslaunch turtlebot3_teleop turtlebot3_teleop_key.launch
```

turtlebot3_teleop_key.launchを実行すると、turtlebot3_teleop_keyboardノードが起動される。turtlebot3_fake_nodeでは、turtlebot3_teleop_keyboardノードから/cmd_velトピックとしてパブリッシュされる並進速度と回転速度を受信し、仮想的にTurtleBot3を動作させる。turtlebot3_teleop_key.launchを実行し、ターミナル上で以下に示すキーを押してロボットを操縦する。

- "w" キー：前進（+0.01 ずつ、単位 m/s）
- "x" キー：後退（–0.01 ずつ、単位 m/s）
- "a" キー：反時計回りに回転（+0.1 ずつ、単位 rad/s）
- "d" キー：時計回りに回転（–0.1 ずつ、単位 rad/s）
- スペースバーまたは "s" キー：並進速度と回転速度の初期化
- Ctrl キー +"c" キー：終了

10.7.3　オドメトリと tf

仮想 TurtleBot3 の移動が確認できたら、他のトピックのデータも確認してみる。図 10.10 に示すように、`turtlebot3_fake_node` ノードは速度コマンドを受信する一方で、オドメトリ（`/odom`）データや関節の状態（`/joint_states`）、`tf` データをパブリッシュしているため、RViz 上で仮想 TurtleBot3 の動きを確認できる。

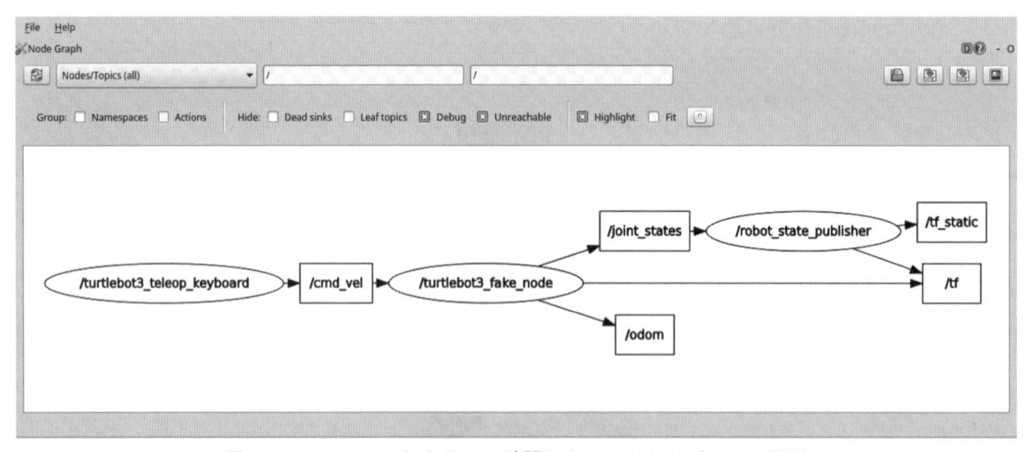

図 10.10　rqt_graph を用いて確認したノードとトピックの関係

まず、オドメトリ情報が正しく生成され、パブリッシュされているかを確認する。ターミナル上で `rostopic echo /odom` コマンドを入力して確認する方法もあるが、ここでは RViz を用いて視覚的に確認する。図 10.11 に示しているように、RViz 画面の左下にある「Add」ボタンをクリックし、「By Topic」→「Odometry」を選択して追加する。これにより、画面上には TurtleBot3 のオドメトリを表す赤い矢印が表示される。このとき、「Displays」メニューの「Odometry」の詳細オプションにある「Covariance」のチェックを外し、「Shape」→「Shaft Length」、「Shape/Head Length」などの値を適切に設定して矢印の大きさを調整する。

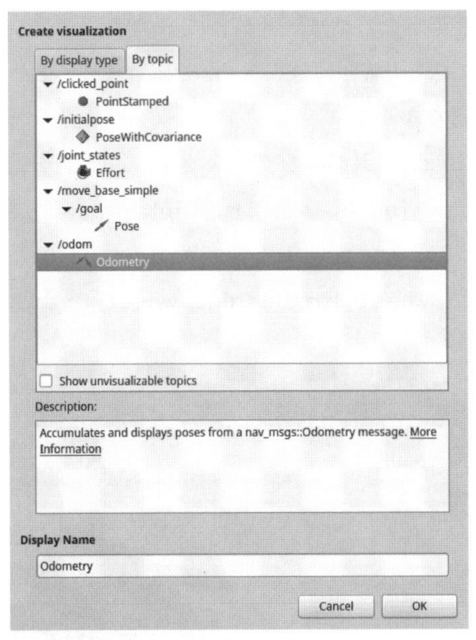

図 10.11　odom トピックのメッセージを確認するために odometry ディスプレイを追加

次に、`turtlebot3_teleop_keyboard` ノードを利用し、仮想 TurtleBot3 を動かしてみる。図 10.12 に示すように、新たに赤色の矢印がロボットの軌跡に沿って表示されることがわかる。

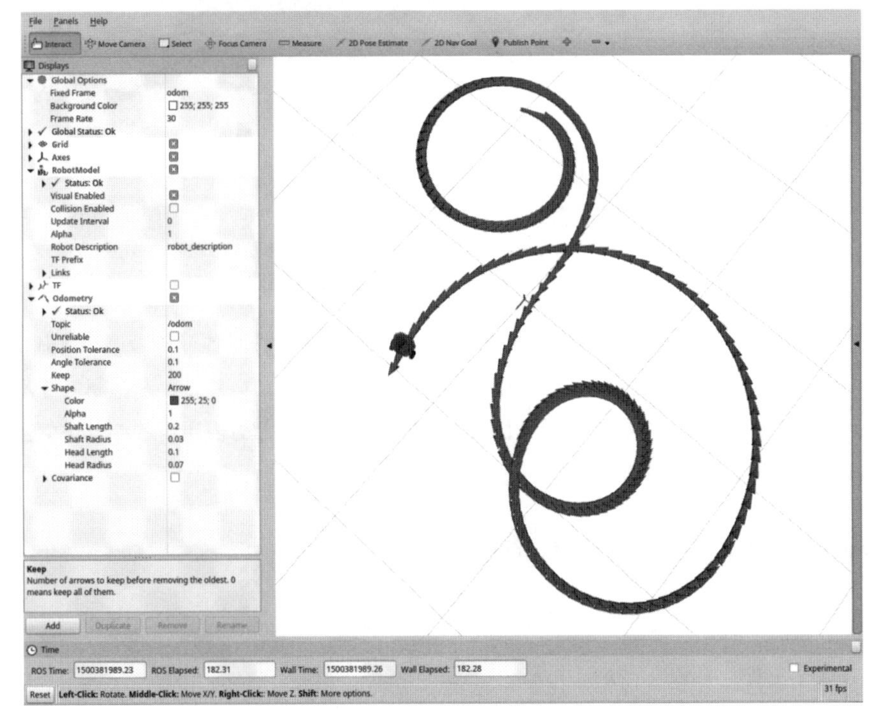

図 10.12　仮想 TurtleBot3 の移動とオドメトリ情報

TurtleBot3内の相対座標変換を格納するtfトピックは、rostopicコマンドを用いて確認することもできるが、ここではodomと同様にRVizで確認する。またtfトピックの階層構造も、rqt_tf_treeを用いて確認できる。

RViz画面の左下にある「Add」ボタンをクリックし、「TF」を選択すると、図10.13に示すように画面上にodom、base_footprint、imu_link、wheel_left_link、wheel_right_linkなどが表示される。ここで、turtlebot3_teleop_keyboardノードを利用し、仮想TurtleBot3を移動させると、wheel_left_linkとwheel_right_linkが回転していることが確認できる。

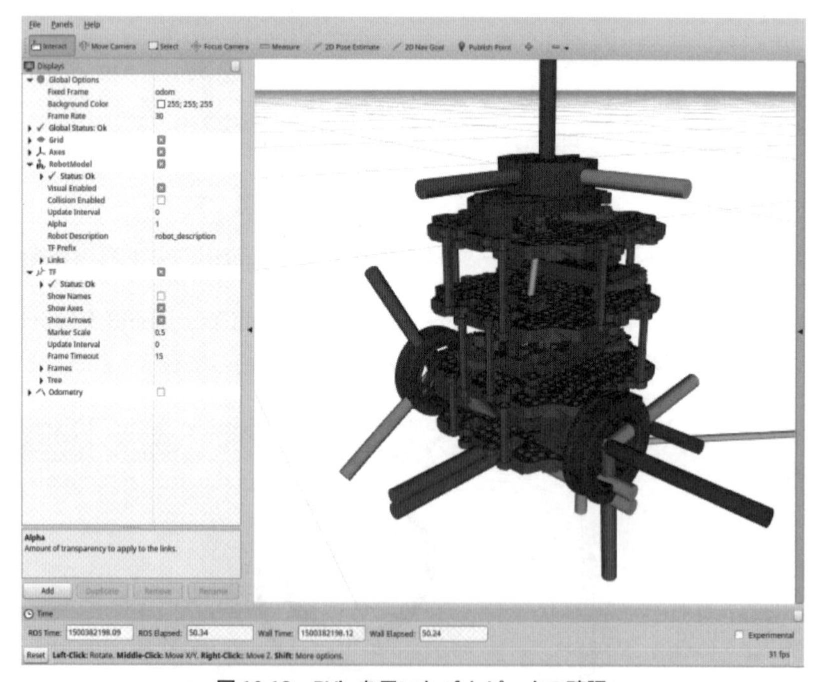

図10.13 RVizを用いたtfトピックの確認

また、rqt_tf_treeを実行すると、図10.14に示すように、各リンクやodom、base_footprintなどの基準点がtfによって相対的に結び付けられていることを確認できる。同様にロボットに搭載したセンサの取り付け位置やセンサデータなども表現することができる。これについては次章で説明する。

```
$ rosrun rqt_tf_tree rqt_tf_tree
```

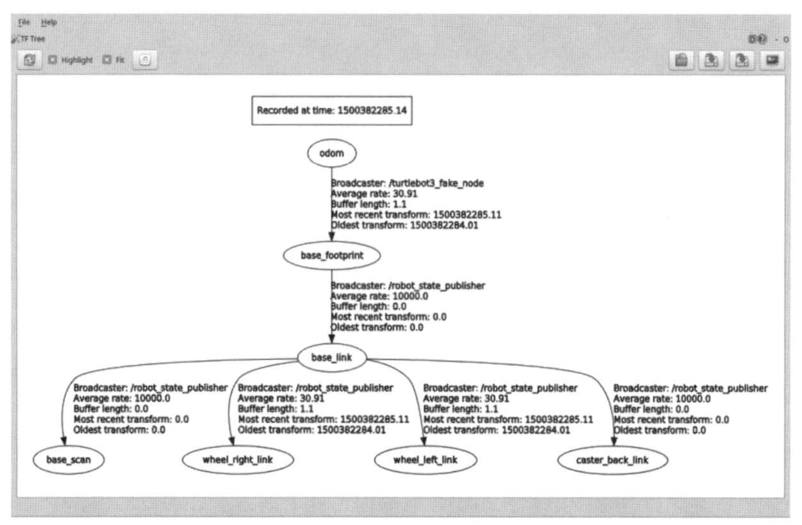

図 10.14 rqt_tf_free を用いた tf トピックの確認

10.8 Gazebo を用いた TurtleBot3 のシミュレーション

10.8.1 Gazebo シミュレータ

Gazebo は、物理エンジンを搭載し、接触や力のバランスなどの動力学的な変化を伴う実世界を再現し、そこにロボット、センサなどのモデルを置くことで 3 次元シミュレーションを行うことができる動力学シミュレータである。Gazebo はロボット分野におけるオープンソースシミュレータとして高い評価を受け、米国で開催された DARPA Robotics Challenge †7 の公式シミュレータに採用されたことをきっかけに、さらなる高性能化が図られている。さらに現在、ROS の開発と普及の中心となっている Open Robotics が Gazebo の開発も行っているため、ROS との親和性も非常によい。

Gazebo の特徴 †8 は、次のとおりである。

- **動力学シミュレーション**

  開発当初は ODE（Open Dynamics Engine）のみに対応していたが、バージョン 3.0 からはユーザのさまざまな要求に応えるために、Bullet、Simbody、DART などの物理エンジンに対応している。

- **3 次元グラフィックス**

  Gazebo では、ゲーム分野でも頻繁に利用されている OGRE（open-source graphics rendering engines）を採用しており、ロボットモデルのみならず、光や影、質感などを

†7 http://www.darpa.mil/program/darpa-robotics-challenge
†8 http://gazebosim.org/

表現することができる。

- **センサノイズ**
  仮想的なレーザレンジファインダ（LRF）、2次元／3次元カメラ、深度カメラ、接触センサ、力-トルクセンサなどを提供し、検出したデータにノイズを加えることもできる。
- **プラグイン追加機能**
  ユーザがロボット、センサなどをプラグイン形式で追加できるAPIをサポートしている。
- **ロボットモデル**
  PR2、Pioneer2 DX、iRobot Create、TurtleBotなどのモデルは、Gazeboの標準モデルファイルであるSDF形式で公開されている。また新たなロボットをGazebo上に追加することもできる。
- **TCP/IPデータ転送**
  シミュレーションはリモートサーバからも操作可能である。このために、ソケットベースのメッセージパッシングであるGoogleのプロトバッファ（Protocol Buffers）を採用している。
- **クラウドシミュレーション**
  GazeboをAmazon、Softlayer、OpenStackなどのクラウド環境で利用できるCloudSimクラウドシミュレーション環境を提供している。
- **コマンドラインツール**
  GUI形式だけでなく、CUI形式のコマンドラインツールを使用してシミュレーションを制御することができる。

本書の執筆時点でのGazeboはバージョン8.0であるが、わずか5年前にはバージョン1.9であった。現在のバージョンである8.0は、本書が対象とするROS Kineticバージョンから使用されているものであり、3.1節のROSのインストールに従って`ros-kinetic-desktop-full`をインストールすれば、自動的にインストールされている。

では、実際にGazeboを実行してみる。互換性などの問題がなければ、図10.15に示すようなGazeboの初期画面が表示される。

```
$ gazebo
```

初期画面が表示されて起動が確認できたら、Gazeboを終了する。

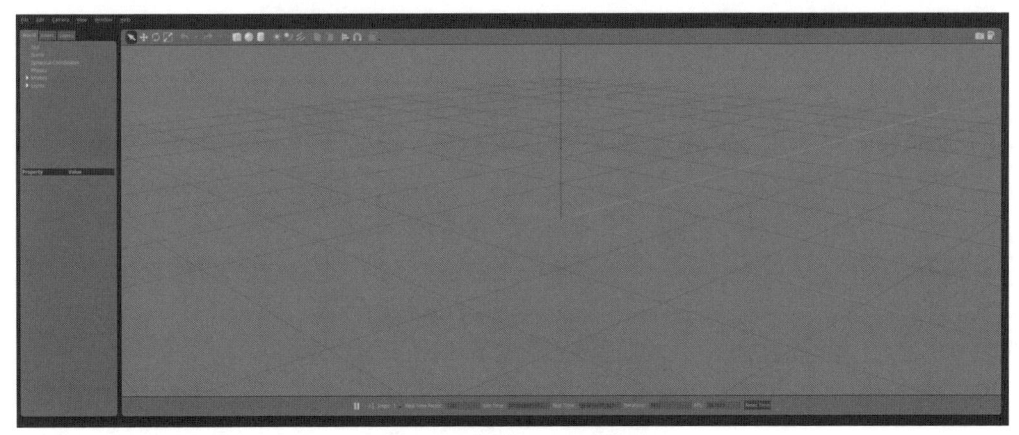

図 10.15　Gazebo の初期画面

10.8.2　仮想 TurtleBot3 の起動

TurtleBot3 を Gazebo シミュレータ上で動作させるための関連パッケージをインストールしておく。必要なパッケージは、Gazebo と ROS を連動させる gazebo_ros_pkgs メタパッケージ（すでにインストールされている）と、TurtleBot3 の 3 次元シミュレーション関連パッケージ turtlebot3_gazebo（10.4 節の TurtleBot3 の開発環境でインストール済み）である。

次のコマンドは、Gazebo のシミュレーションでどのモデルを使用するかを設定している。ここでは、カメラデータを取得できる TurtleBot3 Waffle を用いることにする。~/.bashrc ファイルに同じコマンドを追加しておけば、毎回設定する必要はなくなる。

```
$ export TURTLEBOT3_MODEL=waffle
```

次に、以下の launch ファイルを実行する。これにより gazebo、gazebo_gui、mobile_base_nodelet_manager、robot_state_publisher、spawn_mobile_base ノードが実行され、図 10.16 に示すように TurtleBot3 が Gazebo 画面上に表示される。Gazebo は物理計算やグラフィックスなど、CPU、GPU、RAM の使用量が多い。そのため、PC の仕様によっては起動に時間がかかる場合もある。

```
$ roslaunch turtlebot3_gazebo turtlebot3_empty_world.launch
```

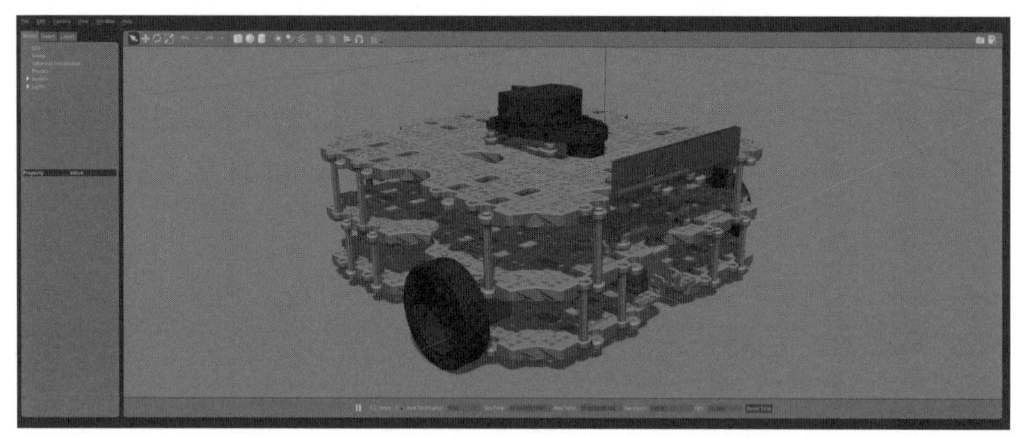

図 10.16 Gazebo 上に表した TurtleBot3 の 3 次元モデル

この時点では環境が指定されておらず、TurtleBot3 のモデルだけが Gazebo 上に呼び出されており、画面にはロボットだけが表示されている。このモデルを用いてシミュレーションを行うには、ユーザが自身で環境を設定するか、Gazebo が提供する環境モデルをインポートする必要がある。Gazebo で環境モデルを呼び出すには、画面の上端にある「Insert」をクリックし、サブファイルから選択する。ここには環境モデルだけでなく、さまざまなロボットと物体のモデルが用意されており、必要なものを追加して Gazebo によるシミュレーションに利用できる。

ここでは事前に準備された環境モデルを用いることにする。まず、起動中の Gazebo を終了する。Gazebo を終了するには、画面左上の「×」ボタンをクリックするか、Gazebo を実行した端末ウィンドウで「Ctrl キー +"c" キー」を入力する。

その後、`turtlebot3_world.launch` を実行する。`turtlebot3_world.launch` ファイルは、すでに作成しておいた `turtlebot3.world` 環境モデルを呼び出す。`turtlebot3.world` では、図 10.17 の環境モデルが設定されている。このモデルは、TurtleBot シリーズのシンボルを模したものである。自身で環境モデルを作成する際には、`turtlebot3_gazebo` パッケージの `/models/turtlebot3.world` ファイルを参考にしてほしい。

```
$ roslaunch turtlebot3_gazebo turtlebot3_world.launch
```

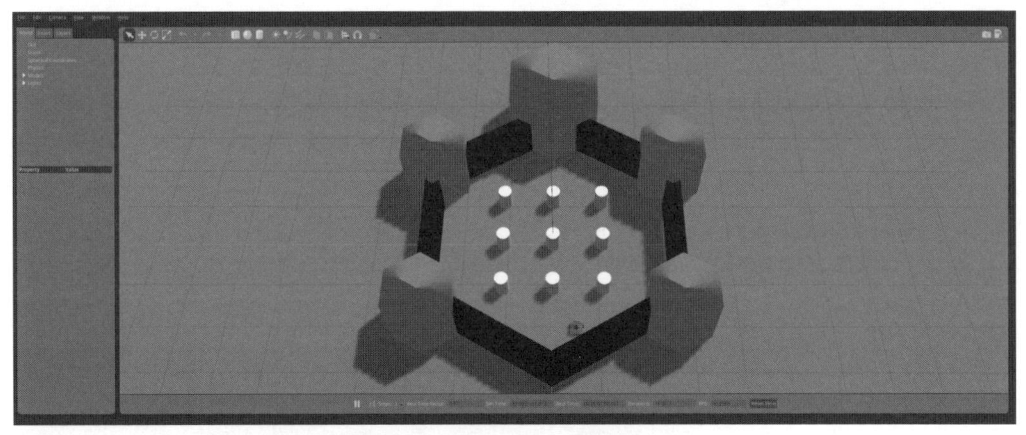

図 10.17 TurtleBot3 の環境モデル

遠隔操作のために以下の launch ファイルを実行すると、Gazebo 環境内にある仮想的な TurtleBot3 をキーボードで制御できる。

```
$ roslaunch turtlebot3_teleop turtlebot3_teleop_key.launch
```

ここまでは、前節で説明した RViz の機能とほぼ同じである。しかし、Gazebo では仮想ロボットの形状を表示するだけではなく、ロボットの衝突、エンコーダや IMU センサの計測、カメラセンサの画像取得などを仮想的に再現できる。これを体験するには、以下の launch ファイルを実行する。この例では、図 10.18 に示すように、仮想 TurtleBot3 が仮想環境でランダムに移動し、障害物を検出して回避する。これは Gazebo の学習に非常によい例題であり、参考にしてほしい。

```
$ export TURTLEBOT3_MODEL=waffle
$ roslaunch turtlebot3_gazebo turtlebot3_simulation.launch
```

図 10.18 Gazebo 上で回避動作を行っている TurtleBot3 の様子

次に、以下のコマンドを用いてRVizを起動すると、図10.19に示すように、Gazebo上で取得されるロボットの位置、距離センサのデータ、カメラの映像などをRVizから確認できる。このように、実環境の代わりにGazeboの環境でロボットを動作させて、その様子をRViz上で観察できる。

```
$ export TURTLEBOT3_MODEL=waffle
$ roslaunch turtlebot3_gazebo turtlebot3_gazebo_rviz.launch
```

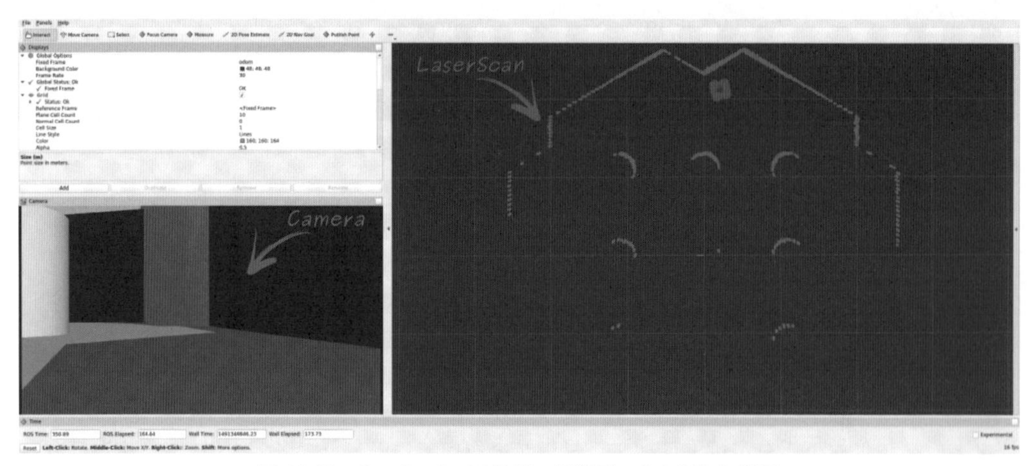

図10.19 Gazebo上での映像、距離データを表した様子

10.8.3 SLAMとナビゲーション

最後に、Gazeboを用いて仮想空間でTurtleBot3を移動させながら、同時に地図を作成するSLAM（Simultaneous Localization And Mapping）を実行してみる。

なお、次章では、実際にTurtleBot3を利用して地図を作成するSLAMと、作成した地図を用いて目的地へ自動的に移動するナビゲーションについて説明する。

仮想空間でのSLAMの実行手順

まず、roscore以外のすべてのプログラムを終了する。次に、以下のように関連するパッケージを実行し、仮想空間でロボットを移動させて地図を作成する。図10.20にSLAMを実行している様子を、図10.21に作成された地図をそれぞれ示す。

Gazeboの起動

```
$ export TURTLEBOT3_MODEL=waffle
$ roslaunch turtlebot3_gazebo turtlebot3_world.launch
```

SLAM の実行

```
$ export TURTLEBOT3_MODEL=waffle
$ roslaunch turtlebot3_slam turtlebot3_slam.launch
```

RViz の実行

```
$ export TURTLEBOT3_MODEL=waffle
$ rosrun rviz rviz -d `rospack find turtlebot3_slam`/rviz/turtlebot3_slam.
rviz
```

TurtleBot3 の遠隔操作

```
$ roslaunch turtlebot3_teleop turtlebot3_teleop_key.launch
```

地図の保存

```
$ rosrun map_server map_saver -f ~/map
```

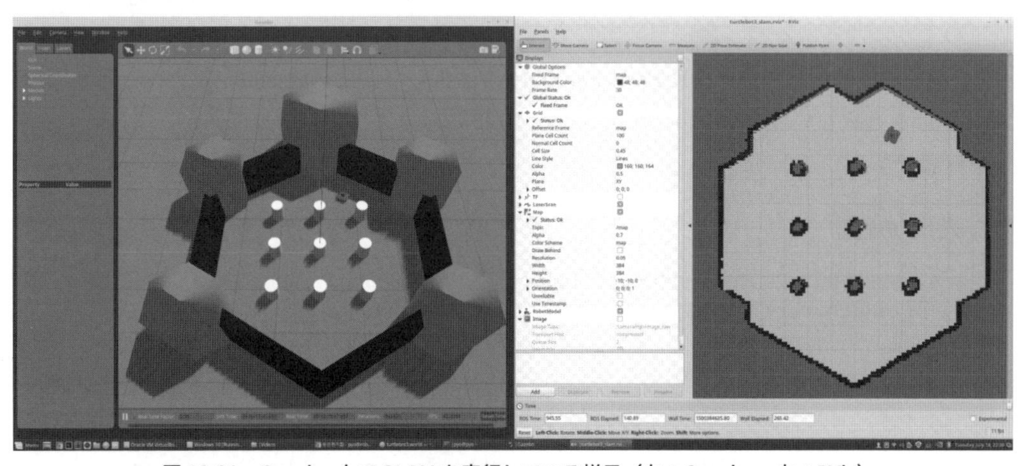

図 10.20　Gazebo 上で SLAM を実行している様子（左：Gazebo、右：RViz）

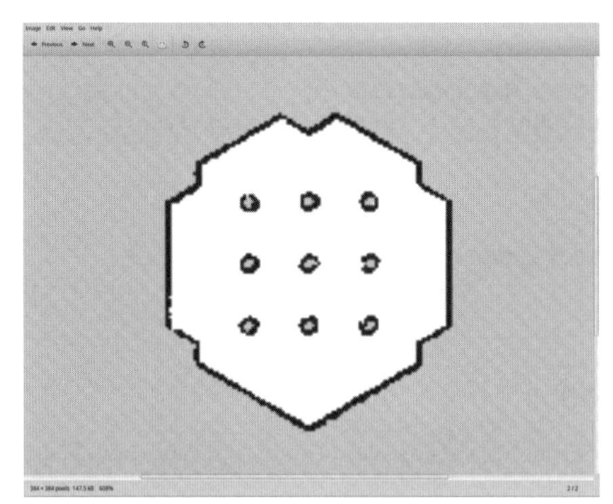

図10.21 作成された環境地図

仮想空間でのナビゲーションの実行手順

ナビゲーションを実行する前に rescore 以外のすべてのプログラムを終了する。その後、以下のように関連するパッケージを実行すると、事前に作成した地図上にロボットが表示される。RViz で TurtleBot3 の 2D Pose Estimate を選択して初期位置を指定した後、同様に 2D Nav Goal を選択して目的地を指定すると、図10.22に示すように目的地に向かって移動する様子を確認できる。

Gazebo の起動

```
$ export TURTLEBOT3_MODEL=waffle
$ roslaunch turtlebot3_gazebo turtlebot3_world.launch
```

ナビゲーションの実行

```
$ export TURTLEBOT3_MODEL=waffle
$ roslaunch turtlebot3_navigation turtlebot3_navigation.launch map_file:=$
HOME/map.yaml
```

RViz の実行および目的地の指定

```
$ export TURTLEBOT3_MODEL=waffle
$ rosrun rviz rviz -d `rospack find turtlebot3_navigation`/rviz/turtlebot3
_nav.rviz
```

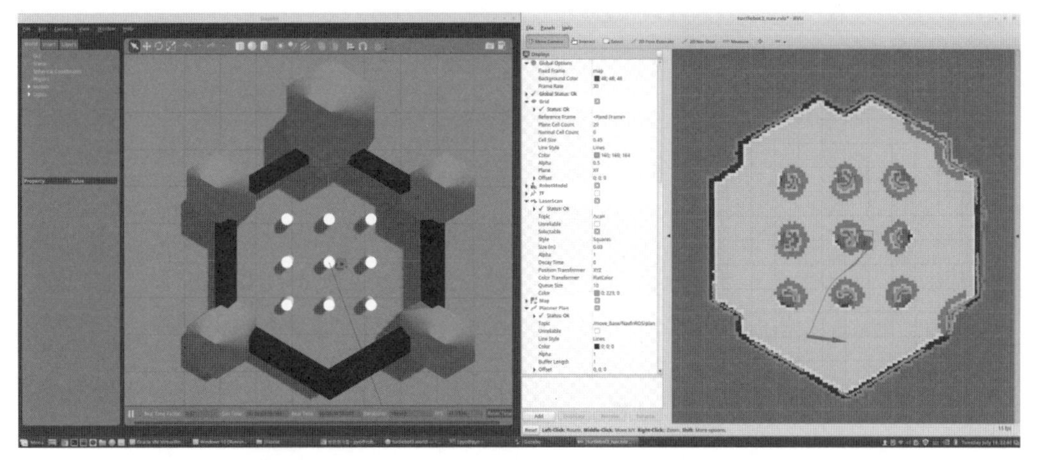

図 10.22 Gazebo 上でナビゲーションを実行している様子（左：Gazebo、右：RViz）

本章では、3次元可視化ツール RViz と動力学シミュレータ Gazebo を用いた、TurtleBot3 パッケージによる2種類のシミュレーションを紹介した。シミュレーションは、ロボットの実物や実験環境がなくても、実際の環境に近い状態でロボットの動作を評価できるため、手軽にプログラムを試したい場合や試行錯誤が必要な場合などでとても便利である。

TurtleBot のシミュレーション　COLUMN

TurtleBot は3種類のシミュレーション（stage、stdr、gazebo）をサポートしている。仮想ロボットを用いてシミュレーションを行う場合には、以下の関連する Wiki を参照してほしい。

http://wiki.ros.org/turtlebot_stage
http://wiki.ros.org/turtlebot_stdr
http://wiki.ros.org/turtlebot_gazebo

第11章

SLAMとナビゲーション

これまでのロボット分野では、技術や知識が体系的、組織的に共有されておらず、新たに本分野に参入する際の障壁が高かった。一方、ROSではさまざまなツールや開発環境を公開し、ロボティクス技術をオープンソースで提供することで、ロボット分野への参入を容易にしている。なかでも、環境地図を作成するためのSLAM技術と、作成された地図を用いて特定の位置へロボットを誘導するナビゲーション技術は、ROSのさまざまなパッケージのなかでももっとも頻繁に利用されている。本章では、ROSが提供するSLAM、およびナビゲーションパッケージについて詳細に説明する。まず、SLAM、およびナビゲーションの定義と必要な技術要素について説明した後、SLAMの実習、SLAMパッケージの詳細、SLAMで用いられる技術について説明する。その後、同様にナビゲーションの実習、ナビゲーションパッケージの詳細、ナビゲーションで用いられる技術について説明する。

11.1 ナビゲーションとは

ナビゲーションとは、人やロボットあるいは自動車などの移動体を、ある地点から目標地点まで誘導することである。もっとも身近なナビゲーションシステムはカーナビであろう。カーナビや人のナビゲーションは、車載端末やスマートフォンで利用でき、表示された地図上で目的地を設定すると、現在地から目的地までの経路や距離、移動時間などが計算され、さらに経由地や優先する経路を指定することもできる。

いまでは世界中で利用されているナビゲーションシステムであるが、実用化されたのはごく最近である。1981年にホンダが「エレクトロザイロケータ（Electro Gyrocator）[†1]」と呼ばれる3軸ジャイロスコープとフィルム地図を用いたアナログ方式のナビゲータを初めて開発した。その後、米国の自動車用品メーカーEtak社が、電子コンパスと車輪のセンサを利用し

†1　https://en.wikipedia.org/wiki/Electro_Gyrocator

た電子ナビゲータ「Etak Navigator[†2]」の販売を開始した。しかし、電子コンパスと車輪のセンサの組み合わせは、価格、信頼性に問題があった。米国は、1970年代から軍事目的で人工衛星を利用した測位システムを開発していたが、2000年代にそのうちの24個のGPS（Global Positioning System）[†3]衛星を民間に開放することを決め、これを利用した衛星測位方式のナビゲータが普及した。

11.1.1 移動ロボットのナビゲーション

移動ロボットにおいて、ナビゲーションは極めて重要な機能である。ナビゲーションは、指定した目的地までロボットを移動させることであるが、複雑な環境でこれを実現するのは容易ではない。ナビゲーションの実現には、移動中のロボットが、現在、地図上のどこにいるかを正確に推定する必要がある。また、目的地までつながるさまざまな経路のなかから、最適な経路を選択し、人や障害物、壁や柱、家具などを回避しながら移動しなければならない。

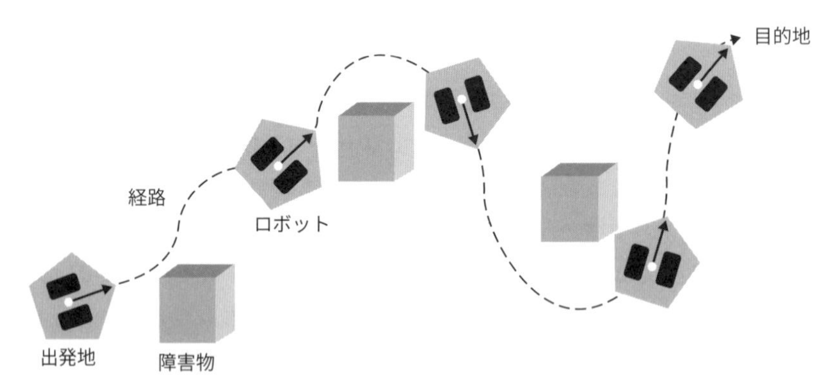

図11.1 ナビゲーション

ロボットのナビゲーションの実現には何が必要だろうか。アルゴリズムによっても異なるが、ナビゲーションには少なくとも以下の機能が必要である。

① 地図
② ロボットの位置姿勢の計測・推定機能
③ 人、壁や柱、物体などの障害物の検出機能
④ 最適な経路を計算して走行する機能

11.1.2 地図

カーナビであれば、購入時に正確な地図データが提供され、地図のアップデートも定期的に行われる。ロボットのナビゲーションにも、ロボットの移動空間に関する正確な地図データが

† 2 https://en.wikipedia.org/wiki/Etak
† 3 https://en.wikipedia.org/wiki/Global_Positioning_System

必要である。

SLAM（Simultaneous Localization And Mapping）[†4]とは、ロボットが自動的、あるいは人間が操縦して移動しながら地図を作成する技術であり、ロボットの位置推定と地図作成が同時に行われる。つまり、ロボットが未知の空間内を移動しながら周辺環境を計測し、それまでに得られた地図と計測結果から現在位置を推定するのと同時に、計測結果を用いて地図を更新する。

11.1.3 ロボットの位置姿勢の推定

地図を用いて自律走行を行うためには、ロボットが地図中の自身の位置と姿勢を推定する必要がある。屋外であればGPSを利用して自己位置をある程度推定できるが、室内ではGPSによる位置推定は困難である。近年、DGPS[†5]のような高精度な位置推定システムも使用されているが、これも室内では利用できない。また、マーカ認識方式やBluetoothなどを用いた室内位置推定システムなども開発されているが、これも価格や精度から、実用化にはあと一歩といったところである。現在、屋内サービスロボットでもっとも多く利用されている位置推定法は、移動量を車輪の回転量から推定するデッドレコニング（Dead Reckoning）[†6][†7]である。これは相対的な位置推定方式であるが、安価なセンサで長時間使用でき、ある程度正確な位置推定結果を得ることができる。しかし、車輪の回転量の計測だけでは誤差が蓄積するため、IMUセンサを用いて慣性情報も取得したり、レーザセンサなどを用いて周辺環境を計測し、誤差を低減する方法が一般的である。

ロボットの位置姿勢 **COLUMN**

ROSでは、ロボットの位置（position：x、y、z）と姿勢（orientation：x、y、z、w）をPoseという。4.5節のtfで説明しているように、位置はx、y、zの3成分のベクトルで表し、姿勢はx、y、z、wの四元数（quaternion）形式で表現する。位置姿勢の送信に用いられるメッセージposeについては、下記のリンクで説明している。

http://docs.ros.org/api/geometry_msgs/html/msg/Pose.html

† 4 https://en.wikipedia.org/wiki/Simultaneous_localization_and_mapping
† 5 https://en.wikipedia.org/wiki/Differential_GPS
† 6 https://en.wikipedia.org/wiki/Dead_reckoning
† 7 http://www.cs.cmu.edu/afs/cs.cmu.edu/academic/class/16311/www/s07/labs/NXTLabs/Lab%203.html

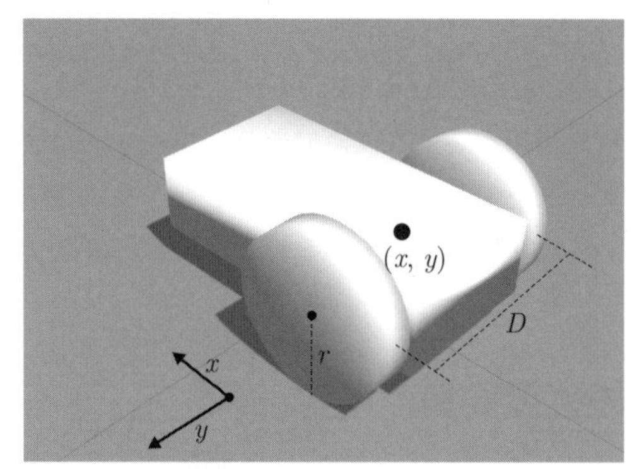

図 11.2 デッドレコニングに必要な情報（ロボットの中心位置（x、y)、車輪間距離 D、車輪半径 r

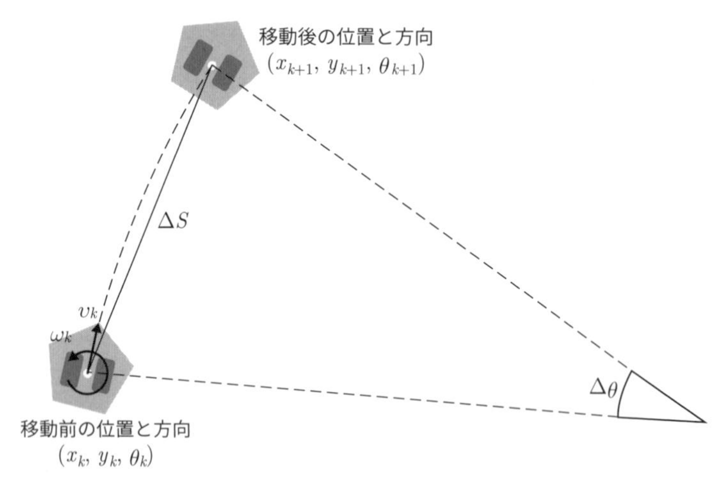

図 11.3 デッドレコニング

ここではデッドレコニングの計算方法について簡単に説明する。図 11.2 に示す移動ロボットを考え、両車輪の間隔を D、車輪の半径を r とする。このロボットが、図 11.3 に示すように、時間 T_e で短い距離を移動したと仮定したとき、左右のモータの回転量（現在のエンコーダ値 E_{lc}、E_{rc} と、T_e 秒前のエンコーダ値 E_{lp}、E_{rp}）を用いて、両車輪の回転速度（v_l、v_r）を式（11.1)、(11.2）のように求める。

$$v_l = \frac{(E_{lc} - E_{lp})}{T_e} \quad \text{[rad/s]} \tag{11.1}$$

$$v_r = \frac{(E_{rc} - E_{rp})}{T_e} \quad \text{[rad/s]} \tag{11.2}$$

次に、式（11.3)、(11.4）により両車輪の移動速度（V_l、V_r）を求め、式（11.5)、(11.6）によってロボットの並進速度（Linear Velocity：v_k）と回転速度（Angular Velocity：ω_k）を求める。

$$V_l = v_l \cdot r \quad \text{〔m/s〕} \tag{11.3}$$

$$V_r = v_r \cdot r \quad \text{〔m/s〕} \tag{11.4}$$

$$v_k = \frac{(V_r + V_l)}{2} \quad \text{〔m/s〕} \tag{11.5}$$

$$\omega_k = \frac{(V_r - V_l)}{D} \quad \text{〔m/s〕} \tag{11.6}$$

最後に、これらの値を用いて式（11.7）から式（11.10）を計算し、ロボットの移動後の位置（$x_{(k+1)}$、$y_{(k+1)}$）および方向 $\theta_{(k+1)}$ を求める。

$$\Delta s = v_k T_e \qquad \theta = \omega_k T_e \tag{11.7}$$

$$x_{(k+1)} = x_k + \Delta s \cos\left(\theta_k + \frac{\Delta\theta}{2}\right) \tag{11.8}$$

$$y_{(k+1)} = y_k + \Delta s \sin\left(\theta_k + \frac{\Delta\theta}{2}\right) \tag{11.9}$$

$$\theta_{(k+1)} = \theta_k + \Delta\theta \tag{11.10}$$

11.1.4 壁、物体などの障害物の計測

壁、物体などの障害物の検出には外界センサが使用される。外界センサには、距離センサ、ビジョンセンサ、接触センサなどさまざまな種類がある。距離センサにはレーザ光を用いた距離センサ（LDS、LRF、LiDAR)、超音波センサ、赤外線距離センサなどがあり、ビジョンセンサにはステレオカメラ、単眼カメラ、全方位カメラなどがある。また、近年では、RealSense、Kinect、Xtion などの深度カメラが障害物認識や SLAM などで盛んに用いられている。

11.1.5 最適経路の計算および走行

ナビゲーションでは、目的地までの最適な経路を計算し、その経路に沿うようにロボットを誘導する。ナビゲーションは経路探索と経路計画（Path Search and Planning）の問題であり、A* アルゴリズム†8、ポテンシャル場†9、パーティクルフィルタ†10、RRT（Rapidly-exploring Random Tree）†11 などさまざまなテクニックが用いられる。

本章では SLAM とナビゲーションについて簡単に説明するが、実際には極めて学術的で高

---

†8 https://en.wikipedia.org/wiki/A*_search_algorithm
†9 http://www.cs.cmu.edu/~./motionplanning/lecture/Chap4-Potential-Field_howie.pdf
†10 https://en.wikipedia.org/wiki/Particle_filter
†11 https://en.wikipedia.org/wiki/Rapidly-exploring_random_tree

度な内容も含む。11.1.1 項で示したナビゲーションの実現に必要な 4 つの要素のうち、ロボットの位置姿勢の計測と、人、壁や柱、物体などの障害物の検出機能については、第 8 章ですでに説明している。次節以降では、SLAM による地図作成とナビゲーションによる最適経路の計算と誘導について述べる。

11.2　SLAM の実習

SLAM について詳しく説明する前に、TurtleBot3 を用いて SLAM を行う具体的な方法について説明する。本節で説明する手順により、実際に地図を作成できる bag ファイルも、GitHub リポジトリにアップロードしてあるため、実際にダウンロードして試してほしい。SLAM の技術は、実際の動作を体験した後に 11.4 節で説明する。

11.2.1　SLAM のためのロボットハードウェアの制約

SLAM を実現するパッケージとしては、gmapping †12、cartographer †13、rtabmap †14 が有名である。本節では、そのなかで gmapping を紹介する。gmapping を利用する際、ハードウェアにいくつかの制約がある。一般的な移動ロボットを用いる場合は問題がないが、理解しておいてほしい。

並進と回転

2 つのモータで構成され、左右にある車輪が別々に駆動できる差動駆動型ロボット（Differential Drive Mobile Robot）、あるいは 3 つ以上のオムニホイールをドライブシャフトで駆動する全方向移動ロボット（Omni-wheel Robot）など、x、y 軸の方向への並進速度と θ 方向への回転角速度の指令コマンドによって、指令どおりに動作可能なロボットである必要がある。

走行距離の計測（Odometry）

ロボットは、自身の移動距離と回転量（オドメトリ情報）を計測し、デッドレコニングにより現在位置を推定できる必要がある。あるいは、IMU センサから取得された慣性情報などを用いて推定位置を補正したり、IMU センサで並進速度と回転速度を計測し、位置を推定できなければならない。

測域センサ

2 次元平面内で SLAM とナビゲーションを実行するには、ロボットは XY 平面に平行な平面上に置かれている障害物を検出できる LDS（Laser Distance Sensor）、LRF（Laser Range

† 12　http://wiki.ros.org/gmapping
† 13　http://wiki.ros.org/cartographer
† 14　http://wiki.ros.org/rtabmap

Finder)、LiDARなどの測域センサを搭載する必要がある。または、RealSense、Kinect、Xtionなどの深度カメラで計測した3次元データをXY平面上に射影し、疑似的に2次元平面上の距離データとして使用することもできる。そのほか、超音波センサ、PSDセンサ、カメラなども利用可能であるが、本書では割愛する。

ロボットの形状

ここでは、正多角形、長方形、円形の移動ロボットを対象とし、角張った形のロボット、ドアや廊下を追加できない大きなロボット、二足歩行ヒューマノイドロボット、多関節移動ロボット、飛行ロボットなどは除く。また、本章では第10章で紹介したROS公式プラットフォームTurtleBot3を用いる。図11.4に示すTurtleBot3は、上述したハードウェアに関する制約をすべて満たしている。

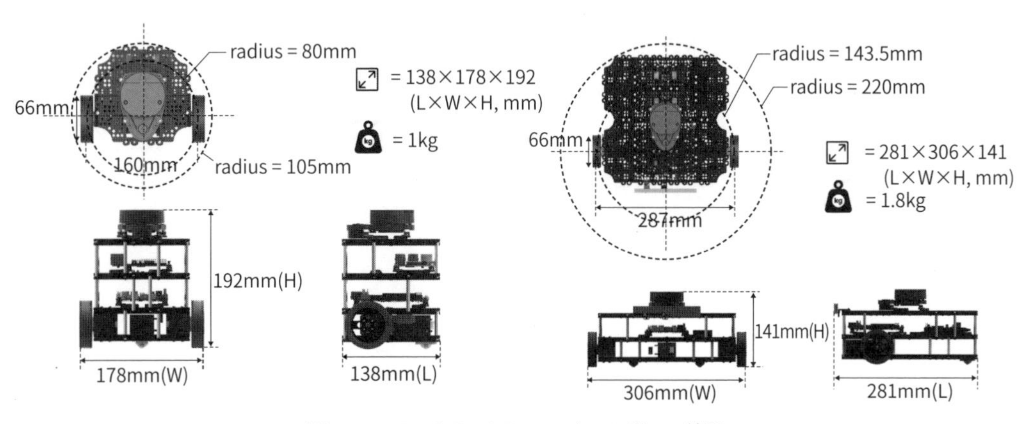

図11.4　TurtleBot3 BurgerとWaffleの外形

11.2.2　SLAMを行う環境

SLAMが可能な環境を厳密に定義することは難しいが、特徴的な形状データが得られない環境や計測自体が困難な環境は困難である。具体的には、例えば、①障害物がない正方形の環境、②障害物がなく、平行な壁が長く続く廊下、③レーザや赤外線が透過または反射するガラスや鏡に囲まれた環境、④水面や雨、霧など、使用するセンサの特性によって障害物が検出できない環境などである。

本節で行うSLAMの実習では、図11.5に示すような格子構造の空間を対象とする。

図11.5 SLAMの計測環境

11.2.3 SLAMに用いるROSパッケージ

本節で使用するSLAM関連のROSパッケージは、turtlebot3メタパッケージ、slam_gmappingメタパッケージのgmappingパッケージ、navigationメタパッケージのmap_serverパッケージである。これらはすべて10.4節のTurtleBot3の開発環境でインストール済みである。本節ではSLAMの実行方法について述べ、各パッケージの内容については次節で詳しく説明する。また、本節で行う設定は、Remote PCとTurtleBotの2台のコンピュータを用いるため、それぞれコマンド入力を分けて説明する。

11.2.4 SLAMの実行

SLAMの実行手順は次のとおりである。ここではTurtleBot3 Waffleを用いて説明する。BurgerやWaffle Piを用いる場合も、単純に名称（TURTLEBOT3_MODEL=burger、TURTLEBOT3_MODEL=waffle_pi）を変更すれば同様に実行できる。

roscore

[Remote PC]でroscoreを実行する。

```
$ roscore
```

ロボットの準備

[TurtleBot]でturtlebot3_robot.launchを実行し、turtlebot3_coreとturtlebot3_ldsノードを起動する。

```
$ roslaunch turtlebot3_bringup turtlebot3_robot.launch
```

SLAMパッケージの実行

[Remote PC]でturtlebot3_slam.launchを実行する。これにより、両輪と各関節の情

報をtfでパブリッシュするrobot_state_publisherノードと、地図作成のためのslam_gmappingノードが同時に実行される。また、ロボットモデルのURDFを記述したrobot_modelも同時に設定される。

```
$ export TURTLEBOT3_MODEL=waffle
$ roslaunch turtlebot3_slam turtlebot3_slam.launch
```

RVizの実行

SLAMにより作成される地図の途中経過を確認するために、ROSの可視化ツールであるRVizを起動する。次のようにオプションを付けてrvizコマンドを実行すると、Displaysプラグインが追加された状態で起動される。

```
$ export TURTLEBOT3_MODEL=waffle
$ rosrun rviz rviz -d `rospack find turtlebot3_slam`/rviz/turtlebot3_slam.
rviz
```

トピックメッセージの保存

ここでは、ユーザがロボットを遠隔操作し、SLAMに必要なデータを収集する。この際、パブリッシュされている/scanと/tfトピックを、scan_dataというファイル名のbagファイルに保存する。このように実験で得られるトピック（この例では、/scanと/tfトピック）をbagファイルに保存しておけば、計測時にパブリッシュされたトピックのメッセージデータを後から正確に再現できる。つまり、このbagファイルを用いれば、例えば後から別のSLAMパッケージを用いて地図を作成でき、ロボットを用いた実験を繰り返す必要がなくなる。次に示すコマンドの-Oオプションは、出力ファイル名を指定するためのオプションであり、ここではscan_data.bagという名前のbagファイルが生成される。トピックメッセージの保存は、SLAMの実行に必須な作業ではないため、メッセージを保存する必要がない場合には省略できる。

```
$ rosbag record -O scan_data /scan /tf
```

ロボットの遠隔操作

ロボットの遠隔操作のためのROSパッケージを実行し、ロボットを操縦することでSLAMを行う。このとき、ロボットの速度を急に変更したり、高速な前進、後進、または回転をしないように注意する。正確で欠落のない地図を作成するには、対象の環境の隅々まで計測する必要がある。これには経験が必要であり、SLAMを実習しながら身につけよう。

```
$ roslaunch turtlebot3_teleop turtlebot3_teleop_key.launch
```

地図の作成

環境を隅々まで計測できたら、map_saverノードを実行して地図を作成し、保存する。ロボットが移動するのに従い、計測されたロボットのオドメトリ、tf、センサのスキャンデータに基づいて地図が作成されていく。この様子はRVizで確認できる。特にファイル名を指定しない限り、作成された地図はmap_saverを実行したディレクトリに、地図データはmap.pgm、地図関連情報はmap.yamlとして保存される。以下で使用した-fオプションは、地図ファイルを保存するフォルダとファイル名を指定するためのオプションであり、~/mapsを指定することでユーザフォルダ~/mapsの下にmap.pgm、map.yamlの名前でそれぞれ保存される。

```
$ rosrun map_server map_saver -f ~/maps
```

上述した処理で地図を作成できる。地図の作成に必要なノードとトピックは、rqt_graphを用いて図11.6に示すように確認できる。地図作成の様子を図11.7に、作成された地図を図11.8に示す。

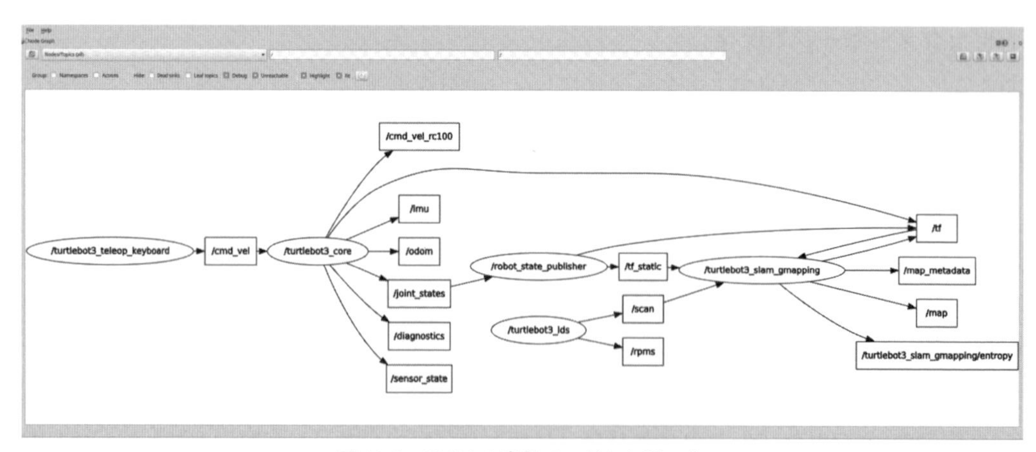

図11.6 SLAMの実行ノードとトピック

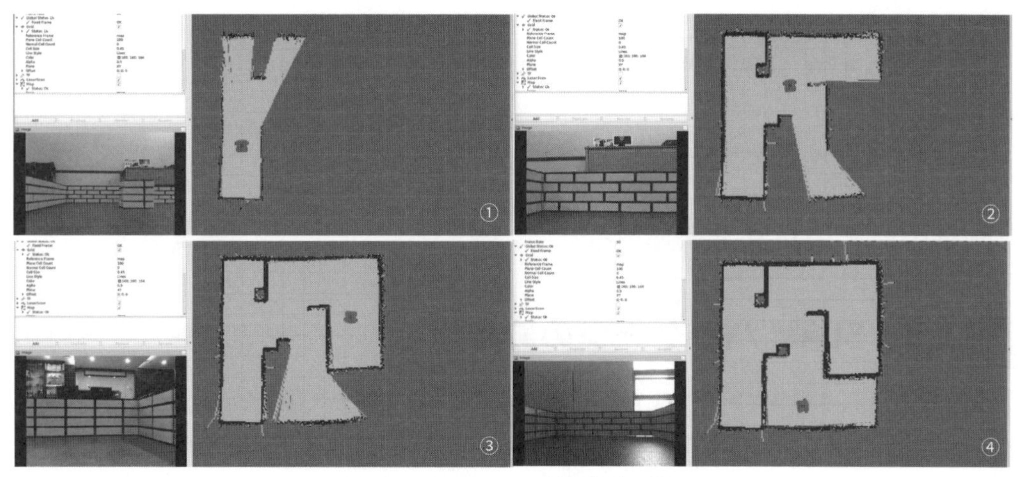

図 11.7　SLAM による地図作成の様子

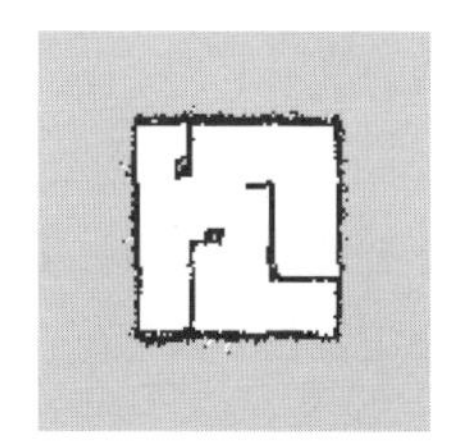

図 11.8　完成した地図

11.2.5　bag ファイルを用いた SLAM

TurtleBot3 と LDS センサがなくても、以下のように前項で記録した bag ファイルをダウンロードすることにより、SLAM を体験できる。

```
$ wget https://raw.githubusercontent.com/ROBOTIS-GIT/turtlebot3/master/tur
tlebot3_slam/bag/TB3_WAFFLE_SLAM.bag
```

以降は、前項で示した SLAM の実行方法とほぼ同じである。ただし、rosbag は play オプションを付けて再生モードで実行する。

```
$ roscore
```

```
$ export TURTLEBOT3_MODEL=waffle
$ roslaunch turtlebot3_bringup turtlebot3_remote.launch
```

```
$ export TURTLEBOT3_MODEL=waffle
$ rosrun rviz rviz -d `rospack find turtlebot3_slam`/rviz/turtlebot3_slam.
rviz
```

```
$ roscd turtlebot3_slam/bag
$ rosbag play ./TB3_WAFFLE_SLAM.bag
```

```
$ rosrun map_server map_saver -f ~/map
```

次節では、本節で利用したSLAMパッケージの詳細と、その設定法について説明する。

11.3 SLAMパッケージの詳細

前節ではSLAMパッケージを実行して地図が作成される様子を体験した。本節ではSLAMパッケージについて詳しく説明する。ここでは、turtlebot3メタパッケージの全パッケージとslam_gmappingメタパッケージのgmappingパッケージ、navigationメタパッケージのmap_serverパッケージについて説明する。SLAMで用いられる技術は11.4節で述べる。

ここでの説明はTurtleBot3と、それに装着したLDSセンサを対象とする。ただし、この内容を理解すれば、特定のロボットプラットフォームやセンサに限らず、さまざまなロボットにSLAMを実装できる。自分でロボットを製作したり、TurtleBot3を独自のスタイルで構成した場合、本節を参照しながらSLAMを実装してほしい。

11.3.1 地図

地図作成はSLAMの目的であり、最終的な結果でもあるため、地図について詳しく知っておこう。人間が利用する地図のように、ロボットにも経路探索のためのデジタル化された地図が必要である。ロボットナビゲーションに必要な地図の定義については、現在も議論が続いている。以前は2次元空間の幾何形状データが主流であったが、現在は3次元空間の幾何形状データと、それに含まれる各物体のセグメンテーション（Segmentation）、アノテーション（Annotation）データなども取得できるようになっている。

本節ではROSコミュニティで一般的に使用されている2次元占有格子地図（OGM、Occupancy Grid Map）を使用する。図11.9に示す地図は前節で取得したものである。ここで、白はロボットが移動可能な自由領域（Free Area）、黒は移動が不可能な占有領域（Occupied Area）、灰色はまだ計測されていない未知領域（Unknown Area）をそれぞれ意味する。

図 11.9　占有格子地図

この地図は、0 から 255 までの 256 段階のグレースケール値を用いて表される。この値は、占有状態（Occupancy State）をベイズ（Bayes）の定理の事後確率（Posterior Probability）を用いて表現した占有確率（Occupancy Probability）を表す。占有確率 occ は「occ = (255 -color_avg)/255」と表現される。color_avg は、画像が 8 bit であれば画素濃淡値、24 bit であれば、「color_avg = 画素値 /0xFFFFFF × 255」である。occ が 1 に近いほど占有確率が高くなり、0 に近いほど占有されていない確率が高くなることを意味する。

この値を ROS メッセージ（nav_msgs/OccupancyGrid）を通してパブリッシュすると、占有度は −1 および 0 から 100 までの値で再定義して送信される。ただし、この値が 0 に近いほど移動可能な自由領域を、100 に近いほど移動不可能な占有領域を、−1 は未知の領域をそれぞれ意味する。

ROS では、地図データを *.pgm ファイル形式（Portable Graymap Format）で保存して利用する。また、解像度などの付加情報を含む *.yaml ファイルも同時に保存されている。11.2 節で作成した地図の情報（map.yaml）は、以下のとおりである。ここで、image は地図のファイル名を、resolution は地図の解像度をそれぞれ意味し、単位は m/pixel である。

```
image: map.pgm
resolution: 0.050000
origin: [-10.000000, -10.000000, 0.000000]
negate: 0
occupied_thresh: 0.65
free_thresh: 0.196
```

この例では、各ピクセルは 5 cm に設定されている。origin は地図の原点であり、それぞれ地図の左下の位置を x、y、yaw で表す。この例では、地図の左下の位置は x=−10 m、y=−10 m である。negate は白黒反転を意味する。通常は、各ピクセルの占有確率が占有閾値（occupied_thresh）を超えると移動不可能な占有領域とみなし、黒で表現される。また占有確率が自由限界値（free_thresh）より小さい場合には、移動可能な自由領域とみなし、白で表現する。

図 11.10 は、TurtleBot3 を利用して作成した広域な地図を示している。地図の作成には約 1 時間かかり、ロボットは約 350 m 移動した。

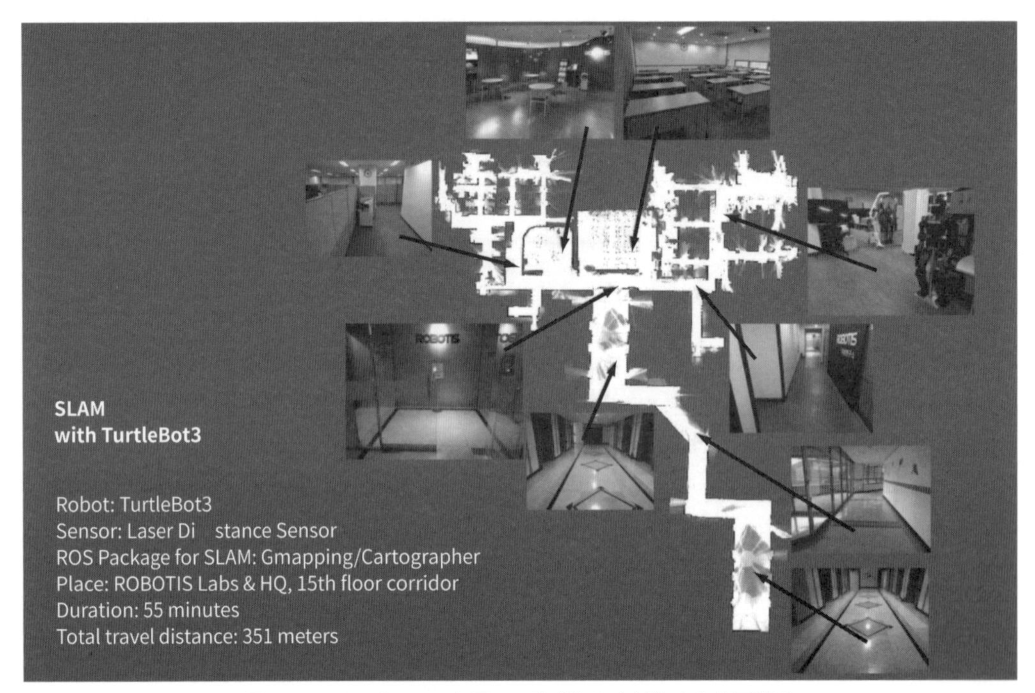

図 11.10 TurtleBot3を用いて作成した広域な占有格子地図

11.3.2 SLAMに必要な情報

ここではSLAMに必要な情報について考える。地図の作成には何が必要だろう。つまり、「あそこにソファがあり、ここから2m離れている」と判断するために必要な情報とは何だろう。

まず必要なのは距離データである。距離データは、LDS、深度カメラなどのセンサを用いて計測できる。また、自分の現在位置も必要である。ここで、「自分」は「センサ」を意味し、センサはロボットに搭載されているため、ロボットが移動するとセンサも移動する。したがって、センサの位置はロボットの移動量であるオドメトリに依存する。オドメトリからロボットの位置を計算し、「自分」の位置を知る必要がある。

ここで、計測された距離データは`scan`と呼ばれ、ロボットの位置姿勢を表す`Pose`は、座標系原点からの相対座標変換として`tf`で表される。図11.11に示すように、`scan`と`tf`の両データを用いてSLAMを行い、地図を作成する。

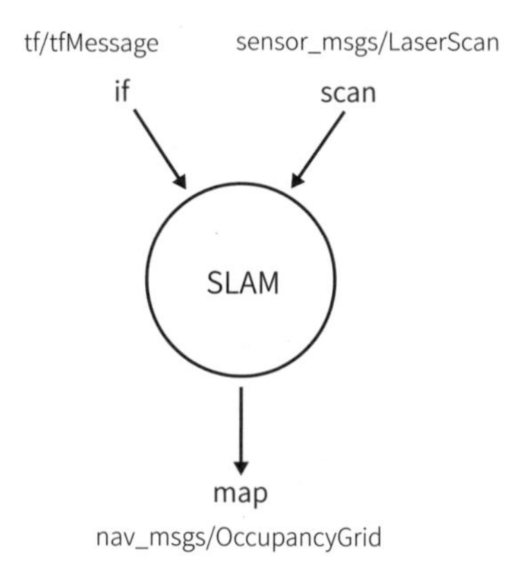

図 11.11　SLAM に必要な tf、scan データと map との関係

11.3.3　SLAM の処理過程

TurtleBot3 では、制御のための `turtlebot3_core` ノードのほか、地図を作成するための `turtlebot3_slam` パッケージが提供されている。このパッケージには、SLAM に必要な複数のノードを実行するための `launch` ファイルが含まれ、ソースファイルはない。`turtlebot3_slam` パッケージの `launch` ファイルを実行すると、SLAM は図 11.12 に示す処理フローで実行される。それぞれのノードについては、以下で説明する。

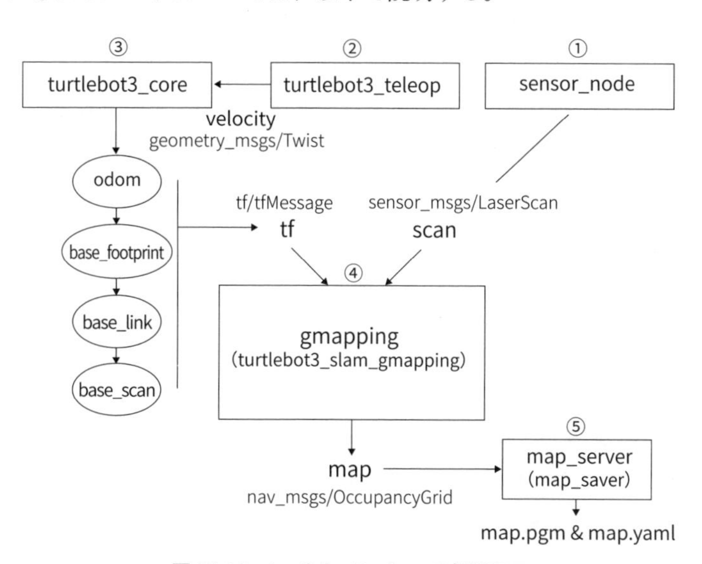

図 11.12　turtlebot3_slam の処理フロー

● `sensor_node`（例：`turtlebot3_lds`）

`turtlebot3_lds` ノードは LDS センサを起動し、SLAM に必要な `scan` データを `slam_gmapping` ノードに送信する。

- **turtlebot3_teleop（例：turtlebot3_teleop_keyboard）**

  turtlebot3_teleop_keyboardノードは、キーボードの入力値を用いてロボットを操縦するためのノードである。turtlebot3_coreノードに移動速度、回転速度コマンドを送信する。

- **turtlebot3_core**

  turtlebot3_coreノードは、ユーザの操縦に従ってロボットを移動させる。このとき、内部的には現在の位置を計測し、得られたPoseデータをodomトピックとして送信するとともに、odomの相対座標変換をodom → base_footprint → base_link → base_scan順にtf形式でパブリッシュする。

- **turtlebot3_slam_gmapping**

  turtlebot3_slam_gmappingノードでは、センサが測定した距離データであるscanトピックと、センサの位置を表すtfを用いて地図を作成する。

- **map_saver**

  map_serverパッケージのmap_saverノードは、作成した地図データをmap.pgmファイルおよび関連する情報ファイルmap.yamlとして保存する。

11.3.4 座標変換（tf）

上述したように、SLAMで使用されるデータは、センサから得られる距離データと、それを計測した時刻の位置姿勢データである。センサはロボットに搭載されており、ロボットは遠隔操作コマンドによって移動する。ロボットとセンサは物理的に固定されており、ロボットの動きに伴ってセンサの位置姿勢も変化する。このことは、相対座標変換で考えると理解しやすく、ROSでは、相対座標変換の過程をtfで表現する。以下のコマンドを用いて、現在の相対座標変換を木構造で表現してみる。

```
$ rosrun rqt_tf_tree rqt_tf_tree
```

上記のコマンドを実行すると、tfのtreeビューアによって、ロボットとセンサの相対座標変換（tf）データが図11.13に示すように図示される。ここでロボットの位置からセンサの固定位置までの部分に着目すると、odom → base_footprint → base_link → base_scan順に相対座標変換が接続されていることがわかる。odomは、turtlebot3_teleop_keyboardノードから送信された並進速度および回転速度に従ってロボットが移動し、そのときのロボットの位置姿勢がオドメトリ情報から計算され、パブリッシュされる。また、base_footprint → base_link → base_scanは、ロボットを構成する各パーツが物理的に固定されているため、turtlebot3_descriptionパッケージの/urdf/turtlebot3_waffle.urdf.xacroファイルにそれぞれの相対座標変換を記述し、これがrobot_state_publisher

ノードによって定期的に tf でパブリッシュされている。

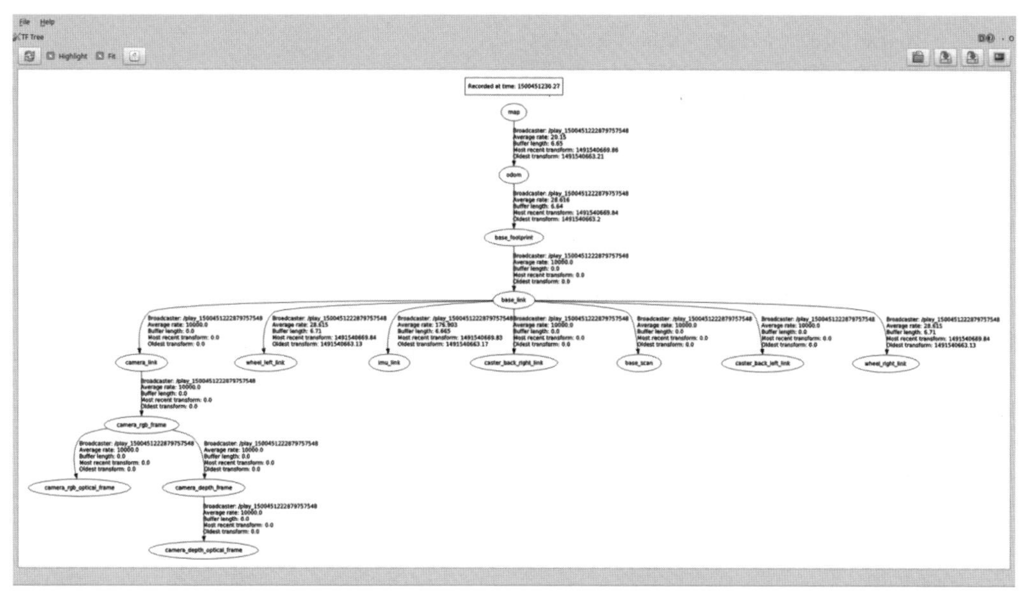

図 11.13　地図とロボットの各パーツの相対座標変換の様子

11.3.5　turtlebot3_slam パッケージ

turtlebot3_slam パッケージの turtlebot3_slam.launch の内容をリスト 11.1 に示す。この launch ファイルでは、大きく分けて 2 つの作業を行う。まず turtlebot3_remote.launch を実行し、次に turtlebot3_slam_gmapping ノードを実行する。

リスト 11.1　turtlebot3_slam/launch/turtlebot3_slam.launch

```
<launch>
  <!-- Turtlebot3 -->
  <include file="$(find turtlebot3_bringup)/launch/turtlebot3_remote.launch" />

  <!-- Gmapping -->
  <node pkg="gmapping" type="slam_gmapping" name="turtlebot3_slam_gmapping"
        output="screen">
    <param name="base_frame" value="base_footprint"/>
    <param name="odom_frame" value="odom"/>
    <param name="map_update_interval" value="2.0"/>
    <param name="maxUrange" value="4.0"/>
    <param name="minimumScore" value="100"/>
    <param name="linearUpdate" value="0.2"/>
    <param name="angularUpdate" value="0.2"/>
    <param name="temporalUpdate" value="0.5"/>
    <param name="delta" value="0.05"/>
    <param name="lskip" value="0"/>
    <param name="particles" value="120"/>
```

```
    <param name="sigma" value="0.05"/>
    <param name="kernelSize" value="1"/>
    <param name="lstep" value="0.05"/>
    <param name="astep" value="0.05"/>
    <param name="iterations" value="5"/>
    <param name="lsigma" value="0.075"/>
    <param name="ogain" value="3.0"/>
    <param name="srr" value="0.01"/>
    <param name="srt" value="0.02"/>
    <param name="str" value="0.01"/>
    <param name="stt" value="0.02"/>
    <param name="resampleThreshold" value="0.5"/>
    <param name="xmin" value="-10.0"/>
    <param name="ymin" value="-10.0"/>
    <param name="xmax" value="10.0"/>
    <param name="ymax" value="10.0"/>
    <param name="llsamplerange" value="0.01"/>
    <param name="llsamplestep" value="0.01"/>
    <param name="lasamplerange" value="0.005"/>
    <param name="lasamplestep" value="0.005"/>

    </node>
</launch>
```

turtlebot3_remote.launchでは、ユーザが指定したロボットモデルを読み込み、そのモデルの両車輪と各関節の状態をtfを通してパブリッシュするrobot_state_publisherノードを実行する。

リスト 11.2 turtlebot3_bringup/launch/turtlebot3_remote.launch

```
<launch>
  <arg name="model" default="$(env TURTLEBOT3_MODEL)"
      doc="model type [burger, waffle, waffle_pi]"/>

  <include file="$(find turtlebot3_bringup)/launch/includes/description.launch.xml">
    <arg name="model" value="$(arg model)" />
  </include>

  <node pkg="robot_state_publisher" type="robot_state_publisher"
      name="robot_state_publisher" output="screen">
    <param name="publish_frequency" type="double" value="50.0" />
  </node>
</launch>
```

turtlebot3_slam_gmappingノードでは、gmappingパッケージのslam_gmappingノードをノード名を変更して実行する。このノードを適切に実行するためには、ロボットとセンサにあわせてさまざまなオプションを設定する必要がある。ここに示す設定値はすべてTurtleBot3 Waffleにあわせている。TurtleBot3以外のロボットを使用する場合には、リスト

11.3 の説明を参考に修正してほしい。

リスト 11.3　slam_gmapping における設定

```
<param name="base_frame" value="base_footprint"/>  ←ロボットの基本フレーム
<param name="odom_frame" value="odom"/>            ←オドメトリフレーム
<param name="map_update_interval" value="2.0"/>    ←地図更新の時間間隔 (sec)
<param name="maxUrange" value="4.0"/>   ←使用するレーザ計測の最大範囲 (meter)
<param name="minimumScore" value="100"/>←スキャンマッチング結果の評価に用いる最小値
<param name="linearUpdate" value="0.2"/>       ←処理に必要な最低移動距離
<param name="angularUpdate" value="0.2"/>      ←処理に必要な最低回転角度
<param name="temporalUpdate" value="0.5"/>
      ←最後にスキャンした時間が更新時間を越えた場合、スキャンを行う
      ←値が0以下である場合使用しない
<param name="delta" value="0.05"/>          ←地図の解像度：距離/ピクセル
<param name="lskip" value="0"/>             ←各スキャンでスキップするビームの数
<param name="particles" value="120"/>       ←パーティクルフィルタのパーティクル数
<param name="sigma" value="0.05"/>          ←レーザ対応探索の標準偏差
<param name="kernelSize" value="1"/>        ←レーザ対応探索のウィンドウサイズ
<param name="lstep" value="0.05"/>          ←初期探索ステップ（移動）
<param name="astep" value="0.05"/>          ←初期探索ステップ（回転）
<param name="iterations" value="5"/>        ←スキャンマッチングの反復回数
<param name="lsigma" value="0.075"/>        ←ビーム尤度計算の標準偏差
<param name="ogain" value="3.0"/>           ←尤度平滑化ゲイン
<param name="srr" value="0.01"/>            ←オドメトリエラー（移動 → 移動）
<param name="srt" value="0.02"/>            ←オドメトリエラー（移動 → 回転）
<param name="str" value="0.01"/>            ←オドメトリエラー（回転 → 移動）
<param name="stt" value="0.02"/>            ←オドメトリエラー（回転 → 回転）
<param name="resampleThreshold" value="0.5"/> ←リサンプリング限界値
<param name="xmin" value="-10.0"/>          ←初期地図サイズ（最小x）
<param name="ymin" value="-10.0"/>          ←初期地図サイズ（最小y）
<param name="xmax" value="10.0"/>           ←初期地図サイズ（最大x）
<param name="ymax" value="10.0"/>           ←初期地図サイズ（最大y）
<param name="llsamplerange" value="0.01"/>     ←尤度計算の範囲（移動）
<param name="llsamplestep" value="0.01"/>      ←尤度計算のステップ幅（移動）
<param name="lasamplerange" value="0.005"/>    ←尤度計算の範囲（回転）
<param name="lasamplestep" value="0.005"/>     ←尤度計算のステップ幅（回転）
```

以上、SLAM パッケージの詳細について説明した。次節では SLAM の技術について述べる。

11.4　SLAM の技術

11.4.1　SLAM

SLAM（Simultaneous Localization And Mapping）とは「位置推定と地図作成を同時に実行すること」である。つまり、ロボットが未知の環境を探索しながら、ロボットに搭載したセンサを用いて自身の位置を推定するのと同時に、周辺環境の地図を作成することを意味する。ここで作成された地図は、ナビゲーションなどロボットの自律走行に利用される。

位置推定に利用する一般的なセンサには、エンコーダ（Encoder）や慣性センサ（Inertial Measurement Unit、IMU）などがある。エンコーダは駆動部である車輪の回転量を測定し、デッドレコニングによりロボットの位置を近似的に推定する。この過程で、車輪の滑りなどにより大きな誤差が発生するが、慣性センサで測定した慣性データによって位置情報の誤差が補正できる。エンコーダデータを利用せずに、慣性センサだけを用いて姿勢を推定することもある。

得られた推定位置は、地図の作成に用いる距離センサや、カメラから得られた周辺環境の情報に基づき、再び修正される。この複数の情報を用いた位置の推定法には、カルマンフィルタ（Kalman Filter）、マルコフ位置推定（Markov Localization）、パーティクルフィルタ（Particle Filter）を利用したモンテカルロ位置推定（Monte Carlo Localization、MCL）などがある。

地図の作成に使用されるセンサには、レーザ距離センサが使用されることが多いが、そのほかにも超音波センサ、光検出器、電波探知機、赤外線スキャナなどが使用される。またステレオカメラを用いた距離計測や、Webカメラなどの通常の単眼カメラを用いたVisual SLAMなどもある。

また、ロボットの移動空間にマーカを取り付け、それを認識する方法も提案されている。例えば、天井にマーカを付け、カメラでマーカを検出する方法である。また近年、距離データを計測できる深度カメラ（RealSense、Kinect、Xtionなど）が普及し、これらを利用した方法も多く開発されている。

11.4.2 さまざまな位置推定法（Localization）

位置推定法はロボット工学において重要な研究分野であり、今も活発に研究されている。ロボットの位置推定が正しく行われれば、推定した位置をもとに地図を作成するSLAMも簡単に行うことができる。しかし、既存の位置推定法には、センサ観測データの不確実性や、実際の運用に必要なリアルタイム性などの問題がある。これを解決するために、さまざまな位置推定法が開発されているが、本節では位置推定法の代表例であるカルマンフィルタとパーティクルフィルタについて述べる。

カルマンフィルタ（Kalman Filter）

位置推定には、米国NASAのアポロプロジェクトで採用されたことで有名なRudolf E. Kalman博士のカルマンフィルタが広く使用されている。カルマンフィルタは、ノイズが含まれる線形システムに対し、観測結果から対象の状態を推定する再帰フィルタである。この推定法はベイズ推定に基づいており、モデルを設定し、そのモデルを利用して以前の状態から現在の時点の状態を予測（Prediction）する。その後、前ステップからの予測値と外界センサなどから得られた測定値の間の誤差を計算し、より正確な状態を推定するための補正（Update）を行う。これを再帰的に実行することで精度を高めていく。このプロセスは図11.14のように表される。

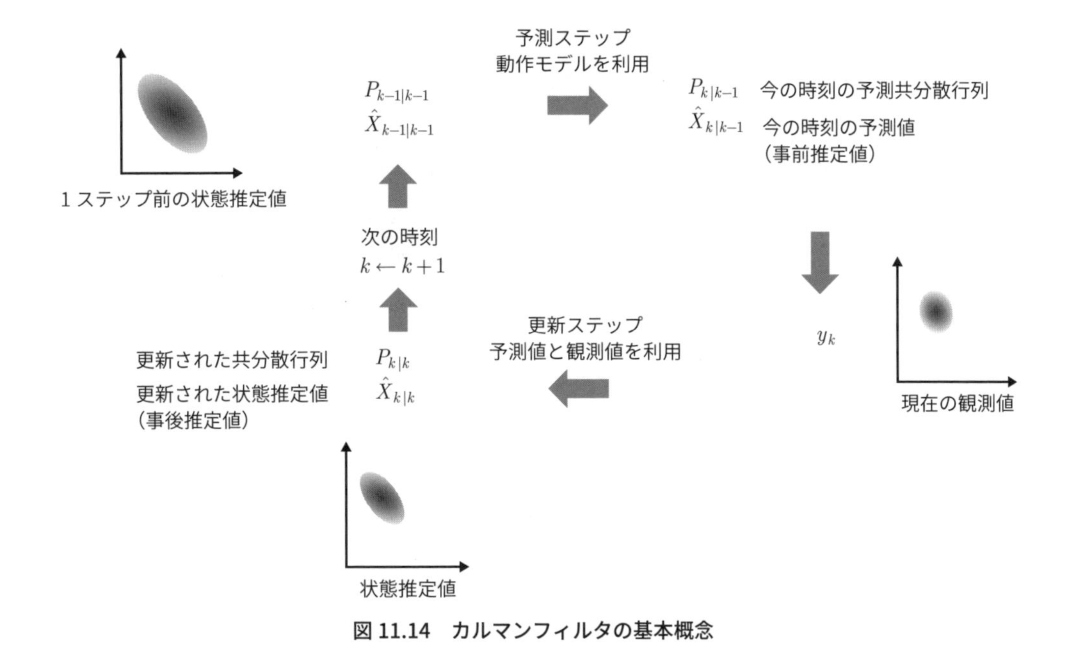

図 11.14 カルマンフィルタの基本概念

カルマンフィルタは線形システムに対して定式化されているが、実際のロボットやセンサは非線形システムである場合も多い。そのため、カルマンフィルタを修正した拡張カルマンフィルタ（Extended Kalman Filter、EKF）も広く利用されている。そのほかにも、線形近似を行わないアンセンテッドカルマンフィルタ（Unscented Kalman Filter、UKF）、スピードを改善したFast Kalman Filterなど、さまざまなカルマンフィルタがある。また、パーティクルフィルタとともに使用するRBPF（Rao-Blackwellized Particle Filter）など、他のアルゴリズムと組み合わせて使用される場合も多い。

パーティクルフィルタ（Particle Filter）

パーティクルフィルタは、物体追跡などでよく用いられるアルゴリズムであり、パーティクルフィルタを用いたモンテカルロ位置推定などが代表的である。上述したカルマンフィルタは、線形システムとガウスノイズ（Gaussian Noise）からなる理想的なシステムでは高精度な推定が期待できるが、その他のシステムでは精度が保障されない。特に、実世界の問題の多くは複雑な非線形システムであり、カルマンフィルタが期待どおりに動作しない場合もある。

ロボットでも位置推定にパーティクルフィルタを利用した例は多い。カルマンフィルタが対象を線形システムと仮定して最適値を求める解析的な方法とすると、パーティクルフィルタは試行錯誤に基づくシミュレーションにより、最適値を推定する方法である。対象となるシステムの状態を確率分布で表し、そこから推定値をランダムに生成し、状態の候補をパーティクル（粒子）として表現することから名付けられた。この方法は逐次モンテカルロ法（Sequential Monte Carlo）とも呼ばれる。

パーティクルフィルタを用いた位置推定では、位置推定の不確実さをサンプルと呼ばれるパーティクルによって表す。各パーティクルを、ロボットの運動モデルを用いて新たな位置と姿勢に確率的に変化させ、計測値との比較から求められる各パーティクルの重み（*weight*）をもとにパーティクルを生成、消滅させながら、逐次的に位置を推定していく。移動ロボットの場合、もっとも単純にはパーティクルの状態を $particle = (pose(x, y, \phi), weight)$ のように表し、各パーティクルは、ロボットの推定位置、姿勢と重みの情報を状態量として保持する。

パーティクルフィルタによる2次元平面での位置推定の処理は、以下の①～⑤の5つの過程で構成される。①の初期化の後、②～⑤を繰り返しながらロボットの位置を推定する。つまり、座標平面上でのロボットの位置を確率的に表すパーティクルの分布を、計測値に基づいて更新することで、ロボットの位置を推測していく。

① 初期化（Initialization）

ロボットの初期位置姿勢が未知である場合、N個の粒子を位置姿勢が取り得る範囲内にランダムに配置する。それぞれの初期パーティクルの重みは$1/N$にし、その合計は1である。パーティクルの個数Nは経験的に決定し、通常は数百個とする場合が多い。初期位置が既知である場合には、その近傍にパーティクルを配置する。

② 予測（Prediction）

ロボットの動作を定義したシステムモデル（System Model）に基づき、ロボットのオドメトリ情報などの観測値から次時刻のパーティクルの状態を推定し、ノイズを加えてパーティクルの新たな状態とする。

③ 更新（Update）

各パーティクルの状態で、計測されたセンサデータが得られる確率を計算し、各パーティクルの重みを更新する。

④ 姿勢推定（Pose Estimation）

すべてのパーティクルに対し、位置姿勢の重み付き平均値や中央値、最大の重みを有するパーティクルなどから、ロボットの位置姿勢を一意に推定する。

⑤ リサンプリング（Resampling）

重みが小さいパーティクルを除去し、重みが大きいパーティクルは重みの大きさに従ってパーティクルを復元抽出し、状態量に誤差を加えた新しいパーティクルを生成する。

パーティクルフィルタでは、サンプル数が十分であればカルマンフィルタやEKF、UKFと同程度か、あるいはより高精度な位置推定ができるが、状態量の次元に対してサンプル数が十分でない場合には、正確な推定ができない。SLAMにパーティクルフィルタを直接的に適用し、ロボットの位置姿勢と地図を同時に推定しようとすると、推定すべき状態量の次元が大きくなり、この問題に直面する。これを解決するためのアプローチとして、パーティクルフィルタとカルマンフィルタを併用して使用するRBPF（Rao-Blackwellized Particle Filter）を用いたSLAMが広く用いられている。

パーティクルフィルタ **COLUMN**

パーティクルフィルタなど、ロボット工学で用いられる確率的手法に関しては、"Probabilistic Robotics"（Sebastian Thrun著（スタンフォード教授、Googleフェロー、ユダシティの創業者））で詳しく説明されている。また、ユダシティの「Artificial Intelligence for Robotics」オンライン講座でも提供されている。

http://www.probabilistic-robotics.org/
https://www.udacity.com/course/cs373

以上、SLAMで用いられるさまざまな技術について説明した。gmappingに関する詳しい説明は、以下のコラムに示す論文を参考にしてほしい。次節ではナビゲーションについて説明する。

OpenSLAMとgmapping **COLUMN**

SLAMは、ロボット工学分野で盛んに研究されている分野の1つである。最新の成果は、学術誌や会議プロシーディングから確認できるが、これらの成果がオープンソースで公開されることも多い。OpenSLAMグループがまとめた手法は、OpenSLAM.orgサイトで確認することができる。

本書の11.3節で利用したgmappingもこのサイトで紹介されており、ROSコミュニティではこれを頻繁に利用している。gmappingに関しては2つの論文が紹介されている。1つはICRA 2005で発表されたもので、もう1つは2007年IEEE Transactions on Robotics誌に発表されたものである。これらの論文は、どのようにすればパーティクル数を減らして演算量を削減し、リアルタイム性を実現するかについて書かれており、前述のRBPFを使用している。詳細については、論文を参照してほしい。

[1] Grisetti, Giorgio, Cyrill Stachniss, and Wolfram Burgard, "Improving grid-based slam with rao-blackwellized particle filters by adaptive proposals and selective resampling", Proceedings of the 2005 IEEE International Conference on Robotics and Automation, pp. 2432-2437, 2005.
[2] Grisetti, Giorgio, Cyrill Stachniss, and Wolfram Burgard, "Improved techniques for grid mapping with rao-blackwellized particle filters", IEEE Transactions on Robotics, Vol.23, No.1, pp.34-46, 2007

11.5 ナビゲーションの実習

次に、具体的にTurtleBot3を用いてナビゲーションを行う方法について説明する。ナビゲーションで用いられる技術は、ナビゲーションの実習を説明した後に11.7節で行う。

ナビゲーションの実習に必要なロボットのハードウェア構成は、11.2節で述べたものと同じである。移動ロボットにはTurtleBot3を利用し、距離センサはLDSを使用する。ナビゲーションを行う環境もSLAMの実習と同様である。本節では、11.2節でSLAMにより作成した地図を利用し、目的地を指定することでロボットを移動させるナビゲーションについて説明する。

11.5.1 ナビゲーションに用いるROSパッケージ

本節で使用するナビゲーションパッケージは、turtlebot3メタパッケージ、navigationメタパッケージのmove_base、amcl、map_serverパッケージなどである。これらのパッケージはSLAMの実習の際にすでにインストール済みである。本節では、ナビゲーションの実習に関して説明を行い、各パッケージに関する説明は次節で行う。

11.5.2 ナビゲーションの実行

ナビゲーションの実行手順は次のとおりである。ここではTurtleBot3 Waffleを用いた場合について説明する。もしTurtleBot3 BurgerやWaffle Piを用いるのであれば、名前（TURTLEBOT3_MODEL=burger、TURTLEBOT3_MODEL=waffle_pi）を変更して実行する。

roscore

[Remote PC]でroscoreを実行する。

```
$ roscore
```

ロボットの駆動

[TurtleBot]でturtlebot3_robot.launchを実行し、turtlebot3_coreとturtlebot3_ldsノードを起動する。

```
$ roslaunch turtlebot3_bringup turtlebot3_robot.launch
```

ナビゲーションパッケージの実行

[Remote PC]でturtlebot3_navigation.launchを実行する。turtlebot3_navigationパッケージは、複数のlaunchファイルで構成されている。これを実行すると、TurtleBot3の3次元モデルの情報の読み込み、両車輪と各関節の情報をtfを通じてパブリッシュするrobot_state_publisherノード、11.2節で作成した地図を読み込むmap_serverノード、AMCL（Adaptive Monte Carlo Localization）ノード、move_baseノードが同時に実行される。

```
$ export TURTLEBOT3_MODEL=waffle
$ roslaunch turtlebot3_navigation turtlebot3_navigation.launch map_file:=$
HOME/map.yaml
```

RVizの実行

ナビゲーションを行う際、目的地の指定や移動結果の確認のため、ROSの可視化ツールであるRVizを起動する。

```
$ rosrun rviz rviz -d `rospack find turtlebot3_navigation`/rviz/turtlebot3
_nav.rviz
```

これを実行すると、図11.15に示す画面が表示される。図11.15の右図に表している地図には緑色の矢印が多数表示されているが、これらがSLAMの技術の説明で述べたパーティクルフィルタの各パーティクルである。後で詳しく述べるが、ナビゲーションにも同様にパーティクルフィルタを利用している。緑色の矢印の中央にある物体がロボットである。

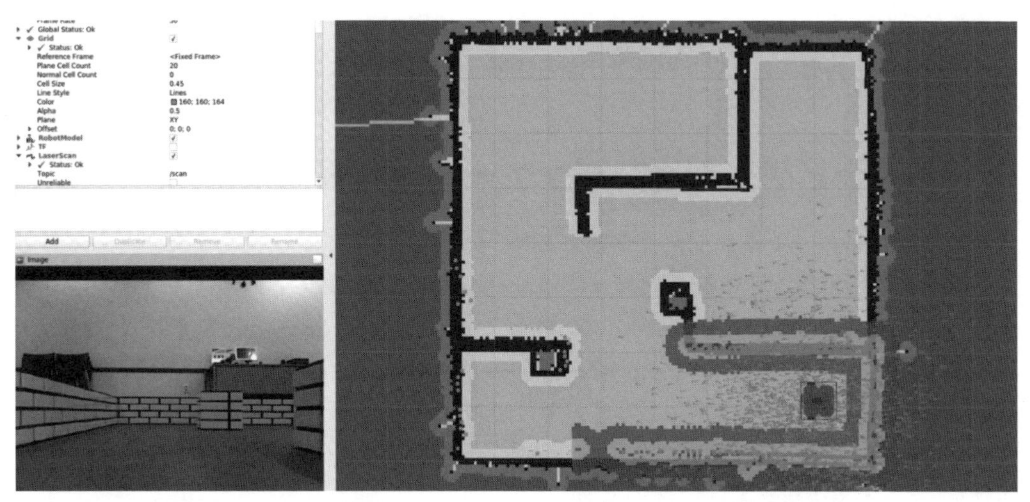

図11.15 RVizで確認できるパーティクル（ロボット周辺にある緑色の矢印）

初期位置の推定

まず、ロボットの初期位置を推定する必要がある。RVizの上部にある「2D Pose Estimate」ボタンをクリックすると、大きな緑色の矢印が表示される。これを地図上で実際にロボットが存在する位置に置き、マウスボタンを押したままにロボットの方向と同じ方向にドラッグする。これにより、ロボットの初期位置姿勢を大まかに指定できる。その後、turtlebot3_teleop_keyboardノードなどを用いてロボットを前後左右に移動させると、ロボットはセンサから周囲の環境情報を収集し、地図上でのロボットの実際の位置が同定される。

目的地の設定とロボットの移動

上記の手順が完了したら、ナビゲーションの目的地を設定する。RVizの上部にある「2D Nav Goal」ボタンをクリックすると、同じように大きな緑色の矢印が表示される。この緑色の矢印は、ロボットの目的地を指定するマーカであり、矢印の始点がロボットの位置 (x, y)、矢印の方向がロボットの方向である。この矢印をロボットの目的地でクリックし、ドラッグして方向も設定する。その後、図11.16のように、ロボットは読み込まれた地図を参照し、障害物を避けながら目的地まで移動する。

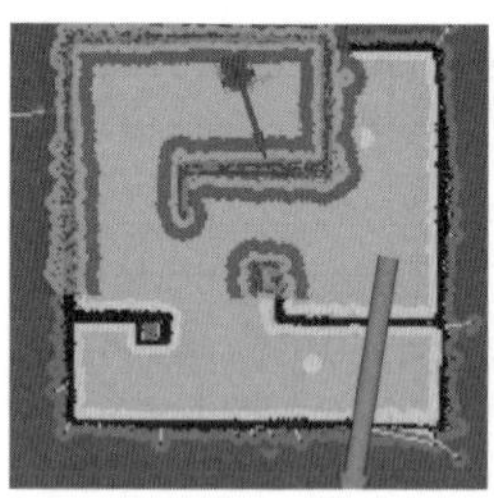
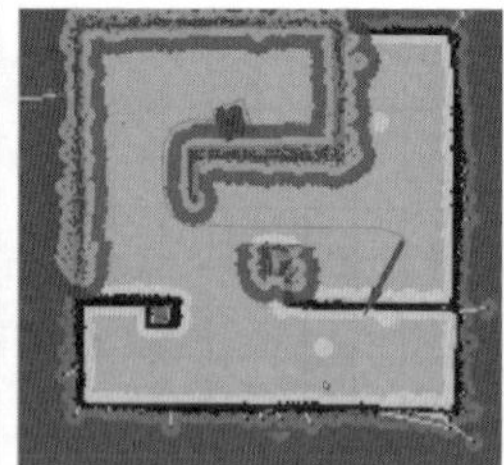
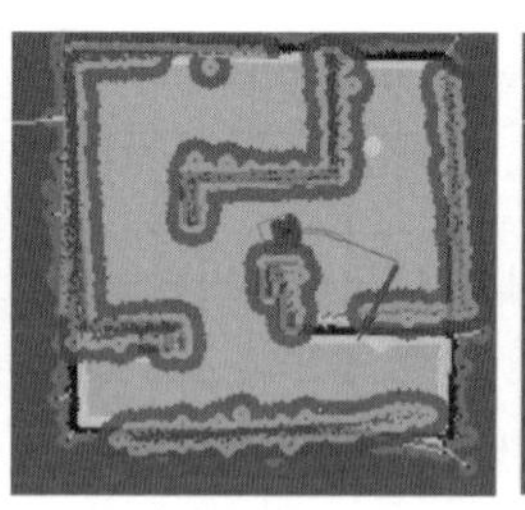
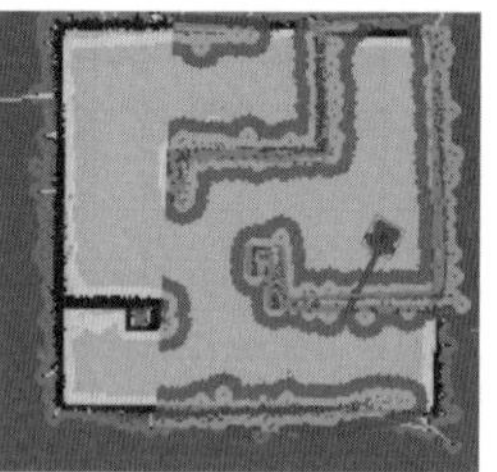

図11.16 目的地の設定（左図の大きな緑色の矢印）とロボットが移動している様子（右図の3つ）

次節では、上述したパッケージと設定法について説明する。ナビゲーションにおいても、SLAMの説明と同様に、実習、パッケージの詳細、技術に分けて説明する。

11.6 ナビゲーションパッケージの詳細

本節ではナビゲーションで使用されるROSパッケージと、その設定方法ついて説明する。関連するパッケージやノードは、`turtlebot3`メタパッケージ、LDSのドライバである`turtlebot3_lds`ノード、TurtleBot3の3次元モデル情報（`turtlebot3_description`）、11.2節で作成した地図を読み込む`map_server`ノード、AMCLノード、`move_base`ノードである。

本節ではTurtleBot3とLDSセンサを対象に説明する。前節のSLAMと同様に、本節の知識を応用すれば、特定のロボットプラットフォームやセンサに限らず、さまざまなロボットにナビゲーションを実装できる。

11.6.1 ナビゲーション（Navigation）

ナビゲーションは、与えられた環境内で、ロボットが現在位置から指定された位置まで移動する機能である。ナビゲーションを行うためには、環境内の壁や柱の位置、障害物の形状などの幾何学的情報が記された地図が必要である。この地図はすでにSLAMの実習から得られている。

ナビゲーションでは、この地図とロボットのエンコーダ、慣性センサ、距離センサなどを利用し、現在の位置から地図上で指定された目的地まで移動する。この手順を以下に示す。

センシング（Sensing）

地図上で、ロボットはエンコーダや慣性センサなどを用いて自身のオドメトリ情報を更新しながら、距離センサなどを用いて構造物や障害物（壁、柱、家具、物体など）までの距離を計測する。

位置推定（Localization/Pose Estimation）

得られたオドメトリ情報と距離情報を用いて、ロボットが現在、地図上のどこにいるかを推定する。位置推定には多くの方法があるが、本節ではパーティクルフィルタを用いた位置推定（Particle Filter Localization）の代表的手法 Monte Carlo Localization（MCL）の一種である AMCL を利用する。

動作計画（Motion Planning）

現在の位置から地図上に指定された位置までの移動経路（Trajectory）を計画するものであり、経路計画（Path Planning）とも呼ばれる。地図全体を対象とした広域経路計画（Global Path Planning）と、ロボットの近傍を対象とした局所経路計画（Local Path Planning）に分けて、最適なロボットの移動経路を計画する。本節では、障害物回避アルゴリズムである Dynamic Window Approach（DWA）を用いた move_base の経路計画パッケージを利用する。

移動／障害物回避（Move/Collision Avoidance）

経路計画で作成した移動経路に沿って移動するようにロボットに速度指令を与え、ロボットは移動経路に沿って目的地まで移動する。ロボットの移動中もセンシング、位置推定、経路計画を行うため、突然現れた障害物や移動障害物なども DWA などによって回避できる。

11.6.2 ナビゲーションに必要なデータ

図 11.17 は、ROS のナビゲーションパッケージの動作に必要なノードとトピックの関係図を表している。ここでは、ナビゲーションに必要な情報（トピック）を中心に説明する。なお、図 11.17 では、トピックに対してトピック名とトピックメッセージ型を別々に表記している。例えば、オドメトリの場合は「/odom」がトピック名であり、nav_msgs/Odometry がトピックメッセージ型である。

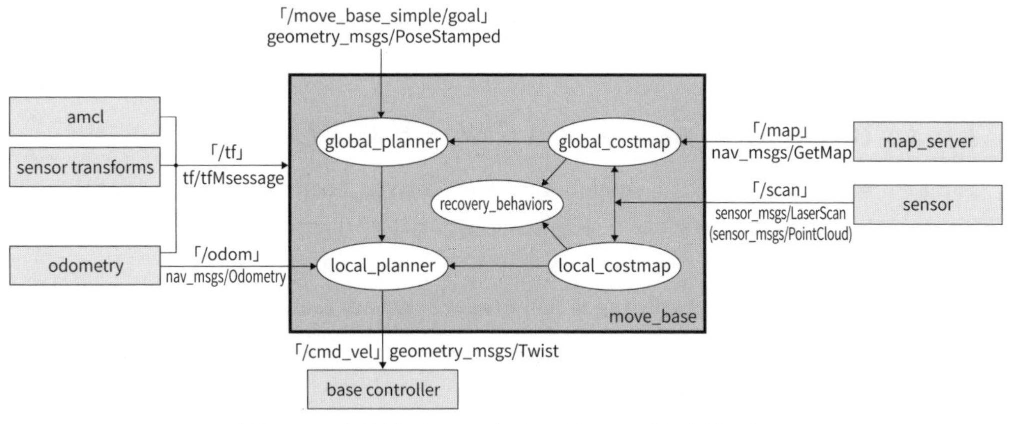

図 11.17 ナビゲーションパッケージのノードとトピック

オドメトリ（「/odom」、nav_msgs/Odometry）

ロボットのオドメトリは、局所経路計画で使用する。これは、ロボットの現在の速度などの情報を取得し、局所的な移動経路を計画したり、障害物を回避するときに使用する。

座標変換（「/tf」、tf/tfMessage）

ロボットに搭載したセンサは、ロボットのハードウェアの構成によって取り付け位置が変わるため、相対座標変換であるtfを使用する。ここでは、「座標系原点から見たロボットの中心位置」や、「ロボットの中心位置からセンサがどれだけ離れて固定されているか」などを記述する。例えば、odom → base_footprint → base_link → base_scanの変換がトピックを通じてパブリッシュされる。move_baseノードはこの情報をもとに移動経路を計画する。

スキャンデータ（「/scan」、sensor_msgs/LaserScanまたはsensor_msgs/PointCloud）

スキャンデータは、LDSやRealSense、Kinect、Xtionなどから得られる距離データや点群データである。このデータに基づき、位置推定法であるAMCLなどを用いてロボットの現在位置を推定し、経路計画を行う。

地図（「/map」、nav_msgs/GetMap）

ナビゲーションでは、占有格子地図を使用する。ここでは、これまでに作成したmap.pgmとmap.yamlをmap_serverパッケージを用いてパブリッシュする。

目標座標（「/move_base_simple/goal」、geometry_msgs/PoseStamped）

目標座標はユーザが指定する。目標座標の指定は、タブレットなどから他の目標座標コマンドパッケージを用いて行うこともできるが、本節ではROSの可視化ツールであるRVizを用いて目標座標を指定する。目標座標は2次元座標空間上の位置(x, y)と方向θで構成される。

速度コマンド（「/cmd_vel」、geometry_msgs/Twist）

計画された移動経路に沿ってロボットを動かすための速度指令をパブリッシュする。これによりロボットは目的地まで移動する。

11.6.3 turtlebot3_navigationのノードおよびトピック

11.5節で説明したように、[TurtleBot]でturtlebot3_robot.launchとturtlebot3_navigation.launchを起動すると、ナビゲーションを実行できる。

```
$ roslaunch turtlebot3_bringup turtlebot3_robot.launch
```

```
$ export TURTLEBOT3_MODEL=waffle
$ roslaunch turtlebot3_navigation turtlebot3_navigation.launch map_file:=$
HOME/map.yaml
```

このときのノードとトピックの関係を rqt_graph で表示したものを図 11.18 に示す。前述したナビゲーションに必要な情報は、それぞれ `/odom`、`/tf`、`/scan`、`/map`、`/cmd_vel` などのトピック名でパブリッシュおよびサブスクライブされており、`move_base_simple/goal` は RViz で目標座標を指定したときにパブリッシュされる。

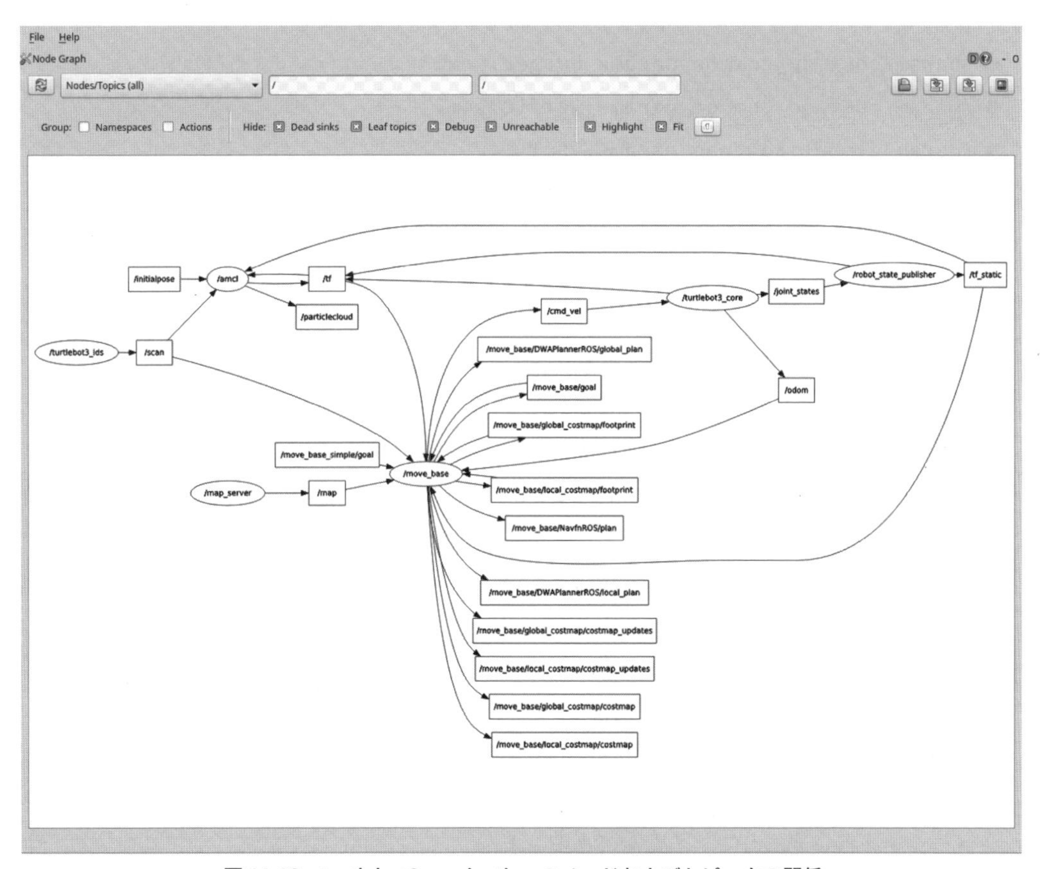

図 11.18　turtlebot3_navigation のノードおよびトピックの関係

11.6.4　turtlebot3_navigation の設定

`turtlebot3_navigation` パッケージには、ナビゲーションノードに関するパッケージを起動する `launch` ファイルと `xml` ファイル、各種パラメータを設定する `yaml` ファイル、地図関連ファイル、RViz 設定ファイルが必要である。具体的には、以下のファイルである。

- **`/launch/turtlebot3_navigation.launch`**

  `turtlebot3_navigation.launch` ファイルを起動すると、すべてのナビゲーション関連のパッケージのノードが実行される。

- **/launch/amcl.launch.xml**

  amcl.launch.xmlファイルには、AMCLの各種パラメータの設定値が記入されており、turtlebot3_navigation.launchとともに使用される。

- **/param/move_base_params.yaml**

  動作計画を行うmove_baseのパラメータ設定ファイルである。

- **/param/costmap_common_params_burger.yaml**
- **/param/costmap_common_params_waffle.yaml**
- **/param/global_costmap_params.yaml**
- **/param/local_costmap_params.yaml**

  ナビゲーションでは、11.3.1項で説明した占有格子地図を利用する。ロボットの位置姿勢とセンサから得られた周辺環境の情報を利用して、占有格子地図の各ピクセルを占有領域、自由領域、未知領域に分類する。この分類にはcostmapが使用される。costmapの設定パラメータは、広域・局所経路計画で共通のcostmap_common_params.yamlファイル、広域経路計画に対するglobal_costmap_params.yamlファイル、局所経路計画に対するlocal_costmap_params.yamlファイルに記述されている。TurtleBot3のcostmap_common_params.yamlは、BurgerとWaffleのロボットモデルに対して、それぞれの名前を末尾に付けて区別しており、それぞれのモデルで異なる外形情報が記述されている。

- **/param/dwa_local_planner_params.yaml**

  dwa_local_plannerは速度指令をロボットに送信するパッケージであり、これに対するパラメータを設定するファイルである。

- **base_local_planner_params.yaml**

  base_local_plannerの設定値が記述されているが、TurtleBot3ではdwa_local_plannerを利用するため使用しない。これは次に示すように、move_baseノードでパラメータを事前に変更しているためである。

```
<param name="base_local_planner" value="dwa_local_planner/DWAPlannerROS" />
```

- **/maps/map.pgm**
- **/maps/map.yaml**

  /mapsフォルダに保存された占有格子地図を使用する。

- **/rviz/turtlebot3_nav.rviz**

  RVizの設定情報を記述したファイルである。RVizのDisplaysプラグインで、Grid、RobotModel、tf、LaserScan、Map、Global Map、Local Map、AMCL Particlesが呼び出される。

リスト11.4は、turtlebot3_navigation.launchファイルであり、ロボットのモデル、robot_state_publisher、map server、AMCL、move_baseの実行と設定に関する内容が含まれている。

リスト 11.4 /launch/turtlebot3_navigation.launch

```
<launch>
  <arg name="model" default="$(env TURTLEBOT3_MODEL)" doc="model type [burger,
      waffle, waffle_pi]"/>

  <!-- Turtlebot3 -->
  <include file="$(find turtlebot3_bringup)/launch/turtlebot3_remote.launch" />

  <!-- Map server -->
  <arg name="map_file" default="$(find turtlebot3_navigation)/maps/map.yaml"/>
  <node name="map_server" pkg="map_server" type="map_server"
      args="$(arg map_file)">
  </node>

  <!-- AMCL -->
  <include file="$(find turtlebot3_navigation)/launch/amcl.launch.xml"/>

  <!-- move_base -->
  <arg name="cmd_vel_topic" default="/cmd_vel" />
  <arg name="odom_topic" default="odom" />
  <node pkg="move_base" type="move_base" respawn="false" name="move_base"
      output="screen">
    <param name="base_local_planner" value="dwa_local_planner/DWAPlannerROS" />

    <rosparam file="$(find turtlebot3_navigation)/param/costmap_common_params_$
(arg model).yaml" command="load" ns="global_costmap" />
    <rosparam file="$(find turtlebot3_navigation)/param/costmap_common_params_$
(arg model).yaml" command="load" ns="local_costmap" />
    <rosparam file="$(find turtlebot3_navigation)/param/local_costmap_params.yaml"
command="load" />
    <rosparam file="$(find turtlebot3_navigation)/param/global_costmap_params.yaml"
command="load" />
    <rosparam file="$(find turtlebot3_navigation)/param/move_base_params.yaml"
command="load" />
    <rosparam file="$(find turtlebot3_navigation)/param/dwa_local_planner_params.
yaml" command="load" />

    <remap from="cmd_vel" to="$(arg cmd_vel_topic)"/>
    <remap from="odom" to="$(arg odom_topic)"/>
  </node>
</launch>
```

ロボットモデルおよびtf

turtlebot3_descriptionパッケージでTurtleBot3の3次元モデルを読み込み、robot_state_publisherを通して、関節の情報などを相対座標変換であるtfでパブリッシュする。より正確には、turtlebot3_coreからはオドメトリのtf（例：odom）がパブリッシュされ、それ以外の座標は、ロボットモデルに記述されている座標変換値をもとに相対座標変換（odom → base_footprint → base_link → base_scan）されて、tfでパブリッシュされる。この情報を用いて、RVizでロボットの3次元モデルが表示でき、またセンサから得られた距離データをロボットから見たデータに座標変換できる。

```
<!-- Turtlebot3 -->
<include file="$(find turtlebot3_bringup)/launch/turtlebot3_remote.launch" />
```

リスト 11.5 turtlebot3_bringup/launch/turtlebot3_remote.launch

```
<launch>
  <arg name="model" default="$(env TURTLEBOT3_MODEL)" doc="model type [burger,
waffle, waffle_pi]"/>

  <include file="$(find turtlebot3_bringup)/launch/includes/description.launch.
xml">
    <arg name="model" value="$(arg model)" />
  </include>

  <node pkg="robot_state_publisher" type="robot_state_publisher" name="robot_
state_publisher" output="screen">
    <param name="publish_frequency" type="double" value="50.0" />
  </node>
</launch>
```

地図サーバ（map server）

turtlebot3_navigationパッケージの/mapsフォルダに保存した地図情報（map.yaml）と地図（map.pgm）を読み込み、map_serverノードから地図データが/mapトピックとしてパブリッシュされる。

```
<!-- Map server -->
<arg name="map_file" default="$(find turtlebot3_navigation)/maps/map.yaml"/>
<node name="map_server" pkg="map_server" type="map_server" args="$(arg map_file)">
</node>
```

AMCL

AMCLの実装であるamclノードを実行し、そのパラメータを設定する。これに関しては11.6.5項で詳しく説明する。

```
<include file="$(find turtlebot3_navigation)/launch/amcl.launch.xml"/>
```

move_base

動作計画に必要なcostmapに関連するパラメータ、速度指令をロボットに送信するdwa_

local_plannerのパラメータ、経路計画を行うmove_baseのパラメータを設定する。より詳細な説明は11.6.5項で行う。

```
<arg name="cmd_vel_topic" default="/cmd_vel" />
<arg name="odom_topic" default="odom" />
<node pkg="move_base" type="move_base" respawn="false" name="move_base"
      output="screen">
  <param name="base_local_planner" value="dwa_local_planner/DWAPlannerROS" />

  <rosparam file="$(find turtlebot3_navigation)/param/costmap_common_params_$
(arg model).yaml" command="load" ns="global_costmap" />
  <rosparam file="$(find turtlebot3_navigation)/param/costmap_common_params_$
(arg model).yaml" command="load" ns="local_costmap" />
  <rosparam file="$(find turtlebot3_navigation)/param/local_costmap_params.yaml"
      command="load" />
  <rosparam file="$(find turtlebot3_navigation)/param/global_costmap_params.yaml"
      command="load" />
  <rosparam file="$(find turtlebot3_navigation)/param/move_base_params.yaml"
      command="load" />
  <rosparam file="$(find turtlebot3_navigation)/param/dwa_local_planner_params.yaml"
      command="load" />

  <remap from="cmd_vel" to="$(arg cmd_vel_topic)"/>
  <remap from="odom" to="$(arg odom_topic)"/>
</node>
```

11.6.5 turtlebot3_navigationのパラメータの設定

turtlebot3_navigationに関するパラメータをより詳しく設定する。

AMCL

amcl.launch.xmlファイルはAMCLのパラメータ設定値が記述されており、turtlebot3_navigation.launchとともに使用する。AMCLについては、ナビゲーションの技術で説明する。

リスト11.6 turtlebot3_navigation/launch/amcl.launch.xml

```
<launch>
  <!-- trueの場合、AMCLはサービスコールでなく、mapトピックを受信する-->
  <arg name="use_map_topic"  default="false"/>
  <!-- 距離センサのセンサデータに対するトピック名を設定する -->
  <arg name="scan_topic"     default="scan"/>
  <!-- 初期位置の推定でガウス分布の初期x座標値に使用する -->
  <arg name="initial_pose_x" default="0.0"/>
  <!-- 初期位置の推定でガウス分布の初期y座標値に使用する -->
  <arg name="initial_pose_y" default="0.0"/>
  <!-- 初期位置の推定でガウス分布の初期yaw座標値に使用する -->
  <arg name="initial_pose_a" default="0.0"/>
  <!-- amclノードを以下のパラメータ設定を用いて実行する-->
```

```
<node pkg="amcl" type="amcl" name="amcl">

<!-- フィルタ関連パラメータ -->
<!-- 最小許容パーティクル数 -->
<param name="min_particles" value="500"/>
<!-- 最大許容パーティクル数 (高いほどよい結果が出やすい、PCの性能を考慮して設定) -->
<param name="max_particles" value="3000"/>
<!-- 実際の分布と推定した分布との間の最大エラー -->
<param name="kld_err" value="0.02"/>
<!--フィルタアップデートを行う前に要求される並進運動 (メートル単位) -->
<param name="update_min_d" value="0.2"/>
<!--フィルタアップデートを行う前に要求される回転運動 (ラジアン単位) -->
<param name="update_min_a" value="0.2"/>
<!-- リサンプリング間隔 -->
<param name="resample_interval" value="1"/>
<!-- 変換の許容時間 (秒単位) -->
<param name="transform_tolerance" value="0.5"/>
<!-- 指数減少割合 (slow average weight filter)、0.0である場合非活性化される -->
<param name="recovery_alpha_slow" value="0.0"/>
<!-- 指数減少割合 (fast average weight filter)、0.0である場合非活性化される -->
<param name="recovery_alpha_fast" value="0.0"/>
<!-- 上記のinitial_pose_xの説明を参照のこと -->
<param name="initial_pose_x" value="$(arg initial_pose_x)"/>
<!-- 上記のinitial_pose_yの説明を参照のこと -->
<param name="initial_pose_y" value="$(arg initial_pose_y)"/>
<!-- 上記のinitial_pose_aの説明を参照のこと -->
<param name="initial_pose_a" value="$(arg initial_pose_a)"/>
<!-- スキャン、経路情報を視覚的に表示する最大周期 -->
<!-- 例: 10Hz = 0.1秒、-1.0である場合は非活性化される -->
<param name="gui_publish_rate" value="50.0"/>
<!-- 上記のuse_map_topicの説明と同じ -->
<param name="use_map_topic" value="$(arg use_map_topic)"/>

<!-- 距離センサパラメータ -->
<!-- センサトピック名の変更 -->
<remap from="scan" to="$(arg scan_topic)"/>
<!-- レーザセンシングの最大距離 (メートル単位) -->
<param name="laser_max_range" value="3.5"/>
<!-- フィルタが更新されるときに使用される最多レーザビームの個数 -->
<param name="laser_max_beams" value="180"/>
<!-- センサモデルのz_hit混合重み (mixture weight) -->
<param name="laser_z_hit" value="0.5"/>
<!-- センサのz_shortの混合重み (mixture weight) -->
<param name="laser_z_short" value="0.05"/>
<!-- センサのz_maxの混合重み (mixture weight) -->
<param name="laser_z_max" value="0.05"/>
<!-- センサのz_randの混合重み (mixture weight) -->
<param name="laser_z_rand" value="0.5"/>
<!-- センサのz_hitを使用したガウシアンモデルの標準偏差 -->
<param name="laser_sigma_hit" value="0.2"/>
<!-- センサのz_shortに対する指数減数パラメータ -->
<param name="laser_lambda_short" value="0.1"/>
```

```
    <!-- likelihood_field方式のセンサのための障害物との最大距離 -->
    <param name="laser_likelihood_max_dist" value="2.0"/>
    <!-- センサタイプ(likelihood_fieldまたはbeamを選択) -->
    <param name="laser_model_type" value="likelihood_field"/>

    <!-- オドメトリ関連パラメータ -->
    <!-- ロボットの駆動方式 「diff」と「omni」が選択できる -->
    <param name="odom_model_type"value="diff"/>
    <!-- 回転運動をするときに予想されるオドメトリの回転運動量における推定ノイズ -->
    <param name="odom_alpha1" value="0.1"/>
    <!-- 並進運動をするときに予想されるオドメトリの回転運動量における推定ノイズ-->
    <param name="odom_alpha2" value="0.1"/>
    <!-- 並進運動をするときに予想されるオドメトリの並進運動量における推定ノイズ -->
    <param name="odom_alpha3" value="0.1"/>
    <!-- 回転運動をするときに予想されるオドメトリの並進運動量における推定ノイズ -->
    <param name="odom_alpha4" value="0.1"/>
    <!-- odometryフレーム -->
    <param name="odom_frame_id" value="odom"/>
    <!-- ロボットベース(robot base) フレーム -->
    <param name="base_frame_id" value="base_footprint"/>
  </node>
</launch>
```

move_base

経路計画を行う move_base のパラメータ設定ファイルである。

リスト 11.7　turtlebot3_navigation/param/move_base_params.yaml

```
# move_baseが非活性化された状態であるとき、costmapノードを停止するか
shutdown_costmaps: false
# ロボットベースに速度指令を下すコントロール反復周期（Hz単位）
controller_frequency: 3.0
# space-clearingが実行される前、コントローラが制御情報を受信するため待機する最大時間（sec単位）
controller_patience: 1.0
# 全域計画の反復周期（Hz単位）
planner_frequency: 2.0
# space-clearingが実行される前、使用可能な計画を探索するときに待機する最大時間（sec単位）
planner_patience: 1.0
# 復旧動作（recovery behavior）を実行する前にロボットが微動することを許容する時間（sec単位）
oscillation_timeout: 10.0
# ロボットが微動しないように動く必要がある距離（meter単位、下記の距離を動くと
# oscillation_timeoutが初期化される）
oscillation_distance: 0.2
# 復旧動作のcostmap初期化時に、この距離より遠い場所にある障害物は地図から削除される
conservative_reset_dist: 0.1
```

costmap

costmap の設定パラメータが記述された広域・局所経路計画に共通の costmap_common_params.yaml、広域経路計画の global_costmap_params.yaml、局所経路計画の local_ costmap_params.yamlで構成されている。TurtleBot3ではモデルによってcostmap_common_params_burger.yamlファイルとcostmap_common_params_waffle.yamlファイルに分けて使用する。

リスト11.8は、TurtleBot3 Burgerに関するパラメータ設定である。

リスト11.8 turtlebot3_navigation/param/costmap_common_params_burger.yaml

```
# この距離以内で物体が検出されたとき、物体を障害物とみなす
obstacle_range: 2.5
# この距離以上のデータは自由空間（freespace）として取り扱う
raytrace_range: 3.5
# ロボットの外形を多角形で表現する
footprint: [[-0.110, -0.090], [-0.110, 0.090], [0.041, 0.090],
    [0.041, -0.090]]
# ロボットの半径を記載する。ここではrobot_radiusの代わりに上記のfootprint設定を適用する
# robot_radius: 0.105
# インフレーション領域の半径で障害物に接近できなくする領域
inflation_radius: 0.15
# costmapの計算に使用するスケーリング変数。計算式は以下
# exp(-1.0 * cost_scaling_factor *(distance_from_obstacle -
#     inscribed_radius)) *(254 - 1)
cost_scaling_factor: 0.5
# 使用するcostmapをvoxel(voxel-grid) とcostmap(costmap_2d) のなかで選択する
map_type: costmap
# tf間の相対座標変換の時間における許容誤差
transform_tolerance: 0.2
# 使用するセンサを指定
observation_sources: scan
# レーザスキャンのデータ型、トピック、コストマップ反映の有無、障害物高さの最小値の設定
scan: {data_type: LaserScan, topic: scan, marking: true, clearing: true}
```

リスト11.9～11.11はTurtleBot3 Waffleのパラメータ設定である。TurtleBot3 Burgerと異なる点は、ロボットの外形寸法（footprint）と、障害物へ接近できなくするインフレーション領域の半径（inflation_radius）である。各パラメータの説明はBurgerの説明を参照してほしい。

リスト11.9 turtlebot3_navigation/param/costmap_common_params_waffle.yaml

```
obstacle_range: 2.5
raytrace_range: 3.5
footprint: [[-0.205, -0.145], [-0.205, 0.145], [0.077, 0.145],
    [0.077, -0.145]]
inflation_radius: 0.20
cost_scaling_factor: 0.5
map_type: costmap
transform_tolerance: 0.2
observation_sources: scan
scan: {data_type: LaserScan, topic: scan, marking: true, clearing: true}
```

リスト 11.10 turtlebot3_navigation/param/global_costmap_params.yaml

```
global_costmap:
  global_frame: /map                    # 地図フレームの設定
  robot_base_frame: /base_footprint # ロボットベースフレームの設定
  update_frequency: 2.0                 # 更新周期
  publish_frequency: 0.1                # パブリッシュ周期
  static_map: true                      # 与えられた地図を使用するかに関する設定
  transform_tolerance: 1.0              # 変換の許容時間
```

リスト 11.11 turtlebot3_navigation/param/local_costmap_params.yaml

```
local_costmap:
  global_frame: /odom                   # 地図フレームの設定
  robot_base_frame: /base_footprint # ロボットベースフレームの設定
  update_frequency: 2.0                 # 更新周期
  publish_frequency: 0.5                # パブリッシュ周期
  static_map: false                     # 与えられた地図の使用有無
  rolling_window: true                  # 局部地図のウィンドウの設定
  width: 3.5                            # 局部地図のウィンドウの横幅
  height: 3.5                           # 局部地図のウィンドウの縦幅
  resolution: 0.05                      # 局部地図のウィンドウの解像度 (meter/cel)
  transform_tolerance: 1.0              # 変換許容時間
```

dwa_local_planner

dwa_local_planner は最終的に速度指令をロボットに送信するパッケージであり、これに対するパラメータを設定するファイルである。

リスト 11.12 turtlebot3_navigation/param/dwa_local_planner_params.yaml

```
DWAPlannerROS:

# ロボットパラメータ設定
  max_vel_x: 0.18                  # x軸最大速度 (meter/sec)
  min_vel_x:-0.18                  # x軸最小速度 (meter/sec)
  max_vel_y: 0.0                   # 全方向ロボットの場合に使用する
  min_vel_y: 0.0                   # 全方向ロボットの場合に使用する
  max_trans_vel: 0.18              # 最大並進速度 (meter/sec)
  min_trans_vel: 0.05              # 最小並進速度 (meter/sec)、負数の場合、後退が可能
  # trans_stopped_vel: 0.01        # 並進停止速度 (meter/sec)
  max_rot_vel: 1.8                 # 最大回転速度 (radian/sec)
  min_rot_vel: 0.7                 # 最小回転速度 (radian/sec)
  # rot_stopped_vel: 0.01          # 回転停止速度 (radian/sec)
  acc_lim_x: 2.0                   # x軸加速度制限 (meter/sec^2)
  acc_lim_y: 0.0                   # y軸加速度制限 (meter/sec^2)
  acc_lim_theta: 2.0               # theta軸角加速度制限 (radian/sec^2)

# 目標地点の許容誤差
  yaw_goal_tolerance: 0.15         # yaw軸目標地点の許容誤差 (radian)
  xy_goal_tolerance: 0.05          # x、y距離目標地点の許容誤差 (meter)
```

```
# 全方向シミュレーション (Forward Simulation) パラメータ
  sim_time: 3.5                   # 全方向シミュレーションの軌跡時間
  vx_samples: 20                  # x軸速度空間で探索するサンプルの数
  vy_samples: 0                   # y軸速度空間で探索するサンプルの数
  vtheta_samples: 40              # theta軸速度空間で探索するサンプルの数

# 軌跡スコアリングパラメータ (軌跡評価)
# 軌跡評価のためのコスト関数のスコア計算方法は以下のとおり
  # cost =
  # path_distance_bias
  # * (distance to path from the endpoint of the trajectory in meters)
  # + goal_distance_bias
  # * (distance to local goal from the endpoint of the trajectory in meters)
  # + occdist_scale
  # * (maximum obstacle cost along the trajectory in obstacle cost (0-254))
  path_distance_bias: 32.0        # 提案された経路をコントローラがどのぐらい正しく沿う
                                  # かに関する重み
  goal_distance_bias: 24.0        # 目標地点と制御速度に近接したかに関する重み
  occdist_scale: 0.04             # 障害物回避に関する重み
  forward_point_distance: 0.325 # ロボットの中心と追加スコアリングポイントとの距離
                                  # (meter)
  stop_time_buffer: 0.2           # ロボットの衝突前に停止するために必要な時間 (sec)
  scaling_speed: 0.25             # スケーリング速度 (meter/sec)
  max_scaling_factor: 0.2         # 最大スケーリング要素

# オシレーション(Oscillation) 動作防止パラメータ
# Oscillationフラグがリセットされる前にロボットが移動しなければならない距離
  oscillation_reset_dist: 0.05

# デバッグ
  publish_traj_pc: true           # 移動軌跡デバッグ設定
  publish_cost_grid_pc: true      # costmapデバッグ設定
  global_frame_id: odom           # グローバルフレームID設定
```

map

/mapsフォルダに保存された占有格子地図を使用する。特に設定パラメータはない。

```
/maps/map.pgm
/maps/map.yaml
```

turtlebot3_nav.rviz

RVizの設定情報を記録したファイルであり、RVizのDisplaysプラグインでGrid、Robot Model、tf、LaserScan、Map、Global Map、Local Map、Amcl Particlesを呼び出す。

```
$ rosrun rviz rviz -d `rospack find turtlebot3_navigation`/rviz/turtlebot3
_nav.rviz
```

ここまで、ナビゲーションパッケージを使用するために必要な操作や設定について説明した。次節では、costmap、AMCL、DWA について説明する。

11.7 ナビゲーションの技術

11.7.1 costmap

エンコーダや慣性センサから得られるオドメトリ情報と、ロボットに搭載された距離センサからの情報を用いてロボットの位置を推定するのと同時に、距離センサを利用してロボットと障害物との距離を得る。その後、ロボットの位置姿勢、センサの位置姿勢、障害物の情報、占有格子地図を静的地図（Static Map）上に呼び出し、占有領域、自由領域、未知領域に分類する。

ナビゲーションでは、前述した4つの要素に基づき、障害物領域、障害物との衝突が予想される領域、ロボットが移動可能な領域を計算し、costmap を作成する。costmap は経路計画の種類によって2つに分けられる。1つは静的地図の全領域を対象とした広域経路計画に使用される global_costmap で、もう1つはロボットの近傍での局所経路計画や障害物回避に使用される local_costmap である。これらの costmap は使用目的が異なるだけで、地図の表現方式は同じである。

costmap は0～255までの値で表現され、図11.19に示すように、ロボットが移動可能な領域か、障害物に衝突する可能性のある領域かを示す。各領域の計算は、11.6節で説明した costmap 設定パラメータに依存する。

- 000：ロボットが自由に移動可能な自由領域
- 001～127：衝突の可能性が低い領域
- 128～252：衝突の可能性が高い領域
- 253～254：衝突領域
- 255：ロボットが移動不可能な占有領域

costmap の実例を図11.20に示す。この costmap では、中央にロボットがあり、その周りの黒い四角がロボットの外形線に相当する。この外形線が壁や障害物を表す衝突領域に重なると、ロボットは衝突する。また、緑色の点はレーザセンサから得られた距離データである。さらに、衝突の可能性をグレースケールを用いて表し、黒色に近いほど衝突の可能性が高い。カラーを用いた場合も同じであるが、ピンクの領域は実際の障害物、水色はロボットの中心位置がこの領域に入る衝突が予想される領域であり、太い赤色のピクセルが境界線を表す。これらの色の変更も RViz 上から可能である。

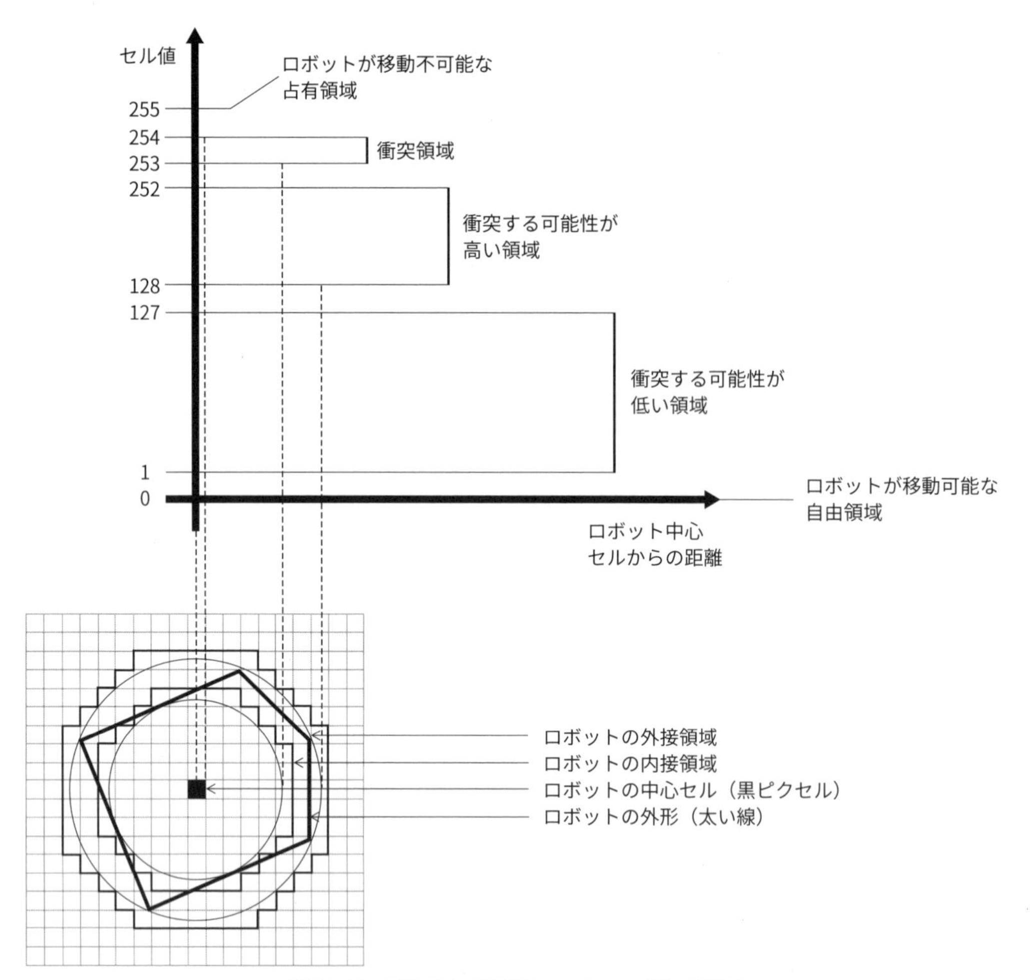

図11.19　障害物との距離とcostmap値との関係

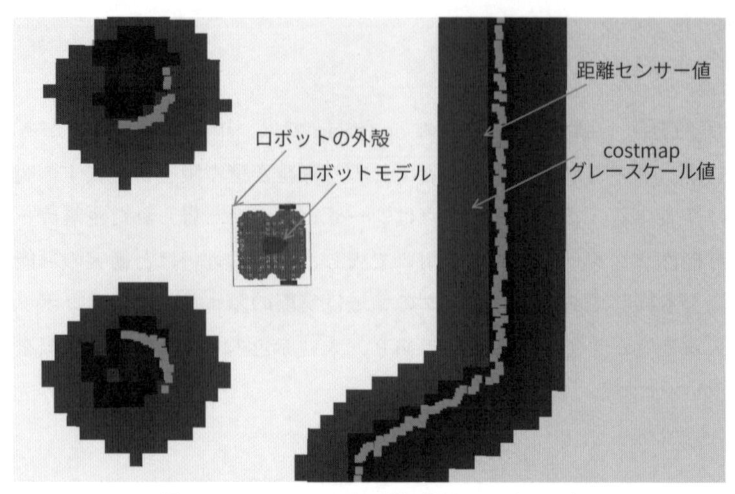

図11.20　costmapの一例（グレースケール）

11.7.2 AMCL

11.4 節の SLAM の技術で述べたように、モンテカルロ位置推定アルゴリズムはよく利用されているアルゴリズムである。AMCL は、よりサンプルを少なくして実行時間を減らし、リアルタイム性を高めたモンテカルロ位置推定の改良であり、ここではモンテカルロ位置推定(以下、MCL）について述べる。

MCL の最終的な目的は、与えられた環境のなかでロボットがどこにあるかを探索することであり、2 次元地図であれば x、y、θ を推定する問題である。MCL では、ロボットの推定位置を確率で表す。まず、時間 t でのロボットの位置と方向 (x, y, θ) を x_t とし、時間 t までに距離センサから得られた距離情報を $z_{0...t}=\{z_0, z_1, ..., z_t\}$、時間 t までにエンコーダなどから得られたロボットの移動情報を $u_{0...t}=\{u_0, u_1, ..., u_t\}$ とする。このとき、位置 x_t に存在する確率 $bel(x_t)$ を計算する。

$$bel(x_t) = p(x_t \mid z_{0...t}, u_{0...t}) \tag{11.11}$$

センサの計測値やロボットの移動には誤差が含まれるため、センサのモデルと移動モデルを設定し、ベイズフィルタ（Bayes Filter）の予測と補正を次のように行う。まず予測では、ロボットの移動モデル $p(x_t \mid x_{t-1}, u_{t-1})$ と前時刻の位置の確率 $bel(x_{t-1})$、エンコーダなどから得られる移動情報 u_{t-1} を利用し、現時刻のロボットの位置 $bel'(x_t)$ を推定する。

$$bel'(x_t) = \int p(x_t \mid x_{t-1}, u_{t-1}) bel(x_{t-1}) dx_{t-1} \tag{11.12}$$

次に、センサモデル $p(z_t \mid x_t)$、式（11.12）から求められた確率 $bel'(x_t)$、正規化定数 η_t を使用し、センサ情報 z_t に基づいて補正された現在位置の確率 $bel(x_t)$ を求める。

$$bel(x_t) = \eta_t p(z_t \mid x_t) bel'(x_t) \tag{11.13}$$

このように求められた現在位置の確率 $bel(x_t)$ を使用し、パーティクルフィルタで N 個のパーティクルを生成して位置を推定する。パーティクルフィルタについては、11.4 節の SLAM の技術で述べた。MCL ではパーティクルのことをサンプルと呼び、ここでは重みに応じてサンプリングする SIR（Sampling Importance Re-sampling）を行う。

まず、以前の位置 x_{t-1} と移動情報 u_{t-1} から、ロボットの移動モデル $p(x_t \mid x_{t-1}, u_{t-1})$ を用いて新しいサンプルセットである x'_t を抽出し、サンプルセット x'_t のサンプル $x_t'^{(i)}$、距離センサから得られたセンサ情報 z_t、正規化定数 η を用いて重み $\omega_t^{(i)}$ を求める。

$$\omega_t^{(i)} = \eta p\left(z_t \mid x_t'^{(i)}\right) \tag{11.14}$$

次に、サンプル $x_t'^{(i)}$ に対して重み $\omega_t^{(i)}$ に従ってリサンプリングを行い、新たなサンプルセッ

ト X_t を作成する。

$$X_t = \left\{ x_t^{(j)} \mid j = 1 \ldots N \right\} \sim \left\{ x_t'^{(i)},\ \omega_t^{(i)} \right\} \tag{11.15}$$

このSIR プロセスを繰り返してパーティクルを取捨選択し、ロボットの位置推定精度を高めていく。一例を図 11.21 に示す。t_1、t_2、t_3、t_4 と時刻が進むほど、ロボットの位置が収束していくことがわかる。より詳しい説明は、"Probabilistic Robotics"（Sebastian Thrun 著）を参照してほしい。

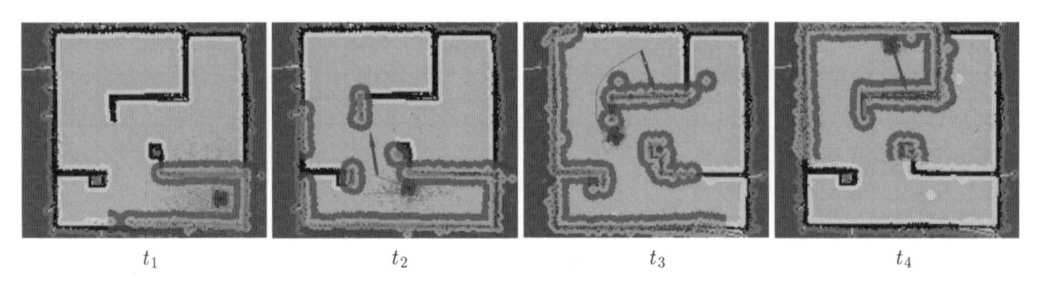

図 11.21　AMCL で位置を推定している様子。緑の点がパーティクルであり次第に収束している。

11.7.3　Dynamic Window Approach（DWA）

DWA は、経路計画や障害物回避でよく使われる手法であり、ロボットの速度探索空間（Velocity Search Space）で、ロボットと衝突しそうな障害物を回避しながら、目標位置に短時間で到達できる速度を決定する方法である。以前は局所経路計画には Trajectory Planner が盛んに使われていたが、近年は性能の優れた DWA が用いられている。

まず図 11.22 に示すように、ロボットの状態を xy 軸からなる位置座標空間でなく、並進速度 v と回転速度 ω を軸とする速度探索空間で考える。この空間には、ロボットのハードウェアの制限により最大許容速度が存在し、これをダイナミックウィンドウ（Dynamic Window）と呼ぶ。

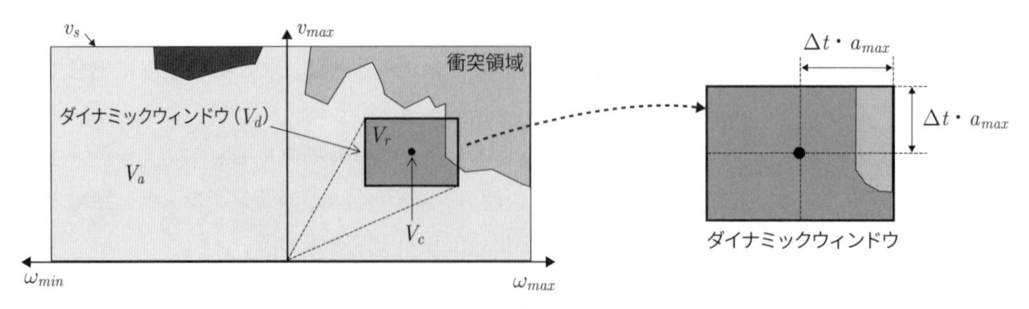

図 11.22　ロボットの速度探索空間とダイナミックウィンドウ

v：並進速度〔m/s〕
ω：回転速度〔rad/s〕
V_s：最大速度領域
V_a：許容速度領域
V_c：現在速度
V_r：ダイナミックウィンドウ内の速度領域
a_{max}：最大加減速度
$G(v, \omega) = \sigma(\alpha \cdot heading(v, \omega) + \beta \cdot dist(v, \omega) + \gamma \cdot velocity(v, \omega))$：目的関数
$heading(v, \omega)$：180－(ロボットの方向と目標地点の方向との差)
$dist(v, \omega)$：障害物との距離
$velocity(v, \omega)$：選択した速度
α、β、γ：重み定数
$\sigma(x)$：平滑化関数

ダイナミックウィンドウ上で、ロボットの方向、速度、衝突を考慮した目的関数 $G(v, \omega)$ が最大となる並進速度 v と回転速度 ω を求める。図 11.23 には、実現可能な v、ω のなかで、目的地に到達する最適な速度を選択している様子を示している。

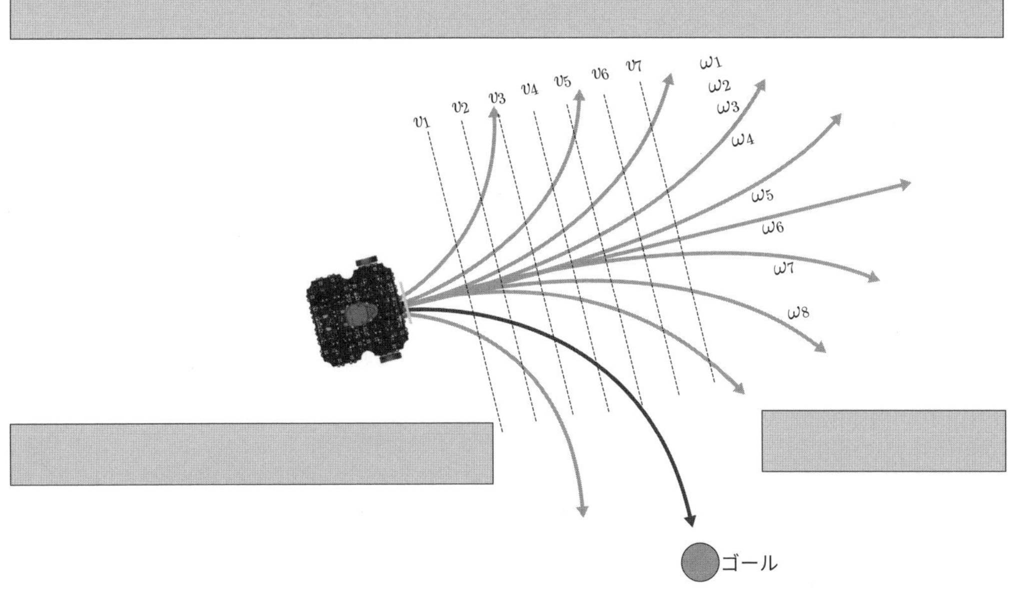

図 11.23　選択された並進速度 v と回転速度 ω

以上、SLAMとナビゲーションの実習、詳細、技術について説明した。本章では、移動ロボットプラットフォームであるTurtleBot3に対して説明したが、他のロボットでも同様に利用可能である。各自のロボットに適用してみてほしい。

第12章

配達サービスロボットシステム

近年、SLAMやナビゲーション技術は、例えば工場の生産ラインなどで使用される搬送ロボットや、ホテルの客室まで荷物を配達するサービスロボットなど、物品を搬送するさまざまなロボットに実装されており、その技術も急速に進歩している。本章では、第10章、第11章で説明したSLAMとナビゲーションに関するパッケージを用いて、手軽に構築でき、実際に運用も可能な配達サービスロボットシステムの例を紹介する。

12.1　配達サービスロボットシステムの構成

12.1.1　システム構成

本章で説明する配達サービスロボットシステムは、複数の顧客が複数種類の物品候補のなかから1つの物品を注文し、配達サービスロボットが受注した物品を、物品ごとに異なる積み込み場所まで取りに行き、それぞれの顧客のもとへ届けるというものである。

構築した配達サービスロボットシステムは、図12.1に示すように、「サービスコア」「サービスマスタ」「サービススレーブ」に分けられる。

サービスコア

サービスコアは、顧客が注文可能な物品の在庫状況を記録したデータベースを持ち、顧客の注文やロボットによる配達状況などを総合的に管理する。顧客から注文を受けると、ロボットに積み込み先や配達先を指示するなど、ロボットによる配達サービスのスケジューリングに関する重要な役割を担う。注文の受け付け方法は、キーボード入力による注文の受け付けやTablet PCなどを使用したGUIなど、さまざまな設計が可能である。

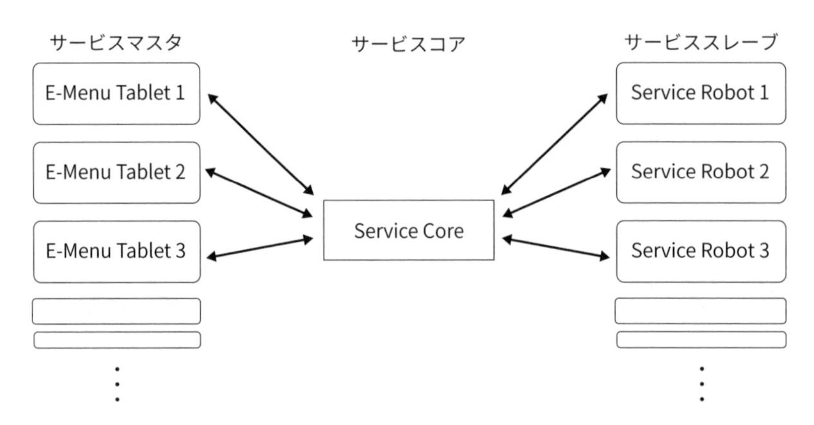

図 12.1 配達サービスロボットシステムの構成図

サービスマスタ

サービスマスタは、顧客から注文を受け付け、サービスコアにその内容を送信する。また、顧客に対して、注文可能なアイテムのリストを提示し、またロボットの配達サービスの実行状況を知らせる。そのため、サービスマスタはサービスコアが管理しているデータベースと常に同期していなければならない。

サービススレーブ

サービススレーブは、顧客が注文した商品を実際に配送するためのロボットプラットフォームであり、配達サービスの実行状況をリアルタイムでサービスコアに送信する。

12.1.2 システム設計

サービスマスタ、サービススレーブとサービスコアのそれぞれの機能は、最低1台のコンピュータから、最大では各処理ごとに異なる多数のコンピュータで実行するように設計できる。ここで、1台のコンピュータにすべての作業を割り当てると、コンピュータの性能によっては十分に処理できないこともある。また、各コンピュータに作業を細かく分割する場合も、コンピュータ間の通信性能が十分でないと処理が遅延するおそれがあり、処理負荷が適切に配分できるように全体システムを設計しなければならない。また、ROS 1.x バージョンは、基本的に1台のロボットを制御するために作られたシステムであり、ROSを複数台のPCで使用するには、次のコマンドで各コンピュータの時刻をあわせなければならない。

```
$ sudo ntpdate ntp.ubuntu.com
```

本例では、以下に示す機器を利用し、図12.2に示す配達サービスロボットシステムを構築する。

- サービスコア：NUC i5（roscoreやサービスコアを実行するためのPC） 3台
- サービスマスタ：Samsung Galaxy Note 10.4、Android OS（注文用タブレット） 3台
- サービススレーブ：TurtleBot3 Carrier（配達ロボット用に改造されたTurtleBot3 Waffle）上のIntel Joule 570 3台

図12.2 配達サービスロボットと運用システム

全体設計ができたら、図12.3に示すように、それぞれ処理を行うノードが互いにどのようなメッセージを送受信するかを決定する。

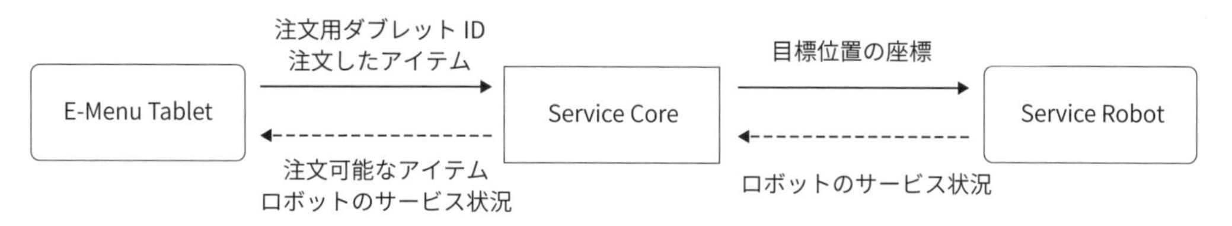

図12.3 配達サービスロボットシステムにおけるメッセージ送受信の例

1つの注文用タブレットが複数のロボットを管理することもできるが、システムの構造を簡単にするために、ここでは1つの注文用タブレットが1つのロボットとペアを組んでサービスを実行することにする。顧客から注文を受けると、使用された注文用タブレットは自分のタブレットIDと注文品の情報をサービスコアに送信する。サービスコアはタブレットIDをもとに、どのサービスロボットを動かすかを決定し、注文品に対応したロボットの目標地点を送信することでサービスロボットが配達サービスを実行する。

サービスロボットは、実装されている経路探索アルゴリズムに基づき、指定された目標地点

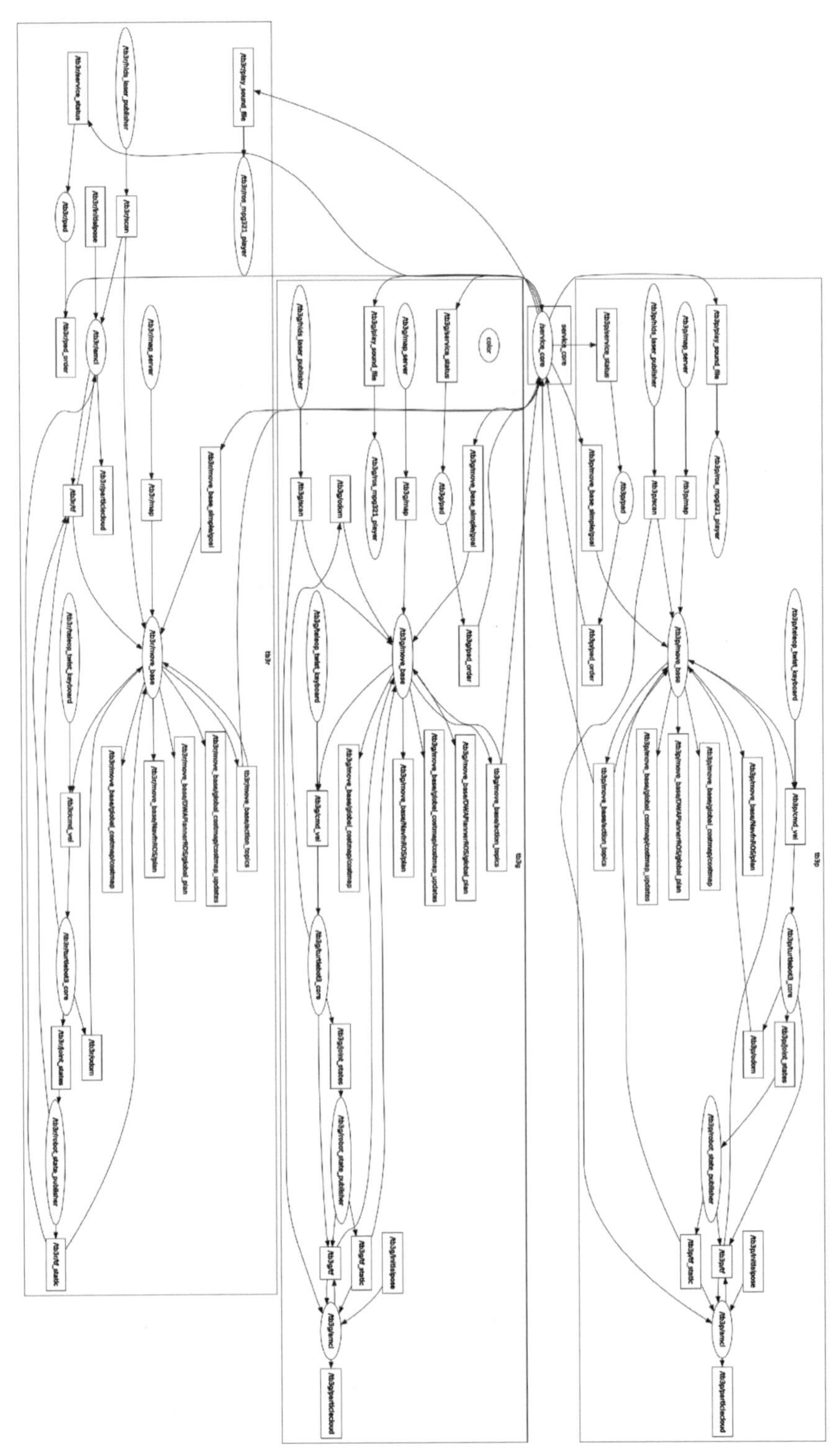

図 12.4 配達サービスロボットシステムのノード構造の例

に移動する。このとき、障害物との衝突や経路探索の失敗などの目標地点への到達状況、注文品の引き渡し状況などのサービス実施状況をサービスコアに送信する。サービスコアは、リアルタイムで受信したロボットのサービス実施状況と、重複した注文の有無、配達サービス実行中に受け付けた新しい注文などを総合的に処理し、注文用タブレットを通じて顧客に情報を提示する。一連の処理で送受信されるすべてのデータは、開発者がこの目的にあわせて新たに作成したmsgファイルまたはsrvファイルを使用する。

図12.4に、製作した配達サービスロボットシステムのすべてのノードとトピックの一覧を示す。このグラフは、3つのグループとservice_coreで構成されている。これらのグループでは、注文用タブレットとサービスロボットに関するすべてのノードが、tb3p、tb3g、tb3rの3つのネームスペースに分類されている。service_coreは、3つのグループを管理する必要があるため、どのグループにも属していない。注文用タブレットとロボットが1対1のペアでない場合、つまり1台の注文用タブレットで複数のロボットを制御する場合には、注文用タブレットとそれぞれのサービスロボットに別々のネームスペースを与えて、グループを構成する必要がある。

このように複数のロボットからなるサービスロボットシステムを構築するとき、グループのネームスペース[†1]を使用する。これは、多数のロボットやコンピュータが1種類のROSパッケージを同時に使用すると、ノードやトピックなどマスタに登録されている名称が重複してしまい、実行不可能になるためである。

図12.5は、3つのネームスペースによってグループ化されたトピックのうち、service_coreが直接送受信するトピックを中心に表したノードグラフである。service_coreは/pad_orderトピックで注文を受信し、/move_base/action_topicsトピックを通じてロボットの経路探索および目的地点への到着結果を受信する。また、/service_statusトピックを通じてサービスの状況を送信するとともに、/play_sound_fileで商品を配送したことをユーザへ知らせる音声ファイル（ユーザがあらかじめ用意したmp3またはwavファイル）の保存場所を、/move_base_simple/goalトピックでロボットの目標地点の座標を、それぞれ送信する。

図12.6は、配達サービスロボットシステムのフローチャートである。ナビゲーションには、SLAMを用いて作成した地図を使用する。サービスの実行には、まずサービスを提供する場所を決定し、目標となる地図上の位置座標を記録しておく必要がある。この座標は、service_coreにおいてROSパラメータとして設定する。本章で紹介する配達サービスでは、「顧客が注文する場所」「ロボットが注文品を積み込む場所」「顧客が受け取る場所」の地図上の座標が必要になる。ただしここでは、「顧客が注文する場所」と「顧客が受け取る場所」は同じとした。また、SLAMとナビゲーションの詳細は、第10章と第11章ですでに述べた。

† 1　http://wiki.ros.org/roslaunch/XML/group

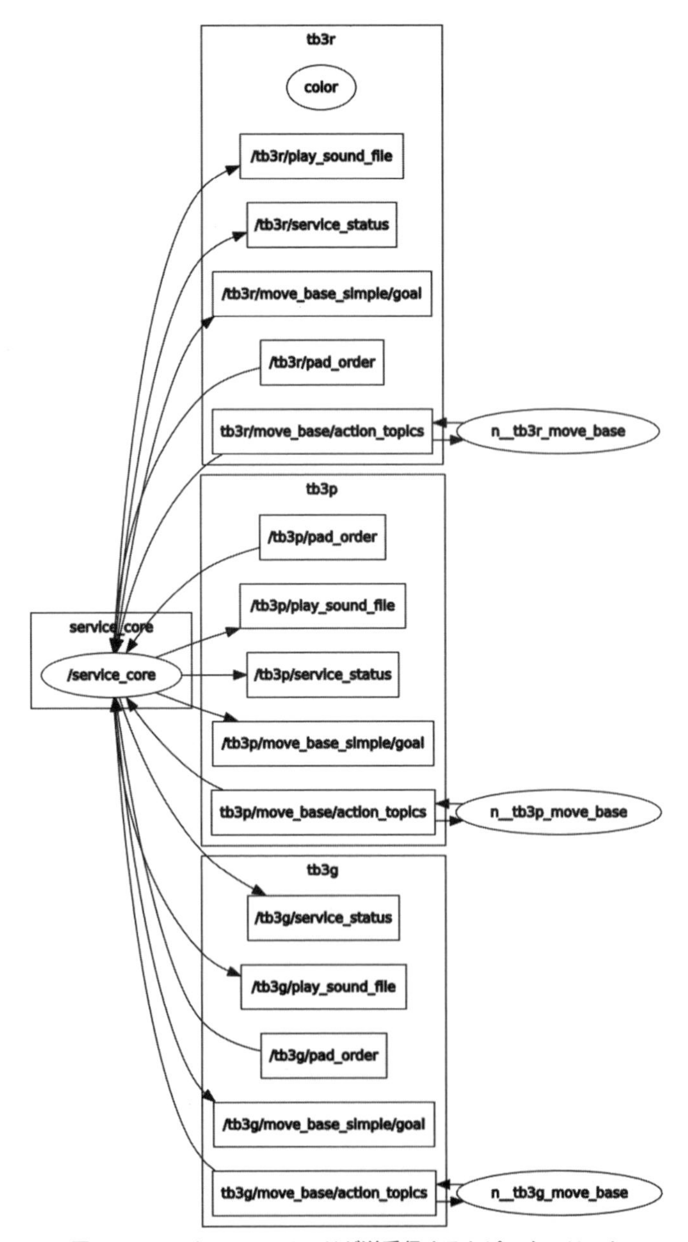

図12.5 service_core ノードが送受信するトピックのリスト

ここで紹介している配達サービスロボットシステムのソースコードは、GitHub からダウンロードできる†2。このソースコードはオープンソースで公開されている。以降では、このコードの詳細について説明する。

---

†2 https://github.com/ROBOTIS-GIT/turtlebot3_deliver

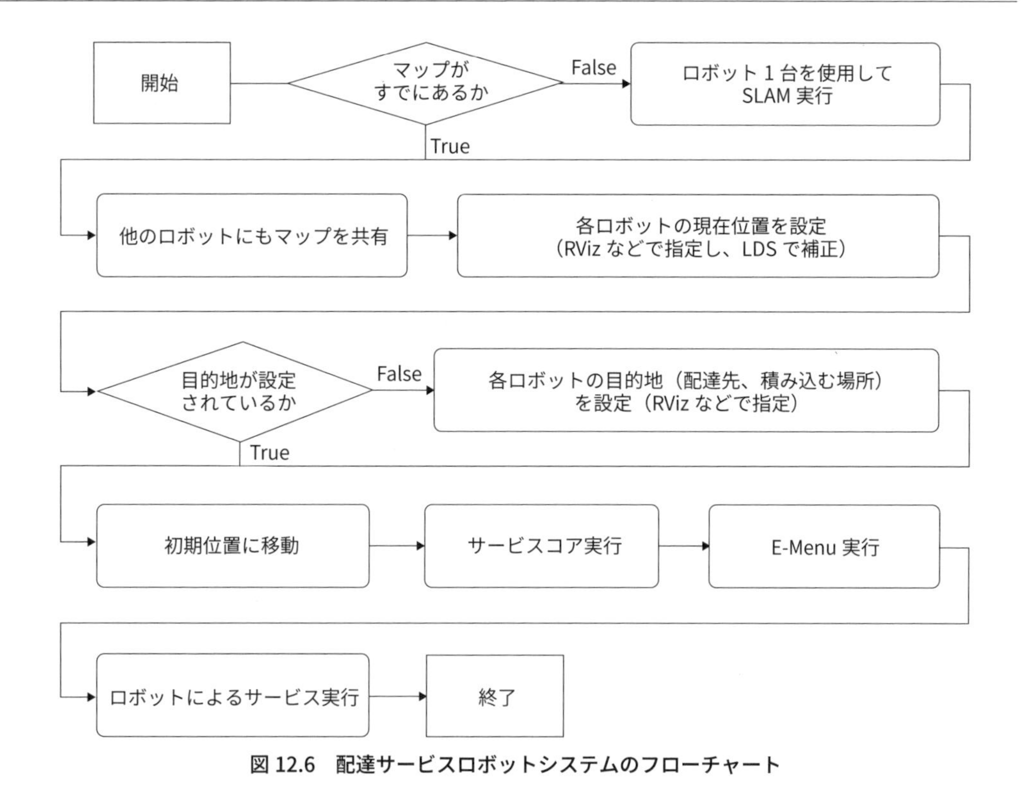

図 12.6 配達サービスロボットシステムのフローチャート

12.1.3 サービスコアノード

図 12.7 は、サービスコアのソースコードの基本的な構造を示している。このノードは、`main()` 関数から実行を開始し、最初に `fnInitParam()` 関数で ROS パラメータを設定する。その後、注文用タブレットから顧客の注文を受信する `cbReceivePadOrder()` 関数と、ロボットの目標位置への到達結果を受信する `cbCheckArrivalStatus()` 関数が、トピックを受信したときに実行されるように宣言され、`fnPubServiceStatus()`、`fnPubPose()` 関数を用いてサービスの状態とロボットの目標位置の座標がパブリッシュされる。この処理は Ctrl キー +"c" キーを入力して強制終了するまで繰り返し実行される。

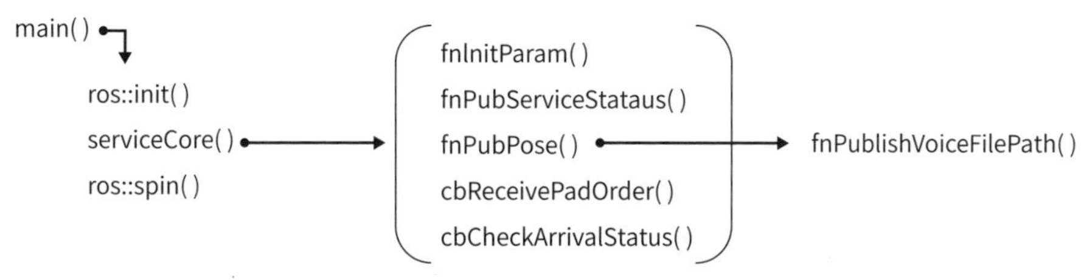

図 12.7 サービスコアの基本構造

ServiceCore() 関数（リスト 12.1）を実行すると fnInitParam() 関数が呼び出され、各種データの送受信のためのパブリッシャ、サブスクライバが定義される。service_core ノードは、3台のロボットと3台の注文用タブレットで送受信されるトピックを管理する必要があるため、それぞれ3種類ずつパブリッシャとサブスクライバが定義される。各パブリッシャ、サブスクライバの動作は、表 12.1 のとおりである。

表 12.1　service_core.cpp の ServiceCore( ) 関数

項　目	説　明
pubServiceStatusPad	注文用タブレットに配達サービスの状況をパブリッシュするパブリッシャ
pubPlaySound	録音ファイルの位置をパブリッシュするパブリッシャ
pubPoseStamped	位置姿勢をパブリッシュするパブリッシャ
subPadOrder	注文用タブレットに入力された顧客の注文をサブスクライブするサブスクライバ
subArrivalStatus	ロボットの到着成否をサブスクライブするサブスクライバ

リスト 12.1　/turtlebot3_carrier/src/service_core.cpp―ServiceCore( ) 関数

```
ServiceCore()
{
  fnInitParam();

  pubServiceStatusPadTb3p =
    nh_.advertise<turtlebot3_carrier::ServiceStatus>(
        "/tb3p/service_status", 1);
  pubServiceStatusPadTb3g =
    nh_.advertise<turtlebot3_carrier::ServiceStatus>(
        "/tb3g/service_status", 1);
  pubServiceStatusPadTb3r =
    nh_.advertise<turtlebot3_carrier::ServiceStatus>(
        "/tb3r/service_status", 1);

  pubPlaySoundTb3p =
    nh_.advertise<std_msgs::String>("/tb3p/play_sound_file", 1);
  pubPlaySoundTb3g =
    nh_.advertise<std_msgs::String>("/tb3g/play_sound_file", 1);
  pubPlaySoundTb3r =
    nh_.advertise<std_msgs::String>("/tb3r/play_sound_file", 1);

  pubPoseStampedTb3p =
    nh_.advertise<geometry_msgs::PoseStamped>(
        "/tb3p/move_base_simple/goal", 1);
  pubPoseStampedTb3g =
    nh_.advertise<geometry_msgs::PoseStamped>(
        "/tb3g/move_base_simple/goal", 1);
  pubPoseStampedTb3r =
    nh_.advertise<geometry_msgs::PoseStamped>(
        "/tb3r/move_base_simple/goal", 1);

  subPadOrderTb3p =
```

```
        nh_.subscribe(
            "/tb3p/pad_order", 1, &ServiceCore::cbReceivePadOrder, this);
    subPadOrderTb3g =
        nh_.subscribe(
            "/tb3g/pad_order", 1, &ServiceCore::cbReceivePadOrder, this);
    subPadOrderTb3r =
        nh_.subscribe(
            "/tb3r/pad_order", 1, &ServiceCore::cbReceivePadOrder, this);

    subArrivalStatusTb3p =
        nh_.subscribe(
            "/tb3p/move_base/result", 1,
            &ServiceCore::cbCheckArrivalStatusTB3P, this);
    subArrivalStatusTb3g =
        nh_.subscribe(
            "/tb3g/move_base/result", 1,
            &ServiceCore::cbCheckArrivalStatusTB3G, this);
    subArrivalStatusTb3r =
        nh_.subscribe(
            "/tb3r/move_base/result", 1,
            &ServiceCore::cbCheckArrivalStatusTB3R, this);

    ros::Rate loop_rate(5);

    while (ros::ok())
    {
        fnPubServiceStatus();

        fnPubPose();
        ros::spinOnce();
        loop_rate.sleep();
    }
  }
```

fnInitParam() 関数（リスト 12.2）では、地図上でのロボットの目標位置姿勢のデータを、表 12.2 に示す項目についてパラメータファイルから読み取る。この例では、離れて置かれた 3 つの注文テーブルとそれぞれの注文品を積み込む場所の間をロボットが移動する。ただし、ここでは注文品は 3 種類としたため、あわせて 6 箇所の位置に対する地図上の座標を記録する必要がある。

表 12.2　service_core.cpp の fnInitParam() 関数

項　目	説　明
poseStampedTable	顧客が注文し、注文品を受け取る位置の座標
poseStampedCounter	注文品を積み込む位置の座標

リスト12.2 /turtlebot3_carrier/src/service_core.cpp―fnInitParam()関数

```
void fnInitParam()
{
  nh_.getParam("table_pose_tb3p/position", target_pose_position);
  nh_.getParam("table_pose_tb3p/orientation", target_pose_orientation);

  poseStampedTable[0].header.frame_id = "map";
  poseStampedTable[0].header.stamp = ros::Time::now();

  poseStampedTable[0].pose.position.x = target_pose_position[0];
  poseStampedTable[0].pose.position.y = target_pose_position[1];
  poseStampedTable[0].pose.position.z = target_pose_position[2];

  poseStampedTable[0].pose.orientation.x = target_pose_orientation[0];
  poseStampedTable[0].pose.orientation.y = target_pose_orientation[1];
  poseStampedTable[0].pose.orientation.z = target_pose_orientation[2];
  poseStampedTable[0].pose.orientation.w = target_pose_orientation[3];


  nh_.getParam("table_pose_tb3g/position", target_pose_position);
  nh_.getParam("table_pose_tb3g/orientation", target_pose_orientation);

  poseStampedTable[1].header.frame_id = "map";
  poseStampedTable[1].header.stamp = ros::Time::now();

  poseStampedTable[1].pose.position.x = target_pose_position[0];
  poseStampedTable[1].pose.position.y = target_pose_position[1];
  poseStampedTable[1].pose.position.z = target_pose_position[2];

  poseStampedTable[1].pose.orientation.x = target_pose_orientation[0];
  poseStampedTable[1].pose.orientation.y = target_pose_orientation[1];
  poseStampedTable[1].pose.orientation.z = target_pose_orientation[2];
  poseStampedTable[1].pose.orientation.w = target_pose_orientation[3];


  nh_.getParam("table_pose_tb3r/position", target_pose_position);
  nh_.getParam("table_pose_tb3r/orientation", target_pose_orientation);

  poseStampedTable[2].header.frame_id = "map";
  poseStampedTable[2].header.stamp = ros::Time::now();

  poseStampedTable[2].pose.position.x = target_pose_position[0];
  poseStampedTable[2].pose.position.y = target_pose_position[1];
  poseStampedTable[2].pose.position.z = target_pose_position[2];

  poseStampedTable[2].pose.orientation.x = target_pose_orientation[0];
  poseStampedTable[2].pose.orientation.y = target_pose_orientation[1];
  poseStampedTable[2].pose.orientation.z = target_pose_orientation[2];
  poseStampedTable[2].pose.orientation.w = target_pose_orientation[3];


  nh_.getParam("counter_pose_bread/position", target_pose_position);
```

```
    nh_.getParam("counter_pose_bread/orientation", target_pose_orientation);

    poseStampedCounter[0].header.frame_id = "map";
    poseStampedCounter[0].header.stamp = ros::Time::now();

    poseStampedCounter[0].pose.position.x = target_pose_position[0];
    poseStampedCounter[0].pose.position.y = target_pose_position[1];
    poseStampedCounter[0].pose.position.z = target_pose_position[2];

    poseStampedCounter[0].pose.orientation.x = target_pose_orientation[0];
    poseStampedCounter[0].pose.orientation.y = target_pose_orientation[1];
    poseStampedCounter[0].pose.orientation.z = target_pose_orientation[2];
    poseStampedCounter[0].pose.orientation.w = target_pose_orientation[3];


    nh_.getParam("counter_pose_drink/position", target_pose_position);
    nh_.getParam("counter_pose_drink/orientation", target_pose_orientation);

    poseStampedCounter[1].header.frame_id = "map";
    poseStampedCounter[1].header.stamp = ros::Time::now();

    poseStampedCounter[1].pose.position.x = target_pose_position[0];
    poseStampedCounter[1].pose.position.y = target_pose_position[1];
    poseStampedCounter[1].pose.position.z = target_pose_position[2];

    poseStampedCounter[1].pose.orientation.x = target_pose_orientation[0];
    poseStampedCounter[1].pose.orientation.y = target_pose_orientation[1];
    poseStampedCounter[1].pose.orientation.z = target_pose_orientation[2];
    poseStampedCounter[1].pose.orientation.w = target_pose_orientation[3];


    nh_.getParam("counter_pose_snack/position", target_pose_position);
    nh_.getParam("counter_pose_snack/orientation", target_pose_orientation);

    poseStampedCounter[2].header.frame_id = "map";
    poseStampedCounter[2].header.stamp = ros::Time::now();

    poseStampedCounter[2].pose.position.x = target_pose_position[0];
    poseStampedCounter[2].pose.position.y = target_pose_position[1];
    poseStampedCounter[2].pose.position.z = target_pose_position[2];

    poseStampedCounter[2].pose.orientation.x = target_pose_orientation[0];
    poseStampedCounter[2].pose.orientation.y = target_pose_orientation[1];
    poseStampedCounter[2].pose.orientation.z = target_pose_orientation[2];
    poseStampedCounter[2].pose.orientation.w = target_pose_orientation[3];
  }
```

target_pose.yaml ファイル（リスト 12.3）に記述されているパラメータ値は、ロボットがサービスを実行するために必要な地図上の座標である。地図上の座標を設定する方法はいくつかあるが、簡単な方法としては、ナビゲーションの実行中に rostopic echo コマンドを用いて Pose 値を与える方法がある。ただし、SLAM などで地図を作成するたびにこれらの座標は変わるため、ナビゲーションの実行中はできるだけ地図の再構築は避け、同じ地図を用いて継続的に実行すべきである。

リスト 12.3 /turtlebot3_carrier/param/target_pose.yaml

```
table_pose_tb3p:
  position: [-0.338746577501, -0.85418510437, 0.0]
  orientation: [0.0, 0.0, -0.0663151963596, 0.997798724559]

table_pose_tb3g:
  position: [-0.168751597404, -0.19147400558, 0.0]
  orientation: [0.0, 0.0, -0.0466624033917, 0.998910716786]

table_pose_tb3r:
  position: [-0.251043587923, 0.421476781368, 0.0]
  orientation: [0.0, 0.0, -0.0600887022438, 0.998193041382]


counter_pose_bread:
  position: [-3.60783815384, -0.750428497791, 0.0]
  orientation: [0.0, 0.0, 0.999335763287, -0.0364421763375]

counter_pose_drink:
  position: [-3.48697376251, -0.173366710544, 0.0]
  orientation: [0.0, 0.0, 0.998398746904, -0.0565680314445]

counter_pose_snack:
  position: [-3.62247490883, 0.39046728611, 0.0]
  orientation: [0.0, 0.0, 0.998908838216, -0.0467026009308]
```

fnPubPose() 関数（表 12.3、リスト 12.4）は、ロボットが現在行っているサービスを監視し、ロボットが目標位置に到着した後に次の目標位置を設定する。ロボットが配達サービスを完了すると、すべてのパラメータは初期化される。

表 12.3 service_core.cpp の fnPubPose() 関数

項 目	説 明
is_robot_reached_target	ロボットのナビゲーションの目的地の到達成否
is_item_available	製品の注文成否
item_num_chosen_by_pad	注文品の番号
robot_service_sequence	ロボットが実行中の処理 0 - 顧客の注文を待つ 1 - 顧客の注文を受けた直後 2 - 注文品を積み込みに移動中 3 - 注文品を積み込み中 4 - 顧客の位置へ移動中 5 - 顧客に注文品を渡し中
fnPublishVoiceFilePath()	録音ファイルの位置をパブリッシュする関数
ROBOT_NUMBER	ロボットの番号（ユーザが指定）

リスト 12.4 /turtlebot3_carrier/src/service_core.cpp—fnPubPose( ) 関数

```
void fnPubPose()
{
  if (is_robot_reached_target[ROBOT_NUMBER])
  {
    if (robot_service_sequence[ROBOT_NUMBER] == 1)
    {
      fnPublishVoiceFilePath(ROBOT_NUMBER, "~/voice/voice1-2.mp3");

      robot_service_sequence[ROBOT_NUMBER] = 2;
    }
    else if (robot_service_sequence[ROBOT_NUMBER] == 2)
    {
      pubPoseStampedTb3p.publish(
        poseStampedCounter[item_num_chosen_by_pad[ROBOT_NUMBER]]);

      is_robot_reached_target[ROBOT_NUMBER] = false;

      robot_service_sequence[ROBOT_NUMBER] = 3;
    }
    else if (robot_service_sequence[ROBOT_NUMBER] == 3)
    {
      fnPublishVoiceFilePath(ROBOT_NUMBER, "~/voice/voice1-3.mp3");

      robot_service_sequence[ROBOT_NUMBER] = 4;
    }
    else if (robot_service_sequence[ROBOT_NUMBER] == 4)
    {
      pubPoseStampedTb3p.publish(poseStampedTable[ROBOT_NUMBER]);

      is_robot_reached_target[ROBOT_NUMBER] = false;

      robot_service_sequence[ROBOT_NUMBER] = 5;
    }
    else if (robot_service_sequence[ROBOT_NUMBER] == 5)
    {
      fnPublishVoiceFilePath(ROBOT_NUMBER, "~/voice/voice1-4.mp3");

      robot_service_sequence[ROBOT_NUMBER] = 0;

      is_item_available[item_num_chosen_by_pad[ROBOT_NUMBER]] = 1;

      item_num_chosen_by_pad[ROBOT_NUMBER] = -1;
    }
  }
}
（省略）
```

cbReceivePadOrder() 関数（表 12.4、リスト 12.5）は、注文に使用したタブレットの番号と注文品の番号を用いてサービスの可否を判断した後、可能と判断された場合には robot_ service_sequence を「1」に設定してサービスを開始する。

表 12.4　service_core.cpp の cbReceivePadOrder( ) 関数

項目	説明
pad_number	注文に使用したタブレットの番号（サービスを実行するロボットの番号）
item_number	注文品の番号

リスト 12.5　/turtlebot3_carrier/src/service_core.cpp―cbReceivePadOrder( ) 関数

```
void cbReceivePadOrder(const turtlebot3_carrier::PadOrder padOrder)
{
  int pad_number = padOrder.pad_number;
  int item_number = padOrder.item_number;

  if (is_item_available[item_number] != 1)
  {
    ROS_INFO("Chosen item is currently unavailable");
    return;
  }

  if (robot_service_sequence[pad_number] != 0)
  {
    ROS_INFO("Your TurtleBot is currently on servicing");
    return;
  }

  if (item_num_chosen_by_pad[pad_number] != -1)
  {
    ROS_INFO("Your TurtleBot is currently on servicing");
    return;
  }

  item_num_chosen_by_pad[pad_number] = item_number;

  robot_service_sequence[pad_number] = 1; // just left from the table

  is_item_available[item_number] = 0;
}
```

リスト 12.6 に示す cbCheckArrivalStatusTB3P/TB3G/TB3R() 関数では、サブスクライブしたロボットの稼働状態を確認する。else で処理される部分には、ロボットが移動中に障害物に衝突したり、経路探索に失敗した場合などへの対応法を記述する。

リスト 12.6 /turtlebot3_carrier/src/service_core.cpp―cbCheckArrivalStatusTB3P/TB3G/TB3R( ) 関数

```
void cbCheckArrivalStatusTB3P(
    const move_base_msgs::MoveBaseActionResult rcvMoveBaseActionResult)
{
  if (rcvMoveBaseActionResult.status.status == 3)
  {
    is_robot_reached_target[ROBOT_NUMBER_TB3P] = true;
  }
  else
  {
    (中略)
  }
}

void cbCheckArrivalStatusTB3G(
    const move_base_msgs::MoveBaseActionResult rcvMoveBaseActionResult)
{
  (中略)
}

void cbCheckArrivalStatusTB3R(
  const move_base_msgs::MoveBaseActionResult rcvMoveBaseActionResult)
{
  (中略)
}
```

fnPublishVoicePath() 関数（リスト 12.7）では、事前に録音しておいた音声ファイルの位置を String 型でパブリッシュする。録音された音声を ROS 上で再生するには、ros_mpg321_player などの音声ファイルを再生できるパッケージが別途必要である。

リスト 12.7 /turtlebot3_carrier/src/service_core.cpp―fnPublishVoicePath( ) 関数

```
void fnPublishVoiceFilePath(int robot_num, const char* file_path)
  {
    std_msgs::String str;

    str.data = file_path;

    if (robot_num == ROBOT_NUMBER_TB3P)
    {
      pubPlaySoundTb3p.publish(str);
    }
    else if (robot_num == ROBOT_NUMBER_TB3G)
    {
      pubPlaySoundTb3g.publish(str);
    }
    else if (robot_num == ROBOT_NUMBER_TB3R)
    {
      pubPlaySoundTb3r.publish(str);
    }
  }
```

12.1.4 サービスマスタノード

この例では、Android OSがインストールされたTablet PCを用いて、サービスマスタノードを実行する。このとき、ターミナル上でコマンドラインで注文できるようにノードを作成してもよい。Android OSプラットフォームを使用したROS Java[†3]プログラミングについては、次節で説明する。リスト12.8に示すサービスマスタノードのソースコードは、ROS Javaを用いた簡単なトピックパブリッシュ、サブスクライブの例題であるandroid_tutorial_pubsubを利用して作成した。

リスト 12.8 turtlebot3_carrier_pad/ServicePad.java

```
package org.ros.android.android_tutorial_pubsub;

import org.ros.concurrent.CancellableLoop;
import org.ros.message.MessageListener;
import org.ros.namespace.GraphName;
import org.ros.node.AbstractNodeMain;
import org.ros.node.ConnectedNode;
import org.ros.node.topic.Publisher;
import org.ros.node.topic.Subscriber;

import javax.security.auth.SubjectDomainCombiner;

public class ServicePad extends AbstractNodeMain {
  private String pub_pad_order_topic_name;
  private String sub_service_status_topic_name;
  private String pub_pad_status_topic_name;

  private int robot_num = 0;
  private int selected_item_num = -1;

  private boolean jump = false;
  private int[] item_num_chosen_by_pad = {-1, -1, -1};
  private int[] is_item_available = {1, 1, 1};
  private int[] robot_service_sequence = {0, 0, 0};

  public boolean[] button_pressed = {false, false, false};

  public ServicePad() {
    this.pub_pad_order_topic_name = "/tb3g/pad_order";
    this.sub_service_status_topic_name = "/tb3g/service_status";
    this.pub_pad_status_topic_name = "/tb3g/pad_status";
  }

  public GraphName getDefaultNodeName() {
    return GraphName.of("tb3g/pad");
  }
```

†3 http://wiki.ros.org/rosjava

```
public void onStart(ConnectedNode connectedNode) {
  final Publisher pub_pad_order =
      connectedNode.newPublisher(this.pub_pad_order_topic_name,
          "turtlebot3_carrier/PadOrder");
  final Publisher pub_pad_status =
      connectedNode.newPublisher(this. pub_pad_status_topic_name,
          "std_msgs/String");

  final Subscriber<turtlebot3_carrier.ServiceStatus> subscriber =
      connectedNode.newSubscriber(this.sub_service_status_topic_name,
          " turtlebot3_carrier/ServiceStatus");

  subscriber.addMessageListener(
      new MessageListener<turtlebot3_carrier.SerivceStatus>() {
        @Override
        public void onNewMessage(
            turtlebot3_carrier.SerivceStatus serviceStatus)
        {
          item_num_chosen_by_pad = serviceStatus.item_num_chosen_by_pad;
          is_item_available = serviceStatus.is_item_available;
          robot_service_sequence = serviceStatus.robot_service_sequence
        }
      });

  connectedNode.executeCancellableLoop(new CancellableLoop() {
    protected void setup() {}

    protected void loop() throws InterruptedException
    {
      str_msgs.String padStatus =
          (str_msgs.String)pub_pad_status.newMessage();
      turtlebot3_carrier.PadOrder padOrder =
          (turtlebot3_carrier.PadOrder)pub_pad_order.newMessage();

      String str = "";

      if (button_pressed[0] || button_pressed[1] || button_pressed[2])
      {
        jump = false;

        if (button_pressed[0])
        {
          selected_item_num = 0;
          str += "Burger was selected";

          button_pressed[0] = false;
        }
        else if (button_pressed[1])
        {
          selected_item_num = 1;
          str += "Coffee was selected";
```

```
              button_pressed[1] = false;
            }
            else if (button_pressed[2])
            {
              selected_item_num = 2;
              str += "Waffle was selected";

              button_pressed[2] = false;
            }
            else
            {
              selected_item_num = -1;
              str += "Sorry, selected item is now unavailable. Please choose
another item.";
            }

            if (is_item_available[selected_item_num] != 1)
            {
              str += ", but chosen item is currently unavailable.";
              jump = true;
            }
            else if (robot_service_sequence[robot_num] != 0)
            {
              str += ", but your TurtleBot is currently on servicing";
              jump = true;
            }
            else if (item_num_chosen_by_pad[robot_num] != -1)
            {
              str += ", but your TurtleBot is currently on servicing";
              jump = true;
            }

            padStatus.setData(str);
            pub_pad_status.publish(padStatus);

            if(!jump)
            {
              padOrder.pad_number = robot_num;
              padOrder.item_number = selected_item_num;
              pub_pad_order.publish(padOrder);
            }
          }

          Thread.sleep(1000L);
        }
      });
    }
  }
```

タブレットで動作されるROSノードは、MainActivityクラスとServicePadクラスによって構成される。ここで、MainActivityクラスはROS Androidのプロジェクトを生成するときに自動作成されるクラスであるため、ここでは説明は省略し、配達サービス用に書かれた部分のみ説明する。

Tablet PCがコントロールするロボットの番号を、次に示すソースコードのようにrobot_numに指定し、Tablet PCで選択された商品の番号を「-1」に初期化しておく。

```
private int robot_num = 0;
private int selected_item_num = -1;
```

同じ顧客による重複注文を避けるため、Tablet PCでは顧客の注文を受ける前、サービスコアに保存された注文状況を確認する。以下のソースコードは、サービスコアで注文状況を記録する配列と同じ形式で変数を宣言する。

```
private int[] item_num_chosen_by_pad = {-1, -1, -1};
private int[] is_item_available = {1, 1, 1};
private int[] robot_service_sequence = {0, 0, 0};
```

MainActivityクラスでServicePadクラスのインスタンスを生成し、トピック名を指定する。この例では、各注文用タブレットとロボットのペアをネームスペースで指定しているため、各トピック名の前にネームスペースで使用した名前を記述すれば通信ができる。

```
public ServicePad() {
  this.pub_pad_order_topic_name = "/tb3g/pad_order";
  this.sub_service_status_topic_name = "/tb3g/service_status";
  this.pub_pad_status_topic_name = "/tb3g/pad_status";
}
```

ROS上で表示されるノード名を指定する。ノード名も同様に、ネームスペースを揃える必要がある。

```
public GraphName getDefaultNodeName() {
  return GraphName.of("tb3g/pad");
}
```

サービスコアから各注文用タブレットで受注した注文品の番号、商品の選択の可否、ロボットのサービス状態などのサービス状況を受ける。

```
subscriber.addMessageListener(
    new MessageListener<turtlebot3_carrier.ServiceStatus>() {
  @Override
  public void onNewMessage(
      turtlebot3_carrier.ServiceStatus serviceStatus)
  {
    item_num_chosen_by_pad = serviceStatus.item_num_chosen_by_pad;
    is_item_available = serviceStatus.is_item_available;
    robot_service_sequence = serviceStatus.robot_service_sequence;
  }
});
```

サービスコアから得られる全体的なサービスの実施状況に基づき、顧客の注文を処理する部分を以下に示す。ここでも注文の重複など注文の可否を判断し、可能な場合は注文内容をパブリッシュする。図12.8と図12.9は、それぞれの商品アイコンをタップしたとき、注文が成功した場合と失敗した場合の例である。

```
protected void loop() throws InterruptedException
{
  std_msgs.String padStatus =
      (std_msgs.String) pub_pad_status.newMessage();
  turtlebot3_carrier.PadOrder padOrder =
      (turtlebot3_carrier.PadOrder) pub_pad_order.newMessage();

  String str = "";

  if (button_pressed[0] || button_pressed[1] || button_pressed[2])
  {
    jump = false;

    if (button_pressed[0])
    {
      selected_item_num = 0;
      str += "Burger was selected";

      button_pressed[0] = false;
    }
    else if (button_pressed[1])
    {
      selected_item_num = 1;
      str += "Coffee was selected";

      button_pressed[1] = false;
    }
    else if (button_pressed[2])
    {
      selected_item_num = 2;
      str += "Waffle was selected";

      button_pressed[2] = false;
    }
    else
    {
      selected_item_num = -1;
      str += "Sorry, selected item is now unavailable. Please choose
another item.";
    }

    if (is_item_available[selected_item_num] != 1)
    {
      str += ", but chosen item is currently unavailable.";
      jump = true;
    }
```

```
      else if (robot_service_sequence[robot_num] != 0)
      {
        str += ", but your TurtleBot is currently on servicing";
        jump = true;
      }
      else if (item_num_chosen_by_pad[robot_num] != -1)
      {
        str += ", but your TurtleBot is currently on servicing";
        jump = true;
      }

      padStatus.setData(str);
      pub_pad_status.publish(padStatus);

      if(!jump)
      {
        padOrder.pad_number = robot_num;
        padOrder.item_number = selected_item_num;
        pub_pad_order.publish(padOrder);
      }
    }

    Thread.sleep(1000L);
  }
```

図 12.8　注文タブレットに表示されるメニューの例、注文成功を示すメッセージが表示されている

図 12.9　注文不可能な物品を選択した場合には、注文失敗を示すメッセージが表示される

12.1.5　サービススレーブノード

サービススレーブが管理するノードは、直接的にロボット制御に関連する。この例ではTurtleBot3 Carrier[†4]を使用し、第 10 章、第 11 章で説明した SLAM とナビゲーションのノードを主に使用するが、ここでは TurtleBot3 Carrier 用に変更した TurtleBot3 のソースコードについて説明する。一方、この例では、図 12.10 に示すパッケージが主に使用されている。それぞれの矢印はパッケージとサブパッケージの関係を示す。このパッケージのうちのいくつかは、配達サービスロボットシステムを実現するために変更する必要がある。

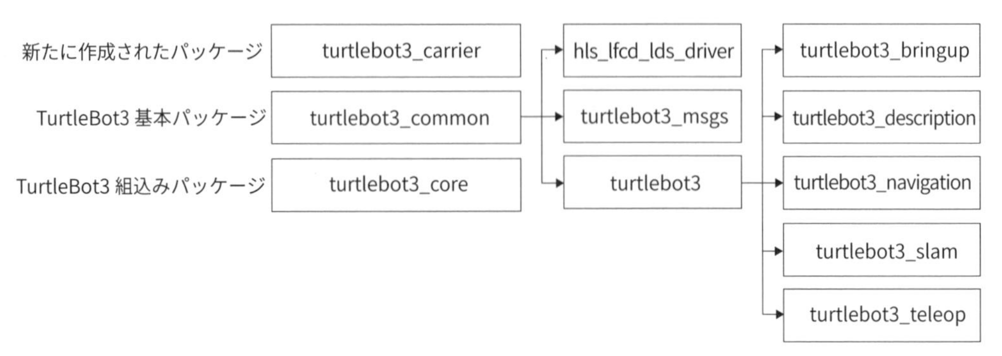

図 12.10　TurtleBot3 Carrier が使用するパッケージのリスト

次に、配達サービスロボットシステムの実現のために変更したソースコードについて説明する。`poll()` 関数（リスト 12.9）は、LDS（HLS-LFCD2）で計測された周辺物体までの距離値を前処理する。TurtleBot3 Carrier は、LDS の周囲に柱を立てて注文品を搭載するための台を設置したため、柱によって LDS が誤認識し、SLAM やナビゲーションの結果に悪影響がある。したがって、TurtleBot3 Carrier がある距離よりも近い物体を検出した場合、その距離値を「0」

†4　http://emanual.robotis.com/docs/en/platform/turtlebot3/friends/#turtlebot3-friends-carrier

にして柱を無視する。ナビゲーションアルゴリズムでは、距離が「0」である場合には「物体なし」と判断するため、柱が存在してもSLAMやナビゲーションに影響を与えない。

リスト 12.9　hld_lfcd_lds_driver/src/hlds_laser_publisher.cpp—poll( ) 関数

```
void LFCDLaser::poll(sensor_msgs::LaserScan::Ptr scan)
{
(中略)

  while (!shutting_down_ && !got_scan)
  {
    (中略)
    if(start_count == 0)
    {
      if(raw_bytes[start_count] == 0xFA)
      {
        start_count = 1;
      }
    }
    else if(start_count == 1)
    {
      if(raw_bytes[start_count] == 0xA0)
      {
        (中略)

        //read data in sets of 6
        for(uint16_t i = 0; i < raw_bytes.size(); i=i+42)
        {
          if(raw_bytes[i] == 0xFA && raw_bytes[i+1] == (0xA0 + i / 42))
          {
            (中略)

            for(uint16_t j = i+4; j < i+40; j=j+6)
            {
              index = (6*i)/42 + (j-6-i)/6;

              // Four bytes per reading
              uint8_t byte0 = raw_bytes[j];
              uint8_t byte1 = raw_bytes[j+1];
              uint8_t byte2 = raw_bytes[j+2];
              uint8_t byte3 = raw_bytes[j+3];

              // Remaining bits are the range in mm
              uint16_t intensity = (byte1 << 8) + byte0;
              uint16_t range = (byte3 << 8) + byte2;

              scan->ranges[359-index] = range / 1000.0;
              scan->intensities[359-index] = intensity;
            }
          }
        }
```

```
          /// 追加の始まり ///

          for(uint16_t deg = 0; deg < 360; deg++)
          {
            if(scan->ranges[deg] < 0.15)
            {
              scan->ranges[deg] = 0.0;
              scan->intensities[deg] = 0.0;
            }
          }

          /// 追加の終わり ///

          scan->time_increment = motor_speed/good_sets/1e8;
        }
        else
        {
          start_count = 0;
        }
      }
    }
  }
```

turtlebot3_core は TurtleBot3 で使用するコントロールボード OpenCR にインストールする TurtleBot3 専用ファームウェアであり、turtlebot3_motor_driver.cpp は TurtleBot3 で使用されるアクチュエータを直接制御するソースコードである。サービスロボットは物体を搭載したまま移動するため、安全な移動のために適切な制御が必要になる。したがって、turtlebot3_motor_driver.cpp の元のソースコードには含まれていない Dynamixel のプロファイルコントロール機能を、リスト 12.10 のように追加する。ここで、ADDR_X_PROFILE_ACCELERATION 値は 108 であり、アクチュエータの詳細については Dynamixel のマニュアル[†5]を参照してほしい。

リスト 12.10 turtlebot3_core（for TurtleBot3 waffle）/turtlebot3_motor_driver.cpp

```
bool Turtlebot3MotorDriver::init(void)
{
  (中略)

  // Enable Dynamixel Torque
  setTorque(left_wheel_id_, true);
  setTorque(right_wheel_id_, true);

  /// 追加の始まり ///

  // Set Dynamixel Profile Acceleration
  setProfileAcceleration(left_wheel_id_, 15);
```

†5 http://emanual.robotis.com/docs/en/dxl/x/xm430-w210/

```
    setProfileAcceleration(right_wheel_id_, 15);

    /// 追加の終わり ///

    （中略）

    return true;
  }

  bool Turtlebot3MotorDriver::setTorque(uint8_t id, bool onoff)
  {
    （中略）
  }

  bool Turtlebot3MotorDriver::setProfileAcceleration(uint8_t id,
      uint32_t value)
  {
  uint8_t dxl_error = 0;
    int dxl_comm_result = COMM_TX_FAIL;

    dxl_comm_result = packetHandler_->write4ByteTxRx(portHandler_, id,
        ADDR_X_PROFILE_ACCELERATION, value, &dxl_error);
    if(dxl_comm_result != COMM_SUCCESS)
    {
      packetHandler_->printTxRxResult(dxl_comm_result);
    }
    else if(dxl_error != 0)
    {
      packetHandler_->printRxPacketError(dxl_error);
    }
  }
```

turtlebot3_navigation.launch は TurtleBot3 でナビゲーションを実行する際に必要なノードを起動する（リスト 12.11）。前述したように、同じ ROS パッケージを多数のロボットで同時に使用するには、ノードと ROS トピックなどをネームスペースでグループ化する必要がある。上記の launch ソースコードでは、ネームスペース tb3g でノードをグループ化し、他のネームスペースに含まれるノードからのメッセージを受け取る際には remap 機能を使用した。このような方法は、ソースコードからトピック名を変更できない場合でも利用できる。これらの変更は、launch ファイルだけでなく、RViz の設定ファイル（.rviz）など、同様にグループ化が必要なすべてのノードやトピックに対して行う必要がある。

リスト 12.11 turtlebot3/turtlebot3_navigation/turtlebot3_navigation.launch

```
<launch>

  <!-- 追加の始まり -->

  <group ns="tb3g">
    <remap from="/tf" to="/tb3g/tf"/>
    <remap from="/tf_static" to="/tb3g/tf_static"/>

  <!-- 追加の終わり -->
    <arg name="model" default="waffle" doc="model type [burger, waffle]"/>

    (中略)

    </node>

  <!-追加の始まり -->

  </group>

  <!-- 追加の終わり -->

</launch>
```

ここまで設定したら、図 12.11 に示すような配達サービスロボットシステムが実現できる。

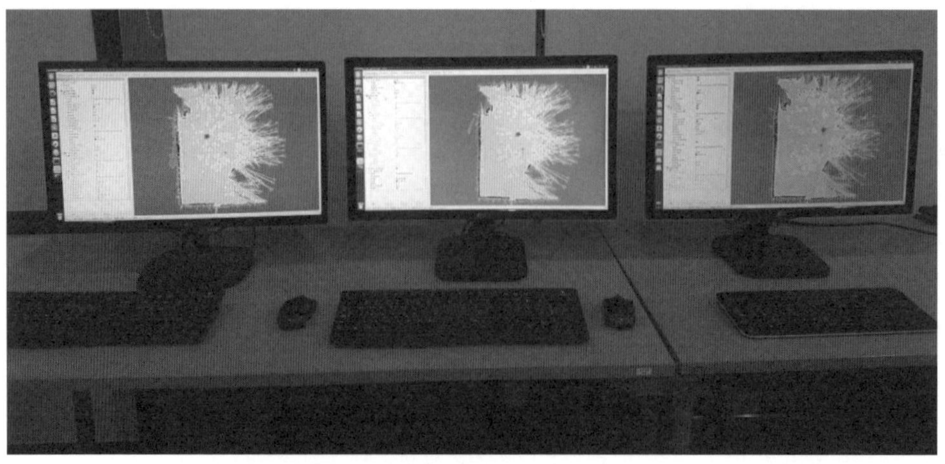

図 12.11 各コンピュータ上の RViz で表示したロボットのナビゲーションの様子

12.2 ROS Java を用いた Android Tablet PC のプログラミング

前節の図 12.8 では、Android が動作している注文用タブレットに物品メニューを表示した例を示した。本節では、Linux 上に Android Studio IDE [†6] をインストールし、ROS Java の開発環境を構築する。以下では、簡単な ROS Java の例題を扱う。

まず、Android Studio IDE と ROS Java の環境構築に必要なパッケージをインストールする。ROS Java は Java 言語を利用するための ROS クライアントライブラリである。まずは Java の実行に必要な環境設定を行う。必要なパッケージは Java SE Development Kit（JDK）であり、実行ファイルのパスなども設定する必要がある。本書では、JDK8 をダウンロードしているが、今後 JDK がバージョンアップされた場合には、以下のコマンドを変更する必要がある。

```
$ sudo apt-get install openjdk-8-jdk
$ echo export PATH=${PATH}:/opt/android-sdk/tools:/opt/android-sdk/platfor
m-tools:/opt/android-studio/bin >> ~/.bashrc
$ echo export ANDROIS_HOME=/opt/android-sdk >> ~/.bashrc
$ source ~/.bashrc
```

以下のコマンドで、ROS Java でのビルドに必要なツールをダウンロードする。その後、ROS Java システムとその例題が含まれるパッケージをインストールし、ビルドする。ここで android_core フォルダは、前述した catkin_ws と同じ役割をするフォルダである。

```
$ sudo apt-get install ros-kinetic-rosjava-build-tools
```

```
$ mkdir -p ~/android_core
$ wstool init -j4 ~/android_core/src https://raw.github.com/rosjava/rosjav
a/kinetic/android_core.rosinstall
$ source /opt/ros/kinetic/setup.bash
$ cd ~/android_core
$ catkin_make
```

ここでは Android Studio IDE のインストール方法について説明する。ただし理解しやすいように、ROS Android の Wiki [†7] に書かれたインストール方法で使用されているフォルダやファイルの名前、場所はそのまま使用する。これらのパッケージは、Android Studio IDE で SD カードを用いて Virtual Device を利用する mksdcard のインストールに必要なパッケージである。これをインストールしないと、mksdcard 機能のインストールは失敗する。

```
$ sudo apt-get install lib32z1 lib32ncurses5 lib32stdc++6
```

† 6　https://developer.android.com/studio/index.html
† 7　http://wiki.ros.org/android

本書では、ROS Androidが推奨するインストールフォルダ/optにAndroid Studio IDEとSDKをインストールする。/optフォルダにインストールするには、/optのユーザ権限を書き込み可能に設定する必要がある。

```
$ sudo chown -R $USER:$USER /opt
```

Android Studio IDEのインストールファイルは、ダウンロードサイト[†8]から入手できる。インストールファイルのダウンロードが完了したら、/opt/android-studioとなるように解凍する。解凍後は図12.12に示すフォルダが構成されている。

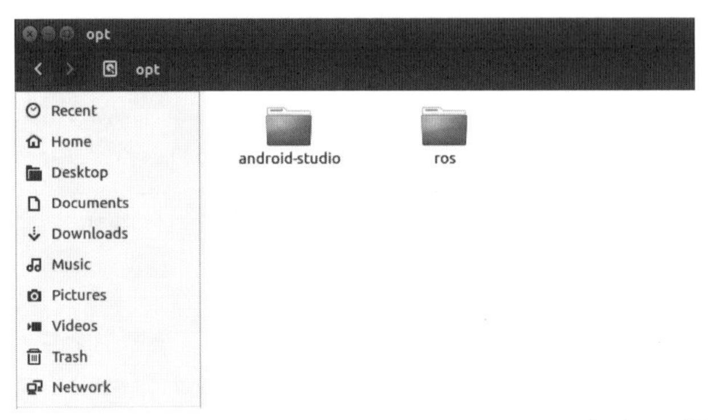

図12.12 ダウンロードしたAndroid Studio IDEを正しく解凍した状態

次に、以下のコマンドでIDEをインストールする。

```
$ /opt/android-studio/bin/studio.sh
```

図12.13に示すウィンドウが表示されたら、「I do not have ... (importなしで実行)」をクリックし、「custom install」に進む。

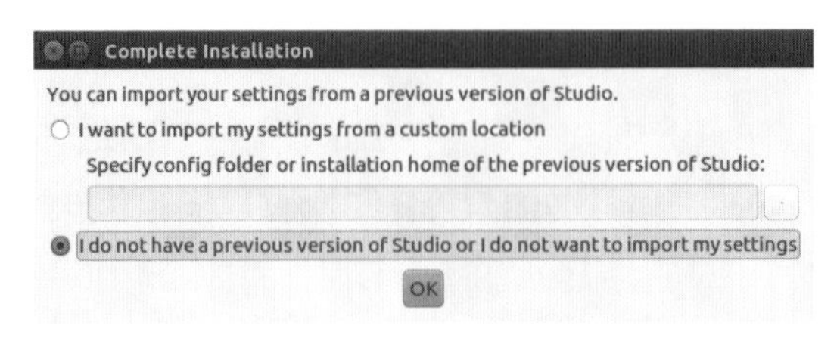

図12.13 インストール時の最初のウィンドウ

その後、図12.14に示すAndroid SDKのインストールに関するウィンドウが表示される。このとき、インストールパスを/opt/android-sdkに設定する。android-sdkフォルダがない場合は、フォルダを作成してから、設定する。

†8 https://developer.android.com/studio/index.html#download

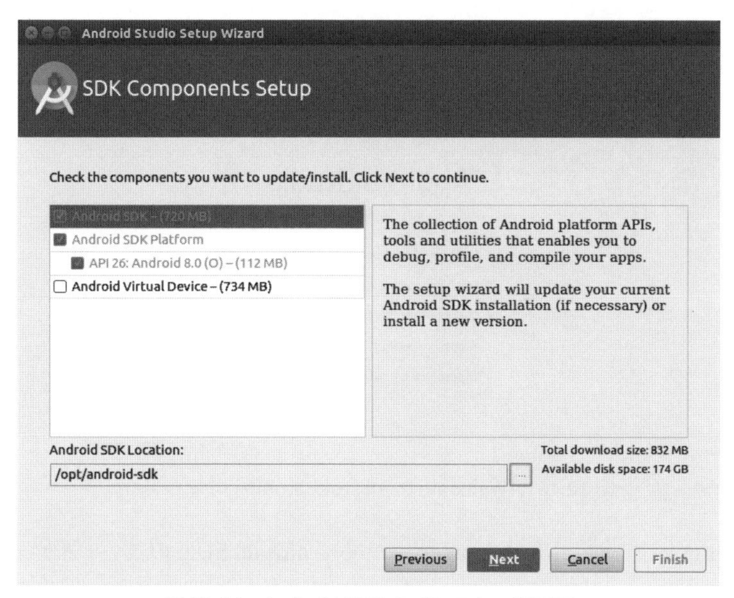

図 12.14　Android SDK のインストール画面

インストールに成功すると、図 12.15 に示す画面が表示される。

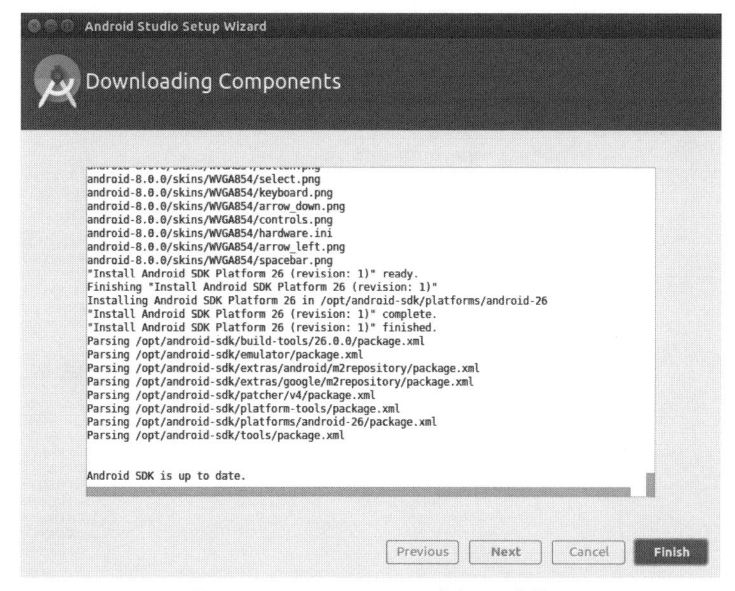

図 12.15　インストールに成功した状態

Android Studio IDE のインストールが完了すると、図 12.16 に示す「Welcome to Android Studio」ウィンドウが表示される。

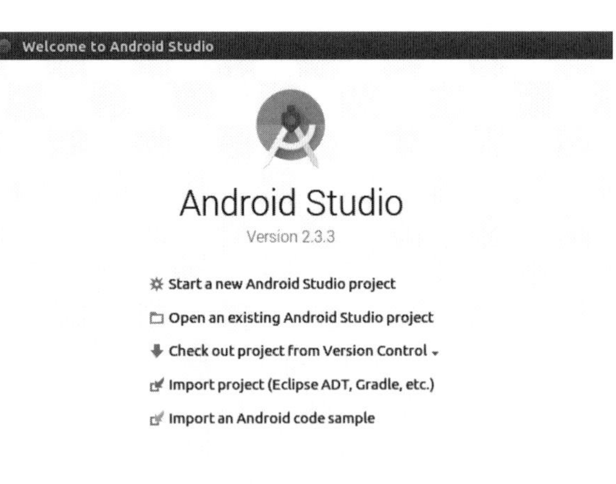

図12.16 「Welcome to Android Studio」ウィンドウ

次に、「Configure」→「SDK Manager」からAndroid SDKのアップデートを行う。図12.17に示すSDKのアップデートでは、10（Gingerbread）、13（Honeycomb）、15（Ice CreamSandwich）、18（Jelly Bean）を選択する。なお、それぞれの番号は、SDKのAPI Levelを意味する。

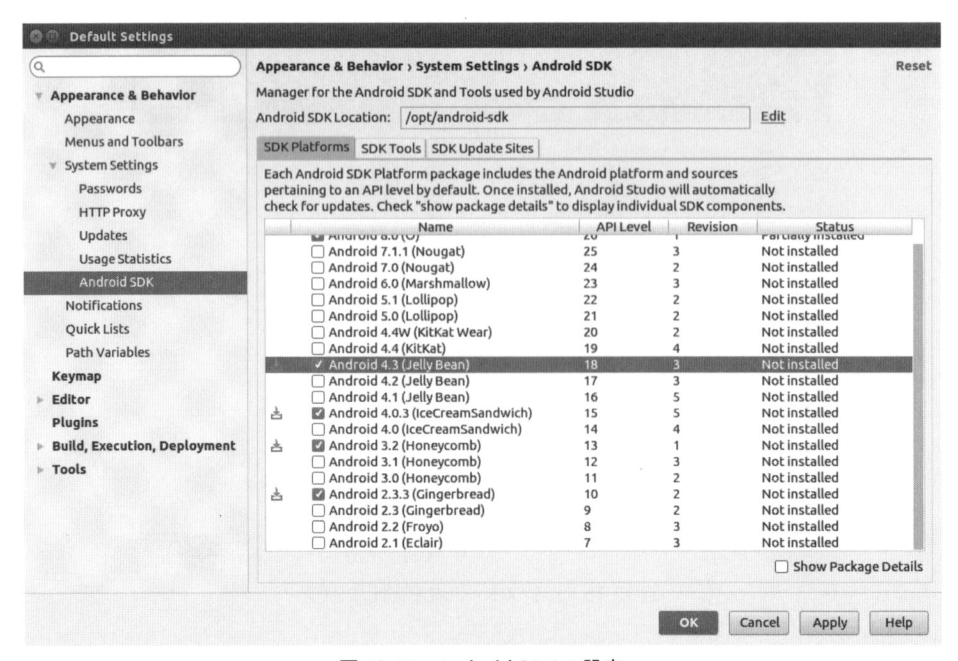

図12.17 Android SDKの設定

インストールが完了したら、「Open an existing Android Studio project」をクリックし、図12.18のようにインストールした`android_core`をインポートする。「OK」ボタンをクリックすると、図 12.19 の IDE ウィンドウが表示され、インポートしたソースコードのビルドが開始される。

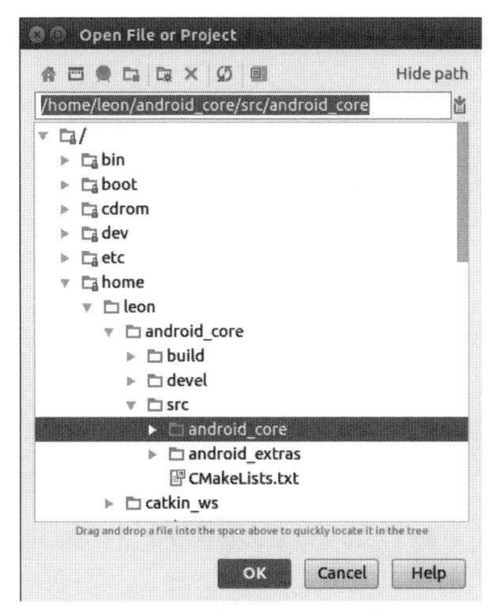

図 12.18　Project のインポート

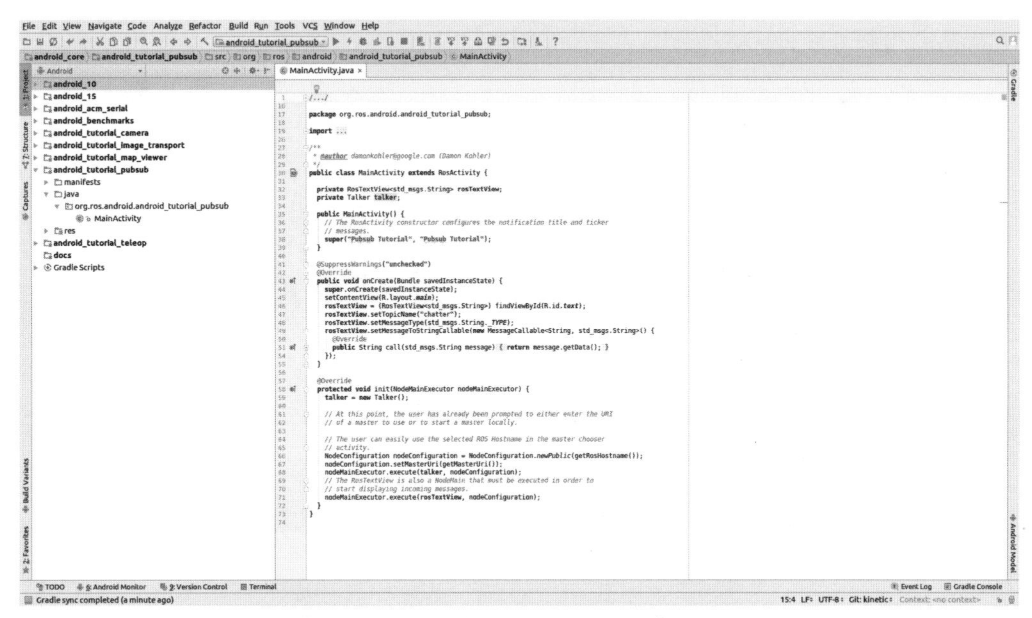

図 12.19　Android Studio IDE のインポート画面

次に、`android_tutorial_pubsub` の例を実行する。ウィンドウの上端の Project 選択メニューで「android_tutorial_pubsub」を選択した後、その右にある再生アイコンをクリックすると、プログラムを実行する端末の選択画面が表示される。図 12.20 に示すように、適切な端末を選択し、「OK」ボタンをクリックする。

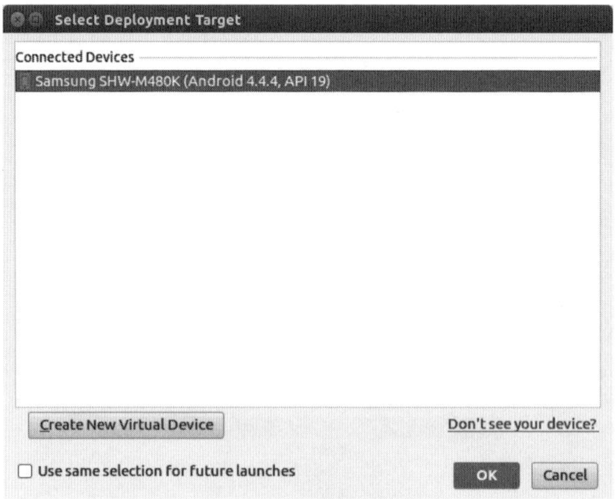

図 12.20 端末の選択ウィンドウ

端末にソースコードをインストールしたら、図 12.21 に示す画面からマスタ（roscore を実行しているコンピュータ）の IP アドレスを入力する。適切な IP アドレスを入力した後、「Connect」をクリックする。

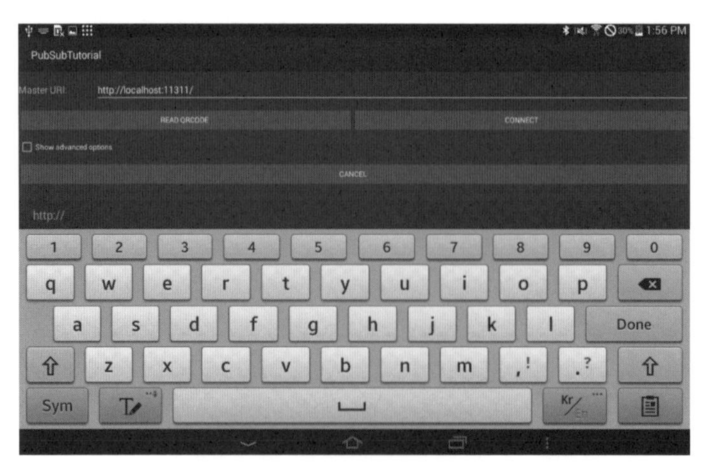

図 12.21 ROS IP の設定ウィンドウ

android_tutorial_pubsub が実行されると、端末からは std_msgs::String 型の「Hello world ! n」がパブリッシュされる。ここで、端末がパブリッシュした文字列を別のコンピュータでサブスクライブしてみる。rostopic echo コマンドを用いて /chatter トピックを表示すると、トピックがパブリッシュされていることを確認できる。

```
$ rostopic echo /chatter
data: Hello world! 96
```

```
---
data: Hello world! 97
---
data: Hello world! 98
---
data: Hello world! 99
---
data: Hello world! 100
---
data: Hello world! 101
---
```

以上、本章では、前章で説明したSLAMとナビゲーションのパッケージを利用した、配達サービスロボットシステムの例を紹介した。本章で説明したように、ROSのパッケージを用いればサービスロボットシステムの構築はそれほど難しくはない。ぜひ、自身のロボットで独自のサービスロボットシステムを開発してみてほしい。

第13章

マニピュレータ

第11章で説明したSLAMとナビゲーションパッケージに次いで、多くのROSユーザが利用しているパッケージは、マニピュレータの動作制御のための統合ライブラリMoveIt!であろう。MoveIt!は、モーションプランニングのための高速な順逆運動学計算、マニピュレーションのための高度なアルゴリズム、ロボットハンドの制御、動力学、コントローラと動作計画など、さまざまな機能を提供している。本章では、まずMoveIt!について説明し、ROSによるマニピュレータの制御について、ROSCon 2017で発表されたOpenManipulatorを例に、マニピュレータのモデル化、Gazeboによるシミュレーション方法、さらに実際のプラットフォームへの適用などについて説明する。

13.1 マニピュレータとは

マニピュレータ（Manipulator）は、主に単純な反復作業が必要な組立工場や塗装工場で使用される腕型のロボットである。人では危険、苛酷、あるいは健康被害をもたらす可能性のある作業や、非効率な単純反復作業を人に代わって実行する。近年では、人間共存・協調ロボットの安全基準も整備され、マニピュレータと人の共同作業を目指した研究が盛んになっている[†1][†2]。

また、Human Robot Interaction（HRI）[†3]の研究も活発に行われ、マニピュレータは工場内作業だけでなく、Media Arts[†4]やVR[†5]などさまざまな分野と融合し、人々に新たな体験を提供している。さらに、デジタルアクチュエータと3次元プリンタの普及により、マニピュ

†1　https://www.automationworld.com/inside-human-robot-collaboration-trend
†2　https://www.kuka.com/en-us/technologies/human-robot-collaboration
†3　https://en.wikipedia.org/wiki/Human%E2%80%93robot_interaction
†4　https://youtu.be/lX6JcybgDFo
†5　http://www.asiae.co.kr/news/view.htm?idxno=2016100416325879220

レータを個人で設計、製作することも可能になってきている[†6][†7][†8]。一方で、マニピュレータと人工知能の組み合わせは、人々の職場や雇用機会を奪う、あるいは人同士の結びつきを弱めるなど、一部で恐怖心や警戒感を与えていることも事実である[†9][†10]。しかし、マニピュレータは、人を単純、過酷、危険、非人間的な労働から解放し、社会をより安全に豊かにできる道具であり、すでにさまざまな分野で導入されている[†11][†12]。

本章ではマニピュレータの構造や、ROSがサポートしているマニピュレータ向けのライブラリについて説明する。ROBOTIS社のOpenManipulatorはROSをサポートしたマニピュレータであり、Dynamixelと3次元プリンタで製作された部品を利用し、構造が単純で低価格で提供されている。本章では、このマニピュレータとROSとの連携について、特にGazebo 3Dシミュレータとマニピュレータ統合ライブラリであるMoveIt!について紹介し、その使用法について述べる。最後に、実際のマニピュレータを用いたプラットフォームの構成法と制御方法、およびOpenManipulatorとTurtleBot3 Waffleとの組み合わせについて説明する。

13.1.1 マニピュレータの構造および制御法

マニピュレータの基本構造を図13.1に示す。マニピュレータは、ベース（Base）、リンク（Link）、関節（Joint）、エンドエフェクタ（End-effector）からなる。エンドエフェクタはマニピュレータの手先であり、ハンドあるいはグリッパとも呼ばれる。

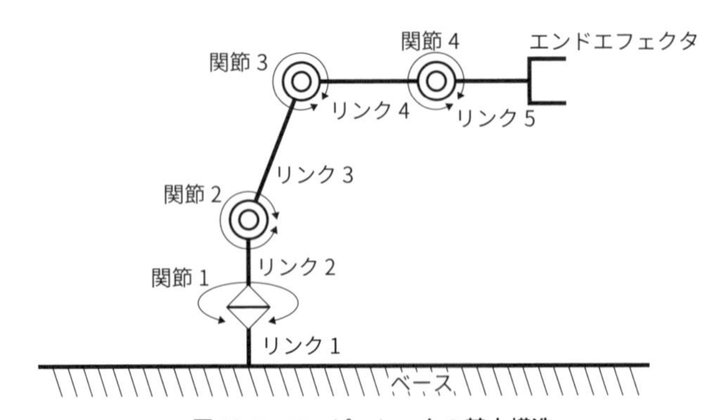

図13.1 マニピュレータの基本構造

マニピュレータは、ベースが地面などに固定されているのが一般的である。マニピュレータの長さや加速度に応じてベースに加わる力が大きくなり、通常はマニピュレータの構造でもっ

---

† 6 http://www.littlearmrobot.com/
† 7 https://niryo.com/products/
† 8 http://www.ufactory.cc/#/en/
† 9 http://time.com/4742543/robots-jobs-machines-work/
† 10 http://adage.com/article/digitalnext/5-jobs-robots/308094/
† 11 https://www.bostonglobe.com/magazine/2015/09/24/this-robot-going-take-your-job/paj3zwznSXMSvQiQ8pdBjK/story.html
† 12 https://www.automationworld.com/article/abb-unveils-future-human-robot-collaboration-yumi

とも強固な部分である。ベースは地面に固定されるだけではなく、移動ロボットなどにも搭載され、移動ロボットが動くことでより広い範囲で作業を行うことができる。ベースからリンクや関節が繰り返し接続され、最後の先端にエンドエフェクタが取り付けられる。通常、1つのリンクは1つの関節で別の1つのリンクと接続しているが、1つのリンクが複数の関節やリンクと接続されていることもある。関節は回転あるいは直動する機構を持ち、多くは電気モータで駆動される。図13.2に示すように、関節には回転関節（Revolute Joint）、直動関節（Prismatic Joint）、ネジ関節（Screw Joint）、円筒関節（Cylindrical Joint）、ユニバーサル関節（Universal Joint）、球状関節（Spherical Joint）などがある。また電気モータだけではなく、油圧駆動や空気圧駆動の関節もあり、より大きな力や高い安全性が求められる作業で使用されている。

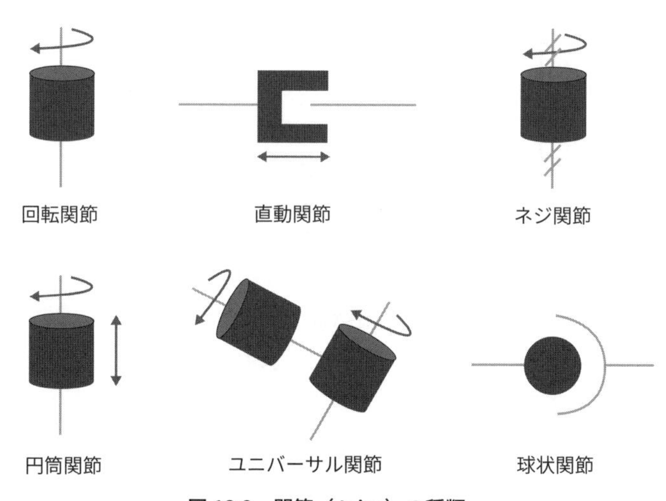

図 13.2 関節（Joint）の種類

先端に取り付けられたエンドエフェクタには、単純な機構で物体の把持と運搬を実現できる平行グリッパ（Parallel Gripper）がよく用いられる。ほかにも図13.3に示すように、マニピュレータの使用目的に応じてさまざまな形状や大きさのものがあり、多様な形状の物体を把持できるユニバーサルグリッパの開発も盛んに行われている。

図 13.3 さまざまなグリッパ

マニピュレータの制御法は、関節空間での制御（Joint Space Control）と作業空間での制御（Task Space Control）に分けることができる。関節空間での制御は、図13.4に示すように、各関節の回転角度を直接指令し、制御する方式である。各関節の回転角度に応じたマニピュレータ先端の座標（X、Y、Z、Θ、Φ、Ψ）は、順運動学計算（Forward Kinematics）により求めることができる。

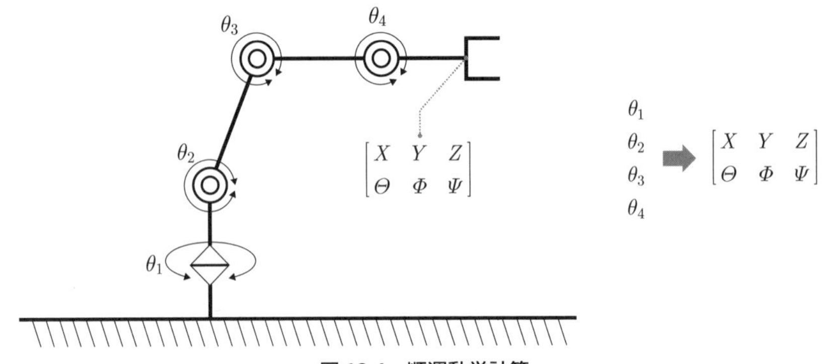

図 13.4　順運動学計算

作業空間での制御は、図13.5に示すように、マニピュレータの先端座標を指令し、各関節の回転角度を制御する方式である。作業空間上での手先の状態は位置（Position）と姿勢（Orientation）で表現される。3次元空間に置かれた物体の位置はX、Y、Z、回転はΘ（roll）、Φ（pitch）、Ψ（yaw）で表現できる。机の上に置かれたコップを考えると、位置が同じでも、コップが横向きに置かれたり、あるいは取っ手の向きが違えば、その姿勢は異なる。すなわち、3次元空間で位置姿勢を表現するには6つの未知数を決定する必要があり、6つの方程式があれば解を一意に求めることができる。これをマニピュレータに当てはめると、6つの関節を持つマニピュレータであれば、机の上にどのような位置、姿勢でコップが置かれても、マニピュレータが届きさえすれば、コップを掴むことができる。しかし、すべてのマニピュレータが6つ、あるいはそれ以上の関節を持つ必要はない。マニピュレータの使用目的や対象に応じ、適切な関節数で構成する方が効率がよい。マニピュレータの目標の先端座標を実現するための各関節の回転角度は、逆運動学計算（Inverse Kinematics）で求めることができる。

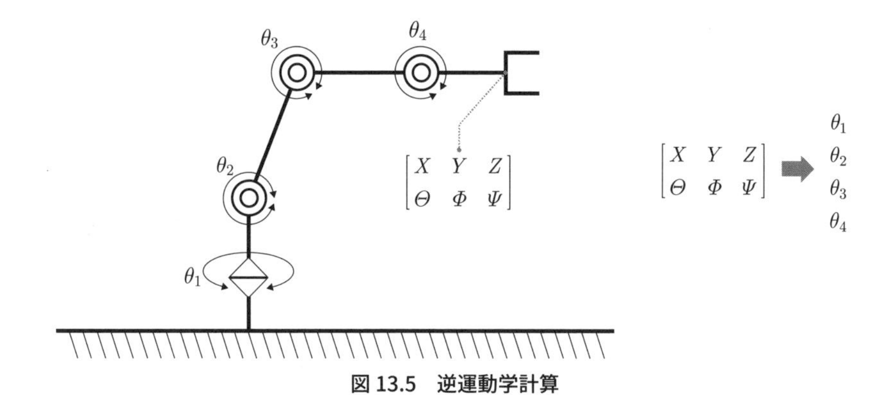

図 13.5　逆運動学計算

13.1.2　マニピュレータと ROS

ユーザにとっては、オープンソース特有の拡張性と柔軟性がROSの大きな魅力であり、ROSのユーザ数は日々増加している。それとともに、ROSに対応したプラットフォーム数も増加し、ROS対応プラットフォームを専門的に販売する会社†13も現れている。さらに、個人が研究やホビー目的で制作したプラットフォームをROSに対応させ、ROSの公式パッケージリストに登録して他のロボット開発者に公開することも行われている。現在、公開されているROSプラットフォームは約180以上であり、これらはROS Robotsのページ†14で確認することができる。

ROSに対応した代表的なマニピュレータには、図13.6に示すように、ROS-Industrial†15をサポートしているABB社の産業用マニピュレータ†16、研究用途でよく利用されるKinova社製のJACO†17、ROBOTIS社のMANIPULATOR-H†18などがある。

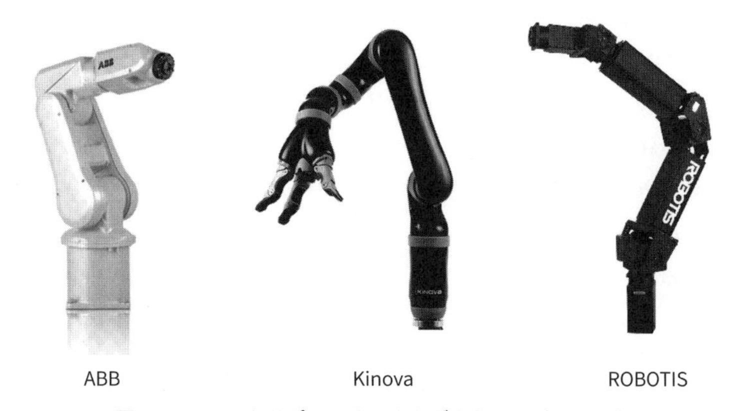

図 13.6　ROS をサポートするさまざまなマニピュレータ

† 13　https://www.roscomponents.com/en/
† 14　http://robots.ros.org/
† 15　http://rosindustrial.org/
† 16　http://wiki.ros.org/abb/
† 17　http://wiki.ros.org/Robots/JACO/
† 18　http://wiki.ros.org/ROBOTIS-MANIPULATOR-H/

13.2 OpenManipulatorのモデリングおよびシミュレーション

ROSでは、マニピュレータの制御に必要なさまざまなツールを提供している。まず1つめは、ロボットのモデル情報を記述するURDF（Unified Robot Description Format）[†19]である。このファイルはXML（Extensive Markup Language）形式を採用している。ユーザは、マニピュレータの各パーツをURDFで記述し、作成されたモデルの形状はRVizで確認できる。

2つめは、実際に近い動作環境を再現できる3DシミュレータGazebo[†20]である。Gazeboのシミュレーション環境は、URDFと同様にXML形式を採用し、シミュレーションに必要な項目が追加されたSDF（Simulation Description Format）[†21]ファイルを用いて簡単に作成できる。また、Gazeboではさまざまなセンサやロボットを利用するためのプラグイン[†22]機能や仮想ロボットによるシミュレーションパッケージROS-Control[†23]が提供されている。

3つめは、マニピュレータ制御のための統合ライブラリMoveIt![†24]である。MoveIt!には、Kinematics and Dynamics Library（KDL）[†25]やThe Open Motion Planning Library（OMPL）[†26]など、オープンソース化されているライブラリも含まれている。衝突計算、動作計画、およびPick and Placeのデモンストレーションなど、マニピュレータの制御や機能の確認に役立つ強力なツールである。

次項では、上記の3つの使い方を説明し、それらの例を実習する。

13.2.1 OpenManipulator

OpenManipulatorはROBOTIS社で開発され、オープンソースソフトウェア、オープンソースハードウェアで公開されているマニピュレータである。OpenManipulatorはDynamixel Xシリーズ[†27]をサポートし、ユーザの要求に適したアクチュエータを選択し、マニピュレータを製作できる。また、OpenManipulatorは基本フレームと3次元プリンタにより作成可能なフレームで構成されているため、ロボットの動作環境や目的に応じて、ユーザの好みのマニピュレータに変更できる。これらの特性により、単純な4関節マニピュレータからSCARA、Planar、Delta型などの本格的なマニピュレータまで、多様な形状と機能を持つマニピュレータを実現できる。OpenManipulatorは、ROSに加えてOpenCR[†28]、Arduino IDE[†29]、

† 19 http://wiki.ros.org/urdf
† 20 http://gazebosim.org/
† 21 http://sdformat.org/
† 22 http://gazebosim.org/tutorials?tut=ros_gzplugins
† 23 http://wiki.ros.org/ros_control
† 24 http://moveit.ros.org/
† 25 http://www.orocos.org/kdl
† 26 http://ompl.kavrakilab.org/
† 27 http://en.robotis.com/model/board.php?bo_table=print&wr_id=33
† 28 http://emanual.robotis.com/docs/en/parts/controller/opencr10/
† 29 https://www.arduino.cc/en/main/software

Processing†30を用いても制御できる。

本章で使用するOpenManipulator Chainは、マニピュレータの一般的な形であり、エンドエフェクタは3次元プリンタにより製作した平行グリッパ形を採用している。OpenManipulator Chainの設計ファイルは、すべてOnshape†31で公開されており、必要なソースコードはROBOTIS社の公式オープンソースリポジトリ†32からダウンロードできる。このソースコードは、ROS、Arduino IDEとProcessingで使用可能であり、これにはOpenManipulator ChainのGazeboパッケージとMoveIt!パッケージが含まれる。さらにOpenManipulator Chainは、TurtleBot3 Waffleに搭載することができ、両者の自由度を統合してより多様な作業が実現できる。

以降では、OpenManipulator Chainのソースコードを参考に、URDF、Gazebo、MoveIt!の使い方を説明する。なお、上述した3つのツールを使用するために、事前に必要なROSパッケージをインストールしておく。

```
$ sudo apt-get install ros-kinetic-ros-controllers ros-kinetic-gazebo* ros
-kinetic-moveit* ros-kinetic-industrial-core
```

13.2.2 マニピュレータのモデル化

仮想空間でマニピュレータのシミュレーションを行うために、各要素をURDFでモデル化する方法について説明する。ここでは、OpenManipulator ChainのURDFについて説明する前に、まず簡単な3つの関節と4つのリンクから構成されるマニピュレータのURDFを作成してみる。

まず、次に示すようにtestbot_descriptionパッケージを作成し、urdfフォルダを作成する。その後、エディタを立ち上げてtestbot.urdfファイルを作成し、リスト13.1のURDFを入力する。

```
$ cd ~/catkin_ws/src
$ catkin_create_pkg testbot_description urdf
$ cd testbot_description
$ mkdir urdf
$ cd urdf
$ gedit testbot.urdf
```

† 30 https://processing.org/
† 31 http://www.robotis.com/service/download.php?no=690
† 32 https://github.com/ROBOTIS-GIT/open_manipulator

リスト 13.1　testbot_description/urdf/testbot.urdf

```
<?xml version="1.0" ?>
<robot name="testbot">

  <material name="black">
    <color rgba="0.0 0.0 0.0 1.0"/>
  </material>
  <material name="orange">
    <color rgba="1.0 0.4 0.0 1.0"/>
  </material>

  <link name="base"/>
  <joint name="fixed" type="fixed">
    <parent link="base"/>
    <child link="link1"/>
  </joint>

  <link name="link1">
    <collision>
      <origin xyz="0 0 0.25" rpy="0 0 0"/>
      <geometry>
        <box size="0.1 0.1 0.5"/>
      </geometry>
    </collision>
    <visual>
      <origin xyz="0 0 0.25" rpy="0 0 0"/>
      <geometry>
        <box size="0.1 0.1 0.5"/>
      </geometry>
      <material name="black"/>
    </visual>
    <inertial>
      <origin xyz="0 0 0.25" rpy="0 0 0"/>
      <mass value="1"/>
      <inertia ixx="1.0" ixy="0.0" ixz="0.0" iyy="1.0" iyz="0.0" izz="1.0"/>
    </inertial>
  </link>

  <joint name="joint1" type="revolute">
    <parent link="link1"/>
    <child link="link2"/>
    <origin xyz="0 0 0.5" rpy="0 0 0"/>
    <axis xyz="0 0 1"/>
    <limit effort="30" lower="-2.617" upper="2.617" velocity="1.571"/>
  </joint>

  <link name="link2">
    <collision>
      <origin xyz="0 0 0.25" rpy="0 0 0"/>
      <geometry>
        <box size="0.1 0.1 0.5"/>
      </geometry>
```

```
  </collision>
  <visual>
    <origin xyz="0 0 0.25" rpy="0 0 0"/>
    <geometry>
      <box size="0.1 0.1 0.5"/>
    </geometry>
    <material name="orange"/>
  </visual>
  <inertial>
    <origin xyz="0 0 0.25" rpy="0 0 0"/>
    <mass value="1"/>
    <inertia ixx="1.0" ixy="0.0" ixz="0.0" iyy="1.0" iyz="0.0" izz="1.0"/>
  </inertial>
</link>

<joint name="joint2" type="revolute">
  <parent link="link2"/>
  <child link="link3"/>
  <origin xyz="0 0 0.5" rpy="0 0 0"/>
  <axis xyz="0 1 0"/>
  <limit effort="30" lower="-2.617" upper="2.617" velocity="1.571"/>
</joint>

<link name="link3">
  <collision>
    <origin xyz="0 0 0.5" rpy="0 0 0"/>
    <geometry>
      <box size="0.1 0.1 1"/>
    </geometry>
  </collision>
  <visual>
    <origin xyz="0 0 0.5" rpy="0 0 0"/>
    <geometry>
      <box size="0.1 0.1 1"/>
    </geometry>
    <material name="black"/>
  </visual>
  <inertial>
    <origin xyz="0 0 0.5" rpy="0 0 0"/>
    <mass value="1"/>
    <inertia ixx="1.0" ixy="0.0" ixz="0.0" iyy="1.0" iyz="0.0" izz="1.0"/>
  </inertial>
</link>

<joint name="joint3" type="revolute">
  <parent link="link3"/>
  <child link="link4"/>
  <origin xyz="0 0 1.0" rpy="0 0 0"/>
  <axis xyz="0 1 0"/>
  <limit effort="30" lower="-2.617" upper="2.617" velocity="1.571"/>
</joint>

<link name="link4">
```

```
    <collision>
      <origin xyz="0 0 0.25" rpy="0 0 0"/>
      <geometry>
        <box size="0.1 0.1 0.5"/>
      </geometry>
    </collision>
    <visual>
      <origin xyz="0 0 0.25" rpy="0 0 0"/>
      <geometry>
        <box size="0.1 0.1 0.5"/>
      </geometry>
      <material name="orange"/>
    </visual>
    <inertial>
      <origin xyz="0 0 0.25" rpy="0 0 0"/>
      <mass value="1"/>
      <inertia ixx="1.0" ixy="0.0" ixz="0.0" iyy="1.0" iyz="0.0" izz="1.0"/>
    </inertial>
  </link>

</robot>
```

URDFでは、XMLタグを用いてロボットの各構成要素を記述する。URDFは、ロボットの名前、ベース（URDFではベースは固定されたリンクと考える）の名前と種類、ベースに接続されているリンクについて記述し、次にリンクと関節の詳細を1つずつ記述する。リンクについては、リンクの名前とサイズ、重量、慣性モーメントなどが記され、関節については、関節の名前、種類、各関節につながっているリンクが記される。また、ロボットの動力学的要素、描画、衝突モデルも設定できる。URDFは`<robot>`タグによってすべての定義が始まり、リンクと関節には`<link>`タグと`<joint>`タグが使用される。ここで、関節とアクチュエータの関係を定義する`<transmission>`タグも、ROS-Controlとの連携から頻繁に使用される。

`testbot.urdf`について、さらに詳しく見ていく。`<material>`タグはリンクの色と質感などを定義する。次の例では、各リンクを区別するために黒とオレンジ色の2つの素材を定義している。色は`<color>`タグを利用し、`rgba`オプションで指定される4つの数字は、それぞれ赤色、緑色、青色、透明度（アルファ）に対応し、それぞれ0.0から1.0の間で設定できる。透明度は1.0に近いほど、不透明である。

```
<material name="black">
  <color rgba="0.0 0.0 0.0 1.0"/>
</material>
<material name="orange">
  <color rgba="1.0 0.4 0.0 1.0"/>
</material>
```

マニピュレータのベースは、URDFではリンクで表現される。ベースは、最初のリンクと関節で接続されているが、この関節は回転せず、原点(0, 0, 0)に固定されている。次に最初のリンク（link1）タグを見てみる。

```
<link name="base"/>

<joint name="fixed" type="fixed">
  <parent link="base"/>
  <child link="link1"/>
</joint>


<link name="link1">
  <collision>
    <origin xyz="0 0 0.25" rpy="0 0 0"/>
    <geometry>
      <box size="0.1 0.1 0.5"/>
    </geometry>
  </collision>
  <visual>
    <origin xyz="0 0 0.25" rpy="0 0 0"/>
    <geometry>
      <box size="0.1 0.1 0.5"/>
    </geometry>
    <material name="black"/>
  </visual>
  <inertial>
    <origin xyz="0 0 0.25" rpy="0 0 0"/>
    <mass value="1"/>
    <inertia ixx="1.0" ixy="0.0" ixz="0.0" iyy="1.0" iyz="0.0"
      izz="1.0"/>
  </inertial>
</link>
```

URDFの<link>タグは、上の例のように、衝突（collision）、可視化（visual）、慣性（inertial）タグで構成されている（図13.7を参照）。<collision>タグは、リンクの干渉範囲を示す幾何学的な情報を記述する。<origin>タグには干渉範囲の中心座標を記入する。<geometry>タグにはoriginを中心に干渉範囲の形状や大きさを記入する。例えば、直方体型（box）の干渉範囲は縦、横、高さの値で表される。直方体型のほかにも、円筒型、球型などがあり、それぞれ記述方法が異なる。<visual>タグには実際の形状を記述する。<origin>タグと<geometry>タグは<collision>タグと同じである。また、ここで直接、形状を定義する代わりに、STL、DAEなどのCADファイルを指定することもできる。<collision>タグでもCADファイルを指定できるが、ODEまたはBulletなどの一部の物理エンジンのみで使用でき、DARTやSimbodyなどには対応していない。<inertial>タグはリンクの重量（Mass、単位はkg）と慣性モーメント（Moments of Inertia、単位は$kg \cdot m^2$）を記入する。これらの値は、CADでの計算や実際にリンクを計測して得ることができ、動力学シミュレーションで使用される。

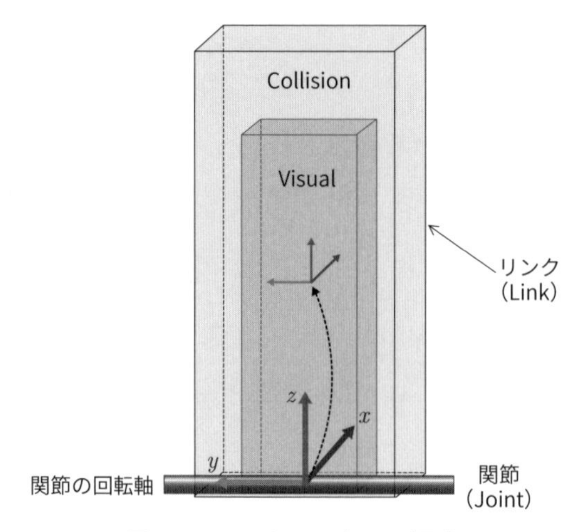

図 13.7 リンクのモデリング要素

testbot.urdf に記述されている link1、link2、link4 は、連結されている上位の関節（fixed、joint1、joint3）の原点から z 方向に 0.25 m 移動した点に origin を持ち、z 軸方向に 0.5 m（＋方向に 0.25 m、－方向に 0.25 m）、縦方向に 0.1 m、横方向に 0.1 m の大きさを持つ直方体である。また link3 も同様に、連結された上位の関節（joint2）の原点から z 方向に 0.5 m、origin を移動した後、そこを中心に z 軸方向に 1 m、横方向に 0.1 m、縦方向に 0.1 m の大きさを持つ直方体である。

URDF から直接、相対座標変換を理解することは難しい。そこで、図 13.12 に示すように、各軸の相対座標変換が RViz 上でどのように表示されるか、またその値を変更すると RViz 上でどのような変化があるかを見ると、理解しやすい。

次に、リンクとリンクを連結する関節（joint）タグについて説明する。関節タグは、図 13.8 に示すように関節の情報を記述する。具体的には、関節の名前、種類（revolute：回転運動型、prismatic：直動運動型、continuous：自由回転型、fixed：固定型、floating：非固定型、planar：平面型）などを記述する。また、連結されている 2 つのリンクの名前、関節の位置、回転および並進運動の基準軸における動作制限なども記述する。連結するリンクには、親リンク（parent link）と子リンク（child link）の名前を指定するが、一般にはベースに近いリンクを親リンクとする。以下は、joint2 の関節の設定例である。

```
<joint name="joint2" type="revolute">
  <parent link="link2"/>
  <child link="link3"/>
  <origin xyz="0 0 0.5" rpy="0 0 0"/>
  <axis xyz="0 1 0"/>
  <limit effort="30" lower="-2.617" upper="2.617" velocity="1.571"/>
</joint>
```

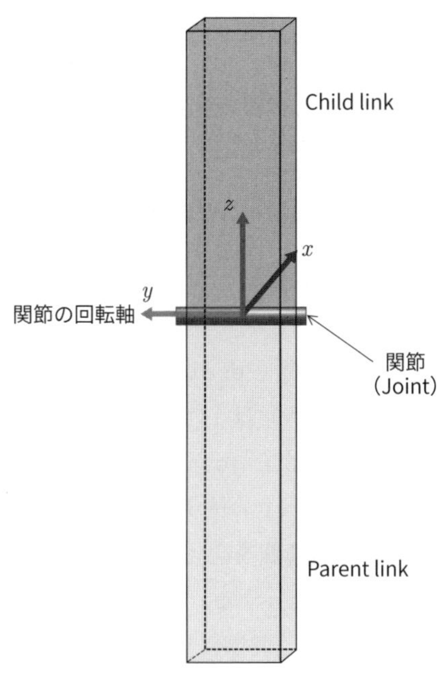

図 13.8　関節のモデル化要素

リンク（link）タグの属性 **COLUMN**

`<link>` †33	リンクの名前や以下の情報の設定
`<collision>`	リンクの衝突計算のための情報の設定
`<visual>`	リンクの可視化のための情報の設定
`<inertial>`	リンクの慣性のための情報の設定
`<mass>`	リンクの重量（単位 kg）の設定
`<inertia>`	慣性テンソル（Inertia Tensor †34）の設定
`<origin>`	リンクの座標系の設定
`<geometry>`	モデルの形状を設定。直方体、円筒、球などが定義可能であり、COLLADA（.dae），STL（.stl）形式の設計ファイルも読み込むことができる。`<geometry>` タグは、計算時間を低減するため、なるべく簡単な形状にする。
`<material>`	リンクの色とテクスチャの設定

† 33　http://wiki.ros.org/urdf/XML/link
† 34　https://en.wikipedia.org/wiki/Moment_of_inertia

関節（joint）タグの属性 COLUMN

<joint>	関節の名前、種類と以下の情報の設定
<parent>	関節の親リンクの名前の設定
<child>	関節の子リンクの名前の設定
<origin>	親リンクの座標系から子リンクの座標系への相対座標変換
<axis>	回転軸の設定
<limit>	関節の速度、力、制御値を設定

joint2のタイプ（type）は、回転運動型（revolute）に設定されている。親リンク（parent link）はlink2、子リンク（child link）はlink3に設定されている。また、originには、ベース側の関節であるjoint1の座標系からjoint2の座標系への相対座標変換を指定する。例えば、joint2の座標系の原点はjoint1の座標系の原点からz軸方向に0.5 mほど離れている位置にある。また、axisには軸の情報を記述する。関節が回転運動型であれば回転軸の方向を、直動運動型であれば運動方向を記入する。joint2では、y軸方向に回転する。limitは、関節動作の制限値を設定する。属性には、関節に与えられる力（effort、単位はN）、最小、最大角度（lower、upper、単位はrad）、速度（velocity、単位はrad/s）の制限値を設定する。

モデルが完成したら、リンクや関節の定義に間違いがないかを確認する。これには、check_urdfコマンドが便利である。このコマンドは、URDFの文法的なエラーや各リンクの連結関係を確認する。文法に問題がなければ、次に示すように、リンク1、2、3、4が連結されているとの結果が出力される。

```
$ check_urdf testbot.urdf
robot name is: testbot
---------- Successfully Parsed XML ---------------
root Link: base has 1 child(ren)
    child(1):  link1
        child(1):  link2
            child(1):  link3
                child(1):  link4
```

次に、urdf_to_graphizプログラムを利用して、完成したモデルをグラフで表示してみる。urdf_to_graphizを実行すると、.gvファイルと.pdfファイルが生成される。PDFビューアを用いてファイルを開くと、図13.9に示すように、リンクと関節との関係、および関節と関節の相対座標変換を一目で確認できる。

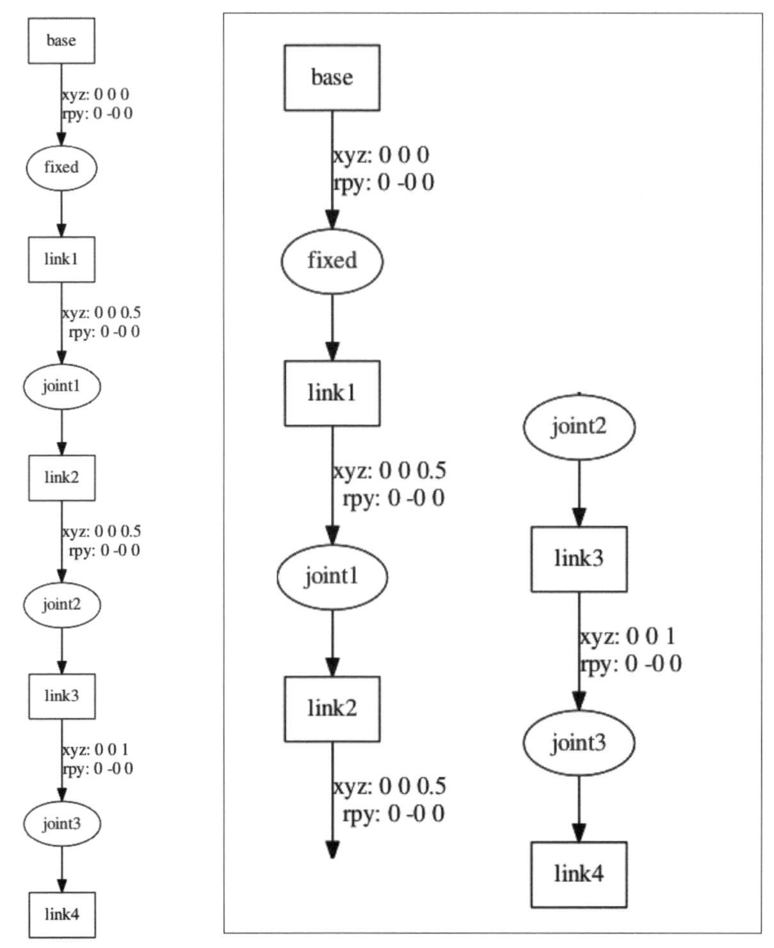

図 13.9　urdf_to_graphiz コマンドの出力結果（右の 2 つは分割して拡大したもの）

```
$ urdf_to_graphiz testbot.urdf
Created file testbot.gv
Created file testbot.pdf
```

check_urdf および urdf_to_graphiz を用いれば、作成されたモデルを簡単に確認できる。ここまでで問題がなければ、RViz でモデルを表示して確認する。まず次のように testbot_description パッケージフォルダに移動し、testbot.launch ファイル（リスト 13.2）を作成する。

```
$ cd ~/catkin_ws/src/testbot_description
$ mkdir launch
$ cd launch
$ gedit testbot.launch
```

リスト 13.2　testbot_description/launch/testbot.launch

```
<launch>
  <arg name="model" default="$(find testbot_description)/urdf/testbot.urdf" />
  <arg name="gui" default="True" />
  <param name="robot_description" textfile="$(arg model)" />
  <param name="use_gui" value="$(arg gui)"/>
  <node pkg="joint_state_publisher" type="joint_state_publisher"
    name="joint_state_publisher"/>
  <node pkg="robot_state_publisher" type="robot_state_publisher"
    name="robot_state_publisher"/>
</launch>
```

launch ファイルはURDF ファイルに関するパラメータと joint_state_publisher †35 ノード、そして robot_state_publisher †36 ノードで構成されている。joint_state_publisher ノードはURDF に記述されたマニピュレータの関節の状態を sensor_msgs/JointState メッセージを通してパブリッシュし、関節角度などを設定する GUI ツールを起動する。robot_state_publisher ノードは、URDF に記述されているマニピュレータの構成とサブスクライブされた sensor_msgs/JointState トピックから順運動学計算を行い、その結果を tf †37 メッセージを通じてパブリッシュする（図 13.10 を参照）。

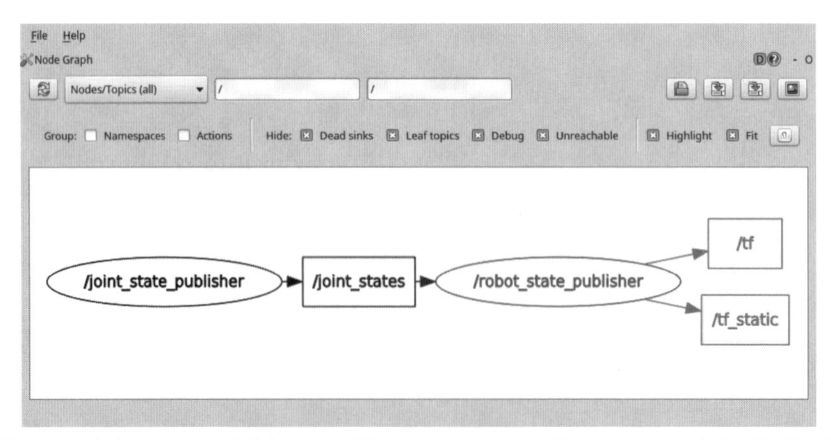

図 13.10　joint_state_publisher ノードと robot_state_publisher ノード、およびトピック

すべての準備ができたら、次に示すように testbot.launch と RViz を実行する。

```
$ roslaunch testbot_description testbot.launch
```

```
$ rviz
```

† 35　http://wiki.ros.org/joint_state_publisher
† 36　http://wiki.ros.org/robot_state_publisher
† 37　http://wiki.ros.org/tf

testbot.launchファイルを実行すると、joint_state_publisherノードは図13.11に示すGUIを起動する。これを用いると、ユーザがjoint1/2/3の関節角度を調整できる。RViz上で「Fixed Frame」を「base」に設定し、左下のAddボタンから「RobotModel」ディスプレイを追加すると、図13.12のようにRVizからマニピュレータの形状を確認できる。また、「TF」のディスプレイを追加すれば、ロボットモデルの「Alpha」値を0.3程度にすることで、図13.12のように各リンクと関節の関係を視覚的に確認できる。

図13.11のGUIのスライドバーを調整すると、図13.13に示すように、RViz上で仮想マニピュレータの動作を確認できる。なお、これらのソースコードは、GitHubリポジトリ[† 38]から入手できる。

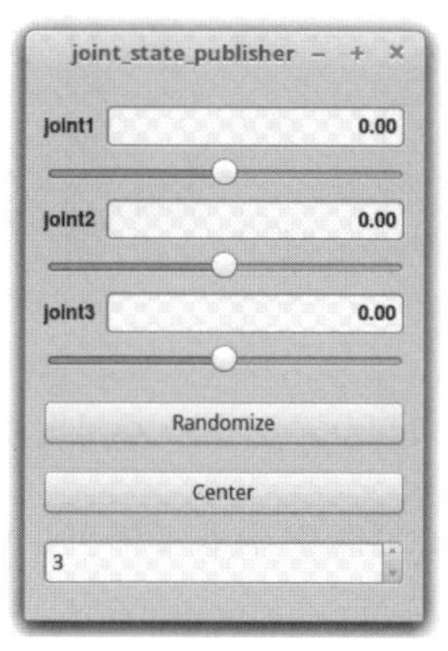

図13.11 Joint State PublisherのGUI

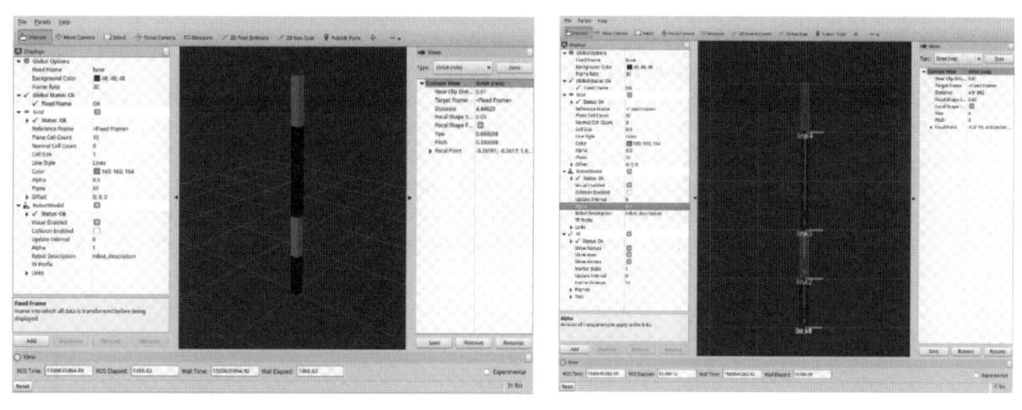

図13.12 RViz上での各関節とリンクの表示

† 38 https://github.com/ROBOTIS-GIT/ros_turtorials/tree/master/testbot_description

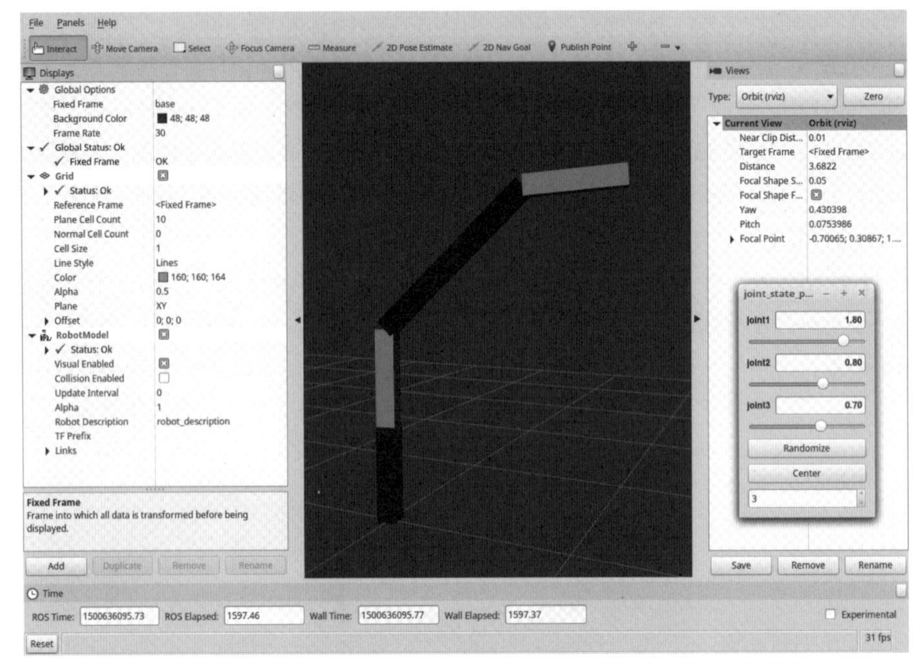

図13.13　Joint State PublisherのGUIツールで各関節を動作させた結果

ここまで、3軸マニピュレータをURDF形式でモデル化し、RVizで確認した。次に4軸の関節と平行グリッパで構成されるOpenManipulator ChainのURDFを見てみる。まず、OpenManipulatorとTurtleBot3のソースコードをダウンロードする。

```
$ cd ~/catkin_ws/src/
$ git clone https://github.com/ROBOTIS-GIT/DynamixelSDK.git
$ git clone https://github.com/ROBOTIS-GIT/dynamixel-workbench.git
$ git clone https://github.com/ROBOTIS-GIT/dynamixel-workbench-msgs.git
$ git clone https://github.com/ROBOTIS-GIT/robotis_manipulator.git
$ git clone https://github.com/ROBOTIS-GIT/open_manipulator.git
$ git clone https://github.com/ROBOTIS-GIT/open_manipulator_msgs.git
$ git clone https://github.com/ROBOTIS-GIT/open_manipulator_simulations.git
$ cd ~/catkin_ws && catkin_make
```

なお、以下は10.4節でダウンロード済みであれば省略できる。

```
$ cd ~/catkin_ws/src/
$ git clone https://github.com/ROBOTIS-GIT/turtlebot3.git
$ git clone https://github.com/ROBOTIS-GIT/turtlebot3_msgs.git
$ git clone https://github.com/ROBOTIS-GIT/turtlebot3_simulations.git
$ cd ~/catkin_ws && catkin_make
```

GitHubからダウンロードしたOpenManipulatorフォルダの構成を以下に示す。

```
$ cd ~/catkin_ws/src/open_manipulator
$ ls
open_manipulator                    ←メタパッケージ
open_manipulator_control_gui        ←GUIパッケージ
open_manipulator_controller         ←コントロールパッケージ
open_manipulator_description        ←モデリングパッケージ
open_manipulator_libs               ←マニピュレーションライブラリパッケージ
open_manipulator_moveit             ←MoveIt!パッケージ
open_manipulator_teleop             ←遠隔操作パッケージ
```

モデリングパッケージである open_manipulator_description には、実行可能なファイルを含む launch フォルダ、設計ファイルが置かれた meshes フォルダ、rviz の設定ファイルが置かれた rviz フォルダ、そして urdf フォルダで構成されている。urdf フォルダと launch フォルダを開いて、その構成を確認する。

```
$ roscd open_manipulator_description/urdf
$ ls
materials.xacro                     ← 材質の情報
open_manipulator.urdf.xacro         ← マニピュレータのモデル
open_manipulator.gazebo.xacro       ← マニピュレータのGazeboモデル
```

```
$ roscd open_manipulator_description/launch
$ ls
open_manipulator_rviz.launch        ←マニピュレータのモデル可視化ノードと状態パブリッシャノードを実行
```

確認したら、materials.xacro ファイル（リスト 13.3）を開いてみる。

```
$ roscd open_manipulator_description/urdf
$ gedit materials.xacro
```

リスト 13.3 open_manipulator_description/urdf/materials.xacro

```
<?xml version="1.0"?>
<robot>

  <material name="black">
    <color rgba="0.0 0.0 0.0 1.0"/>
  </material>

  <material name="white">
    <color rgba="1.0 1.0 1.0 1.0"/>
  </material>

  <material name="red">
    <color rgba="0.8 0.0 0.0 1.0"/>
  </material>
```

```
    <material name="blue">
      <color rgba="0.0 0.0 0.8 1.0"/>
    </material>

    <material name="green">
      <color rgba="0.0 0.8 0.0 1.0"/>
    </material>

    <material name="grey">
      <color rgba="0.5 0.5 0.5 1.0"/>
    </material>

    <material name="orange">
      <color rgba="${255/255} ${108/255} ${10/255} 1.0"/>
    </material>

    <material name="brown">
      <color rgba="${222/255} ${207/255} ${195/255} 1.0"/>
    </material>

  </robot>
```

.xacroファイルはXML Macro[†39]の略称であり、繰り返し使用されるコードを保存し、呼び出すことができるマクロ言語である。上記のように繰り返し使用されるコードは、マクロで作成しておくと効率がいい。material.xacroファイルには、作成するマニピュレータの可視化に必要な色を設定している。

次に、OpenManipulator Chainモデルと、その可視化に必要なURDFファイル（リスト13.4）を確認する。

```
$ roscd open_manipulator_description/urdf
$ gedit open_manipulator.urdf.xacro
```

リスト13.4　open_manipulator_description/urdf/open_manipulator.urdf.xacro（コードの一部を抜粋）

```
<!-- Import all Gazebo-customization elements, including Gazebo colors -->
<xacro:include filename="$(find open_manipulator_description)/urdf/open_ma
nipulator.gazebo.xacro" />
<!-- Import RViz colors -->
<xacro:include filename="$(find open_manipulator_description)/urdf/materia
ls.xacro" />
```

URDFはリンクと関節の接続状態を記述するため、反復的な構文が多く、変更に手間がかかる欠点がある。そこでxacroを利用すると、より理解しやすく記述できる。例えば、リスト

†39　http://wiki.ros.org/xacro

13.4のように作成された材質情報ファイルとGazebo設定ファイルを個別に管理し、使用する際に読み込ませるなど、効率的にコードを管理できる。

前項の3軸マニピュレータのURDFの作成において、<link>、<joint>タグについて説明した。OpenManipulator Chainでは、このほかにROS-Controlとの連携のために<transmission>タグを使用している。

リスト13.5　open_manipulator_description/urdf/open_manipulator.urdf.xacro（コードの一部を抜粋）

```
<!-- Transmission macro -->
  <xacro:macro name=" SimpleTransmission" params=" joint n" >
    <transmission name=" tran${n}" >
      <type>transmission_interface/SimpleTransmission</type>
      <joint name=" ${joint}" >
        <hardwareInterface>hardware_interface/PositionJointInterface</
hardwareInterface>
      </joint>
      <actuator name=" motor${n}" >
        <hardwareInterface>hardware_interface/PositionJointInterface</
hardwareInterface>
        <mechanicalReduction>1</mechanicalReduction>
      </actuator>
    </transmission>
  </xacro:macro>
```

<transmission>タグはROS-Controlとの連携に必須のタグであり、関節とアクチュエータとの間のインタフェースを記述する。インタフェースには、力（effort）、速度（velocity）、位置（position）があり、ユーザが希望する制御入力を選択する。

<transmission>タグ　**COLUMN**

<transmission>	関節とアクチュエータとの間に作用する変数の設定
<type>	力の伝達方式の設定
<joint>	関節情報の設定
<hardwareInterface>	ハードウェアインタフェースの設定
<actuator>	アクチュエータ情報の設定
<mechanicalReduction>	アクチュエータと関節との間のギヤ比の設定

OpenManipulator Chainは4つの関節（モータ）と5つのリンクで構成されており、手先には2つのリンクと1つの関節（モータ）からなる平行グリッパが装着されている。平行グリッパの関節がprismatic型であること以外は、すべて前述したものと同じである。

完成したURDFファイルをRViz上で表示するためのlaunchファイルを実行し、図13.14に示すようにjoint_state_publisher GUIを用いて関節を動かしてみる。

```
$ roslaunch open_manipulator_description open_manipulator_rviz.launch use_gui:=true
```

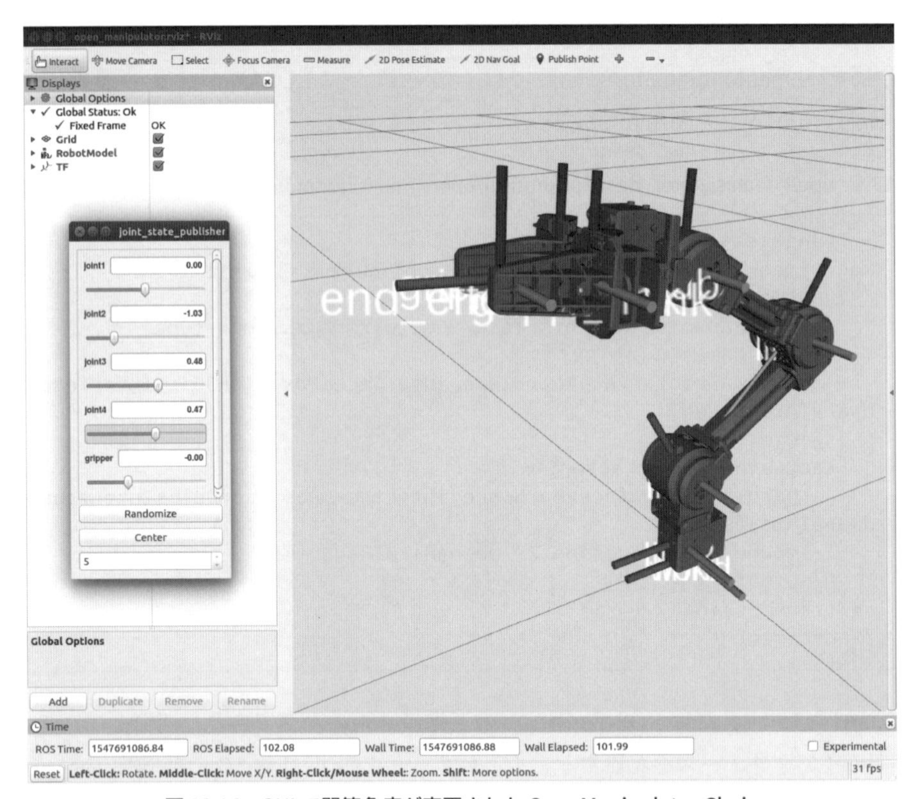

図 13.14 GUI で関節角度が変更された OpenManipulator Chain

13.2.3 Gazebo の設定

Gazebo は ROS をサポートする 3D ロボットシミュレータである。ロボットの設計や評価、アルゴリズムのテスト、分析、さらには人工知能の訓練データの作成などを行うことができ、さまざまなロボットをサポートしているため、多くの ROS ユーザが利用している。RViz は可視化ツールであり、ロボットや周辺環境の物理的な変化（慣性、トルク、衝突など）をシミュレーションすることはできないが、Gazebo を用いればこれらをリアルタイムで計算できる。

前節で作成した URDF は、マニピュレータを RViz で可視化するためのものであった。このファイルに Gazebo のシミュレーション環境を利用するためのタグを追加してみる。Gazebo を利用するためのタグは、open_manipulator.gazebo.xacro ファイル（リスト 13.6）に保存されている。

```
$ roscd open_manipulator_description/urdf
$ gedit open_manipulator.gazebo.xacro
```

リスト 13.6 open_manipulator_description/urdf/open_manipulator.gazebo.xacro（コードの一部を抜粋）

```
<!-- Gazebo Reference macro -->
  <xacro:macro name=" RefLink" params=" ref" >
    <gazebo reference=" ${ref}" >
      <kp>1000000.0</kp>
      <kd>100.0</kd>
      <mu1>30.0</mu1>
      <mu2>30.0</mu2>
      <maxVel>1.0</maxVel>
      <minDepth>0.001</minDepth>
      <material>Gazebo/DarkGrey</material>
    </gazebo>
  </xacro:macro>
```

Gazebo上でリンクの使用に必要な情報は色と慣性情報である。慣性情報は、すでに作成したURDFファイルに含まれているため、ここでは色だけを設定すればよい。ここでは、さらに重力、減衰率、摩擦力などを、Gazeboで使用可能な物理エンジンの1つであるOpen Dynamics Engine（ODE）[†40][†41]にあわせて設定する。また、ここには記載されていない関節パラメータも多くあるので、Webページ[†42]で確認してほしい。

<gazebo> タグ **COLUMN**

<gazebo>	Gazeboシミュレーションのためのパラメータ設定
<mu1>, <mu2>	摩擦係数の設定
<material>	リンクの色の設定

リスト 13.7 open_manipulator_description/urdf/open_manipulator.gazebo.xacro（コードの一部を抜粋）

```
  <!-- ros_control plugin -->
  <gazebo>
    <plugin name=" gazebo_ros_control" filename=" libgazebo_ros_control.so" >
      <robotNamespace>open_manipulator</robotNamespace>
      <controlPeriod>0.001</controlPeriod>
      <robotSimType>gazebo_ros_control/DefaultRobotHWSim</robotSimType>
    </plugin>
  </gazebo>
```

Gazeboプラグイン[†43]はURDFまたはSDFで作成されたロボットモデルに含まれるセンサの状態やモータの制御信号を、ROSメッセージとサービス通信に対応させるツールで

† 40 http://gazebosim.org/tutorials?tut=ros_urdf&cat=connect_ros
† 41 http://www.ode.org/
† 42 http://gazebosim.org/tutorials?tut=ros_urdf&cat=connect_ros
† 43 http://gazebosim.org/tutorials?tut=ros_gzplugins&cat=connect_ros

ある。Gazeboプラグインは、カメラ、レーザ、IMUセンサなどのさまざまなセンサと、差動二輪駆動（Differential Drive）、スキッドステア駆動（Skid Steering Drive）、平面移動（Planar Move）などの移動プラットフォーム制御およびROS-Controlをサポートする。OpenManipulator Chainでは、関節の位置制御インタフェースを使用し、基本的なプラグインライブラリであるgazebo_ros_controlプラグインを利用する（リスト13.7）。

<gazebo>タグ **COLUMN**

<gazebo>	Gazeboシミュレーションのためのパラメータ設定
<plugin>	センサおよびロボット状態制御ツール
<robotNamespace>	Gazeboで使用するロボット名の設定
<robotSimType>	ロボットシミュレーションインタフェースのプラグイン名の設定

残りの部分は前述の繰り返しであるため省略する。リスト13.8にソースコードを示す。

リスト13.8 open_manipulator_description/urdf/open_manipulator.gazebo.xacro（コードの一部を抜粋）

```
<?xml version="1.0"?>
<robot xmlns:xacro="http://ros.org/wiki/xacro">

  <!-- Gazebo Reference macro -->
  <xacro:macro name="RefLink" params="ref">
    <gazebo reference="${ref}">
      <kp>1000000.0</kp>
      <kd>100.0</kd>
      <mu1>30.0</mu1>
      <mu2>30.0</mu2>
      <maxVel>1.0</maxVel>
      <minDepth>0.001</minDepth>
      <material>Gazebo/DarkGrey</material>
    </gazebo>
  </xacro:macro>

  <!-- World -->
  <gazebo reference="world">
  </gazebo>

  <!-- Link1 -->
  <RefLink ref="link1"/>

  <!-- Link2 -->
  <RefLink ref="link2"/>

  <!-- Link3 -->
  <RefLink ref="link3"/>

  <!-- Link4 -->
  <RefLink ref="link4"/>
```

```
  <!-- Link5 -->
  <RefLink ref=" link5" />

  <!-- gripper_link -->
  <RefLink ref=" gripper_link" />

  <!-- gripper_link_sub -->
  <RefLink ref=" gripper_link_sub" />

  <!-- end effector link -->
  <gazebo reference=" end_effector_link" >
    <material>Gazebo/Red</material>
  </gazebo>

  <!-- ros_control plugin -->
  <gazebo>
    <plugin name=" gazebo_ros_control" filename=" libgazebo_ros_control.so"
>
      <robotNamespace>open_manipulator</robotNamespace>
      <controlPeriod>0.001</controlPeriod>
      <robotSimType>gazebo_ros_control/DefaultRobotHWSim</robotSimType>
    </plugin>
  </gazebo>

</robot>
```

open_manipulator.gazebo.xacroは、Gazeboのシミュレーションで使用するパラメータの設定用に別途、作成しておいたファイルであり、open_manipulator.urdf.xacroファイルに含まれる。作成したURDFを用いてOpenManipulatorをGazebo環境で表示してみる。

```
$ roscd open_manipulator_gazebo/launch
$ ls
open_manipulator_gazebo.launch           ← Gazebo実行ファイル
open_manipulator_controller.launch       ← ROS-Control実行ファイル
```

open_manipulator_gazeboフォルダに含まれるlaunchフォルダには、Gazeboの実行とROS-Controlの実行に必要なlaunchファイルが置かれている。Gazeboを実行するlaunchファイル（リスト13.9）を開き、どのようなノードが起動されるか確認してみる。

```
$ roscd open_manipulator_gazebo/launch
$ gedit open_manipulator_gazebo.launch
```

リスト13.9 open_manipulator_gazebo/launch/open_manipulator_gazebo.launch

```
<launch>
  <!-- These are the arguments you can pass this launch file, for example
paused:=true -->
  <arg name=" paused" default=" true" />
  <arg name=" use_sim_time" default=" true" />
  <arg name=" gui" default=" true" />
  <arg name=" headless" default=" false" />
  <arg name=" debug" default=" false" />

  <rosparam file=" $(find open_manipulator_gazebo)/config/gazebo_
controller.yaml" command=" load" />

  <!-- We resume the logic in empty_world.launch, changing only the name
of the world to be launched -->
  <include file=" $(find gazebo_ros)/launch/empty_world.launch" >
    <arg name=" world_name" value=" $(find open_manipulator_gazebo)/worlds/
empty.world" />
    <arg name=" debug" value=" $(arg debug)" />
    <arg name=" gui" value=" $(arg gui)" />
    <arg name=" paused" value=" $(arg paused)" />
    <arg name=" use_sim_time" value=" $(arg use_sim_time)" />
    <arg name=" headless" value=" $(arg headless)" />
  </include>

  <!-- Load the URDF into the ROS Parameter Server -->
  <param name=" robot_description"
   command=" $(find xacro)/xacro --inorder ' $(find open_manipulator_
description)/urdf/open_manipulator.urdf.xacro'" />

  <!-- Run a python script to the send a service call to gazebo_ros to
spawn a URDF robot -->
  <node name=" urdf_spawner" pkg=" gazebo_ros" type=" spawn_model" respawn="
false" output=" screen"
     args=" -urdf -model open_manipulator -z 0.0 -param robot_description"
/>

  <!-- ros_control robotis manipulator launch file -->
  <include file=" $(find open_manipulator_gazebo)/launch/open_manipulator_
controller.launch" />
</launch>
```

リスト13.9のファイルでは、empty_world.launch、spawn_modelノード、およびopen_manipulator_controller.launchファイルを実行する。empty_world.launchにはGazeboを実行するノードが含まれ、シミュレーション環境とGUI、時計設定（use_sim_time）などを細かく設定できる。Gazeboシミュレーション環境の設定にはSDF[†44]形式のファイルを用いる。spawn_modelノードは、作成したURDFをもとにマニピュレータを呼び出

† 44 http://sdformat.org/

し、open_manipulator_controller.launchはROS-Controlの設定と実行を行う。

ここで、次に示すコマンドを入力してGazeboを起動すると、図13.15に示すようにGazeboのシミュレーション画面からOpenManipulator Chainを確認できる。

```
$ roslaunch open_manipulator_gazebo open_manipulator_gazebo.launch
```

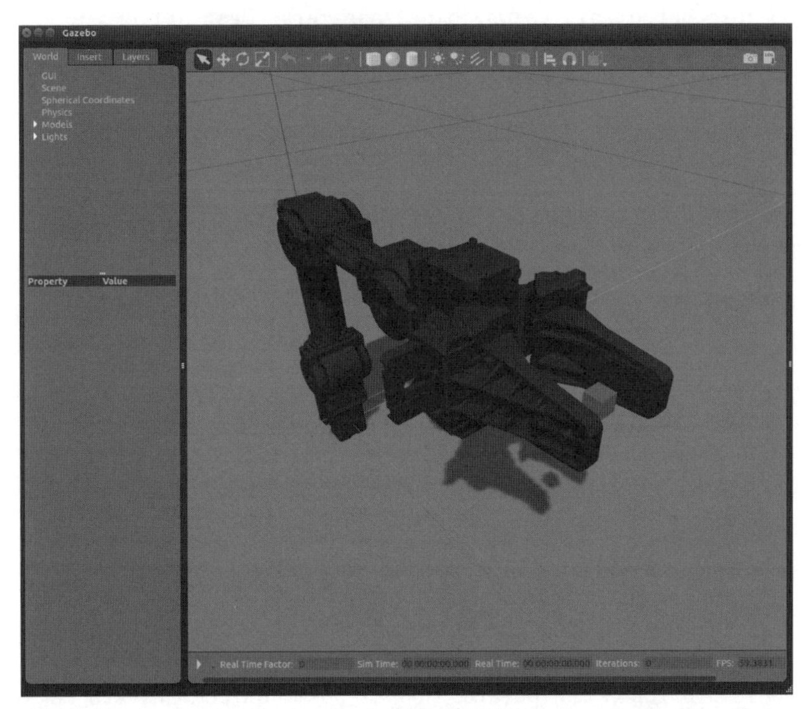

図13.15　GazeboのシミュレーションGazebo空間で表示されたOpenManipulator Chain

ここでGazeboの画面の右下にある「Play」ボタン（▶模様）を押す。その後、新しいターミナルを開き、トピックを確認する。

```
/clock
/gazebo/link_states
/gazebo/model_states
/gazebo/parameter_descriptions
/gazebo/parameter_updates
/gazebo/set_link_state
/gazebo/set_model_state
/gazebo_gui/parameter_descriptions
/gazebo_gui/parameter_updates
/gazebo_ros_control/pid_gains/gripper/parameter_descriptions
/gazebo_ros_control/pid_gains/gripper/parameter_updates
/gazebo_ros_control/pid_gains/gripper/state
/gazebo_ros_control/pid_gains/gripper_sub/parameter_descriptions
```

```
/gazebo_ros_control/pid_gains/gripper_sub/parameter_updates
/gazebo_ros_control/pid_gains/gripper_sub/state
/gazebo_ros_control/pid_gains/joint1/parameter_descriptions
/gazebo_ros_control/pid_gains/joint1/parameter_updates
/gazebo_ros_control/pid_gains/joint1/state
/gazebo_ros_control/pid_gains/joint2/parameter_descriptions
/gazebo_ros_control/pid_gains/joint2/parameter_updates
/gazebo_ros_control/pid_gains/joint2/state
/gazebo_ros_control/pid_gains/joint3/parameter_descriptions
/gazebo_ros_control/pid_gains/joint3/parameter_updates
/gazebo_ros_control/pid_gains/joint3/state
/gazebo_ros_control/pid_gains/joint4/parameter_descriptions
/gazebo_ros_control/pid_gains/joint4/parameter_updates
/gazebo_ros_control/pid_gains/joint4/state
/joint_states
/open_manipulator/gripper_position/command
/open_manipulator/gripper_sub_position/command
/open_manipulator/joint1_position/command
/open_manipulator/joint2_position/command
/open_manipulator/joint3_position/command
/open_manipulator/joint4_position/command
/open_manipulator/joint_states
/rosout
```

トピックのリストには、/gazebo ネームスペースを持つトピックと /open_manipulator ネームスペースを持つトピックがある。ROS-Control を通して /open_manipulator ネームスペースを持つトピックを利用し、Gazebo 内のマニピュレータの状態を確認、制御できる。次に示すコマンドを使用して、ロボットを動かしてみる。

```
$ rostopic pub /open_manipulator/joint2_position/command std_msgs/
Float64 "data:-1.0" --once
```

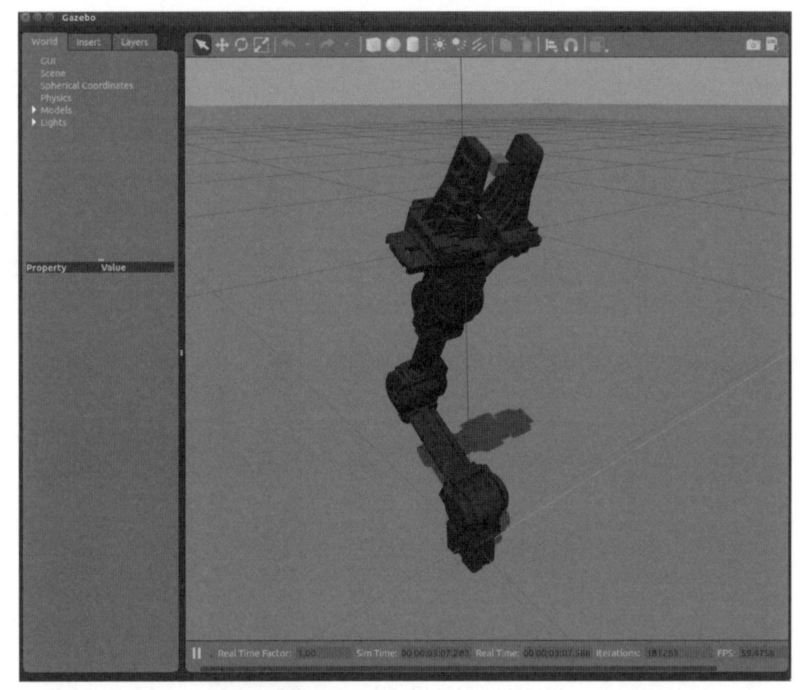

図 13.16　ROS-Control との通信によって制御された OpenManipulator Chain

図 13.16 に示すように簡単なメッセージをパブリッシュすることで、OpenManipulator Chain の第 2 関節が動作することを確認できる。

13.3　MoveIt!

MoveIt! † 45 はマニピュレータの動作制御のための統合ライブラリであり、モーションプランニングのための高速な順逆運動学計算、マニピュレーションのための高度なアルゴリズム、ロボットハンドの制御、動力学、コントローラと動作計画など、多様な機能を提供する。また、必要な設定を簡単に行うための GUI を提供し、マニピュレータに対する深い知識がなくても利用できる利点がある。本節では MoveIt! の構造について簡単に述べた後、OpenManipulator Chain を制御するための MoveIt! パッケージを作成する。

13.3.1　move_group

図 13.17 に示すように、move_group ノードは ROS のアクションとサービスを利用し、ユーザとコマンドを送受信できる。MoveIt! はさまざまなユーザインタフェースを提供しており、C++ 言語は move_group_interface、Python 言語は moveit_commander および Motion Planning

† 45　http://moveit.ros.org/

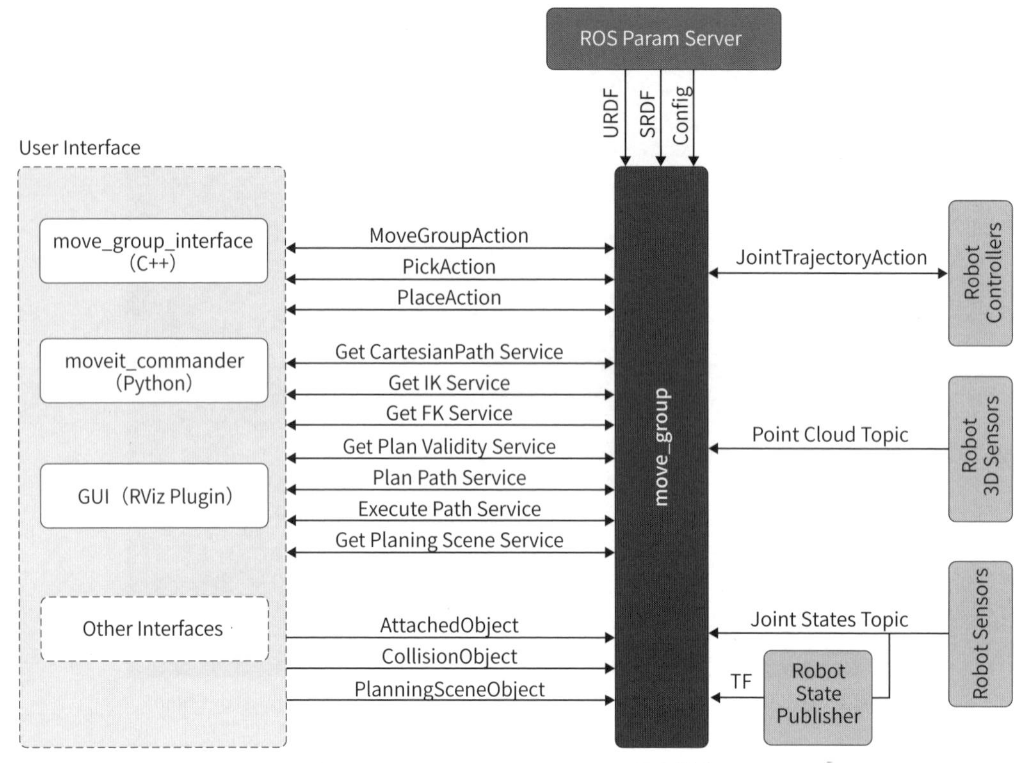

図 13.17 move_group ノードとの通信構成

plugin to RViz など、使い慣れたインタフェースを利用して move_group ノードと通信できる。

move_group ノードは、URDF、Semantic Robot Description Format（SRDF）† 46、および MoveIt! Configuration からロボットの情報が入力される。URDF はあらかじめ作成したものが使用され、SRDF と MoveIt! Configuration は MoveIt! が提供する Setup Assistant † 47 を用いて作成する。

move_group ノードは、ロボットや周辺環境の状態や制御命令を ROS のトピックとアクションを通じて提供する。関節の状態は sensor_msgs/JointStates メッセージを、座標変換の情報は tf を、コントローラは FollowTrajectoryAction インタフェースをそれぞれ用いて、ロボット情報をユーザに伝える。これに加え、planning scene を通じて、ユーザにロボットの動作環境に関する情報を伝え、ロボットの状態を監視できる。

move_group には、拡張性を高めるためにプラグイン機能が用意されており、これによりさまざまな機能（制御、経路の生成、動力学など）を、オープンソースライブラリを用いて利用できる。MoveIt! に実装したプラグインは、多くの人々に検証された優れたライブラリであり、

† 46 http://wiki.ros.org/srdf
† 47 http://docs.ros.org/kinetic/api/moveit_tutorials/html/doc/setup_assistant/setup_assistant_tutorial.html

近年開発されている OMPL†48、KDL†49、Flexible Collision Library (FCL)†50 などのさまざまなオープンソースライブラリも近々、使用できる予定である。

13.3.2 MoveIt! Setup Assistant

マニピュレータ用の MoveIt! パッケージを作成するには、URDF、SRDF、そして MoveIt! Configuration ファイルが必要である。MoveIt! で提供する Setup Assistant は、URDF から SRDF、および MoveIt! Configuration ファイルを生成する。以下で、MoveIt! Setup Assistant を用いて OpenManipulator Chain のための MoveIt! パッケージを作成する方法について説明する。

まず、次のコマンドをターミナルに入力して、MoveIt! Setup Assistant を実行する。

```
$ roslaunch moveit_setup_assistant setup_assistant.launch
```

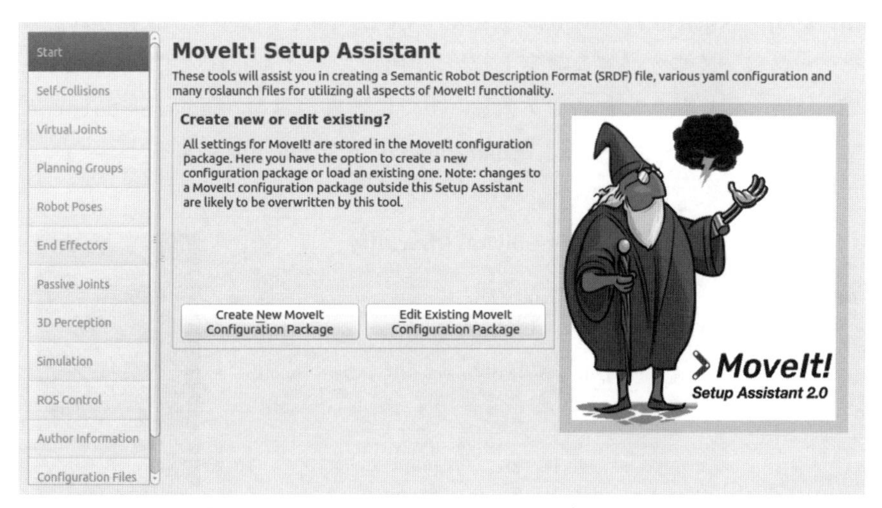

図 13.18　MoveIt! Setup Assistant のスタートページ

図 13.18 は、MoveIt! Setup Assistant の起動後に表示されるスタートページである。画面右側には、ROS の代表キャラクタであるカメが、左側には新しいパッケージを作成するか、既存のパッケージを変更するかを選択するオプションが表示されている。ここでは新しいパッケージを作成する必要があるため、「Create New MoveIt Configuration Package」ボタンをクリックする。

† 48　http://ompl.kavrakilab.org/
† 49　http://www.orocos.org/kdl
† 50　http://gamma.cs.unc.edu/FCL/fcl_docs/webpage/generated/index.html

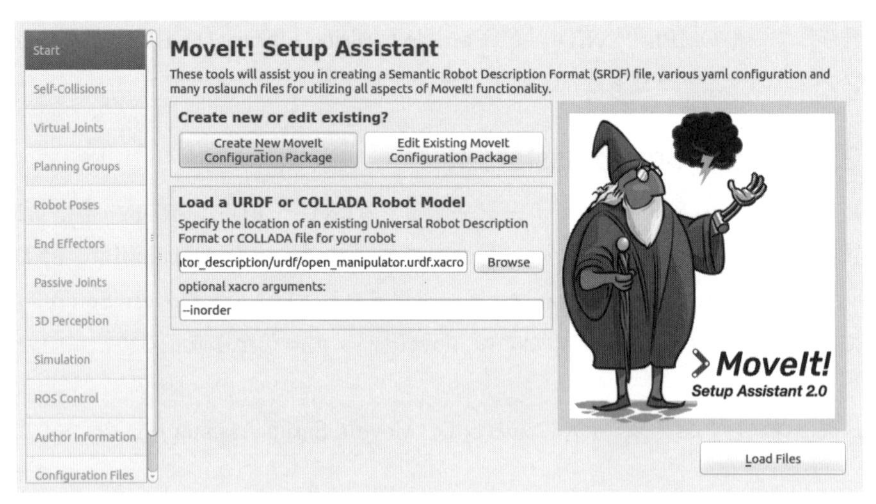

図 13.19　MoveIt! Setup Assistant のスタートページ

MoveIt! Setup Assistant は URDF ファイルや COLLADA ファイルに保存されたロボットモデルをベースにいくつか必要な設定を行い、SRDF ファイルを作成する。図 13.19 に示す画面上で、「Browse」ボタンをクリックし、すでに作成済みの open_manipulator.urdf.xacro ファイルをインポートした後、「Load Files」ボタンをクリックする。

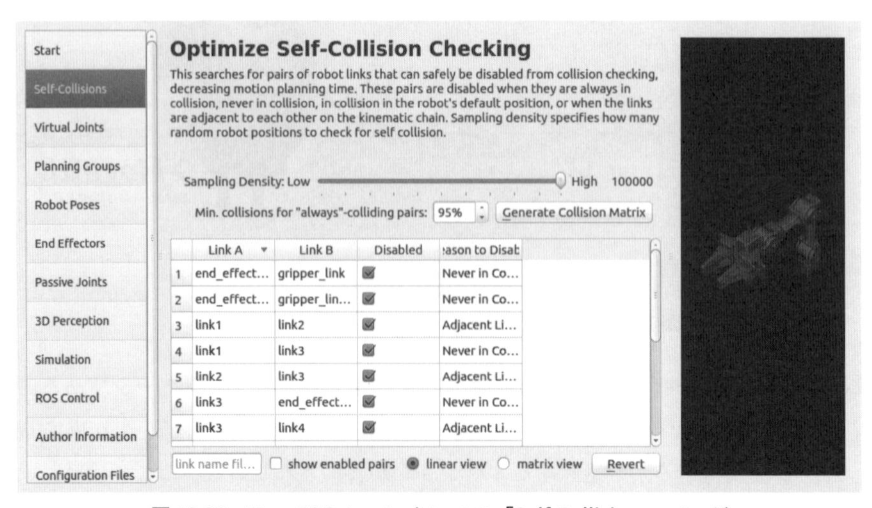

図 13.20　MoveIt! Setup Assistant の「Self-Collisions」ページ

ファイルを呼び出すと、「Self-Collisions」ページに移動する。このページでは、Self-Collision Matrix を作成するために必要な Sampling density を設定する。図 13.20 に示すように、ユーザがリンク間の衝突の範囲を設定できる。Sampling density が高いほど、多数の位置姿勢に対してリンク間の衝突を防ぐ計算を行うため、処理が重くなる。このため、Sampling density はユーザの作業環境に応じて適切な値に調節する必要がある。Sampling density を設定したら、「Generate Collision Matrix」ボタンをクリックする。ここではデフォルト値の10,000に設定している。

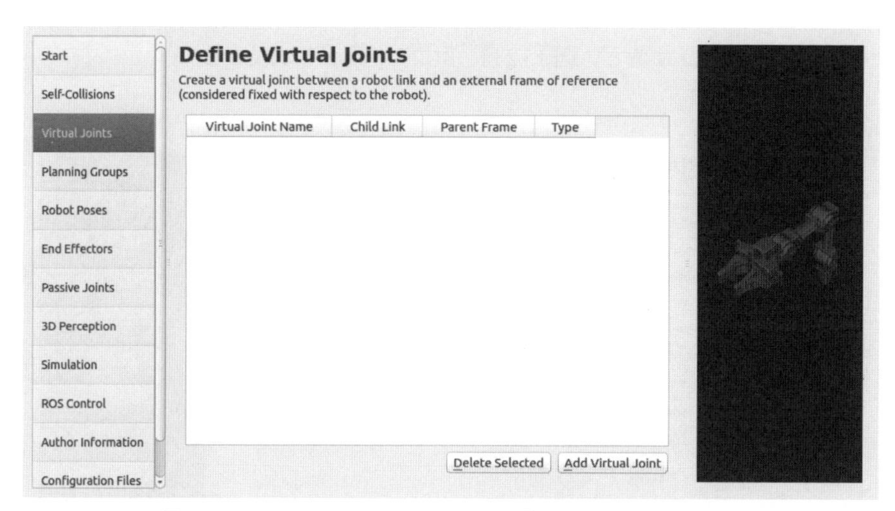

図 13.21　MoveIt! Setup Assistant の「Virtual Joints」ページ

「Virtual Joints」ページは、マニピュレータのベースと基準座標系との間に仮想ジョイントを設定する。例えば、TurtleBot3 Waffle の上に OpenManipulator Chain が装着されているとき、TurtleBot3 Waffle が持つ自由度を「Virtual Joints」を通じて OpenManipulator Chain に与えることができる。今回のように、ベースが地面に固定されているときは、図 13.21 のように「Virtual Joints」は設定しなくてよい。

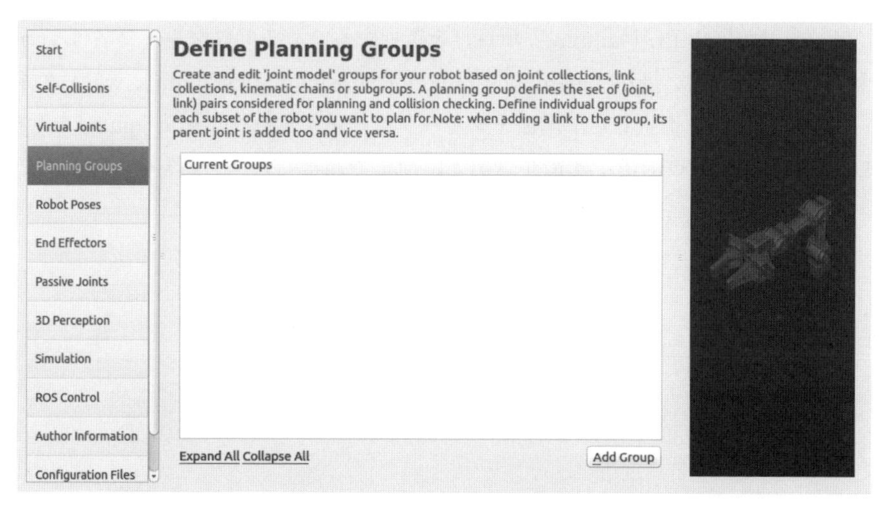

図 13.22　MoveIt! Setup Assistant の「Planning Groups」ページ

MoveIt! はマニピュレータをグループに分け、それぞれに対して動作計画を行う。このグループは、「Planning Groups」ページで設定できる。OpenManipulator Chain は4つの関節と1つの平行グリッパで構成されているため、arm グループを設定する。図13.22の右下の「Add Group」ボタンをクリックすると、図13.23に示すウィンドウが現れる。

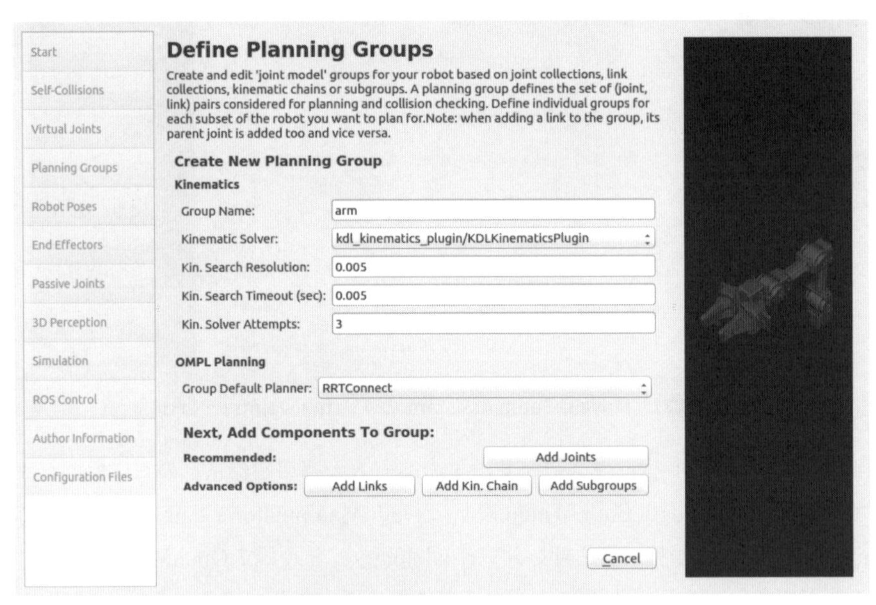

図13.23 新しいグループの作成

グループ名を好みの名前に設定し、運動学解析プラグイン（「Kinematic Slover」項目）、経路計画ライブラリ（「OMPL Planning」項目）を選択する。ここではグループ名は arm にし、機構学解析プラグインに「kdl_kinematics_plugin/KDLKinematicsPlugin」、経路計画ライブラリに「RRTConnect」を選択した。関節をグループに登録するため、「Add joints」を選択する。図13.24に示すウィンドウで第1関節から第4関節まで選択した後、「Save」ボタンをクリックすると、図13.25に示すようにグループに登録されたことを確認できる。

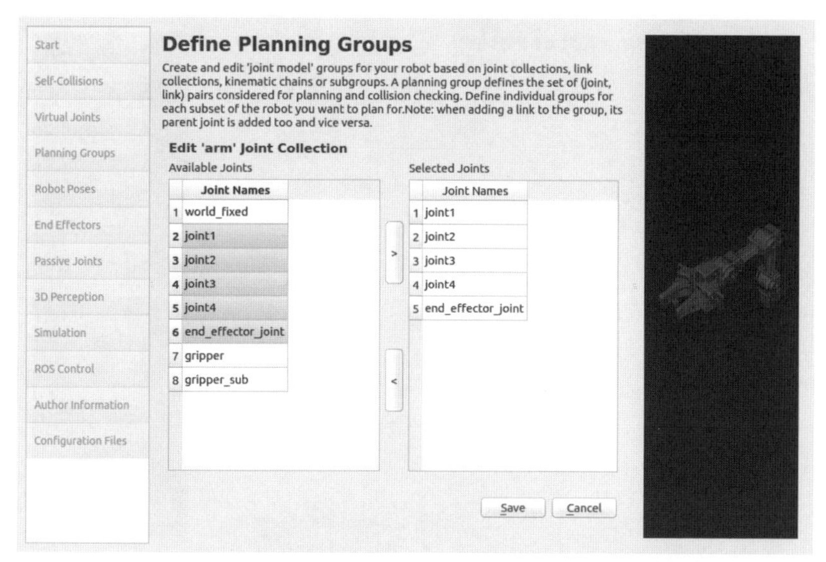

図 13.24 「Planning Groups」ページで新しいグループを作成

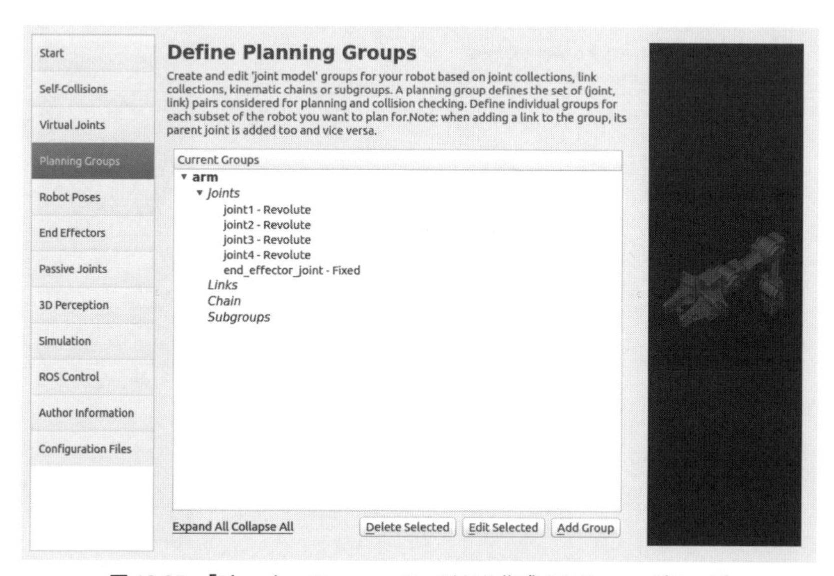

図 13.25 「Planning Groups」ページから作成された arm グループ

「Robot Poses」ページでは、ロボットの特定の姿勢を登録できる。図 13.26 の右下の「Add Pose」ボタンをクリックし、すべてのアクチュエータの角度を 0 度にした姿勢を登録してみる。「Add Pose」ボタンをクリックすると、図 13.27 に示すように姿勢登録ウィンドウが表示される。すべての関節の値を 0.0 に設定し、名前を登録する。

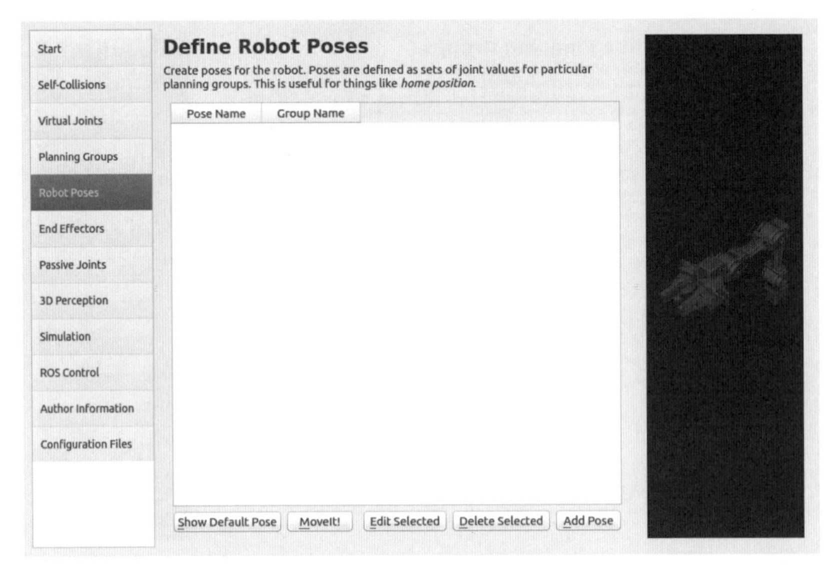

図13.26　MoveIt! Setup Assistantの「Robot Poses」ページ

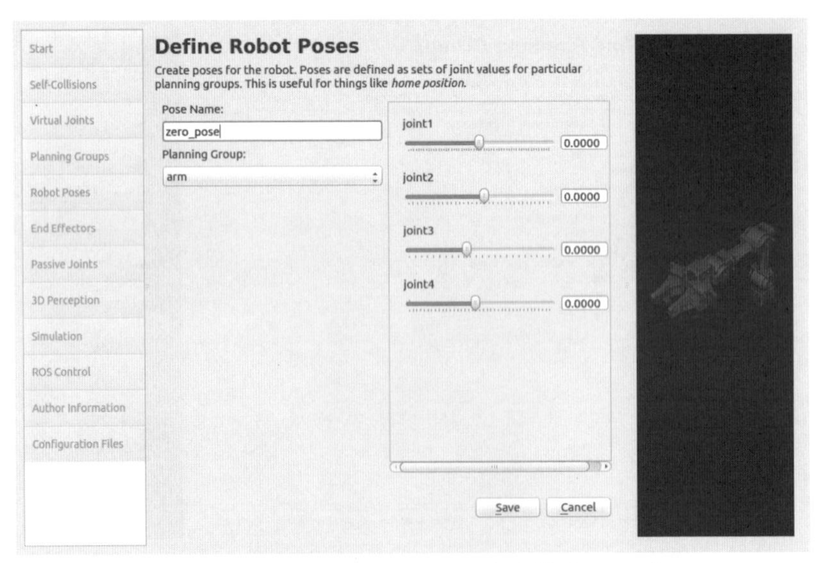

図13.27　「Robot Poses」ページの姿勢登録ウィンドウ

「End Effectors」ページではマニピュレータのエンドエフェクタを登録できる。この設定は、gripperのPlanning Groupが存在する場合のみ登録可能である。

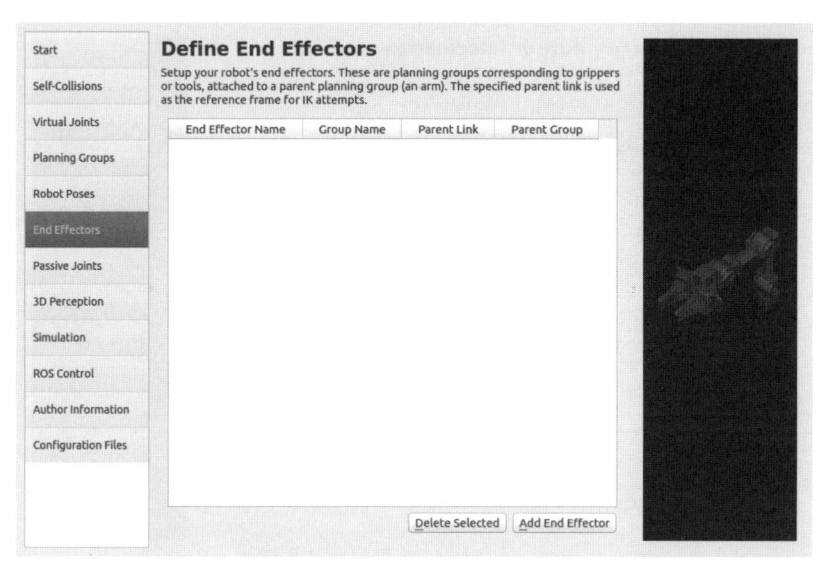

図 13.28　MoveIt! Setup Assistant の「End Effectors」ページ

「Passive Joints」ページでは、動作計画が除外される関節を指定できる。OpenManipulator Chain は両方のグリッパを一つのアクチュエータで移動されるため、両方のグリッパ中の一つは、Passive Joints として設定する。例えば、図 13.29 のように gripper_sub を Passive Joints に登録する。

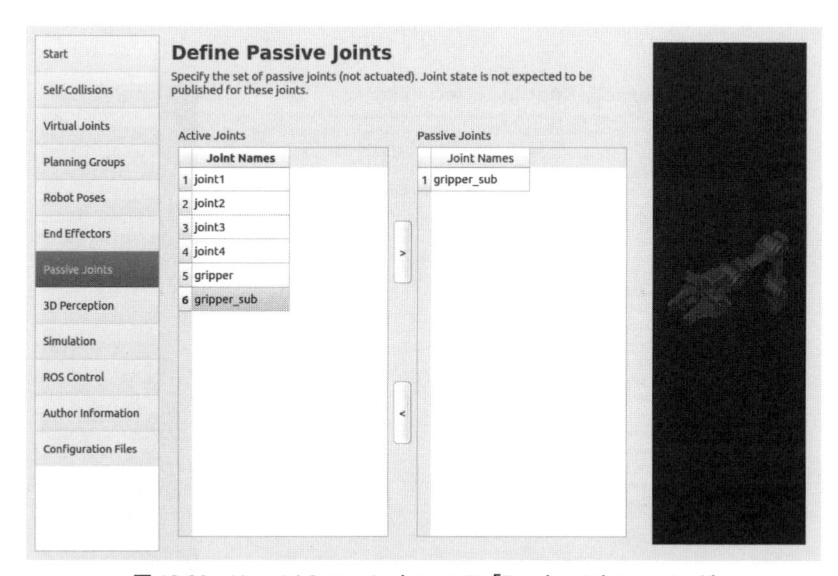

図 13.29　MoveIt! Setup Assistant の「Passive Joints」ページ

「Author Information」ページでは、パッケージを生成するユーザの名前とメールアドレスを入力する。図 13.30 のように適切な情報を入力する。

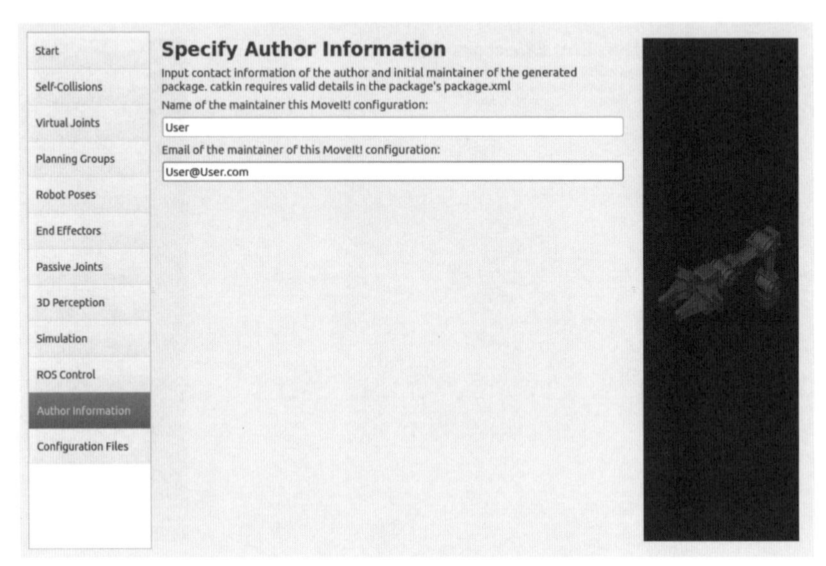

図 13.30　MoveIt! Setup Assistant の「Author Information」ページ

すべての設定が終わったら、「Configuration Files」ページで完了させる。図 13.31 の上部の「Browse」ボタンをクリックし、open_manipulator フォルダ内に open_manipulator_moveit_example フォルダを作成した後、これを選択し、右下の「Generate Package」ボタンをクリックすると、MoveIt! Configuration に必要な config フォルダと実行ファイルが保存された launch フォルダが生成される。

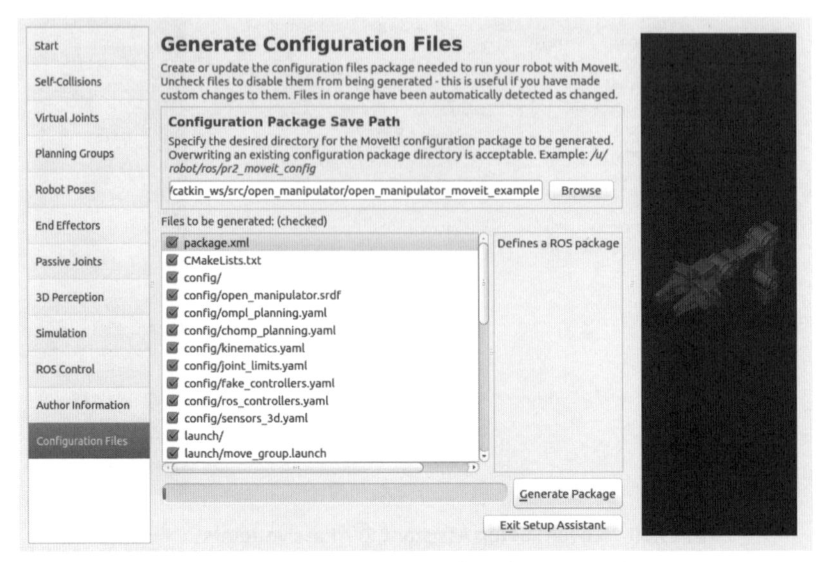

図 13.31　MoveIt! Setup Assistant の「Configuration Files」ページ

最後に、生成されたパッケージを確認し、launch ファイルを実行してみる。

```
$ roscd open_manipulator_moveit_example
$ ls
config              ← MoveIt! Configurationのためのyaml、SRDFファイル
launch              ← 実行ファイル
.setup_assistant    ← Setup Assistantによって作成されたパッケージの情報
CMakeLists.txt      ← CMakeビルドシステムの設定ファイル
package.xml         ← パッケージ属性の定義
```

```
$ cd ~/catkin_ws && catkin_make
$ roslaunch open_manipulator_moveit_example demo.launch
```

launch ファイルを実行すると、図 13.32 に示すように RViz から OpenManipulator Chain を確認できる。画面左下にある「MotionPlanning」コマンドウィンドウの「Context」タブから OMPL で提供されている経路計画ライブラリ † 51 が setup_assistant で基本設計である「RRTConnect」に選択されている。

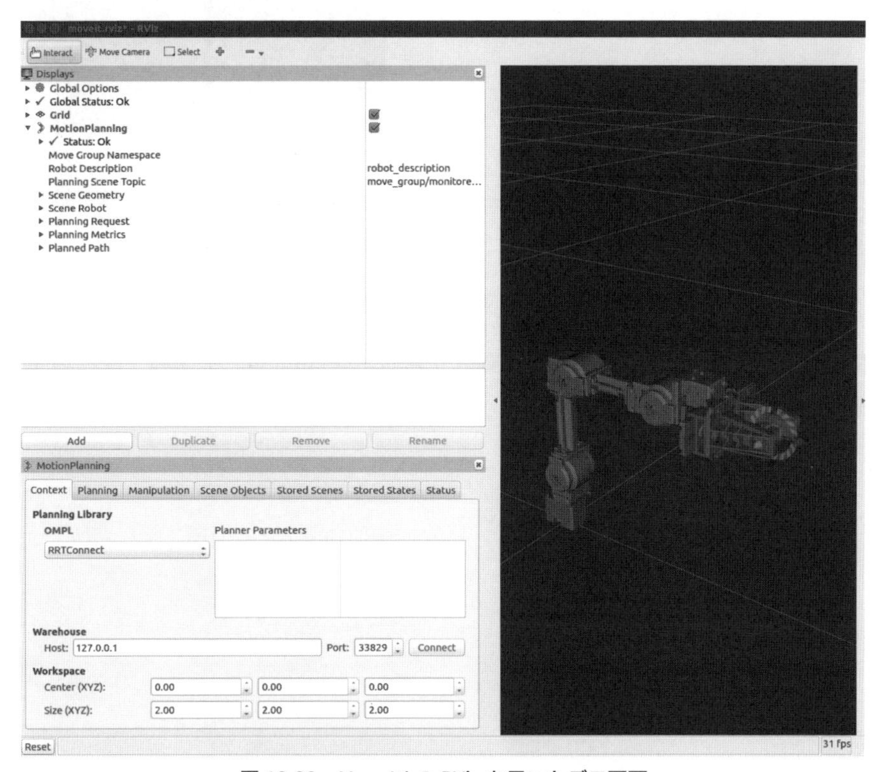

図 13.32　MoveIt! の RViz を用いたデモ画面

† 51　http://ompl.kavrakilab.org/planners.html

「Planning」タブをクリックすると、図13.33のように目標位置姿勢の設定や動作計画を実行するための画面が現れる。画面上の矢印や円形マーカをクリック、ドラッグして、目標位置と姿勢を設定する。

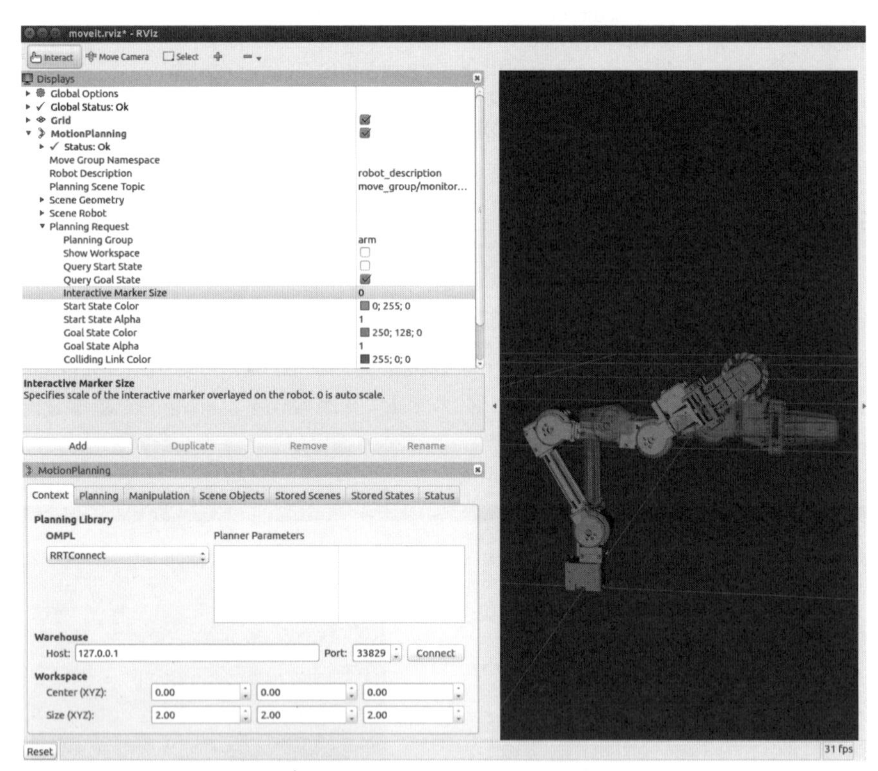

図13.33 マニピュレータの動作計画

目標位置姿勢にエンドエフェクタを移動させたら、「Planning」タブの「Plan & Excute」ボタンをクリックして動作を確認する。

マニピュレータの目標位置姿勢の指定方法 COLUMN

本例では、RViz上の矢印や円形マーカをクリック、ドラッグして、目標位置と姿勢を設定した。これ以外にも、エンドエフェクタの緑のマーカを直接クリック&ドラッグして、目標位置を設定することもできる。この機能を利用するには、configフォルダのkinematics.yamlファイルの最後にposition_only_ik: trueを追加する。

```
$ roscd open_manipulator_moveit/config/
$ gedit kinematics.yaml
```

```
arm:
  kinematics_solver: kdl_kinematics_plugin/KDLKinematicsPlugin
  kinematics_solver_search_resolution: 0.005
  kinematics_solver_timeout: 0.005
  kinematics_solver_attempts: 3
position_only_ik: true
```

OpenManipulatorではMoveIt!を利用するためのパッケージを提供している。open_manipulatorフォルダにあるopen_manipulator_moveitパッケージフォルダを確認する。

```
$ roscd open_manipulator_moveit
$ ls
config              ← move_groupセットアップのためのyaml、SRDFファイル
include             ← trajectory filterヘッダーファイル
launch              ← 実行ファイル
src                 ← trajectory filterソースコードファイル
.setup_assistant    ← Setup Assistantとして作成されたパッケージ情報
CMakeLists.txt      ← CMakeビルドシステムの設定ファイル
package.xml         ← パッケージ属性の定義
planning_request_adapters_plugin_description.xml    ← pluginセットアップファイル
```

上の例では、Setup Assistantを利用して作成したファイルよりも多数のファイルが置かれている。経路生成アルゴリズムとしてよく利用されるRapidly-exploring Random Tree (RRT)[†52]では、さまざまな経路をランダムにサンプリングした後、移動可能な経路をつなぎあわて目標位置まで移動可能な経路を見つける。この際、サンプリングされた位置で関節角度を計算するが、例えばn番目の位置姿勢から$n+1$番目の位置姿勢まで移動するには、より小さなサンプリングタイムで計算された関節角度が必要なため、ROS-Industrialでサポートしているindustrial_trajectory_filters[†53]を使用する。

† 52 https://en.wikipedia.org/wiki/Rapidly-exploring_random_tree
† 53 http://wiki.ros.org/industrial_trajectory_filters

industrial_trajectory_filters を利用する方法 COLUMN

1. ROS-Industrial core パッケージをダウンロードする。

```
$ cd ~/catkin_ws/src
$ git clone https://github.com/ros-industrial/industrial_core.git
```

2. ダウンロードした ros-industrial パッケージにある industrial_trajectory_filters へ移動する。

```
$ cd ~/catkin_ws/src/industrial_core/industrial_trajectory_filters/
```

3. industrial_trajectory_filters フォルダにある planning_request_adapters_plugin_description.xml と src、include フォルダを作成したパッケージにコピーする。

```
$ cp -r planning_request_adapters_plugin_description.xml src include
~/catkin_ws/src/open_manipulator/open_manipulator_moveit_example/
```

4. config フォルダ内に smoothing_filter_params.yaml を作成し、係数を設定する。

```
$ cd ~/catkin_ws/src/open_manipulator/open_manipulator_moveit_example/config
$ gedit smoothing_filter_params.yaml
```

```
smoothing_filter_name: /move_group/smoothing_5_coef
smoothing_5_coef:
           - 0.25
           - 0.50
           - 1.00
           - 0.50
           - 0.25
```

5. launch フォルダ内の ompl_planning_pipeline.launch.xml を開き、planning_adapters に以下のフィルタを追加する。詳しくは7を参照。

```
$ cd ~/catkin_ws/src/open_manipulator/open_manipulator_moveit_example/launch
$ gedit ompl_planning_pipeline.launch.xml
```

```
industrial_trajectory_filters/UniformSampleFilter
industrial_trajectory_filters/AddSmoothingFilter
```

6. 同じファイルに、以下のパラメータを追加する。詳しくは7を参照。

```
<param name="sample_duration" value="0.04" />
<rosparam command="load" file="$(find open_manipulator_moveit)/config/
smoothing_filter_params.yaml"/>
```

7. ステップ5、6の結果、以下のように設定されている。

```
<launch>
  <!-- OMPL Plugin for MoveIt! -->
  <arg name="planning_plugin" value="ompl_interface/OMPLPlanner" />

  <!-- The request adapters (plugins) used when planning with OMPL.
       ORDER MATTERS -->
  <arg name="planning_adapters" value="
               industrial_trajectory_filters/UniformSampleFilter
               industrial_trajectory_filters/AddSmoothingFilter
               default_planner_request_adapters/AddTimeParameterization
               default_planner_request_adapters/FixWorkspaceBounds
               default_planner_request_adapters/FixStartStateBounds
               default_planner_request_adapters/FixStartStateCollision
               default_planner_request_adapters/FixStartStatePathConstr
aints" />

  <arg name="start_state_max_bounds_error" value="0.1" />

  <param name="planning_plugin" value="$(arg planning_plugin)" />
  <param name="request_adapters" value="$(arg planning_adapters)" />
  <param name="start_state_max_bounds_error"
    value="$(arg start_state_max_bounds_error)" />

  <param name="sample_duration" value="0.04" />

  <rosparam command="load"
    file="$(find open_manipulator_moveit)/config/ompl_planning.yaml"/>
  <rosparam command="load"
    file="$(find open_manipulator_moveit)/config/smoothing_filter_para
ms.yaml"/>

</launch>
```

8. launch ファイルを実行する。

```
$ roslaunch open_manipulator_moveit_example demo.launch
```

次のコマンドを使用して、以前に実行したデモとどのような違いがあるのかを確認してほしい。

```
$ roslaunch open_manipulator_moveit demo.launch
```

13.3.3 Gazebo シミュレーション

前述しているように、Gazebo シミュレータを用いると、実際の動作環境に近い状態でロボットの動作を確認できる。本項では、open_manipulator_controller と move_group を利用し、Gazebo シミュレータ内の OpenManipulator Chain のメッセージ通信を通じて、ロボットの動作を確認する。まず、controllerを実行する。

```
$ roslaunch open_manipulator_gazebo open_manipulator_gazebo.launch
```

前に説明した例では、Gazeboシミュレータ内のロボットをメッセージ通信により制御した。同様にopen_manipulator_controllerパッケージのソースコード(リスト13.10)を見てみる。

```
$ roscd open_manipulator_controller/src
$ gedit open_manipulator_controller.cpp
```

リスト13.10　open_manipulator_controller/src/open_manipulator_controller.cpp

```
void OM_CONTROLLER::initPublisher()
{
  auto opm_tools_name = open_manipulator_.getManipulator()-
>getAllToolComponentName();

  for (auto const& name:opm_tools_name)
  {
    ros::Publisher pb;
    pb = priv_node_handle_.advertise<open_manipulator_
msgs::KinematicsPose>(name +" /kinematics_pose" , 10);
    open_manipulator_kinematics_pose_pub_.push_back(pb);
  }
  open_manipulator_state_pub_ = priv_node_handle_.advertise<open_
manipulator_msgs::OpenManipulatorState>(" states" , 10);

  if(using_platform_ == true)
  {
    open_manipulator_joint_states_pub_ = priv_node_handle_.
advertise<sensor_msgs::JointState>(" joint_states" , 10);
  }
  else
  {
    auto gazebo_joints_name = open_manipulator_.getManipulator()->getAllAc
tiveJointComponentName();

    gazebo_joints_name.reserve(gazebo_joints_name.size() + opm_tools_name.
size());

    gazebo_joints_name.insert(gazebo_joints_name.end(),
                              opm_tools_name.begin(),
                              opm_tools_name. end());

    for (auto const& name:gazebo_joints_name)
    {
      ros::Publisher pb;
      pb = priv_node_handle_.advertise<std_msgs::Float64>(name +" _
position/command" , 10);
      gazebo_goal_joint_position_pub_.push_back(pb);
```

```
      }
    }
  }
```

open_manipulator_position_ctrlパッケージのarm_controllerノードは、move_groupノードとメッセージ通信を行い、動作計画の結果を得る。その後、生成された動作を実現するための逆運動学計算を行って、マニピュレータの制御入力を生成する。上記のコードを見ると、まずGazeboの使用を確認し、もしGazebo環境でマニピュレータを制御している場合、それにあわせてトピックのパブリッシャを登録する。

open_manipulator_controllerノードはopen_manipulator_controller.launchファイルに含まれている。このデモを実行するには、Gazeboと通信を行うためのパラメータを追加する。

```
$ roslaunch open_manipulator_controller open_manipulator_controller.launch use_moveit
:=true use_platform:=false
```

図13.33のようにRVizウィンドウからモーションプランニングライブラリを選択し、目標位置を設定した後、「Plan and Excute」ボタンをクリックすると、図13.34、13.35に示すように、RVizのマニピュレータとGazeboシミュレータ環境のマニピュレータを同時に動作することが確認できる。

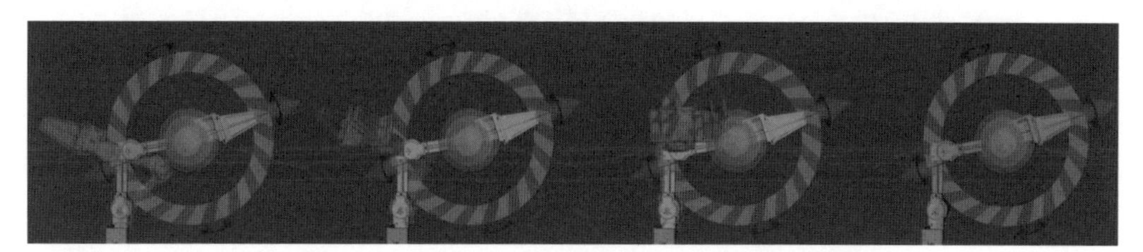

図13.34　MoveIt!とRVizを用いたマニピュレータの動作計画

図13.35　MoveIt!を用いたGazebo環境でのマニピュレータの動作

平行グリッパを動かすには、次に示すようにトピックをパブリッシュする。これを実行すると、図13.36に示すようにグリッパが閉じる様子を確認できる。

```
$ rosservice call /open_manipulator/goal_tool_control "planning_group: ''
joint_position:
  joint_name:
  - 'gripper'
  position:
  - -0.01
  max_accelerations_scaling_factor: 0.0
  max_velocity_scaling_factor: 0.0
path_time: 0.0"
```

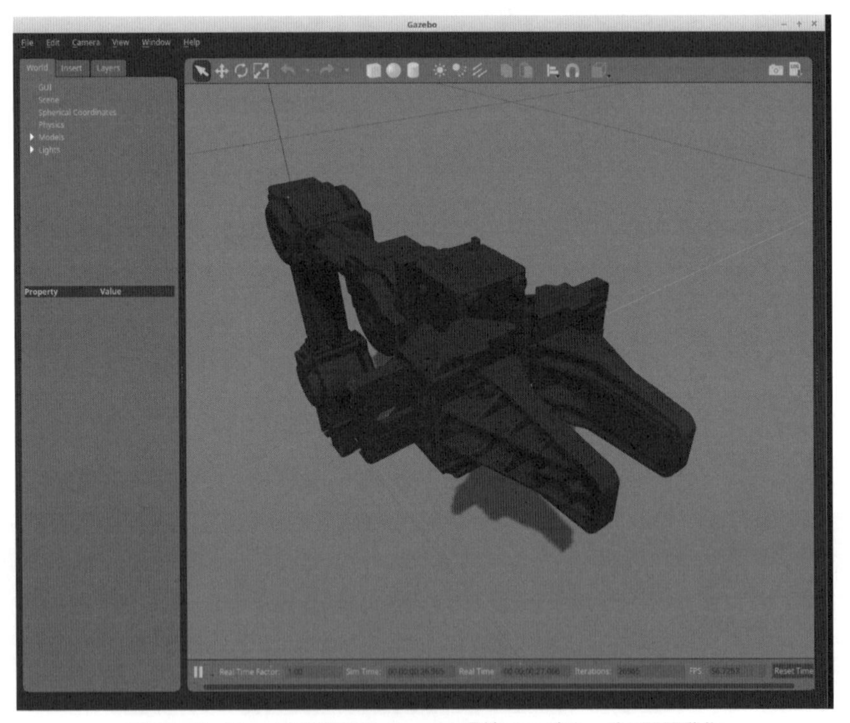

図 13.36　MoveIt! を用いた Gazebo 環境でのグリッパの開閉動作

13.4　実際のプラットフォームへの適用

前節では MoveIt! を用いて Gazebo シミュレータ上でマニピュレータを制御した。本節では、実際の OpenManipulator Chain を制御する方法について説明する。

13.4.1　OpenManipulator の準備と制御手法

OpenManipulator Chain は 5 つの Dynamixel X シリーズアクチュエータとフレーム、3 次元プリンタで作成されるパーツで構成される。ユーザは、自分が使いたい Dynamixel X とフレームを購入し、Onshape[†54]からパーツの3Dモデルをダウンロードして3次元プリンタで作成する。

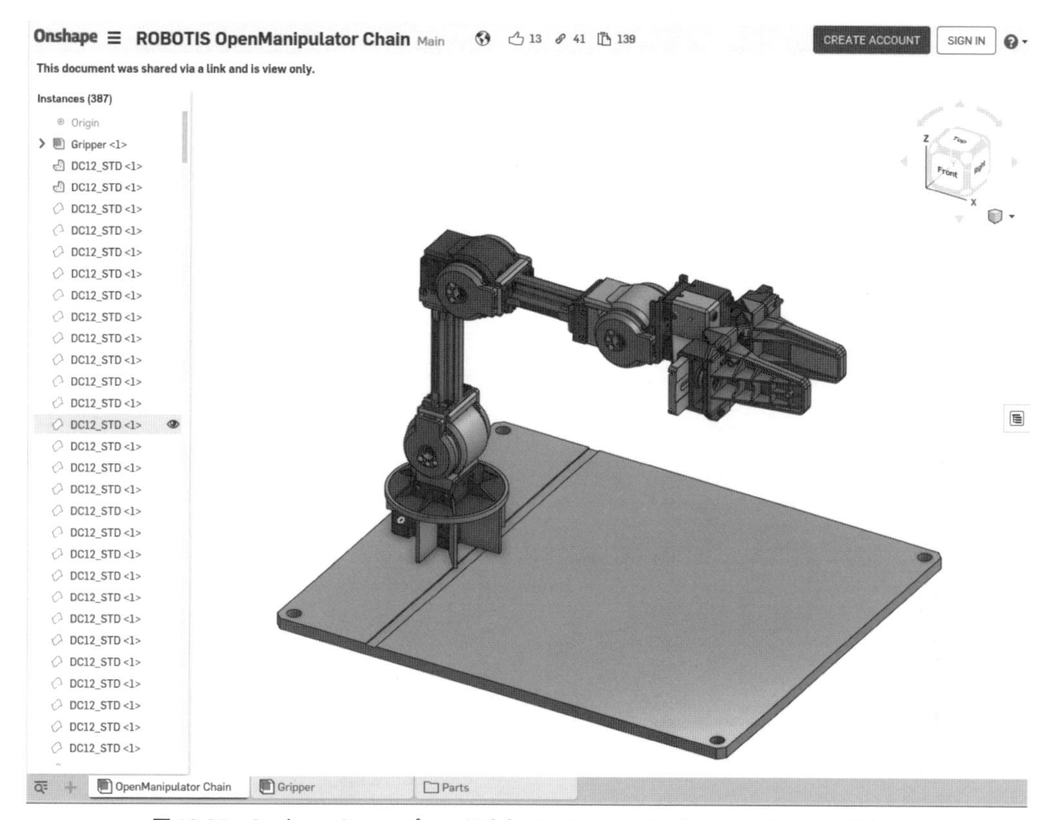

図 13.37　Onshape にアップロードされている OpenManipulator Chain の組立図

Dynamixel を ROS で制御するには、dynamixel_sdk パッケージ[†55]が必要である。dynamixel_sdk は ROBOTIS 社が提供する Dynamixel SDK に含まれる ROS パッケージであり、パケット通信で Dynamixel を制御できる（図 13.38）。

図 13.38　ROBOTIS が提供する Dynamixel SDK

† 54　http://www.robotis.com/service/download.php?no=690
† 55　http://wiki.ros.org/dynamixel_sdk

また、ROBOTIS社で提供するdynamixel_workbenchメタパッケージ† 56を使うと、dynamixel_sdkをより簡単に使用できる（図13.39）。これは、single_managerパッケージを用いてDynamixelコントロールテーブルのパラメータを簡単に変更でき、GUI環境も用意している。また、toolboxライブラリとcontrollerパッケージを用いた、ROSによるDynamixelの制御の例が含まれている。

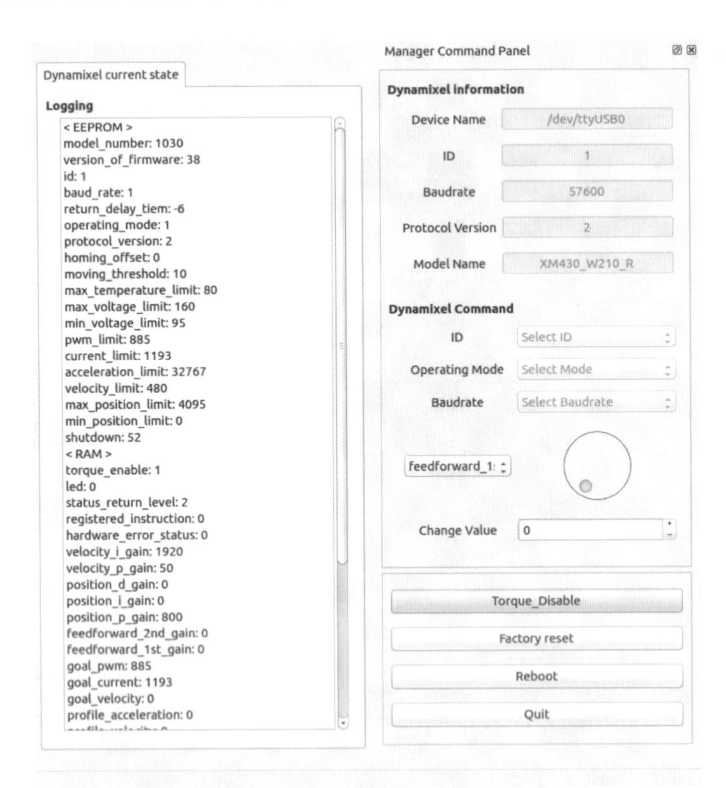

図13.39　ROBOTIS社から提供されるdynamixel_workbench（ROS公式パッケージに含まれる）

Dynamixelを用意し、マニピュレータの関節であるモータID11～14番は、通信速度を1M（1,000,000）bpsに、動作モードを位置制御モードに設定し、グリッパであるモータID15は、通信速度を1M（1,000,000）bpsに、動作モードを電流ベース位置制御モードに設定し、その後、OpenManipulator Wikiや公開されているハードウェア情報（Onshape）を参考に組み立てる。組み立てが完了したら、OpenManipulator Chainと通信するためのUSB2Dynamixel2（U2D2）を制御用コンピュータに接続しておく。さらに、12 V/5 A出力のスイッチング電源（SMPS）を使用し、SMPS2Dynamixelを通してDynamixelに電源を供給しておく。

† 56　http://wiki.ros.org/dynamixel_workbench

U2D2 と USB2Dynamixel **COLUMN**

U2D2 は USB2Dynamixel の最新バージョンであり、Dynamixel X シリーズと互換のコネクタを持っている。また、マイクロ USB コネクタをサポートし、これまでの USB2Dynamixel より小型になった。U2D2 は RS-485、TTL、UART 通信をサポートする。

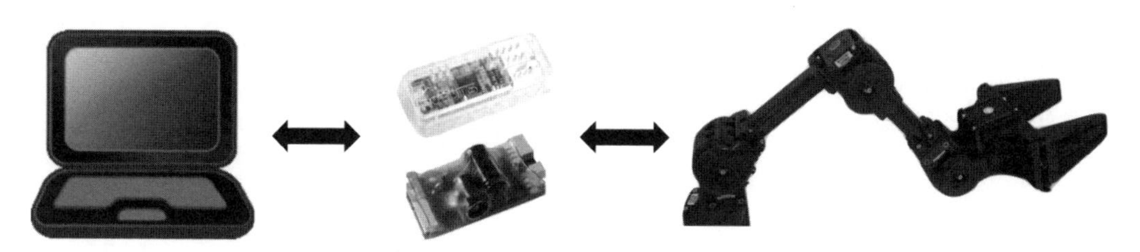

図 13.40 OpenManipulator を動作させるための機器構成と接続

接続が完了したら、次のコマンドを入力する。ここで create_udev_rules は、管理者権限でデバイスを使用するための設定である。

```
$ rosrun open_manipulator_controller create_udev_rules
$ roslaunch open_manipulator_controller open_manipulator_controller.launch
 use_moveit:=true
```

これを実行すると、すべての Dynamixel にトルクが加わる。ここで、トピックのリストを確認する。

```
$ rostopic list
/attached_collision_object
/collision_object
/execute_trajectory/cancel
/execute_trajectory/feedback
/execute_trajectory/goal
/execute_trajectory/result
/execute_trajectory/status
/joint_states
/move_group/cancel
/move_group/display_contacts
/move_group/display_planned_path
/move_group/feedback
/move_group/goal
/move_group/monitored_planning_scene
/move_group/ompl/parameter_descriptions
/move_group/ompl/parameter_updates
```

```
/move_group/planning_scene_monitor/parameter_descriptions
/move_group/planning_scene_monitor/parameter_updates
/move_group/result
/move_group/status
/open_manipulator/gripper/kinematics_pose
/open_manipulator/joint_states
/open_manipulator/option
/open_manipulator/states
/pickup/cancel
/pickup/feedback
/pickup/goal
/pickup/result
/pickup/status
/place/cancel
/place/feedback
/place/goal
/place/result
/place/status
/planning_scene
/planning_scene_world
/recognized_object_array
/rosout
/rosout_agg
/rviz_kingod_18907_1683110985408239294/motionplanning_planning_scene_moni
tor/parameter_descriptions
/rviz_kingod_18907_1683110985408239294/motionplanning_planning_scene_moni
tor/parameter_updates
/rviz_moveit_motion_planning_display/robot_interaction_interactive_marker
_topic/feedback
/rviz_moveit_motion_planning_display/robot_interaction_interactive_marker
_topic/update
/rviz_moveit_motion_planning_display/robot_interaction_interactive_marker
_topic/update_full
/tf
/tf_static
/trajectory_execution_event
```

前述したように、トピックメッセージ通信により各Dynamixelの状態を確認することができ、また制御値を入力すれば希望の角度まで回転する。

以降では、MoveIt!を用いて実際にマニピュレータを制御する。

RViz上でモーションプランニングライブラリを選択し、目標位置を入力した後、「Plan & Execute」ボタンをクリックすると、実際のロボットが動く。

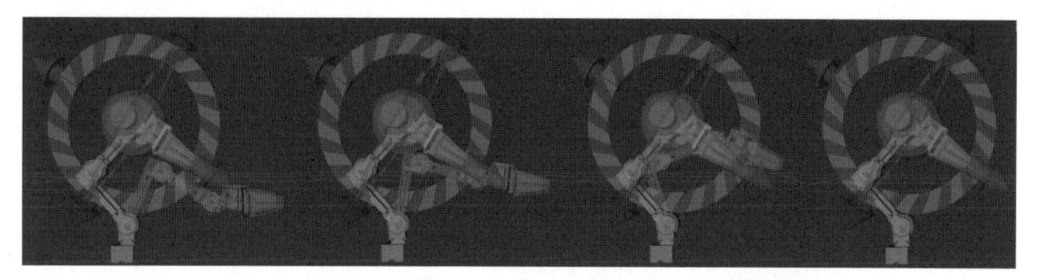

図 13.41　MoveIt! を用いた OpenManipulator Chain の動作計画

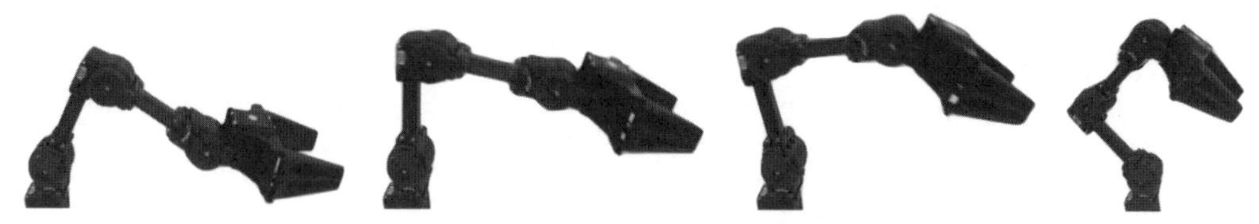

図 13.42　OpenManipulator Chain の動作

次の例では、13.3.2 項で述べたコラム「マニピュレータの目標位置姿勢の指定方法」の `position_only_ik` を `true` に設定し、目標位置を指定して動作させている。詳細はコラムを参照してほしい。

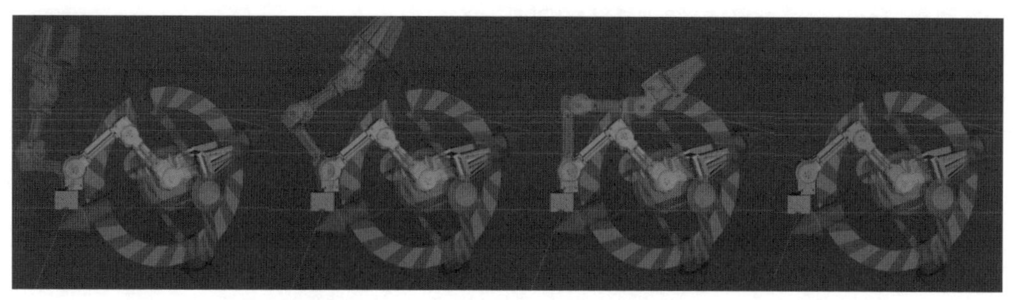

図 13.43　MoveIt! を用いた OpenManipulator Chain の動作計画（目標位置のみを指定）

図 13.44　OpenManipulator Chain の動作

13.4.2　OpenManipulator と TurtleBot3 Waffle Pi の連携

OpenManipulator Chain は TurtleBot3 Waffle Pi と連携できる。OpenManipulator Chain は TurtleBot3 Waffle Pi に装着することで不足した自由度を補完でき、TurtleBot3 Waffle Pi が

持つSLAMやナビゲーション機能に加え、把持機能付きの片付けロボットや配達ロボットなど、より実用的なシステムも構築できる。

本項では、これまでに作成したopen_manipulator.urdf.xacroファイルにTurtleBot3 Waffle Pi URDFを追加して、RViz上で確認してみる。

まずopen_manipulator_with_tb3_descriptionフォルダにURDFファイルのフォルダがあるか確認する。OpenManipulator ChainのURDFファイルを作成する際、xacroファイル形式で保存すると、再利用が容易になることを説明した。そこで、open_manipulator_with_tb3パッケージを確認してみる（リスト13.11）。

```
$ cd ~/catkin_ws/src
$ git clone https://github.com/ROBOTIS-GIT/open_manipulator_with_tb3.git
$ git clone https://github.com/ROBOTIS-GIT/turtlebot3.git
$ sudo apt-get install ros-kinetic-smach* ros-kinetic-ar-track-alvar ros-kinetic-ar-track-alvar-msgs
$ cd ~/catkin_ws && catkin_make
$ roscd open_manipulator_with_tb3_description/urdf
$ gedit open_manipulator_with_tb3_waffle_pi.urdf.xacro
```

リスト13.11 open_manipulator_with_tb3/urdf/open_manipulator_with_tb3_waffle_pi.urdf.xacro（コードの一部を抜粋）

```
<!-- Include TurtleBot3 Waffle URDF -->
  <xacro:include filename="$(find turtlebot3_description)/urdf/turtlebot3_
waffle_pi_for_open_manipulator.urdf.xacro" />
```

open_manipulator_with_tb3パッケージのURDFファイルには、turtlebot3_waffle_pi_for_open_manipulator.urdf.xacroを呼び出すように記述されている。このようにしてTurtleBot3 Waffle Piを呼び出し、マニピュレータを固定する位置に固定関節を作成して連結させる。

TurtleBot3 Waffle Piのモデル **COLUMN**

TurtleBot3 Waffle PiにはLiDARセンサが装着されているが、OpenManipultorを使用するため、LiDARセンサの位置を変更したモデルのURDFも提供されている。

次に、以下のコマンドを用いてRVizを実行する。

```
$ export TURTLEBOT3_MODEL=waffle_pi
$ roslaunch open_manipulator_with_tb3_description open_manipulator_with_tb3_rviz.launch
```

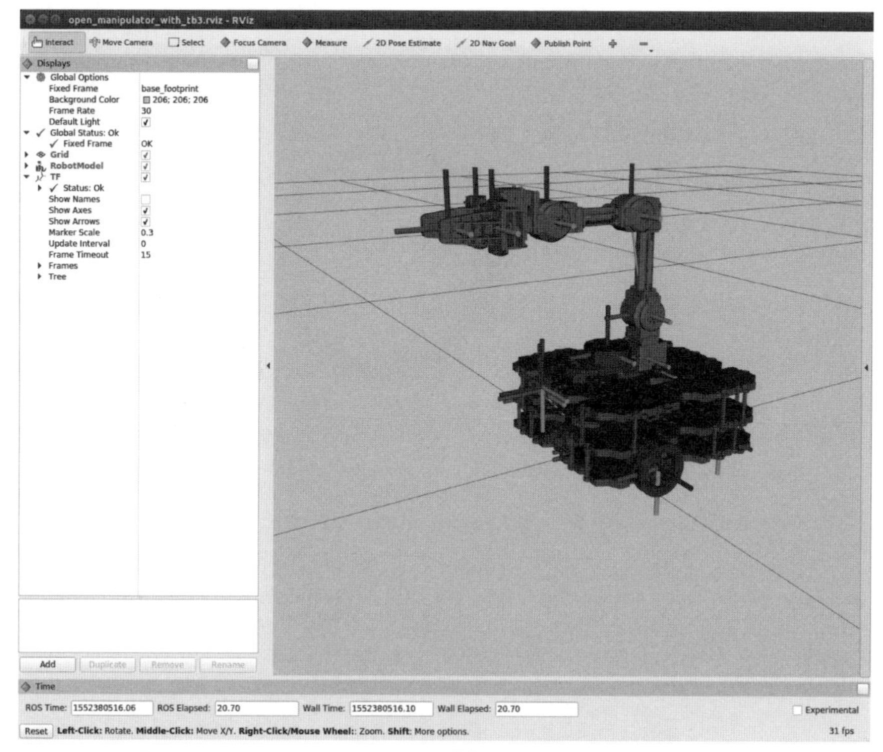

図 13.45 TurtleBot3 Waffle Pi に搭載した OpenManipulator Chain

OpenManipulator Chain は、モジュール型のアクチュエータである Dynamixel を採用しているため、さまざまなロボットで利用できる。上述したように、xacro の長所である再利用性を利用し、自身で製作したロボットに装着して使用してほしい。

付　録

ROS 2

2017年12月8日にOpenRoboticsにより正式にリリースされたROS 2[†1]は、従来のROSとは互換性のない、新しいROSシステムである。ここでは、ROS 2が開発された経緯について解説した後、従来のROS（以降ではROS 1と表記）とROS 2の機能の違いを説明し、新たに追加された機能について解説する。次に実際にWindowsとLinuxにROS 2をインストールし、メッセージ通信のテストを行ってみる。

A.1　ROS 2の到来

ROS 1は、2007年に開発が開始され、いまでは大学、研究機関から産業界、ホビーまで幅広く利用されている。そもそもROS 1は、Willow Garage社が家庭用サービスロボットPR2の開発に際し、さまざまな開発ツールをオープンソースで公開したことが始まりである。したがって、開発環境には以下のような制限があった[†2]。

- 単一のロボット
- ワークステーションクラスのコンピュータ
- Linux環境
- リアルタイム性はない
- 安定したネットワーク環境
- 研究分野、主に学術的なアプリケーション

上記の開発環境は、PR2の開発に際し設定されたものであり、今日必要とされるロボットの開発環境とは大きな差がある。例えば、近年のROS 1は、従来もっとも多く利用されていた学術分野のみならず、製造ロボット、農業ロボット、商用ロボットなどで利用され始めてい

†1　http://design.ros2.org/
†2　http://design.ros2.org/articles/why_ros2.html

る。極端な例としては、NASAが国際宇宙ステーションに設置したRobonaut 2[†3]にはROS 1が採用されているが、そこではリアルタイム制御が要求されている。これら新たに必要となった機能を以下に示す。

- 複数のロボット
- 組込みシステム用の小型コンピュータのサポート
- リアルタイム性
- 不安定なネットワーク環境でも動作できる
- マルチプラットフォーム（Linux、macOS、Windows）
- 最新技術のサポート（Zeroconf、Protocol Buffers、ZeroMQ、Redis、WebSockets、DDSなど）

ROS 1の改良により、これら新たに必要となった機能を実現するには、大規模なAPIの変更が必要となる。しかし、既存のROS 1との互換性を保ちながら、多くの新たな機能を追加するのは容易ではない。加えて、既存のROS 1を問題なく利用しているユーザにとっては、大規模なAPIの変更は好ましくない。そこで、ROSの次世代機能を取り入れたバージョンをROS 2と呼び、ROS 1から切り離して開発されることとなった。従来のROS 1ユーザは、必要ならばそのままROS 1を利用することができる。一方で、新たな機能が必要なユーザは、ROS 2を選択すればよい。加えて、ROS 1とROS 2の間で相互にメッセージ通信が可能なブリッジプログラム（`ros1_bridge`[†4]）も提供され、両者の相互運用も可能となっている。

A.2 ROS 1とROS 2の違い

表A.1は、ROS 1とROS 2の機能の違い[†5]である。以下ではROS 2の特徴について説明する。

1. マルチプラットフォームのサポート

ROS 2はWindows、macOS、Ubuntuのマルチプラットフォームをサポートしている。2017年12月8日に公開されたROS 2 Ardent Apaloneバージョン[†6]では、Ubuntu 16.04（Xenial）、macOS 10.12（Sierra）、Windows 10で利用できる。

2. DDS（Data Distribution Service）の採用

ROS 1では、独自開発した通信ライブラリを使用していたのに対し、ROS 2はパブリッシュ、サブスクライブ型ミドルウェアDDS[†7]を採用している。DDSはOMG（Object Management Group）により標準化が進められており、商用利用にも適している。Interface Description

† 3　https://robonaut.jsc.nasa.gov
† 4　https://github.com/ros2/ros1_bridge
† 5　http://design.ros2.org/articles/changes.html
† 6　https://github.com/ros2/ros2/wiki/Release-Ardent-Apalone
† 7　https://ja.wikipedia.org/wiki/Data_Distribution_Service

表 A.1　ROS 1 と ROS 2 の違い

	ROS 1	ROS 2
プラットホーム	Ubuntu, macOS	Ubuntu, macOS, Windows
通信	XMLRPC + ROSTPC	DDS
言語	C++03, Python 2	C++14, Python 3（3.5+）
ビルドシステム	rosbuild → catkin	ament
メッセージ、サービス	*.msg, *.srv	new *.msg, *.srv, *.msg.idl, *.srv.idl
roslaunch	XML	Python
複数ノード対応	1 プロセスに 1 ノード	1 プロセスに複数ノード
リアルタイム性	Orocos などの外部フレームワーク	リアルタイム OS と適切なソフト・ハードを使用すれば、リアルタイム性を確保
グラフ表現	Remapping は起動時のみ	Remapping は実行時も可能
組込みシステム	rosserial（UART）	FreeRTPS（UART, Ethernet, Wi-Fi, etc）
ネームサービス	マスタ	マスタなし（DDS ミドルウェア）

Language（IDL）を使用することで、メッセージの定義と直列化をより簡単に、より包括的に取り扱うことができる。また、通信プロトコルに RTPS（Real Time Publish Subscribe）を採用することで、リアルタイム性を確保し、組込みシステムにも使用できる。DDS は、ノード間の自動検出機構があり、マスタがなくても、複数の DDS プログラム間で通信できる。さらに、ノード間の通信を調整する Quality of Service（QoS）パラメータが設定でき、TCP のようにデータロスを防ぐことで信頼度を高めたり、UDP のように通信速度によりメッセージキューのサイズを調整できる。また、すでに DDS の仕様をサポートし、商用サービスを提供している eProsima の Fast RTPS、RTI の Connext DDS、PrismTech の Opensplice などのベンダー[†8]から、好みの DDS ベンダーを選択し、ROS ミドルウェア（RMW）[†9]として使用できる。これらのさまざまな機能を備えた DDS を利用することで、ROS 1 のパブリッシュ、サブスクライブ型メッセージ通信はもちろん、リアルタイム性の確保、不安定なネットワークへの対応、セキュリティ強化などが実現されている。DDS の採用は、ROS 1 から ROS 2 への最大の変更点あり、最大の特徴である。

3. ROS クライアントライブラリ（ROS Client Library）

ROS 1 では、roscpp、rospy、roslisp など、言語ごとにクライアントライブラリ（Client Library）を提供していた。一方、ROS 2 では C 言語をベースとした ROS クライアントライブラリ（ROS Client Library、rcl）を提供する。言語別のサポートは、この ROS クライアントライブラリ rcl に基づき、rclpy、rclcpp などとして提供される。また、ROS 2 は、C ならば C99、C++ ならば C++14、Python ならば Python 3（3.5+）など、最新の技術仕様に対

† 8　https://github.com/ros2/ros2/wiki/DDS-and-ROS-middleware-implementations
† 9　http://design.ros2.org/articles/ros_middleware_interface.html

応している[10]。

4. ament ビルドシステム

ROS 2では、新しいビルドシステムである ament[11]を使用する。ament は ROS 1で使用されている catkin のアップグレードである。catkin が CMake のみをサポートしていたのに対し、ament は CMake を使用しない Python パッケージの管理も可能である。

5. IDL 採用

OMG で定義された Interface Description Language（IDL）[12]を採用することで、メッセージの定義と直列化をより簡単に、より包括的に取り扱うことができ、多様なプログラミング言語で書かれたメッセージを使用できる。

6. Python による roslaunch

ROS 1の roslaunch ファイルは、XML フォーマットで書かれていた。一方、ROS 2では Python が採用され、条件文などのより複雑なロジックを使用することができる。

7. 1つのプロセスで複数のノードを実行

ROS 1では、1つのプロセスで複数のノードを実行することができなかった。これは API の問題ではなく、内部の実装上の制約である。一方、ROS 2では、1つのプロセスで複数のノードを実行することができる。

8. リアルタイム制御

ROS 2は DDS の RTPS（Real Time Publish Subscribe）を使用してメッセージ送受信のリアルタイム性を高めた。加えて、オペレーティングシステムとハードウェアがリアルタイム性を確保していれば、リアルタイム制御[13]を実現できる。

9. グラフ表現

ROS 1は、起動時だけ、ノードとトピックをマッピングすることができ、それらの関係をグラフで表現できた。ROS 2では、ノード起動時だけでなく、実行途中での再マッピングも可能であり、その結果をグラフで表現できる。

10. 組込みシステムのサポート

ROS 1で組込みボードとメッセージを送受信する際、シリアルを介した通信を行った。ROS 2では組込みボードに直接 ROS プログラミングを行い、ハードウェアのファームウェアで実装されたノードを実行できる。現在 ARM 社を含むさまざまなボードメーカーの組込みシ

† 10 https://github.com/ros2/ros2/wiki/Developer-Guide#language-versions-and-code-format
† 11 http://design.ros2.org/articles/ament.html
† 12 http://design.ros2.org/articles/mapping_dds_types.html
† 13 http://design.ros2.org/articles/realtime_background.html

ステムを、オープンソースでサポートしている。

11. ネームサービス

ROS 1 は、ノード間の接続のためのネームサービスをマスタで実行した。この方法では、ROS ネットワークで必ず 1 つのマスタを実行する必要がある。一方、ROS 2 では DDS ミドルウェアを介して直接通信先を検索してノード間を接続できる。つまり、roscore によりマスタを実行する必要がなくなった。

A.3　ROS 2 の使用（Windows および Linux）

ここでは、Windows と Linux が動作している 2 台の PC にそれぞれ ROS 2 をインストールした後、Windows でパブリッシャ、Linux でサブスクライバをそれぞれ実行して、メッセージ通信をテストしてみる。ここで、Windows は Windows 10 を、Linux は Ubuntu 16.04 を使用し、ROS ミドルウェア（RMW）には、ROS 2 の基本設定である eProsima 社の Fast RTPS を使用する。

A.3.1　ROS 2 のインストール（Linux）とサブスクライバの実行

「Installing ROS2 via Debian Packages」ページ† 14 の手順に従って、Ubuntu 16.04 に ROS 2 をインストールする。

ROS 2 のインストールが完了したら、ターミナルを開き、次のコマンドで環境設定を行う。その後、ros2 run コマンドで demo_nodes_cpp パッケージの listener ノードを実行する。このノードは、/chatter トピックを受信するサブスクライバである。

```
$ source /opt/ros/ardent/setup.bash
$ ros2 run demo_nodes_cpp listener
```

A.3.2　ROS 2 のインストール（Windows）とパブリッシャの実行

「Installing ROS 2 on Windows」† 15 ページの手順に従って、Windows 10 に ROS 2 をインストールする。

ROS 2 のインストールが完了したら、コマンドプロンプトを開き、次のコマンドで環境設定を行う。

```
> call C:\dev\ros2\local_setup.bat
```

† 14　https://github.com/ros2/ros2/wiki/Linux-Install-Debians
† 15　https://github.com/ros2/ros2/wiki/Windows-Install-Binary

次に、ros2 node list コマンドにより、現在実行されているノードを確認する。以下では、Linux PC で実行中の listener ノードを確認できる。ros2 node list コマンドは、ROS 1 の rosnode list に相当するコマンドである。

```
> ros2 node list
listener
```

続いて ros2 run コマンドで demo_nodes_cpp パッケージの talker ノードを実行する。このノードは、/chatter トピックを送信するパブリッシャである。送信するトピックは、「Hello World: n」という String 形式のメッセージであり、1 回の送信ごとに n が 1 つ増える。

```
> ros2 run demo_nodes_cpp talker
Publishing: 'Hello World: 1'
Publishing: 'Hello World: 2'
Publishing: 'Hello World: 3'
Publishing: 'Hello World: 4'
Publishing: 'Hello World: 5'
```

A.3.3 ROS 2 のトピックメッセージ送受信テスト

A.3.1 項で、Linux PC で ros2 run demo_nodes_cpp listener を実行したターミナルを見ると、次のようにトピックが正しく受信されていることを確認できる。

```
$ ros2 run demo_nodes_cpp listener
[INFO] [listener]: I heard: [Hello World: 1]
[INFO] [listener]: I heard: [Hello World: 2]
[INFO] [listener]: I heard: [Hello World: 3]
[INFO] [listener]: I heard: [Hello World: 4]
[INFO] [listener]: I heard: [Hello World: 5]
```

さらに ros2 node list を Linux PC で実行してみると、次のように Window PC で実行中の talker ノードと、Linux PC で実行中の listener ノードを確認できる。

```
$ ros2 node list
talker
listener
```

最後に、次のように ros2 topic echo /chatter コマンドを使って、/chatter トピックの内容を確認する。ros2 topic echo は、ROS 1 の rostopic ehco に相当するコマンドである。

```
$ ros2 topic echo /chatter
data: 'Hello World: 62'
```

```
data: 'Hello World: 63'
data: 'Hello World: 64'
```

A.3.4 ROS 2 のソースコードの例

上述した talker と listener ノードのソースコードである talker.cpp（リスト A.1）と listener.cpp（リスト A.2）† 16 を見ると、ROS 1 から ROS 2 への機能上の大きな変化とは対照的に、プログラミング方法ではそれほど大きな差がないことがわかる。これは ROS 1 に対するユーザの知識と経験を利用しつつ、ROS 2 の新機能を利用できるようにするためであり、ユーザはそれほど違和感なく ROS 2 を利用できる。

リスト A.1　rclcpp_tutorials/src/topics/talker.cpp

```cpp
#include <iostream>
#include <memory>

#include "rclcpp/rclcpp.hpp"

#include "std_msgs/msg/string.hpp"

int main(int argc, char * argv[])
{
  rclcpp::init(argc, argv);

  auto node = rclcpp::node::Node::make_shared("talker");

  rmw_qos_profile_t custom_qos_profile = rmw_qos_profile_default;
  custom_qos_profile.depth = 7;

  auto chatter_pub = node->create_publisher<std_msgs::msg::String>(
                        "chatter", custom_qos_profile);

  rclcpp::WallRate loop_rate(2);

  auto msg = std::make_shared<std_msgs::msg::String>();
  auto i = 1;

  while (rclcpp::ok()) {
    msg->data = "Hello World: " + std::to_string(i++);
    std::cout << "Publishing: '" << msg->data << "'" << std::endl;
    chatter_pub->publish(msg);
    rclcpp::spin_some(node);
    loop_rate.sleep();
  }

  return 0;
}
```

† 16　https://github.com/ros2/tutorials

リスト A.2 rclcpp_tutorials/src/topics/listener.cpp

```
#include <iostream>
#include <memory>

#include "rclcpp/rclcpp.hpp"

#include "std_msgs/msg/string.hpp"

void chatterCallback(const std_msgs::msg::String::SharedPtr msg)
{
  std::cout << "I heard: [" << msg->data << "]" << std::endl;
}

int main(int argc, char * argv[])
{
  rclcpp::init(argc, argv);
  auto node = rclcpp::Node::make_shared("listener");

  auto sub = node->create_subscription<std_msgs::msg::String>(
    "chatter", chatterCallback, rmw_qos_profile_default);

  rclcpp::spin(node);

  return 0;
}
```

索　引

[S]

[T]

[U]

[V]

[X]

[た行]

[な行]

[は行]

〈著者略歴〉

表　允晳（ピョ　ユンソク）

ROBOTIS Co., Ltd.
R&D Dept. Open Source Team, Team Leader
2009年にKwangwoon University Electronic Engineering卒業、韓国科学技術研究院（KIST）研究員を経て、2016年に九州大学大学院システム情報科学研究院博士後期課程修了。2014～2015年には日本学術振興会特別研究員も勤める。2016年4月より現職。ROS公式ロボットプラットフォームTurtleBot3の開発に携わる。博士（工学）。

倉爪　亮（くらづめ　りょう）

九州大学大学院システム情報科学研究院教授
1991年東京工業大学機械物理工学専攻修士課程修了。（株）富士通研究所、東京工業大学、東京大学生産技術研究所を経て、2002年九州大学大学院システム情報科学研究院助教授、2007年より同教授、2016年より同副研究院長、現在に至る。日本ロボット学会フェロー、日本機械学会フェロー。日本機械学会ロボティクス・メカトロニクス部門学術業績賞、計測自動制御学会システムインテグレーション部門学術業績賞等、受賞多数。博士（工学）。

鄭　黎蝹（ジョン　リョウン）

ROBOTIS Co., Ltd.
R&D Dept. Open Source Team, Assistant Reserch Engineer
2013年に早稲田大学先進理工学部電気・情報生命工学科を卒業、2015年に早稲田大学大学院先進理工学研究科電気・情報生命専攻修士課程修了。2015年4月より現職。ROS公式ロボットプラットフォームTurtleBot3の開発に携わる。修士（工学）。

ROSロボットプログラミングバイブル

2018年 3 月 25 日　第1版第1刷発行
2022年 4 月 30 日　第1版第7刷発行

著　者　表 允晳・倉爪 亮・鄭 黎蝹
発行者　村上和夫
発行所　株式会社 オーム社
郵便番号　101-8460
東京都千代田区神田錦町 3-1
電 話　03(3233)0641(代表)
URL　https://www.ohmsha.co.jp/

組版　チューリング　　印刷・製本　壮光舎印刷
ISBN978-4-274-22196-5　Printed in Japan